生命科学

編　集

柳田充弘・佐藤文彦・石川冬木

東京化学同人

はじめに

生命科学の平易な教科書の必要性は強く感じられながらもなかなか実現していなかったが，ここに本書“生命科学”が完成し刊行のはこびとなったことは喜びにたえない．

5年前に，京都大学にわが国初の生命科学研究科が誕生したときの設立の精神である，“生命科学は人類の幸福，福祉と安寧に奉仕する”という考えは本書を作成するうえでも十分に適用されている．また，現在の生命科学発展の基盤をつくった“共通言語”が，“遺伝子”，“分子”，“細胞”の三つであるという事実に基づき，これらの理解を重要視した．

本書は4部で構成され，全体で24章から成り立っている．目次を一読して頂きたいが，導入部の“身のまわりの生命科学”から説き起こし，“生命とは何か”（2～7章），“遺伝子と生命の連続性”（8～15章），“広がりゆく生命科学”（16～20章），“社会における生命科学の課題”（21～24章）と広範なトピックスを扱っている．本書の内容をおよそ身につければ，現今の生命科学技術の基礎と先端を理解することが可能になるであろう．

本書の読者対象は高校卒業程度で，生命科学技術に関連する基礎と応用を広範な学生に理解しやすく役立つように，記述はできるだけ平易であるように努めた．大学における従来型の学部である，医，農，薬，理，工学部の学生のみならず，境界分野，融合分野である生命，バイオ，環境，生物生産，保健，衛生関係学部などの大学やそれに準ずる専門教育を受ける学生が“自学自習”で理解でき役立つように，工夫して編集した．本書を読み進むうえでのヒントは，途中で難解と感じるところがあったらそういうところは“とばし読み”をしても，ともあれ最後まで通読することである．通読によって全体的な視点が得られ，各自がどの部分を面白く感じ，どの部分の理解に今後の勉学努力を要するかがわかってくるはずだ．生命科学のカバーする分野は広範で，本書に記述された内容のすべてに深く通暁しているような生命科学者は，日本にも世界にも一人もいないだろう．だから全部を理解しようとするのではなく，今はわかるところだけわかればいいという姿勢で読み進んで欲しい．非常に面白い問題を発見し，今後専門家をめざしてやっていきたいと感じられるようなところがあれば執筆者として望外の喜びである．

周知のように生命科学に対する期待はきわめて大きい．日本のこれまでの産業経済は“ものづくり”に基礎をおいており，生命科学技術が21世紀の日本を支え発展させる新たな“ものづくり”の基盤となるのではないかという期待が大きい．欧米を中心に海外諸国でもそのような流れは大変に強い．本書を読み進めれば多くの新たなテクノロジー誕生の鼓動を十分に把握できるであろう．しかし，一方で生命科学技術はいまだ未熟であり，未知の問題，予期せぬ課題にぶつかっている面もある．そのような点についても本書は十分に注意をはらった．生命科学がきわめて若い分野であることは，遺伝子理解の原点にある，DNA二重らせんの発見からまだ50年しかたっていないことからも明らかである．技術の根幹となる人工的な遺伝子組換えが可能になってからまだ30年もたっていない．生命科学のこれまでの進展の速度を見れば，その未来は前途洋々である．

社会における生命科学に対する関心の増大は，それ自体健全なことである．生命科学は，われわれがわれわれ自身を理解しつきあっていくうえでもっとも頼りになる学問分野だから．しかし一方で，身のまわりの食品や医薬品をとってみても対立する意見がいろいろなメディアで流布されている．また臓器移植などの先端医療や生命科学技術の利用による環境，生態系への影響などについて，専門家の間での意見が必ずしも一致しないなど，生命科学技術については一枚岩のような統一された意見がないこともよく知られている．これは当然で，ある程度の試行錯誤をも繰返しながら，新たなそしてよりよい可能性を探っていくことにならざるをえない．本書はそのような視点も考慮しつつ編集されており，第Ⅲ部，Ⅳ部と読み進めていけば本書の教科書としてのユニークさと価値の高さは十分に理解されると信じている．

末尾になったが，本書の趣旨に賛同して，研究教育に多忙な中を執筆して頂いた各章の執筆者の方々に心から感謝したい．また東京化学同人の住田六連氏，内藤みどりさんには大変お世話になった．また本書の内容表現に，注意は十分にはらったものの，誤りなきとはいえない．読者の叱正を待ちたい．

2004年2月

柳　田　充　弘
佐　藤　文　彦
石　川　冬　木

編　集

柳田充弘　京都大学大学院生命科学研究科 教授，理学博士
佐藤文彦　京都大学大学院生命科学研究科 教授，農学博士
石川冬木　京都大学大学院生命科学研究科 教授，医学博士

執　筆

油谷浩幸　東京大学先端科学技術研究センター 教授，医学博士（16章）
飯野雄一　東京大学遺伝子実験施設 准教授，理学博士（10章）
石川冬木　京都大学大学院生命科学研究科 教授，医学博士（1章，13章）
稲澤譲治　東京医科歯科大学難治疾患研究所 教授，医学博士（12章）
稲葉一人　姫路獨協大学法科大学院法務研究科 教授，社会健康医学修士（21章，22章）
上村　匡（ただし）　京都大学大学院生命科学研究科 教授，理学博士（14章，15章）
遠藤　剛　京都大学大学院生命科学研究科 講師，農学博士（3・3節）
大串隆之　京都大学生態学研究センター 教授，農学博士（6章，7章）
小黒明広　東京大学医科学研究所基礎医科学大部門遺伝子動態分野，理学博士（9章）
垣塚　彰　京都大学大学院生命科学研究科 教授，医学博士（19章）
加藤和人　京都大学人文科学研究所 准教授，理学博士（1章）
北　潔　東京大学大学院医学系研究科 教授，薬学博士（24章）
北野宏明　(株)ソニーコンピュータサイエンス研究所 副所長，工学博士（17章）
小堤保則　京都大学大学院生命科学研究科 教授，薬学博士（2章）
佐藤文彦　京都大学大学院生命科学研究科 教授，農学博士（1章，3・3節，20章）
菅澤　薫　神戸大学バイオシグナル研究センター 教授，薬学博士（11章）
武田俊一　京都大学大学院医学研究科 教授，医学博士（11章）
竹安邦夫　京都大学大学院生命科学研究科 教授，理学博士，医学博士（4章，5章）
中村義一　東京大学医科学研究所 教授，理学博士（9章）
根岸　学　京都大学大学院生命科学研究科 教授，薬学博士（3・1節，3・2節，3・4～3・8節）
開　祐司　京都大学再生医科学研究所 教授，理学博士（18章）
升方久夫　大阪大学大学院理学研究科 教授，理学博士（8章）
諸橋憲一郎　九州大学大学院医学研究院 教授，理学博士（23章）

五十音順，括弧内は執筆分担

目　　次

第Ⅱ部　遺伝子と生命の連続性

第Ⅲ部　広がりゆく生命科学

第Ⅳ部　社会における生命科学の課題

口絵1　植物細胞には三つのDNAをもつ細胞小器官が存在する（本文p.5参照）　中央に強く光っている核以外に，赤くクロロフィルの蛍光を放つ葉緑体，また，ここでは見えないが，ミトコンドリアの中にもDNAの青白い蛍光を観察することができる．〔写真提供：立教大学理学部 黒岩常祥 教授〕

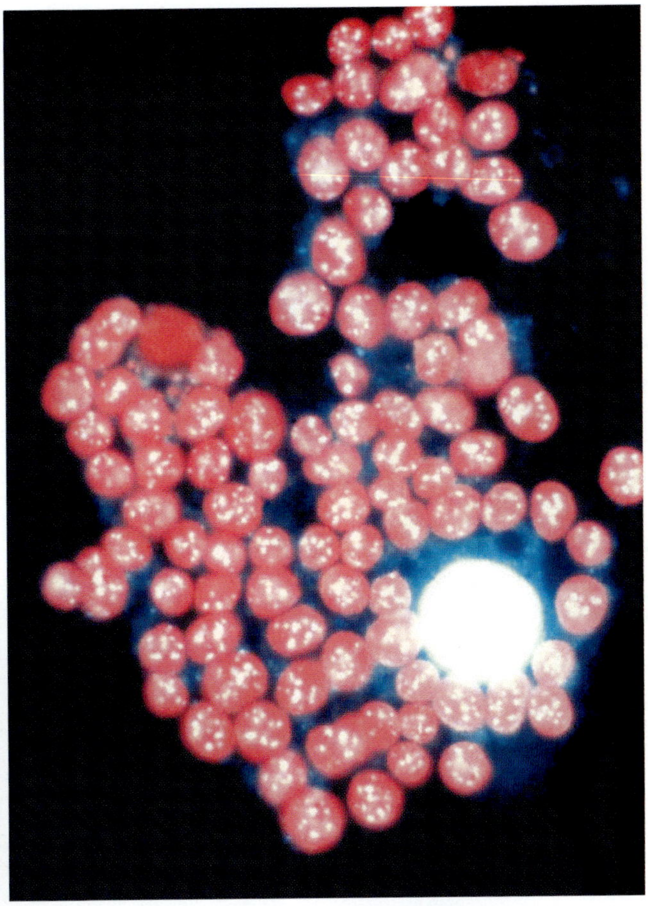

口絵2　ゴールデンライス（a）**と，青いカーネーション**（b）（本文p.7参照）（a）の右下は普通のコメ〔写真提供：（a）スイス連邦工科大学I. Potrykus博士，フライブルグ大学P. Beyer博士，（b）サントリー（株）先進技術応用研究所 田中良和博士〕

（a）

（b）

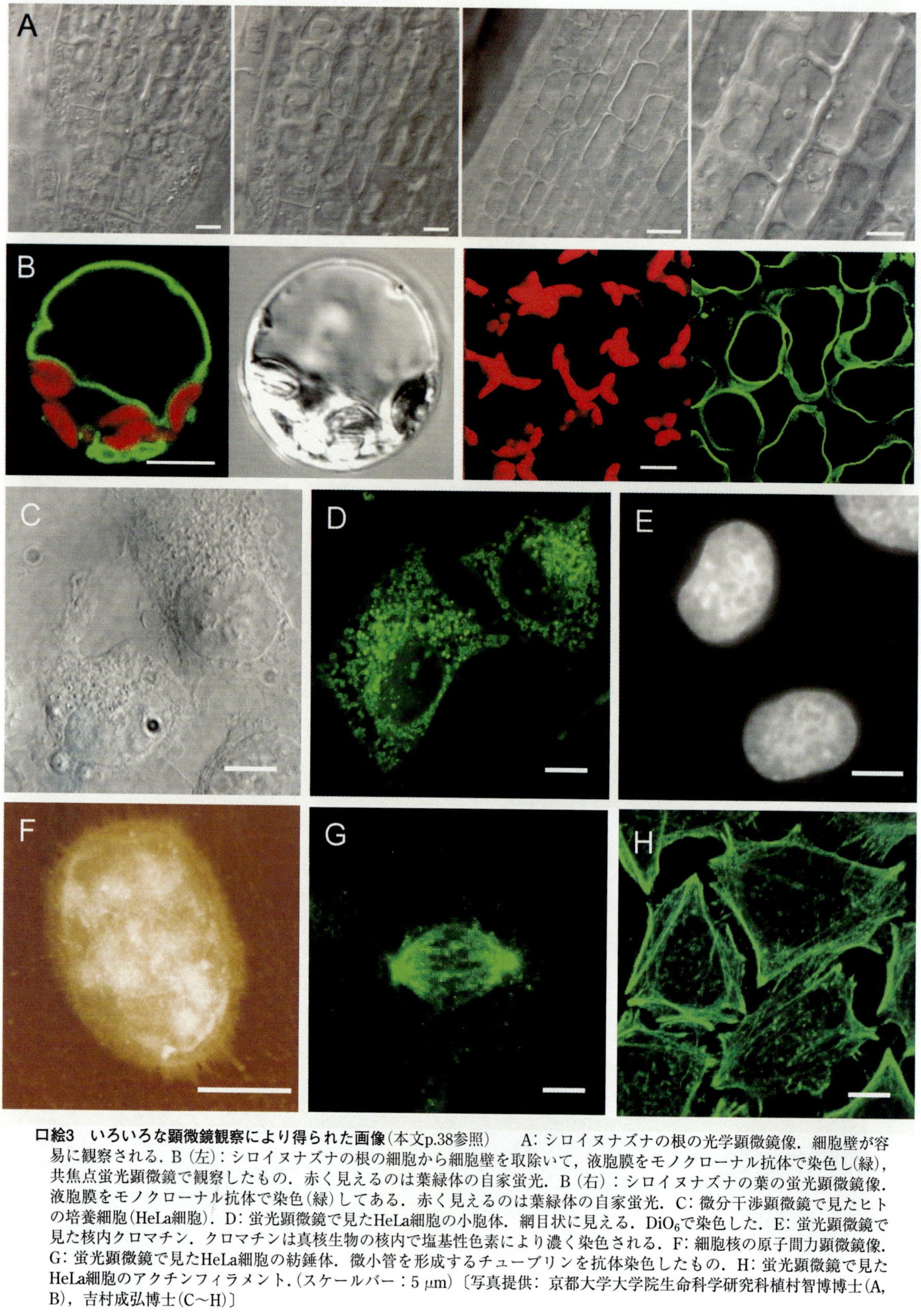

口絵3　いろいろな顕微鏡観察により得られた画像(本文p.38参照)　A: シロイヌナズナの根の光学顕微鏡像．細胞壁が容易に観察される．B（左）：シロイヌナズナの根の細胞から細胞壁を取除いて，液胞膜をモノクローナル抗体で染色し(緑)，共焦点蛍光顕微鏡で観察したもの．赤く見えるのは葉緑体の自家蛍光．B（右）：シロイヌナズナの葉の蛍光顕微鏡像．液胞膜をモノクローナル抗体で染色(緑)してある．赤く見えるのは葉緑体の自家蛍光．C: 微分干渉顕微鏡で見たヒトの培養細胞(HeLa細胞)．D: 蛍光顕微鏡で見たHeLa細胞の小胞体．網目状に見える．DiO_6で染色した．E: 蛍光顕微鏡で見た核内クロマチン．クロマチンは真核生物の核内で塩基性色素により濃く染色される．F: 細胞核の原子間力顕微鏡像．G: 蛍光顕微鏡で見たHeLa細胞の紡錘体．微小管を形成するチューブリンを抗体染色したもの．H: 蛍光顕微鏡で見たHeLa細胞のアクチンフィラメント．(スケールバー：5 μm)〔写真提供：京都大学大学院生命科学研究科植村智博博士(A, B)，吉村成弘博士(C〜H)〕

(a)

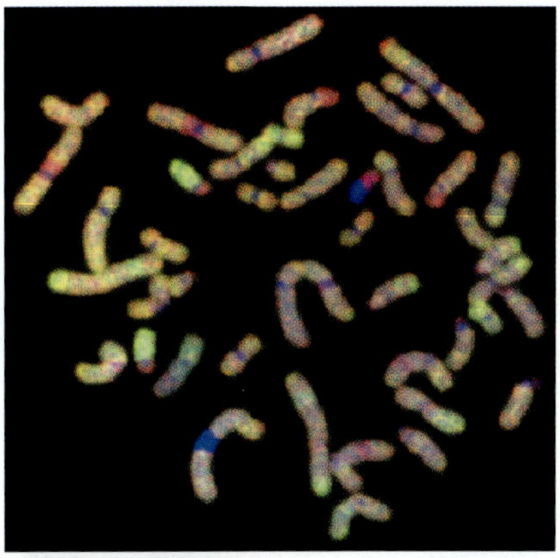

(b)

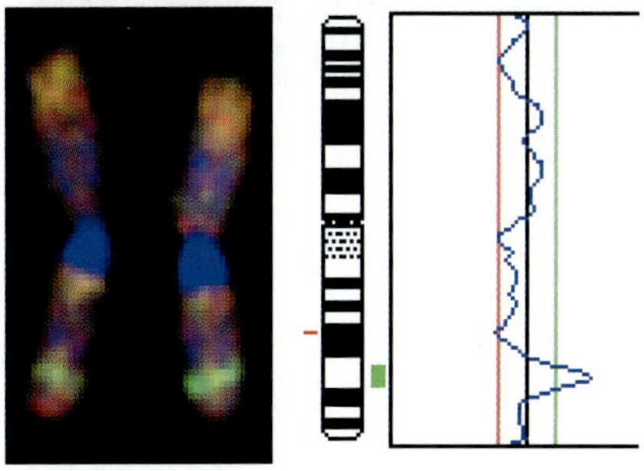

口絵4　CGHアレイの工程（本文p.114参照）（a）蛍光シグナルの検出，（b）コピー数核型の決定．

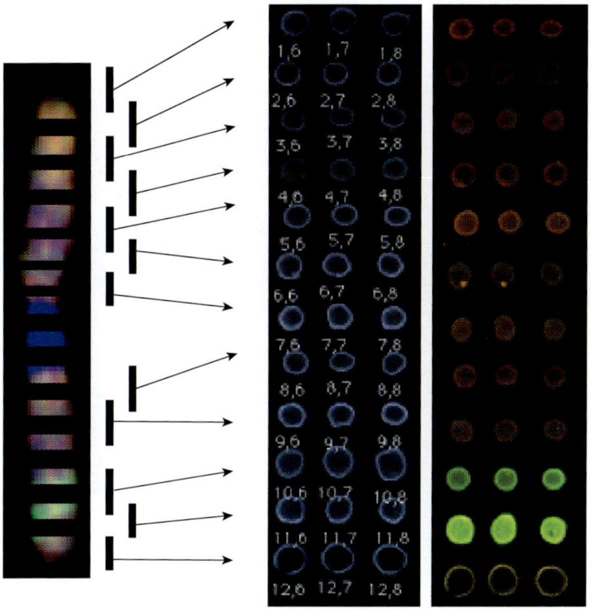

口絵5　CGHアレイのイメージ図（本文p.115参照）　染色体の特定領域由来のBAC クローンをスライドガラスにアレイ化してこれにCGHを行うと，増幅領域のゲノムDNAを含むクローンのスポットは強い緑色のシグナルとして検出される．

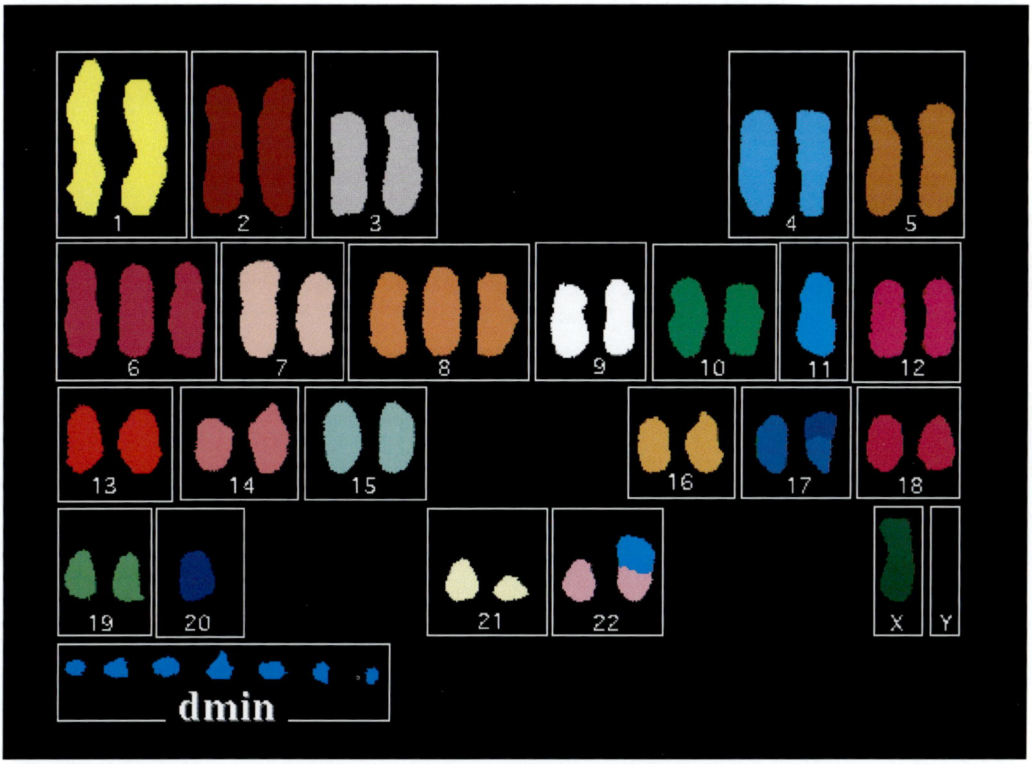

口絵6　白血病細胞の染色体のSKY法による解析（本文p.115参照）　第22番染色体の一方は第11番染色体と転座を起こしており，さらに7個の微小染色体（double minute chromosome; dminという）は第11番染色体に由来することがわかる．

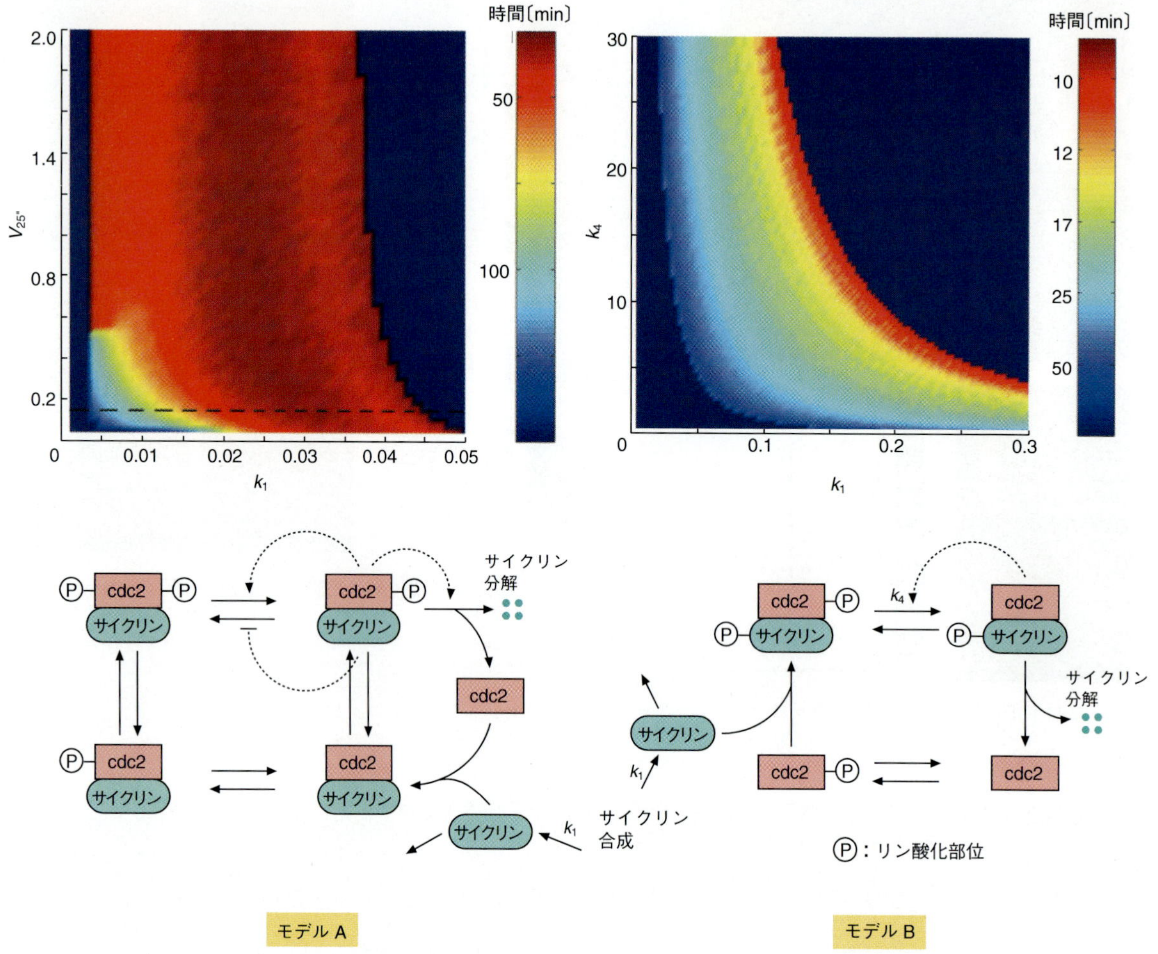

口絵 7　細胞周期における相互作用の違いとロバストネス（本文 p.167 参照）　*Xenopus* における MPF（M phase promoting factor：M 期促進因子）サイクルの簡単なモデルを用いた細胞周期安定性の比較．k_1（サイクリン合成速度定数）と MPF 活性定数（k_4, $V_{25''}$）を変化させたときの細胞周期の変化．赤色の部分は，細胞周期が進行しているが，青色部分では，止まっている．ネットワークの構造で，パラメーターに対する安定度の違いが変化する．〔M. Morohashi, *J. Theor. Biol.*, **216** (1), 19 (2002) より改変〕

1 身のまわりの生命科学

“生命科学”という言葉を聞いて，読者が思い浮かべるのはどのような内容だろう．“クローン”や“ゲノム”などの言葉を思い出す人もいれば，バイオベンチャーや特許といったビジネスにつながるイメージをもつ人もいるだろう．“21 世紀は生命科学の時代”といったキャッチフレーズとともに，生命科学に関するニュースは新聞や雑誌などのメディアにあふれている．

だが，ここではまず，生命科学の“科学”という部分を忘れて，“生命”について考えてみよう．

私たちが意識するかどうかにかかわらず，生命に関するできごとは毎日の生活の中にあふれている．一人の人間が生まれ，育ち，老いていき，やがて死に至る一生の過程は，まさに生命の営みである．私たちが毎日の食事で口にする食べ物もまた，すべて生物に由来している．四季折々の豊かな表情を見せてくれる日本の自然をつくっているのも，そこにすむ植物や動物から微生物に至る，多種多様な生物たちだ．“生命科学”というと，その中の“科学”という部分に引っ張られて，つい，どこか自分とは遠い世界のことだと思う人が多いかもしれない．だが，この本を最後まで読んでいただければわかるように，生命科学が対象にしている生命現象は，人が生きていること，そして生活していくことの中にごく普通に起こっていることばかりなのだ．

子が親に似るのはなぜなのか．人はなぜ病気になるのか．私たちが毎日食べる食物はどのようにつくられているのか．人間とチンパンジーやゴリラなどの他の動物とは何が違うのか．こうした人間や生物に関する問いに対する答を得ようとする際には，生物現象を分子や細胞の働きから解明しようという生命科学の成果を知ることは大いに役に立つだろう．生命現象はあらゆる人にとって身近なものであり，その不思議さを解明しようとしているのが生命科学なのである．

1・1 生命現象を遺伝子や細胞の言葉で理解しよう

さて，生命科学が対象にする生物の世界について，もう少し詳しく見てみよう．アマゾンの熱帯雨林であれ，日本列島に広がる森林や田畑であれ，自然状態にある生物の世界は，実に複雑なものである．たとえば，生物の世界の構成要素を，大きさを基準にして見てみると，**分子**－**細胞**－**器官**(臓器)－**個体**－**生態系**といった具合に，複数の階層構造から成り立っていることがわかる．DNA やタンパク質などの生体分子が生物の基本単位である細胞をつくり，細胞が集まって心臓や肝臓などの器官（臓器）ができる．そしてそれらが組合わさってできたのが個体であり，さらに，多くの個体が集まって生態系を成り立たせている．また，個々の生命現象という観点からみても，遺伝，個体の発生，進化，生態といった多様な現象がある．さらに，人間を対象としたものとして，病気や老化といった現象も重要な研究テーマである．

古くからの生物学（そして医学）は，こうした生物界の異なる階層や多様な現象を，それぞれ別々に研究してきた．遺伝学，細胞生物学，発生生物学，進化学，生態学などの分野は，程度の違いはあるにせよ，長い間，ほとんど交流がない状態で発展してきたのである．現在の高等学校で使われている生物の教科書では，遺伝や発生，進化，生態といった内容が，互いの関係が示されないまま断片的に記述されているが，それはまさに，かつての生物学の状況を反映している．

ところが，20世紀後半の分子生物学の登場と発展，そしてその後の生命科学の進歩により，今や，多くの生命現象が，遺伝子，分子，細胞といった生命体を構成する基本的要素のふるまいを通して，統一的に理解できるようになってきた．生命現象の基本をつかさどる遺伝子や細胞の働きを理解することによって，これまでは関係がないと考えられていた現象につながりが見えてきたのである．

1・2　生命現象の予測できることと操作できること

ヒトの一生や四季にわたる植物のうつろいを見るまでもなく，生命現象は時々刻々と変化することを特徴としている．ひとたび，生命現象を分子の言葉で理解することができるようになると，私たちは生命現象の仕組みを深く理解するだけではなく，ある生命現象が，現在の状態から将来どのように変化するのかを予測することが可能になる．それは，個々の分子のふるまいは，基本的に，物理学や化学の法則に従うので，現在ある分子の状態を知ることができれば，それらの分子が将来どのような状態になるかを予測することができるからである．このような**生命現象の予測可能性**は，分子生物学の出現以降の生物学，すなわち生命科学の最も大きな特徴の一つである．生命現象が分子レベルで理解される以前は，人間はさまざまな生命現象のなりゆきを経験で推測していた．今年の収穫は豊作だろうか，この花とこの花を掛け合わせるともっときれいな花ができるだろうか，この患者さんは回復するのだろうか，といった人間にとって重要な問いかけは，占いに頼るか，あるいは，自分自身の経験や書物に記載された経験に基づいて判断された．当然，そのような推測が的中する確率は低い．一方，現象をもたらす仕組みが分子レベルで理解されると，将来の状態を科学的に予測することができる．さらに，科学に基づいた予測は，正しい判断をする確率が高いだけではなく，今まで経験をしたことがなかったような状態に対しても，その状態を分析し，要因を解析することで，将来を予測することがある程度可能である．それに対して，経験したことがない状態に対しては，経験だけが頼りの推測はお手上げであろう．

予測が可能になると，人間はさらなる欲望をもつようになる．すなわち，人の命を救う，有用な動植物をつくり出す，といった人間にとって重要な目的のために，生命現象を予測するばかりではなく，分子を操作することで，その帰結をも操作しようとするのである．このことは，タンパク質をはじめとする私たちの体を構成する物質の設計図がDNAに遺伝子として記録されていることが理解され，DNAを操作することができるようになったことで飛躍的に進歩した．私たちは遺伝子DNAを改変して，望みのタンパク質を試験管の中で大量につくるばかりか，改変された遺伝子をもつマウスや植物などの個体をもつくることができるようになったのである．次節で見るように，現代の医学や農学は，このような**生命科学の操作可能性**が最も重要な分野である．

それでは，分子的理解に基づく現在の生命科学は，あらゆる生命現象を正確に予測し，操作することが可能な完全な学問なのであろうか．答は明らかに否である．その理由の一つは，明らかに，我々の現時点での分子レベルでの理解が不十分であることによる．しかし，実は，生命現象が完全には予測することが難しい本当の理由は，生命現象自身の固有の性質である．

第一に，すでに述べたように，生物は，分子－細胞－器官(臓器)－個体－生態系という階層構造をつくる．非常に多くの多種にわたる分子が集合して細胞を形成することからもわかるように，一つの階層は，その一つ下位の階層を構成する要素が無数に集合してつくり上げられている．化学や物理学の知識を利用して正確に予測ができるのは，個々の分子のふるまいであるから，それらが幾重の階層にわたって集合したより高次の階層体がどのようにふるまうかを正確に予測することは困難である．

第二に，生命現象は偶然性と切り離せない側面がある．同じ人間であっても，人によって顔や体のつくりが特徴をもつのと同じように，私たちがもつ遺伝子は，ほとんどの部分は同じ人間であれば同じDNAであるが，細かく見ると，個人によって少しずつ異なることが知られている．このように個人の間で遺伝子配列が少しずつ異なることは，遺伝子多型とよばれ，個々の人間の特徴，体質などを生みだす一つの要因であると考えられている．次節で紹介するように，このような多型を理解することで，個人の体質を知り，医学に応用しようとする努力が現在行われているが，多型の数は膨大であり，そのすべてを知って正確に個人の体質を予測することは少なくとも近未来には難しいであろう．

第三に，生命現象には，単純な細胞の分裂，個体の誕生と死，の繰返しばかりではなく，次の世代にはどのような遺伝子，特徴をもった細胞や個体が主流を占めるかという，進化に伴う**選択**とよばれる現象がかかわる．選択は，生物とそれが生息する環境の相互作用からなる多くの偶然的な要素が絡む複雑な現象であるので，生命現象を分子レベルで正確に理解することができても，進化の方向性を正確に予測することはできない．

このように考えると，生命科学が人間にとって有用であると同時に，その限界も存在することをわきまえる必要があることが理解できる．それでは，生命科学は，現在，どのように有用であり，どのような限界があるのか，それを私たちに密接に関係する分野で見ていこう．

1・3 生命科学の医学への応用

わが国の人口の約1割が糖尿病に罹患しているといわれている．糖尿病は，その名のとおり，血液中の糖の濃度が異常に上昇し，尿から糖が出てしまう病気だが，長い間には，血管が詰まったり，失明したりする重い合併症をきたす．特に，若い人が糖尿病になったことを知らずに治療を受けないと，命を落とす危険がある恐ろしい病気である．19世紀には，膵臓を切取る外科手術を受けた患者が糖尿病を発症しやすいことが知られ，膵臓に糖尿病を防ぐ何らかの因子があるのではないかと想像されていた．1921年，カナダのF. G. Bantingたちは，苦労の末に，血中糖濃度を下げる作用をもつ物質を膵臓の抽出液中に発見し，瀕死の14歳の糖尿病患者を助けることに成功した．インスリンと名付けられたこの物質は，すぐに多くの患者の命を救うこととなった．しかし，インスリンは，長い間，ブタやウシの膵臓から精製されて患者に使われてきた．ブタやウシのインスリンは，ヒトのそれとは構造が少し異なり（第2，3章参照），それを長い間，患者に投与することには懸念があった．また，患者数が増大しつつあり，ブタやウシから精製したのでは，インスリンの生産量が需要に追いつかない可能性があった．生命科学は，ここで大きな貢献をする．多くの重要な作用をする他の生体物質と同じように，インスリンはタンパク質である．タンパク質は，後の章で述べられるように，特定のアミノ酸配列からできており，この配列は遺伝子DNAそのものに設計図が書かれている．設計図からアミノ酸配列をつくる過程はヒトと大腸菌を含めたほとんどの生物で共通である．そこで，研究者たちは，大勢の糖尿病患者のためにヒト型インスリンを大量につくる目的で，ヒトインスリンの設計図であるヒト遺伝子を大腸菌の中に組込んで，大腸菌に大量のヒト型インスリンをつくらせた．このようにしてつくられたインスリンは，実際につくった細胞こそ大腸菌であるが，精製されたものはヒトの膵臓でつくられたものとまったく同じ働きをし，1980年代以降，糖尿病患者はほとんどこのヒト型インスリンを使うようになっている．ヒトの遺伝子などを大腸菌など，本来とは異なる生物種に組込んで大量に生産させたタンパク質のことを，**組換えタンパク質**，あるいは，リコンビナントタンパク質という．大腸菌につくらせたヒト型インスリンは最初の組換え型医薬品であり，その後，同様の医薬品は多数つくられ，現在の医療に欠かせないものとなっている．組換え型医薬品は，ヒトの病気の原因となるタンパク質の発見と，それを大量につくらせる技術という生命科学の大きな成果があってはじめて可能になったものである．

遺伝子が設計図としてある生物種の体のつくりを決めるばかりか，誕生，発達，老化，死という一生の道筋をも決めるのであるとすれば，ある生物がもつ遺伝情報の総体（**ゲノム**とよぶ）をすべて解読すれば，その生物に関する私たちの知識は飛躍的に増大するであろう．そのような試みが，ヒトを含めた多数の生物種で企てられ，すでにゲノム全体が解読されたものも多い．ヒトのゲノムの解読は，2003年4月に完了し，それによると，ヒトは約3万個の遺伝子をもつという．将来，これらの遺伝子の個々の機能を解明することで，ヒトの誕生，発達，老化，死に関係する遺伝子を明らかにし，病気を治療する新しい方法がつぎつぎと見つかるに違いない．

ゲノムはある生物種の設計図であるから，たとえばヒトは個人によらず同じゲノムをもつ．しかし，詳しく調べてみると，私たちのもつゲノムは，個人によって少しずつ違っている．この違いは**遺伝子多型**とよばれ，ちょうど私たちの体つき，顔つきが個人差を示すのと同じように，設計図の個人差と考えることができる．よく風邪をひきやすい体質の人とひきにくい体質の人がいる．また，風邪をひいたときに飲む風邪薬の種類や量も，体の大きさや薬に対するアレルギーの有無などによって調節しなくてはいけない．それと同じように，個人のゲノムの多型を知ることで，設計図の個体差を知り，がんや動脈硬化，糖尿病などの病気になりやすい体質を知ったり，病気になったときに最適な治療法を選ぶ判断の基準とすることが現在さかんに試みられている．このような生命科学の応用は，**テイラーメイド医療**（オーダーメイド医療とよばれることもある）とよばれている．

生物の体ができる仕組みを探る**個体発生**の研究も，この 20 ～ 30 年の間に大きく変化した．何よりも変化したのは，発生現象を遺伝子のレベルで研究できるようになったことだ.主としてショウジョウバエや線虫，シロイヌナズナなどの生物を使った遺伝学の研究から，生物の体をつくるのに重要な働きをもつ遺伝子がつぎつぎと発見されていった．

驚いたのは，昆虫や線虫で見つかった遺伝子の多くが，私たち人間を含む脊椎動物でも共通に使われていることだった．初期発生の過程で働く *Hox* 遺伝子も，神経組織の形成の初期に働く遺伝子も，目をつくるのに働く遺伝子も，みな多くの動物で共通であることが明らかになった．そこで生まれたのが“モデル生物”という考え方で，研究の材料としてすぐれた生物であるマウスやショウジョウバエ，線虫，シロイヌナズナなどを用いて，生命現象を遺伝子や細胞のレベルで理解し，その結果を人間や他の多くの生物の理解に応用しようというものだ．ショウジョウバエや線虫からわかってきたことが，人間の病気の理解に役立つという例は多数あり，たとえば，ショウジョウバエで目をつくるのに重要な働きをもつ *Pax-6* 遺伝子は，人間では，目の中の虹彩ができなくなる無虹彩症という遺伝病の原因遺伝子であることがわかっている．

モデル生物という考え方は，今では個体発生だけでなく，神経の機能，細胞の働き，老化といった多様な生命現象の仕組みを研究するのに使われている．遺伝子や細胞のレベルで見れば，生物は多くの共通のメカニズムを共有している．おかげで，一つの生物の研究がそのまま人間を含む他の多くの生物の理解につながる．そのことが，一見，多様な生物や現象を対象としている現代の生命科学研究が，互いに情報を交換しながら，総合的な学問として発展する大きな理由になっている．

生物個体の形成と維持の機構に関する研究の多くは，かつて，基礎的な発生生物学という分野に属していたが，現在では基礎研究と医学への応用の距離が非常に小さくなり，つぎつぎと医学分野への応用が生まれるようになっている．細胞と細胞が接着する際に働く**細胞接着分子**の研究は，がんの転移のメカニズムを解明するのに役立つと期待されている．一方，動脈硬化の原因や防止方法を，血管を構成する血管内皮細胞の増殖機構を解明することで制御しようという研究も進んでいる．

さらに，最近では，**幹細胞**という，体の中でさまざまな種類の細胞を生みだすもととなる細胞の研究が急速に進み，医療への応用に大きな期待が寄せられている．私たちの体にある“幹細胞”を体外（シャーレの中）で培養し，そこから神経や筋肉といったさまざまな種類の細胞をつくり出し，患者に移植することで，失った機能を回復させようというもので，こうした分野を**再生医療**とよぶ（第 18 章参照）．なかでも，ES 細胞（胚性幹細胞）という初期の胚から取出した細胞は，広い範囲の細胞に分化できるという性質をもち，再生医療の中心的役割を果たすものとして注目を浴びている．だが，期待と同時に，ヒトの ES 細胞を樹立するのには，受精卵を壊す必要があり，その是非について世界中で倫理的な議論が巻き起こっている．

幹細胞を用いた再生医療の研究は，まだ始まったばかりである．うまくいけば，心筋梗塞やパーキンソン病，脊髄損傷といった広い範囲の疾病に対する新しい治療法が生まれると期待される新しい医療の分野が，健全な形で発展していくためには，研究も，社会的な議論も，しっかりと進めていく必要がある．

以上のように，生命科学は，数多くの医学領域ですばらしい貢献をしてきた．生命科学の進展によって，数年前には助からなかった病気が治癒可能な病気になった例も枚挙にいとまがない．しかし，私たちの生命現象に関する理解は不十分であり，あるタンパク質を標的とした治療が期待とはまったく異なる副作用を生みだしてしまうこともまれではない．その一例として，がん細胞の増殖に重要な役割を果たしているタンパク質を標的とした医薬品が，予想されたような目覚ましい抗がん作用とともに，時には患者の呼吸器機能を障害して，その副作用のために患者が亡くなってしまう例が多く報告された最近の例をあげることができる．我々は，生命科学を医学，薬学，農学など，社会生活に密接に関係する分野に応用するにあたって，用心深すぎるということはないのである．

1・4 植物は我々の生活環境をつくってきた

さまざまな生命現象の仕組みを考える際，遺伝子，タンパク質，細胞といった構成要素に分けて考える（このような方法を還元的方法という）一方で，一つ一つの生物個体が環境とどのようにかかわって生存しているのかを考えることも重要である．この観点から，動物と植物の比較は非常に重要である．ヒトを含め動物は生きるためにエネルギー源として，他の生物を摂取する必要がある．一方，植物は光をエネルギー源として，無機栄養分（窒素，リン酸，カリウムならびに他の微量栄養素）を含む水，二酸化炭素（炭酸ガス）を含む空気があれば生育できる．これを**独立栄養性**といい，動物のように有機物に依存して生育する生物を**従属栄養性**という．

例外的に，従属栄養的な寄生植物も存在するが，一般的に植物が独立栄養で生存できるのは，植物に固有の細胞小器官である**葉緑体**のおかげである．植物は，葉緑体で光合成を行い，光のエネルギーを使って環境中の炭酸ガス（CO_2）を還元し，自身のエネルギー源となる炭水化物をつくる（これを**炭素の固定**あるいは**炭酸固定**という）．葉緑体はミトコンドリアと同様に独自の遺伝子（DNA）をもち，原始的な原核細胞が原始的な真核細胞に共生した名残と考えられている（口絵1）．葉緑体の起源としては，光合成的に酸素発生をする**ラン藻**（シアノバクテリア）が考えられている．葉緑体やミトコンドリアは独自の遺伝子をもつことから，細胞核とは異なる遺伝（細胞質遺伝）をする．多くの植物では，細胞質は卵細胞からのみ遺伝する（裸子植物では，花粉からも遺伝する）．したがって，作物の場合，葉緑体の形質転換によって導入された遺伝子は花粉による拡散の心配がないことから，環境への遺伝子の拡散の危険性の少ない遺伝子組換え法として注目されている（第20章参照）．

地上に生命が発生した初期の段階では，植物のように光エネルギーを化学エネルギーに変換する生物は存在しなかった．すなわち，化学反応によって環境中に大量に蓄積した有機物を分解する異化反応によって細胞は増殖し，大気中には大量の炭酸ガスが蓄積していた．しかし，細胞の増殖に伴い，環境中の有機物が枯渇し，有機物の代わりに光エネルギーを使ってエネルギーを産生する生物が出現してきた．もちろん，当初は水以外の化合物から還元力を得て，徐々に水のような分解の困難な化合物からも還元力を得られるように進化してきたと考えられる．約30億年前に水から酸素を発生するラン藻が出現したことに伴い，徐々に大気中に酸素が放出され，現在の酸素に富む大気が形成されてきた（図1・1）．この酸素の蓄積によって，新たに酸素に電子（還元力）を渡す呼吸反応が可能となり，単細胞真核生物が約20億年前に，さらに，生命の大爆発を可能とする多細胞生物が約6億年前ころから出現するようになってきた．

さらに，酸素濃度が約10％に達したと考えられる約4億年前（シルル紀）になると，オゾン層が形成され，太陽光の紫外線が吸収されるようになり，生物の陸上への進出が可能となってきたと考えられる．その結果，石炭紀の大森林が形成され，さらに，酸素の供給と炭酸ガス濃度の低下が進行したと考えられる．一方，これらの炭酸固定の結果，大気中の炭酸ガス濃度は低下し，それに伴い植物はさまざまな炭酸ガス濃縮機構を発達させることが必要となった．また，地上に出てきた植物にとって，水をいかに得るかは成長の大きな律速要因であり，水の利用効率を高め，より効率的な炭酸固定が可能であるサトウキビやトウモロコシのような植物や，夜間にだけ光合成するベンケイソウのような植物の出現に植物の進化のあとをみることができる（第3章参照）．

1・5 植物と我々の暮らし

化石燃料の大量消費によって，20世紀において人類は未曾有の繁栄を手に入れたが，繁栄に伴う人口爆発，環境汚染，そして将来より深刻な問題となる食糧

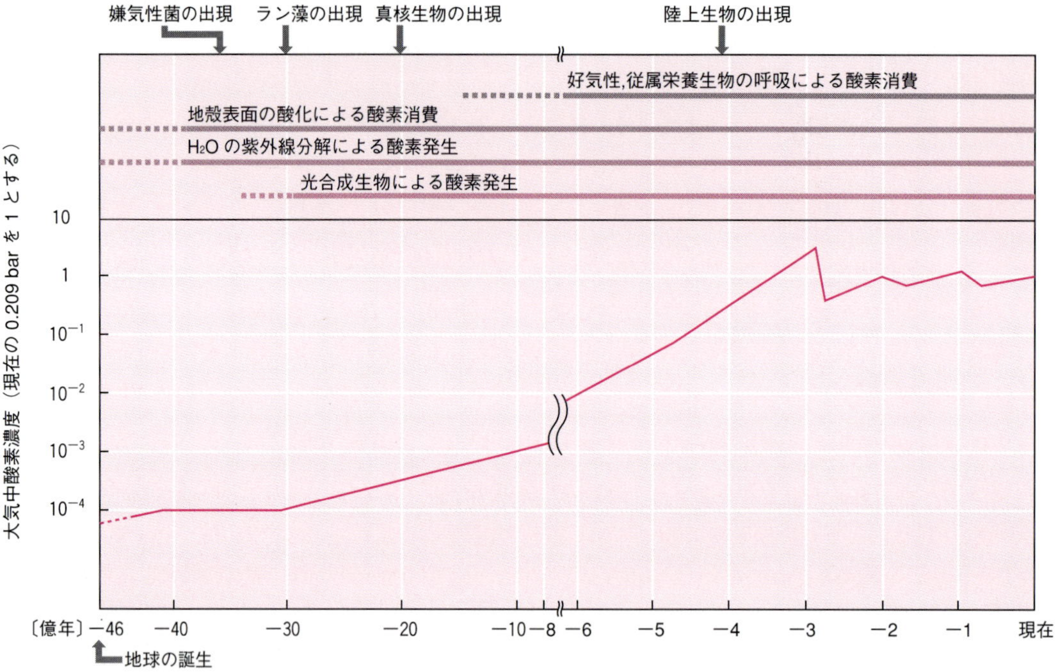

図 1・1 光合成の出現と大気中酸素濃度の変化 〔L. V. Berkner, L. C. Marshall, *J. Atm. Sci.*, **22**, 225 (1965) を改変〕

不足，大気中 CO_2 の蓄積による温暖化など，現代社会は多くの困難な課題を抱えている（図 1・2）．こうした問題は科学技術だけで解決できることではないが，より多様な解決策を得るために，生命科学に立脚し，植物のもつ生産性をより迅速かつ効率的に改良することが期待されている．植物の生産性を高めるためには，圃(ほ)場整備や灌漑，施肥，農薬による害虫・病原菌の防除，除草などがあるが，こうした栽培環境の最適化に必要なエネルギー投資をより少なくし，植物本来がもつ耐性能力，生産性を高めることが今後重要である．

作物自身，もともと自然に存在したわけではない．農耕が始まって以来約 1 万年にわたり，自然に存在する変異や交雑の結果できてきた優良な品種が選抜され，現在の作物が育成されてきた．こうした自然を利用した育種に対して，メンデルによる遺伝の法則の発見以降，人工的な交配や突然変異により，人為的に植物の性質を変えること（**育種**）が行われ，"緑の革命" にみられる目覚ましい生産性の向上が行われてきている．一方，植物は挿し芽や挿し木で育つという性質をもっている．この性質は，栄養繁殖として，ジャガイモやイチゴなどの栽培に利用されているが，植物の場合，極端にいえば，個体を形づくる細胞（体細胞）一つからも個体を再生できるという能力（**全能性**；totipotency）を強くもっている．この分化全能性は，細胞・組織培養によるクローン苗*の育成や外来遺伝子を発現するように**遺伝子組換え**された（transgenic，あるいは genetically modified：GM ともいわれる）作物の育成に利用され（第 20 章），新しい品種改良の基盤として利用されている．また，これまでの育種で利用されてきた表現型（たとえば，緑の革命で利用された矮化 *Rht1* や *sd1* 遺伝子）の実体が明らかとなり，これらの遺伝子マーカーなどを利用した育種も進展しつつある．これらの技術的進展は，従来技術が抱えてきた諸問題（遺伝的多様性の拡大，よい性質を示す個体の選抜と固定）の解決に大きく貢献している．特に，

* 動物の場合と違い，植物のクローン繁殖（栄養繁殖）は容易である．我々が食べているジャガイモやイチゴはそれぞれのクローンを食べているといえる．クローンのよいところは，品質の均一性であるが，一方，1845 年アイルランドにおけるジャガイモ疫病菌による凶作に見られるように，悪環境によって，壊滅的な被害を受ける可能性がある．

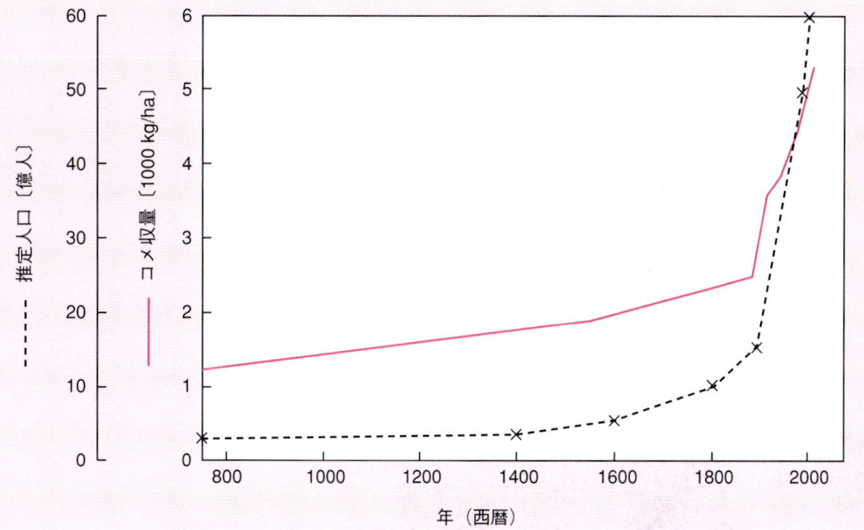

図 1・2 人口増加と食糧増産の相関 わが国におけるコメの収量と世界の人口の歴史的推移をグラフで示す．農業生産量の向上とともに人口が増加してきたが，これからの地球人口の増大に食糧増産が追いつけるだろうか．〔“Crop physiology : some case histories”, ed. by L. T. Evans, Cambridge University Press（1975）より改変〕

遺伝子組換え技術によって，選抜を必要とせず，目的とする形質だけを導入することや，種の壁を越えて新奇な形質を導入することが，可能となってきたことの意義は大きい．現在，遺伝子組換え作物のうち，市販されているものの多くは耐虫性や除草剤耐性植物であるが，青いカーネーションや不飽和脂肪酸の少ないナタネ油，ビタミンAを多く含む栄養価の高い米（ゴールデンライス）のような付加価値の高い作物（口絵2），さらには，生分解性プラスチックのような環境と調和する工業原料の開発は消費者の生活をより豊かにするものと期待できる．しかし，組換え技術に対する不安，特に，食品の安全性に対する不安（第21章）や生態系の撹乱に対する不安の声は根強く，生命科学の知識の普及と共通の認識の育成が必要である．

1・6 人間や生命についての問い

日常生活の中の生命科学というと，医療や食べ物につながる側面を考えがちだが，もう一つ忘れてはならない側面がある．それは，生命科学が“生命や人間について考える”ためのさまざまな材料を提供してくれるということだ．“生命とは何か”“人間とは何か”といった問いは，だれもが一度は考えたことのある問いだろう．

分子や細胞のレベルで生物を調べていくと，生命体のもつ実に巧妙な仕組みが見えてくる．たとえば，生命の基本単位である細胞のふるまいについては，細胞分裂，細胞内外での情報伝達，細胞死（アポトーシス）などについて，詳しいメカニズムが解明されつつある．そうした研究からわかってきたことは，アメーバや酵母菌といった単細胞の生物から，植物や人間などの多細胞生物まで，一見非常に遠い関係にある生物同士であっても，分子や細胞のレベルでは驚くほど共通の仕組みをもっているということであった．

このことは，今から振り返ってみれば決して不思議なことではない．地球上のすべての生物は，進化の歴史をさかのぼっていけば共通の祖先にたどり着く．同じものから由来した生物が共通の仕組みをもつのは当然だといえる．だが，ほんの20年前でも，ほとんどの研究者は，ここまでの共通性が見つかるとは予想していなかった．

私たち人間は，長い間，他の生物とは違って人間は特殊な存在だと考えてきた．しかし，生命科学が明らかにしてきたさまざまな事実は，少なくとも生命体を構成する分子や細胞のレベルで見る限り，人間は特殊な存在ではないということを教えてくれる．また，植物も動物も，そして単細胞の生物も，外見の多様性から予想されるよりもはるかに共通の仕組みをもつ，つまり，近い関係にあるということも，この20年ほどの生物学や生命科学の研究から明らかになってきたことである．

現在ではしかし，多くの共通性があるという事実をふまえたうえで，“ではなぜ，生物の形態や行動に，これほどの多様性があるのか”という問いにも，多くの研究者が関心を向けている．そして，人間についても，部品としての分子や細胞の共通性をふまえたうえでは，“では総体としての人間は，他の生物と何が違うのか．何か特殊なところはあるのか”という問いが今，研究の対象となりつつある．チンパンジーやゴリラなどの類人猿とゲノムを比較しようというプロジェクトも始まっている．

おそらく，真の意味で“人間とは何か”という問いを追求していくためには，生命科学がカバーする分子や細胞，個体発生といった研究以外にも，認知科学，行動学，人類学など，多様な分野の研究が総合されなくてはならないだろう．いわゆる科学の分野だけでなく，あらゆる分野の学問が必要になるのは当然だ．だが，そうしたなかで，生命現象の基本を解明しようとする生命科学が，重要な役割を果たすことは間違いない．

1·7　生命科学の広がり

現代の社会は多くの問題をかかえている．環境，エネルギー，食糧，医療といった世界のすべての国にとっての問題もあれば，日本を含む，いわゆる先進国では，高齢化社会の到来という問題がある．そのいずれもが生命現象と深いかかわりをもっている．

生命科学は，まずは分子や細胞といったミクロの現象の解明を中心にすえているが，それらがつながる先を見ていくと，医療や食べ物といった日常生活の問題から，エネルギーや環境といった地球規模の問題，そして人間や生命について考える思想面まで，あらゆる方面に広がっていることがわかる．その意味で，現代の社会を生きる人々にとって，今や生命科学は必須の学問だといっても決して大げさではない．第2章からは，生命科学が取組もうとしている研究の内容と広がりを，具体的に見ていこう．

第Ⅰ部

生命とは何か

2

生体物質の構造と機能

2·1 はじめに

私たちの体の成分は，おもに水，タンパク質，糖質（炭水化物ともよぶ），脂質，核酸で構成されている．水を除いたタンパク質，糖質，脂質，核酸を**生体の主要四大成分**とよぶこともある．ここではタンパク質，糖質，脂質について解説し，核酸は第Ⅱ部“遺伝子と生命の連続性”のところで解説する．また，水は生物体の約 70 %を占め，後で示すように生体内のさまざまな化学反応や生体成分の構造維持に必要な物質である．

多くの人の場合，タンパク質，糖質，脂質の役割というとどうしても食べ物からの発想になるかもしれない．「タンパク質は血や肉になる」「糖質は，米やパンで，エネルギーとなる」「脂質は太る？」などであるが，生命科学を勉強していくなかで，このような発想から一歩進んで，タンパク質，糖質，脂質ときけば，生体内の酵素やシグナル伝達物質などのような生理活性をもったものを頭に浮かべるようになればしめたものである．

2·2 タンパク質

2·2·1 タンパク質の基本構造と機能

タンパク質は，ほ乳動物ではゲノム解析の結果から推測すると約 3 万種，翻訳後の修飾による変化なども考慮すると約 10 万種あるといわれ，酵素などとして働くことで生命活動の主要な役割を担っている．つまり，これらの多くのタンパク質がそれぞれ機能をもっており，“血”や“肉”というタンパク質は存在しない．実際には“血”（＝血液細胞やそれ以外の血漿成分）中に，あるいは“肉”（＝筋細胞）の中にそれぞれの機能をもった多種類のタンパク質が存在することになる．タンパク質は図 2·1 にあるように 20 種のアミノ酸が，多いものでは 1000 個以上連なった構造をしている．また 2 個以上数十個程度連なったものを**ペプチド**とよぶ．タンパク質を**ポリペプチド**という場合

アミノ酸は味を決める

タンパク質はアミノ酸から構成されているが，このアミノ酸は実は食べ物の味を決めている重要な要素にもなっている．その場合のアミノ酸はタンパク質の状態ではなく個々のアミノ酸の状態（これを**遊離アミノ酸**という）で存在し味を決めている．グルタミン酸はコンブのだしのうま味成分であることが知られている．冬の味覚のカニの味を決めているアミノ酸はこのグルタミン酸のほか，数種類のアミノ酸が中心である．ウニの場合はこれらに加えてメチオニンが加わる．ウニの独特の甘みはこのメチオニンが決め手である．食品添加物として“アミノ酸等”と記されている場合，このグルタミン酸が主成分で，おもに調味料としての役割がある．このほかに，アミノ酸ではないがうま味成分としてカツオブシの 5′-イノシン酸も知られている．

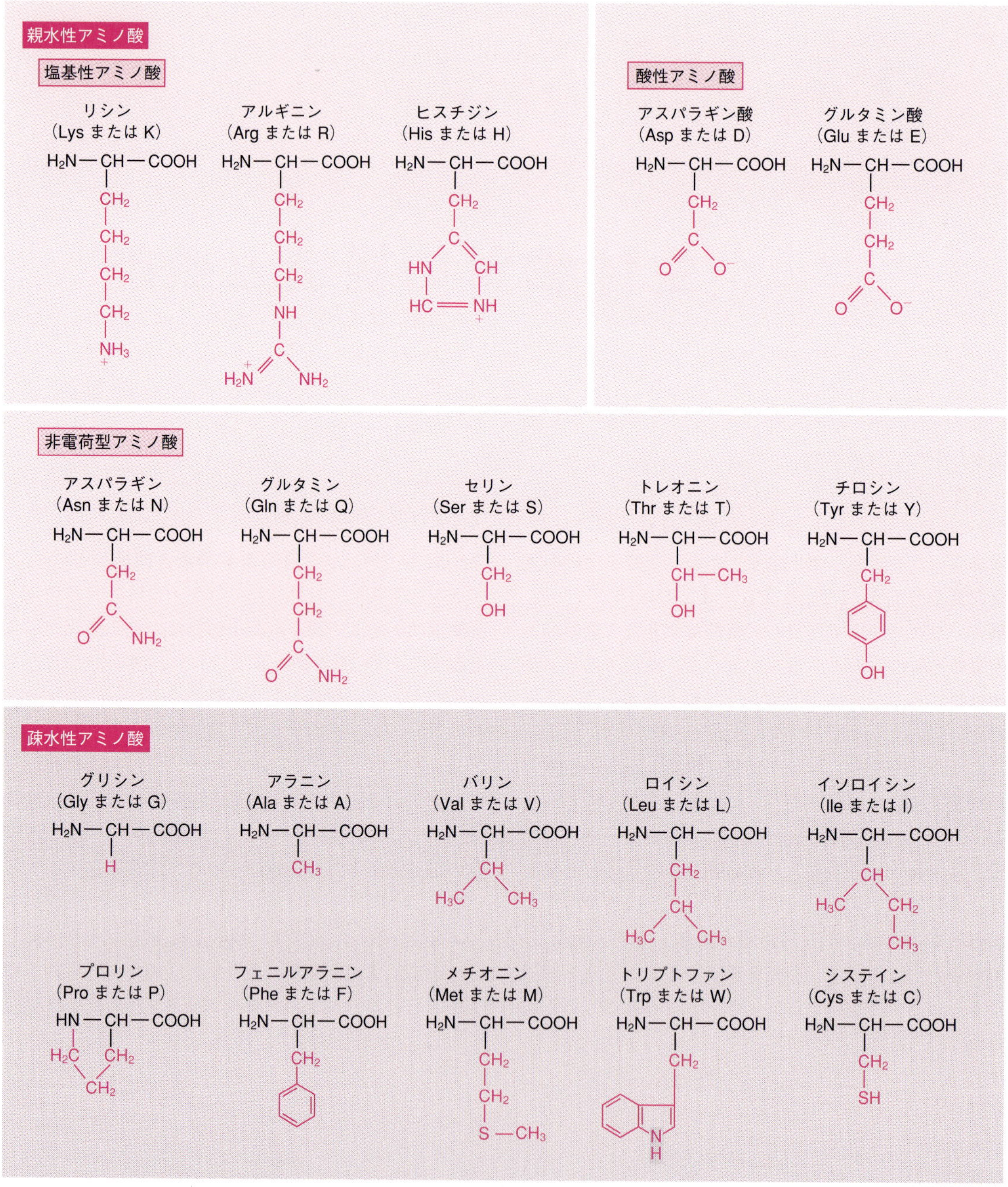

図 2・1　アミノ酸の分類と構造　それぞれのアミノ酸の名前のあとの括弧内には，3 文字および 1 文字の略記を示した．各アミノ酸の共通部分は黒字，異なる部分は赤字で示した．また共通部分のアミノ基，カルボキシル基は非電荷型で示した．

もある．図 2・1 のように 20 種のアミノ酸は，それぞれ共通部分と，個々のアミノ酸で異なる部分から構成されている．この共通部分には結合の手が 2 本あり，それぞれ**アミノ基**（-NH_2），**カルボキシル基**（-COOH）とよぶ．図 2・2 にあるようにアミノ基はカルボキシル基と，カルボキシル基はアミノ基と結合し，形成された結合（-CO-NH-）は**ペプチド結合**とよばれる．結合の過程で水分子が 1 個取れ，逆に分解されるとき

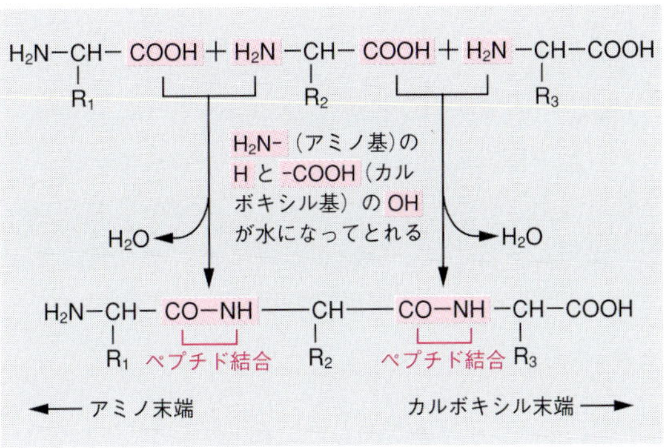

図 2・2　アミノ酸とペプチド結合（−CO−NH−）

には1分子の水が加わり元のアミノ酸になる．これを**加水分解**とよぶ．このようにタンパク質は直線的にアミノ酸が結合したものなので両端が存在する．結合していないアミノ基をもつ一方の端を**アミノ末端**，あるいは**N末端**といい，他方，結合していないカルボキシル基をもつ端を**カルボキシル末端**，あるいは**C末端**ということによってその方向性を示す．タンパク質の生体内での合成はリボソーム上でアミノ末端から順次行われる（第9章“遺伝子の働き”参照）．

2・2・2　構成アミノ酸の性質と機能

20種のアミノ酸は必須アミノ酸とそうでないものとに分けることもあるが，これはヒトがそのアミノ酸を自分で合成できるか，または合成できないので食物として取入れる必要があるかということであり，生体にとってタンパク質をつくるためには，20種類すべてが必要なアミノ酸である．アミノ酸は，構造の違いによってその性質が異なる．構成するアミノ酸の性質の違いが，最終的にはそのタンパク質の機能の違いに反映されるので，個々のアミノ酸の性質の違いをある程度理解することはタンパク質の機能を知るうえでも重要である．アミノ酸の性質の違いは，水に対して親和性があるかないかで大きく分けることができる．前者を**親水性アミノ酸**，後者を**疎水性アミノ酸**という．これはタンパク質の機能発現のためには水が大きくかかわっているからである．疎水性アミノ酸は疎水性物質，たとえば脂質や疎水性アミノ酸同士とで結合することができる．このように疎水性物質同士の結合を**疎水結合**とよび，タンパク質の機能の重要な要素になる．一方親水性アミノ酸はさらに，生理的条件下で解離し，正の電荷をもつ**塩基性アミノ酸**，負の電荷をもつ**酸性アミノ酸**，**非電荷型アミノ酸**に分けることができる．正の電荷をもつアミノ酸は，負の電荷をもった物質と，負の電荷をもつアミノ酸は正の電荷をもった物質と結合する．このような結合を**イオン結合**とよび，これもタンパク質の機能を考えるうえでの重要な要素になる．非電荷型アミノ酸と疎水性アミノ酸を合わせて**中性アミノ酸**とよぶこともある．またアミノ酸のなかには**ヒドロキシ基**（水酸基，-OH）をもつものがあり，ここにリン酸基が結合することがある．このようなタンパク質中のアミノ酸の**リン酸化**は，生体内の情報伝達や酵素の活性調節機構の重要な一端を担っている．一例を図2・3にあげた．肝臓でのグリコーゲン（糖

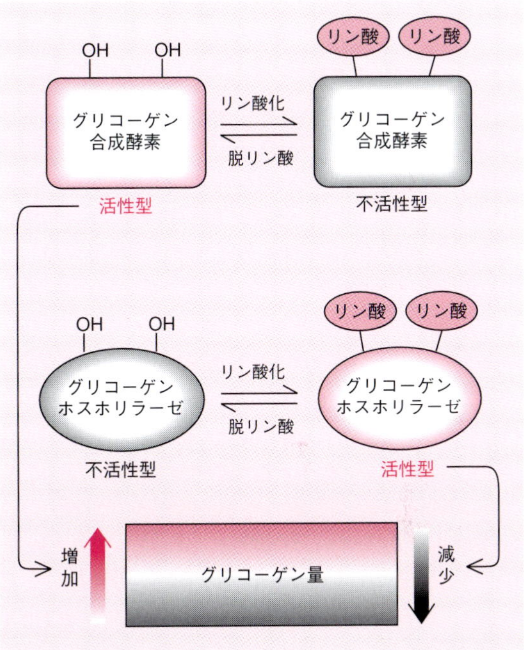

図 2・3　アミノ酸のヒドロキシ基のリン酸化による酵素活性調節

質の一種，図2・5参照）の量は，グリコーゲン合成酵素とグリコーゲン加リン酸分解酵素（グリコーゲンホスホリラーゼ）によって調節されている．この二つの酵素は，その構成アミノ酸のセリンに存在するヒドロキシ基にリン酸が結合することによって酵素活性が調節されている．グリコーゲン合成酵素はリン酸基が結合することによって不活性型になり，グリコーゲン分解酵素は逆に活性型になる．つまりリン酸化により

グリコーゲンの量は減っていく．逆に，リン酸基がはずれると今度は グリコーゲン合成酵素は活性型，グリコーゲン分解酵素は不活性型になりグリコーゲンの量は増加する．リン酸基の結合による活性の調節には，先ほど述べたイオン結合が関与していると考えられている．すなわち，結合したリン酸基は強く負に帯電しているので，タンパク質中の塩基性アミノ酸がイオン結合により引きつけられるためタンパク質の立体構造の変化が起こり，そのことで活性が調節されると考えられる．これらのリン酸基を結合させたり外したりするのも他の酵素によってコントロールされている．食事をとるとグリコーゲンが増加し，空腹時はグリコーゲンが減少するのは，肝臓においてタンパク質のリン酸化による情報伝達と酵素活性調節が行われているか

パーマとタンパク質の高次構造

タンパク質はアミノ酸が直線的につながったものであるが，唯一例外としてアミノ酸の一つシステインによりタンパク質間に架橋構造（ジスルフィド結合）をつくることができる．結合する相手もシステインである．この架橋構造は同一のタンパク質の中で，あるいは異なったタンパク質間でも起こり，タンパク質の高次構造を保持するのに重要な役割を果たしている（図2・4参照）．さて，話の本題のパーマ（パーマネントウエーブ）であるが，パーマでは髪の毛のタンパク質であるαケラチンのシステイン同士の結合をいったん切断し，さらに熱を加えることで，高次構造の一種であるらせん状のαヘリックス構造をほどき，伸展したβシート構造にする．カーラーで適当に形を付けた後その形を保持するために新たなシステイン間の結合をつくり，温度を下げると形の整ったαヘリックス構造に戻る．2液タイプのパーマでは第1液にはシステイン自身やチオグリコール酸などの還元剤が入っており，この作用でシステイン間の結合が切れる．第2液には逆に臭素酸ナトリウムなどの酸化剤が入っており再結合が起こる．パーマを当てているときにαヘリックス→βシート構造→αヘリックスと頭の中で想像してみるとタンパク質の高次構造がよくわかるかもしれない．

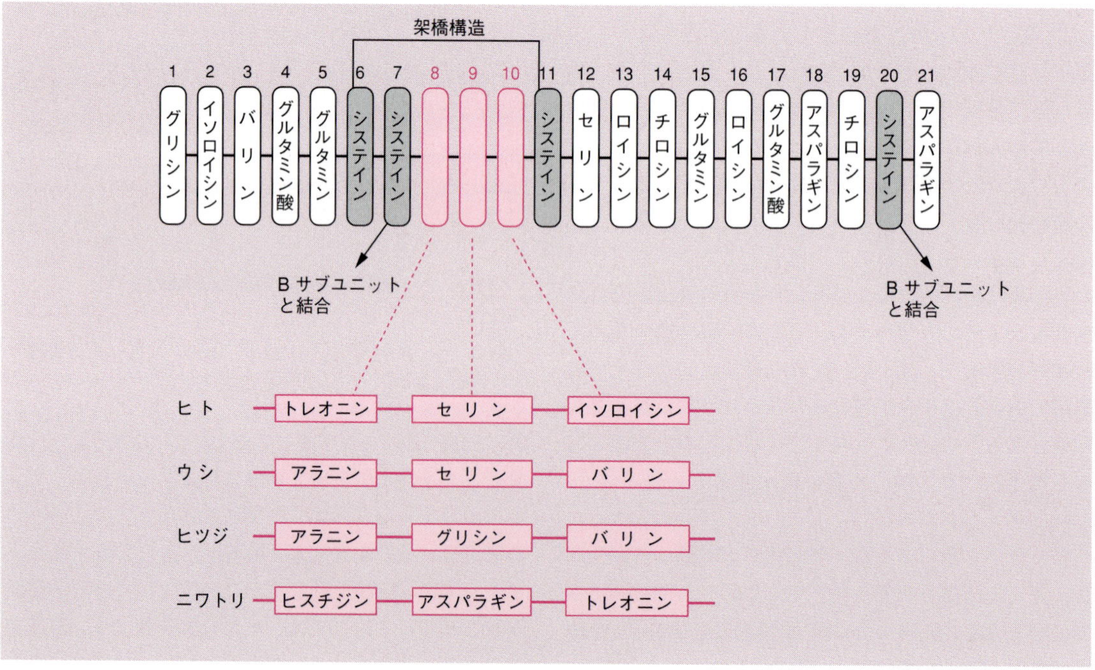

図 2・4 インスリンAサブユニットの一次配列と動物種間での差異　8〜10の部分が下記の動物種間で異なる．

らである．

2・2・3　タンパク質の高次構造

タンパク質のアミノ酸の配列を**一次構造**とよぶ．これらのアミノ酸は単独で機能を発揮するというよりある塊として機能を発揮する．この塊は**モチーフ**とよばれることがある．このモチーフは複雑に折れ曲がった構造をとっている．このような構造にはある程度共通の構造があり，らせん状の**α ヘリックス構造**，シート状の**β シート構造**などが知られている．これらの

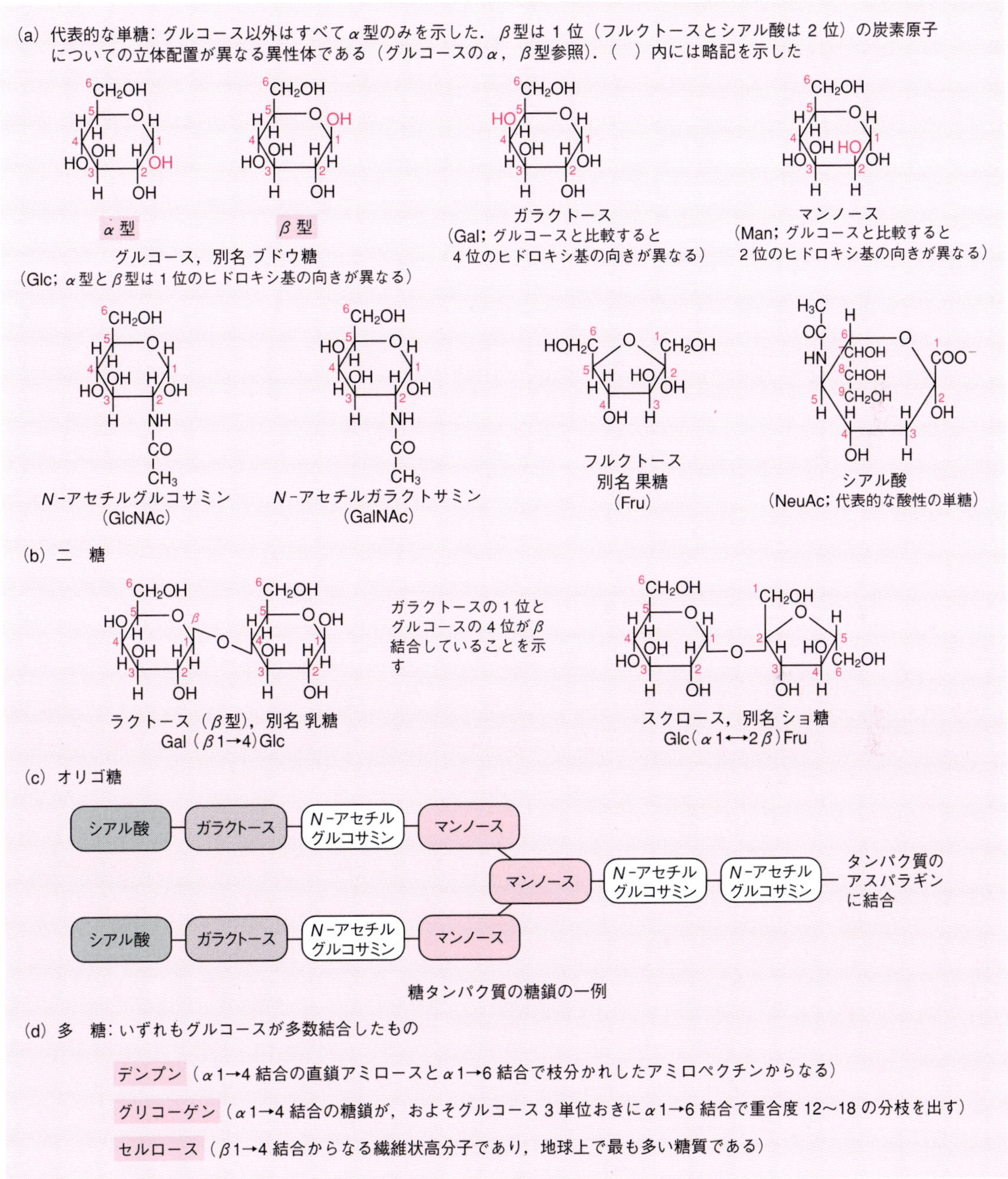
(a) 代表的な単糖：グルコース以外はすべてα型のみを示した．β型は1位（フルクトースとシアル酸は2位）の炭素原子についての立体配置が異なる異性体である（グルコースのα，β型参照）．（　）内には略記を示した
α型
β型
グルコース，別名 ブドウ糖
（Glc；α型とβ型は1位のヒドロキシ基の向きが異なる）
ガラクトース
（Gal；グルコースと比較すると
4位のヒドロキシ基の向きが異なる）
マンノース
（Man；グルコースと比較すると
2位のヒドロキシ基の向きが異なる）
N-アセチルグルコサミン
（GlcNAc）
N-アセチルガラクトサミン
（GalNAc）
フルクトース
別名 果糖
（Fru）
シアル酸
（NeuAc；代表的な酸性の単糖）
(b) 二　糖
ガラクトースの1位とグルコースの4位がβ結合していることを示す
ラクトース（β型），別名 乳糖
Gal（β1→4）Glc
スクロース，別名 ショ糖
Glc（α1↔2β）Fru
(c) オリゴ糖
シアル酸
ガラクトース
N-アセチルグルコサミン
マンノース
マンノース
N-アセチルグルコサミン
N-アセチルグルコサミン
タンパク質のアスパラギンに結合
シアル酸
ガラクトース
N-アセチルグルコサミン
マンノース
糖タンパク質の糖鎖の一例
(d) 多　糖：いずれもグルコースが多数結合したもの
デンプン（α1→4結合の直鎖アミロースとα1→6結合で枝分かれしたアミロペクチンからなる）
グリコーゲン（α1→4結合の糖鎖が，およそグルコース3単位おきにα1→6結合で重合度12〜18の分枝を出す）
セルロース（β1→4結合からなる繊維状高分子であり，地球上で最も多い糖質である）

図2・5　糖質の構造

構造は**二次構造**とよばれている．これらの二次構造がさらに折りたたまれた構造を**三次構造**とよぶ．また，複数のタンパク質がからみ合い高次構造を保って機能を発揮することもある．この場合それぞれのタンパク質を**サブユニット**とよび，このサブユニットからなる構造を**四次構造**とよぶこともある．多くのタンパク質は，これらのドメインやサブユニットから構成されており，適正な高次構造を保つことによりその機能を発揮している．またこれらの高次構造が壊れた場合，タンパク質は機能しなくなる．このような状態をタンパク質の**変性**という．

2・2・4　タンパク質の一次構造の普遍性

個々のタンパク質のアミノ酸の配列すなわち一次構造はそれぞれの種によって基本的には決まっている．その情報は遺伝子上に保存されている（詳しくは第II部“遺伝子と生命の連続性”参照）．しかし異なった種間で比較すると，同じ機能をもつタンパク質でも少しずつ一次構造が異なることが知られている．図2・4はグルコースの細胞への取込みに関与し血糖値を下げる働きをするインスリンというタンパク質を例にあげている．インスリンの働きは図に示した四つの種のいずれでも同じであるが，Aサブユニットの8～10番目のアミノ酸は種によって多少異なる．このことはこれらの部分はインスリンの機能に関しては多少融通のきく部分であり，種の個性が表れる部分と考えることもできる．逆にそれ以外の配列はこれらの種の間で保存されており，そのタンパク質の機能を発揮するうえで重要な配列と考えることができる．実際，ウシのインスリンをヒトに投与してもインスリンとしての機能を発揮する．なかにはヒトと酵母の間でも入替えることのできるタンパク質も知られている．ヒトのなかでも遺伝的な変異によって，あるタンパク質のアミノ酸の配列が異なることがある．その配列の異なった部分が，先ほどの多少融通のきく部分であれば大きな問題は起こらないが，重要な配列に違いが生じると，そのタンパク質の機能が損なわれ，生まれてこなかったり，生まれてきても障害が起こることがある．

2・3　糖　質

2・3・1　糖質の構造

タンパク質がアミノ酸から構成されているのに対し，糖質は**単糖**が複数結合したものである．図2・5に代表的な単糖を含む糖質を示す．糖質はヒドロキシ基（-OH）を多くもつため基本的に親水性の物質である．このヒドロキシ基が結合の手になるので，一つの単糖で三つ以上の結合の手が生じることになる．そのため直線的な配列以外に分岐構造をとることもあり，構造の多様性をもたらす要因になっている．二つ

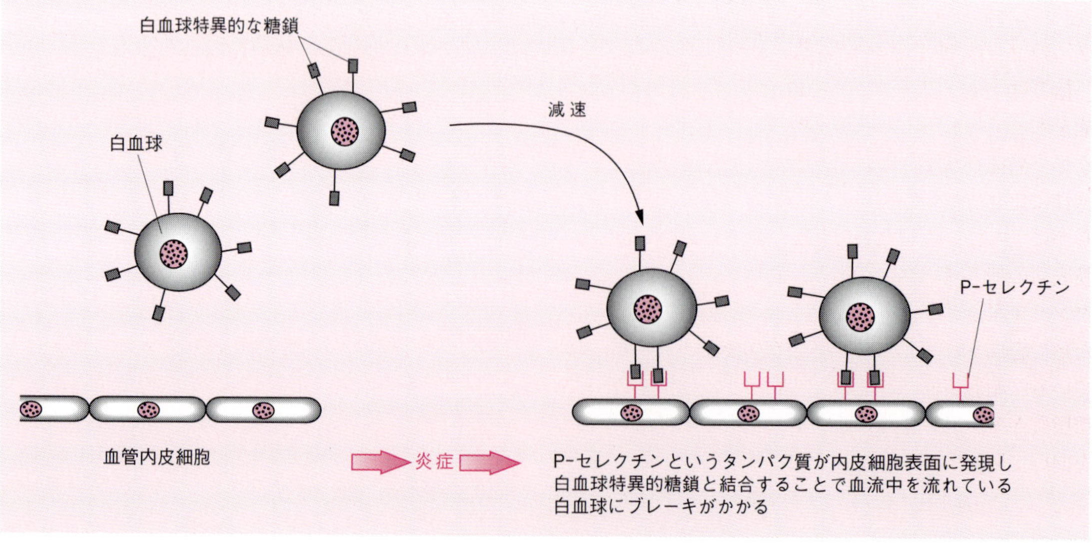

図 2・6　糖鎖を介した白血球の炎症部位への集合

> **糖で性格が決まる？**
>
> ABO 式の血液型は医学的な面ばかりでなく，真偽はともかく性格診断の手段としても有名であるが，A 型，B 型，O 型の違いの本質は糖であることは意外に知られていない．A 型は O 型に比べて赤血球表面にある糖鎖（本文参照）に余分に *N*-アセチルガラクトサミンという糖が付いている．B 型はガラクトースが余分に付いている．また，AB 型はこの両方が付いている．これらの糖の違いが輸血の際には重要な問題になるのだが，さて，赤血球表面の糖の違いで本当に性格が決まるのであろうか．

結合したものを**二糖**，多数結合したものを**多糖**，その中間を**オリゴ糖**という．生体に存在する糖質はエネルギー源のグルコースや代謝中間体，あるいは植物細胞の細胞壁を構成する多糖を除いては，そのほとんどがタンパク質や脂質と共有結合によって結合した形で存在する．これらを**複合糖質**とよび，結合する相手によって，それぞれ**糖タンパク質**，**糖脂質**という．複合糖質に結合している糖質を**糖鎖**とよぶ．これらの複合糖質のなかには糖鎖の方がタンパク質や脂質よりも大きい場合がある．糖タンパク質の場合，タンパク質側の結合部位はセリンやトレオニンのヒドロキシ基，あるいはアスパラギンの側鎖に結合するため，タンパク質から分岐した形になる．糖脂質の場合は，相手の脂質はほとんどが**スフィンゴ脂質**（脂質の一種，図 2・7 参照）とよばれるものである．糖鎖部分の生合成は細胞内の小胞体やゴルジ体で行われることが知られている．

2・3・2　糖質の機能

糖質はエネルギー源として働くほか，種々の生理機能をもっている．これらの生理機能の多くは糖鎖という形で発揮されている．しかしながら，糖鎖構造の多様性に比べて判明している機能は多くない．比較的明らかになっている例として，分泌糖タンパク質や細胞膜表面の糖タンパク質の糖鎖の役割がある．これらのタンパク質が小胞体の内側で正しい立体構造を保持した形で合成されるために，糖鎖が必要なことが知られている．細胞表面には先ほどの糖タンパク質のほかに糖脂質が多く存在するが，これらの糖鎖は細胞の外側を向いておりインフルエンザなどのウイルスや大腸菌 O157 などの細菌の受容体になっていることが知られている．つまりこれらのウイルスや細菌ははじめに細胞表面の糖鎖に結合した後，細胞内へ進入することが

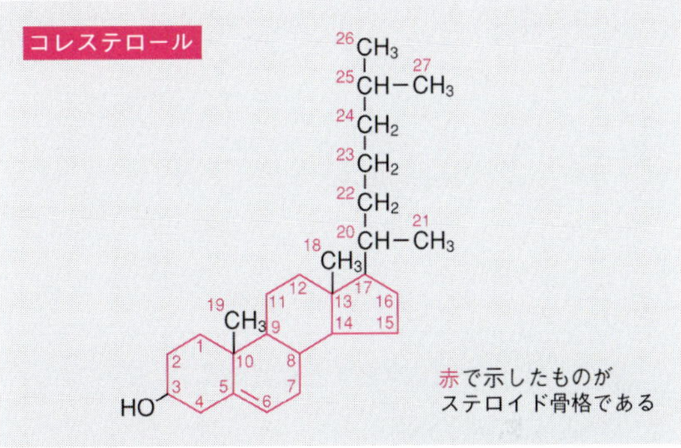

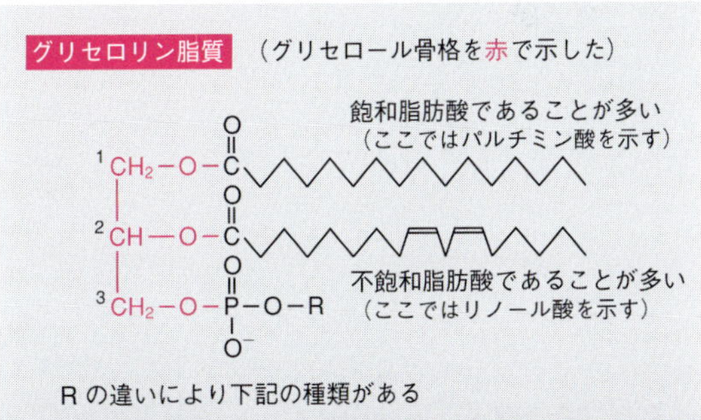

R の構造	R の名称	グリセロリン脂質の名称
$-H$		ホスファチジン酸
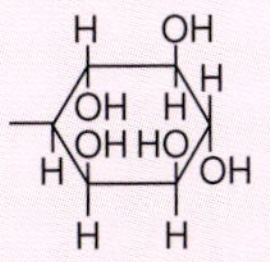	*myo*－イノシトール	ホスファチジルイノシトール
$-CH_2-CH_2-\overset{+}{N}H_3$	エタノールアミン	ホスファチジルエタノールアミン
$-CH_2-CH(OH)-CH_2-OH$	グリセロール	ホスファチジルグリセロール
$-CH_2-CH_2-\overset{+}{N}(CH_3)_3$	コリン	ホスファチジルコリン
$-CH_2-CH(COO^-)-\overset{+}{N}H_3$	セリン	ホスファチジルセリン

図 2・7　生体膜に存在する脂質の構造（次ページへつづく）

スフィンゴ脂質　（スフィンゴシン骨格を赤で示した）

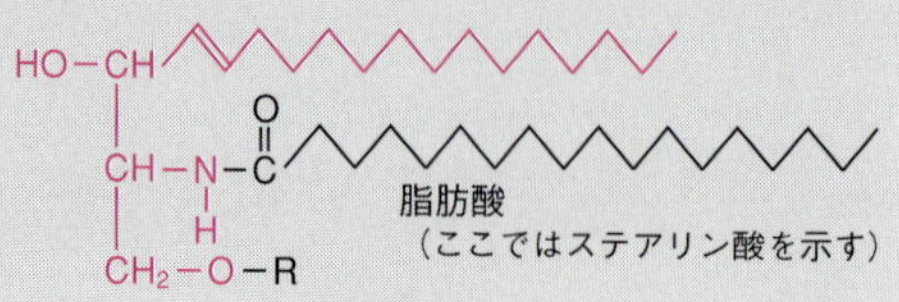

Rの違いにより下記の種類がある

Rの構造	Rの名称	スフィンゴ脂質の名称
－H	－	セラミド
$-\overset{O}{\overset{\Vert}{\underset{O^-}{\underset{\vert}{P}}}}-OCH_2CH_2\overset{+}{N}(CH_3)_3$	ホスホコリン	スフィンゴミエリン
－	種々の単糖やオリゴ糖（糖鎖）	糖脂質

図 2・7　生体膜に存在する脂質の構造（つづき）

知られている．この最初の結合を妨害してやればこれらのウイルスや細菌の感染を防ぐことが予想されている．細胞外での糖鎖の役割の一例として図2・6に示したように，細菌感染などによって炎症が起こると血管の内皮細胞表面に，P-セレクチンというタンパク質が発現し，このP-セレクチンが白血球表面にある特異的な糖鎖と結合することにより血流中を移動している白血球にブレーキがかかり，最終的に炎症部位に白血球が集まることに役立っている．

2・4　脂　　質

脂質は，その分子中に炭素と水素からなる炭化水素が連続して存在する炭化水素鎖をもっており，この炭化水素鎖が疎水的性質をもっているため一般的には水に溶けにくい性質を示す．脂質を**脂肪**とよぶこともあるが，狭義には，脂肪とはグリセリンと脂肪酸からなる**中性脂肪**（トリグリセリド）をさすことがあるので，ここでは脂質という用語を用いる．脂質には，中性脂

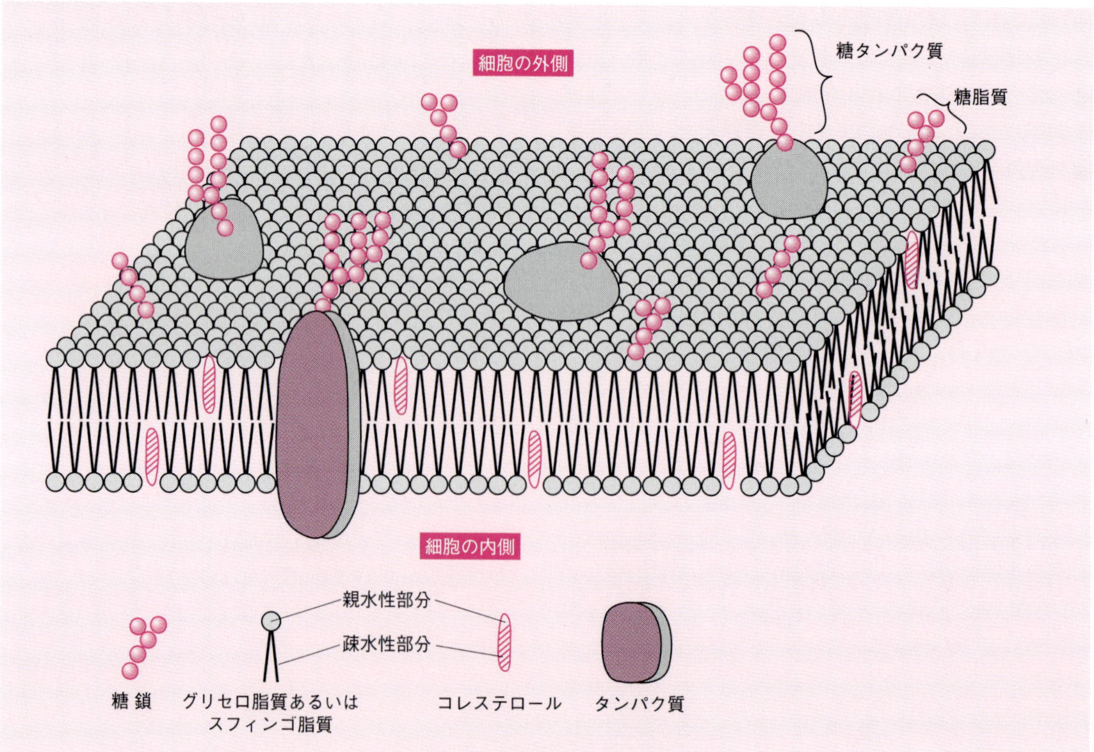

図 2・8　生体膜のモデル

肪以外に，**グリセロリン脂質**，**スフィンゴ脂質**，**コレステロール**などがある．図2・7に代表的な脂質を示してある．脂質はその疎水的性質によって互いに結合して集合することがしばしばある．肉のいわゆる脂身もこの集合体の一種であるが，細胞では脂質の集合した膜，生体膜が重要な役割をもっている．この生体膜は基本的に脂質の二重層から成り立っており，そこに種々のタンパク質が埋込まれている（図2・8）．タンパク質の脂質に接する部分は，当然疎水性のアミノ酸からなる．生体膜は細胞という生体反応の場を外界から分離し，細胞の内部では生体反応の場のコンパートメントをつくっている．細胞を住宅にたとえれば，生体膜は外壁や屋根，各部屋の壁にあたる．生体膜の脂質はそのようなしきりとしての性質のほか，細胞外の刺激に応じて種々の生理活性物質を産生することにより，シグナル伝達の重要な因子の一つになっている．図2・9にその一例を示す．生体膜脂質成分の一つホスファチジルイノシトールはその一部がリン酸化されホスファチジルイノシトール4,5-ビスリン酸に変化しているが，細胞外の刺激に反応してこのリン脂質を分解する酵素の活性が上昇しイノシトール1,4,5-トリスリン酸とジアシルグリセロールに分解される．前者は，細胞質の Ca^{2+} の量を増加させ，種々の酵素の活性を調節すると同時に，後者はタンパク質リン酸化酵素を活性化させシグナル伝達において重要な役割を果たしている．そのほかにも，生体膜脂質はプロスタグランジンの前駆体にもなっている．プロスタグランジンのあるものは発熱や痛みにも関与しており，アスピリンなどの非ステロイド性抗炎症薬はこのプロスタグランジンの産生を抑える働きをしている．このように脂質は生理活性物質としても重要な働きをしている．

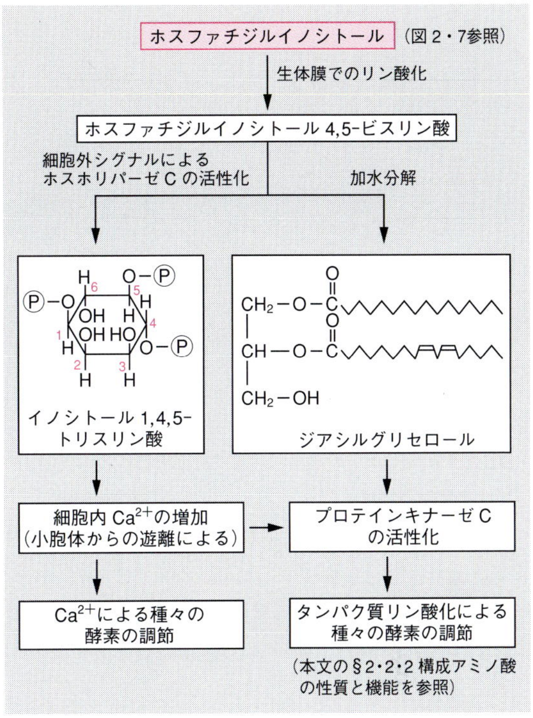

図 2・9 ホスファチジルイノシトールによる細胞内シグナル伝達

コレステロールは“ジキル博士とハイド氏”？

コレステロールは脂質の一種であるが，コレステロールときくと多くの人は動脈硬化や心筋梗塞を連想するはずである．実際，血中のコレステロールの値が高くなることは動脈硬化や心筋梗塞の危険因子の一つであるが，現在では血中のコレステロール値は薬で比較的簡単に下げることができる．これは日本で開発されたコレステロールの生合成を抑える薬が発端になっている．しかし，一方でコレステロールは我々の体にはなくてはならないものである．本文でも紹介したが細胞膜をつくる主要成分の一つであるし，副腎皮質ホルモン，男性ホルモン，女性ホルモン，さらには食べ物の消化吸収に必要な胆汁の主要成分の胆汁酸もコレステロールからつくられる．だからコレステロールは“ジキル博士とハイド氏”といったところであろうか．コレステロール値が少なすぎるのも要注意である．

3 代　謝：生体内における物質の変換

3・1 はじめに

生命体とはいったいなんだろう．実は，20 世紀初頭にユクスキュル（J. J. Uexküll）という生物学者が，生命体は自分を取巻く固有の環境との間に取結んだ機能的円環関係（互いに依存し，相互にやりとりをする共同体の関係）のうえに成り立っているとし，“環境世界理論”を唱えた．この理論によると，生命体にはそれぞれの種に固有の環境があり，その生きている環境に適応し，その環境と機能的円環関係を形成して自らの機能的統一性を維持しているのが生命体であるという．もっとわかりやすくいえば，生命体はその生きている生物学的環境から生まれた存在でありながら，その環境からさまざまな情報を得て自らの置かれている状況を理解し，さまざまな物質を取込んで利用したり，また，その環境を積極的に変革したりもする存在であるということである．今からみると至極当然のことをいっているように感じられるが，当時の生物学界ではほとんど注目されることはなく，実はハイデガー（M. Heidegger）などが展開した現象学の哲学の分野から注目され，知られるようになった．生物はさまざまな形で環境とダイナミックに物質的なやりとりをしているが，ここでは，おもに多細胞動物における物質代謝を中心にその一端をのぞいてみることにしよう．

3・2 エネルギー代謝

生物が自らの体を維持したり，活動したりするためにはエネルギーを必要とし，そのために周りの環境からさまざまな物質を取込み，エネルギーを得ている．生物にとってエネルギー産生とは還元状態の高い有機物を酸化することにより高い自由エネルギーをもつ **ATP**（アデノシン 5′-三リン酸）をつくることである．ATP はアデノシンに 3 個のリン酸が結合したものであり，この高エネルギーリン酸結合の加水分解で生じるエネルギーが生物の活動を支えている．

では，どのようにして ATP をつくるのだろうか．生物はエネルギーのもとであるさまざまな食物を取込むが，その主要なものは炭水化物，脂肪，タンパク質である（第 2 章参照）．これらは消化器の中で，さまざまな消化酵素により分解され，デンプンなどの炭水化物はグルコースに，タンパク質はアミノ酸に，脂肪は脂肪酸とグリセリン（グリセロール）になり，体内に吸収される．

最初に炭水化物についてみていこう．多糖であるデンプンは代表的な炭水化物であるが，唾液に含まれるアミラーゼにより二糖のマルトースに，さらに，小腸においてマルターゼにより単糖のグルコースに分解される．砂糖の主体であるスクロース（二糖）はスクラーゼによりグルコースとフルクトースに分解される．また，乳に含まれるラクトース（二糖）はラクターゼによりグルコースとガラクトースに分解され，最終的に単糖にして細胞内に取込まれ，エネルギー源として利用される．ほ(哺)乳類では子供のうちは乳で育てられるためラクターゼの高い発現がみられるが，大人になるといらなくなるので消失する．しかし，ヒトでは成人してもラクターゼの発現が維持されている．これはヒトが古くから牧畜で乳を食料として利用してきたことによるものである．

このグルコースは図 3・1 にあるように小腸の上皮

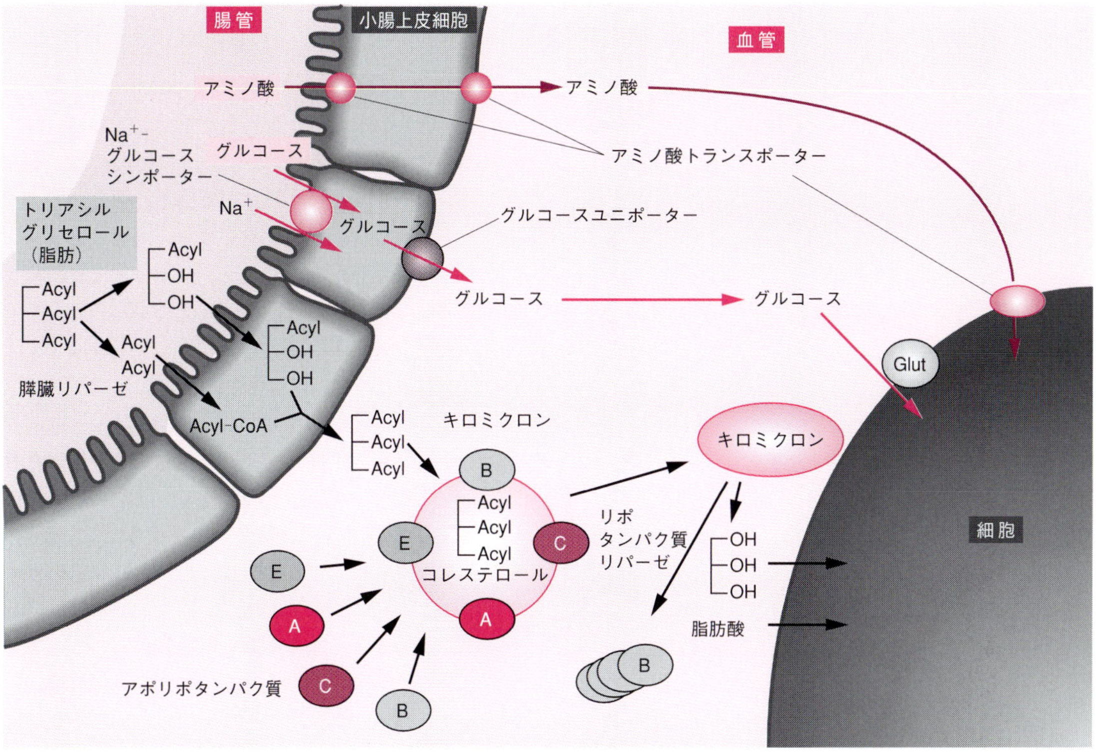

図3・1　三大栄養素，グルコース，脂肪，アミノ酸の小腸からの取込み機構と組織細胞への運搬　Acyl：脂肪酸残基，A，B，C，E：アポリポタンパク質，Glut：グルコーストランスポーター，キロミクロン：脂肪酸運搬体

細胞膜上にある Na^+-グルコースシンポーター（Na^+とグルコースを共に同じ方向に運ぶ輸送体）により Na^+の濃度勾配を利用して細胞内に取込まれ，血液側の膜にあるグルコースユニポーター（グルコースだけを運ぶ輸送体）により血中に放出され，各組織の細胞に取込まれる．炭素6個（C_6）からなるグルコースは細胞に取込まれると，つぎつぎに代謝され，C_3 化合物のグリセルアルデヒド 3-リン酸，さらに，ピルビン酸に代謝される（図3・2）．この経路では酸素を必要とせず，**解糖系**とよばれており，この過程の収支で合計2個のATPを産生する．解糖系でできたピルビン酸はミトコンドリアに運ばれ，そこで C_2 化合物のアセチル CoA になる．アセチル CoA は ATP 産生系において鍵となる分子で，後で示すが脂肪やタンパク質からの経路でもアセチル CoA となって ATP 産生系に入る．アセチル CoA は C_4 化合物のオキサロ酢酸と結合し，**クエン酸回路**で代謝され，1分子のグルコースから2分子の ATP を産生する．この回路で直接できる ATP は2分子であるが，1分子のグルコースから24個のプロトンが産生され，それが次の**電子伝達系**において，酸化される過程で34分子の大量の ATP を産生する．これらの系はすべてミトコンドリアで行われ，ミトコンドリアはまさにエネルギー生産工場として機能している．このような，ATP の産生系がすべての生物種で同じように発達しているわけではないらしい．は(爬)虫類では解糖系が ATP 産生の主体である．解糖系は短時間での ATP 産生に向いており，トカゲなどは素早く行動できるが長時間活動するのが苦手であることと符合する．彼らは敵や獲物を前にしてじっくり考察している暇はなく，瞬時に行動することが求められているからではないか．一方，ほ乳動物では電子伝達系がよく働いており，持続的に大量の ATP を産生できる．鳥類もそうだが，ほ乳類は恒温動物であり，体内の物質代謝を効率よく安定して行えるように一定の体温を維持するため，多くのエネルギーを消費することになる．さらに，大きく脳を発達させたため，その機能を維持するのにも多くのエネルギーを必要としている．脳は非常に高くつく臓器なの

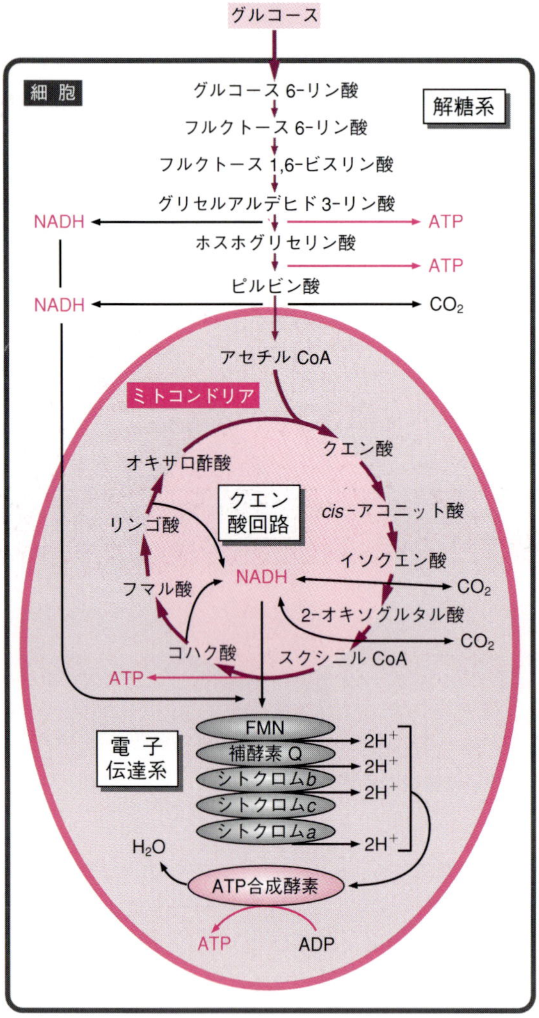

図 3・2　グルコースの代謝には解糖系，クエン酸回路，電子伝達系がかかわる　NAD: ニコチンアミドアデニンジヌクレオチド，FMN: フラビンモノヌクレオチド

である．

3・3　電子伝達鎖: 呼吸と光合成からエネルギーを得る仕組み

3・3・1　は じ め に

ATP は，エネルギーの貯蔵形態として最も重要である．ATP の生成は，還元力の高い有機物を酸化する際に放出される化学エネルギーを利用して行われる．すなわち，エネルギーは，一度，NADH〔または $FADH_2$；フラビンアデニンジヌクレオチド（還元型）〕の形で集められ，膜を介して形成されたプロトン勾配を利用して最終的に ATP に変換される．また NADH は，ATP と共役して，あるいは，独立して，さまざまな生体成分の生合成に還元力を供給している．すなわち，NADH は，ATP とともに，生物の代謝におけるエネルギー通貨ということができる．両者の必要量は，刻々変動するため，この 2 種類の通貨を両替する必要があるわけであるが，ミトコンドリアでは，**呼吸電子伝達鎖**によって行われている．ただし，この両替機は，NADH を ATP に替えることしかできない．とすると，NADH の形でエネルギーを蓄えておけばよいと考えられるが，NADH は，酸素を還元して毒性の高い活性酸素を生成するため，エネルギー貯蔵形態としては不適当である．したがって，呼吸基質は必要なときに少しずつ酸化分解され，必要な量の NADH と ATP に変換され，さまざまな生命活動が維持されている．

一方，植物では，**光合成電子伝達鎖**において，太陽光エネルギーから，NADPH と ATP がつくられる．NADPH は NADH にリン酸が一つ付加された化合物で，両者は還元力の担体としてほぼ同等の活性をもち，葉緑体では，NADPH が NADH の代わりとして，働いている．この光合成電子伝達鎖は，動物が直接利用することができない太陽光エネルギーを用いて，化学エネルギーを生産することができる重要なエネルギー供給装置である．

動物においても植物においてもエネルギー代謝の中核として電子伝達鎖が機能していることから，ここではこれら電子伝達鎖の構造と機能について説明しよう．また，光合成電子伝達鎖と共役して二酸化炭素を固定する光合成炭酸同化系についても簡単に説明する．

3・3・2　呼 吸 電 子 伝 達 鎖

呼吸電子伝達鎖は，ミトコンドリア内膜（または原核生物の細胞膜）に存在しており，ミトコンドリアのマトリックス（原核生物の場合，細胞質）において有機物の酸化的分解（すなわち解糖系とクエン酸回路）により生成した NADH から ATP をつくりだしている．この重要な反応の実体は，近年になってやっと明らかになってきたものであり，きわめて，複雑かつ精妙なものである．

すなわち，電子伝達反応において，酸化還元物質は生体膜上に隣接する連続した酸化還元反応により，酸化還元電位のカスケードを下っていく間に，エネルギー（還元力）を膜内外のプロトン勾配すなわち電気化学ポテンシャル（膜電位）に変換していく．この反応は，呼吸電子伝達鎖を構成する3種のタンパク質複合体，NADH デヒドロゲナーゼ（複合体Ⅰ），シトクロム b/c_1（複合体Ⅲ），シトクロムオキシダーゼ（複合体Ⅳ）によって行われ，電子伝達と共役してプロトンをマトリックスから膜間腔にくみ出す．すなわち，NADH に蓄えられた還元力が最終的に酸素に受渡される電子伝達反応と共役して，ミトコンドリア内膜（原核生物では細胞膜）の内外にプロトン勾配を形成する（図3・3）．こうして形成されたプロトン勾配は，

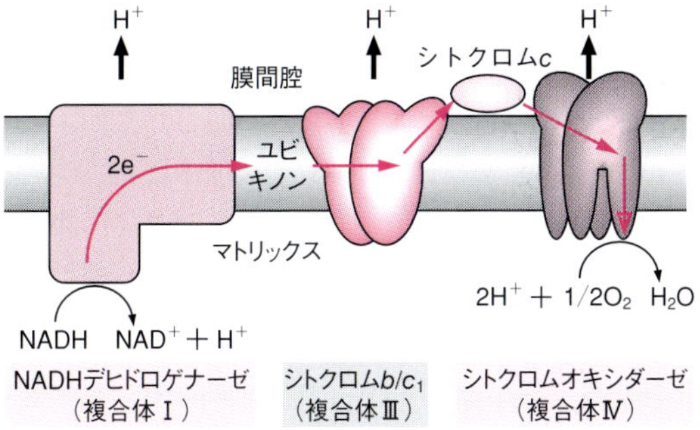

図3・3　呼吸電子伝達鎖　電子伝達（赤矢印）と共役して膜内外にプロトン勾配が形成される．ここでは示していないが，コハク酸デヒドロゲナーゼ（複合体Ⅱ）がコハク酸からフマル酸への変換に伴って，ユビキノン（補酵素 Q，CoQ）に電子供与する．

おもに ATP 合成酵素により ATP 合成に使われるが，それ以外にも，さまざまな化合物の能動輸送など，多岐にわたるエネルギー要求性の反応に利用されている．

ミトコンドリア内膜には膜を貫通する ATP 合成酵素が存在しており，膜の内外に生じたプロトン勾配によりプロトンがマトリックスに戻る力を利用して ATP を合成する．すなわち，ATP 合成酵素の中をプロトンが通過するのに共役して，膜に埋もれた回転軸が回され（発電機のタービンを思い浮かべてみよう），それに伴いマトリックス側に大きく突き出した頭部で ADP と無機リン酸から ATP が合成される．この反応は可逆的であり，逆反応では，ATP の加水分解と共役して，膜間腔からマトリックスへプロトンが輸送される．この呼吸電子伝達と ATP 合成酵素により NADH から ATP が生成する反応を**酸化的リン酸化**とよび，次に述べる光合成電子伝達と共役した ATP 生成を**光リン酸化**とよぶ．

3・3・3　光合成電子伝達鎖

光合成電子伝達も呼吸電子伝達と同様に膜上で行われるが，異なる膜（細胞小器官）を必要とする．シアノバクテリア（ラン藻，ラン色細菌ともよばれる）のような原核細胞を除いて，光合成電子伝達は**葉緑体**において行われる．呼吸電子伝達と異なるもう一つの点は，光合成電子伝達鎖は葉緑体中のストロマに浮かんでいる**チラコイド膜**とよばれる折りたたまれた二重膜上に存在することである．また，光合成電子伝達系には，光エネルギーを化学エネルギーに変換する**光化学系Ⅱ**と**光化学系Ⅰ**の2種類のクロロフィル・タンパク質複合体がある．乱暴ないい方であるが，光合成電子伝達鎖は，呼吸電子伝達鎖の上流と下流に二つの光化学系を連結したものと考えることができる．実際，葉緑体の祖先と考えられるシアノバクテリアでは，呼吸鎖と光合成鎖がともにチラコイド膜上に存在し，構成成分を共有している（図3・4）．シアノバクテリアの

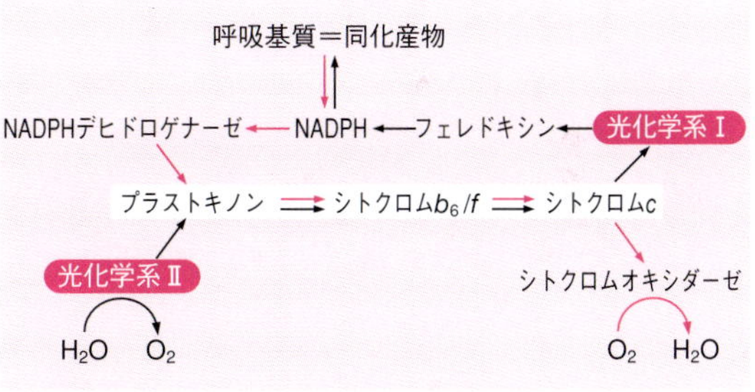

図3・4　シアノバクテリアの呼吸/光合成電子伝達鎖　呼吸（赤矢印）と光合成（黒矢印）の電子伝達がチラコイド膜に共存している．明所では，光化学系Ⅰでできた NADPH がデヒドロゲナーゼを介して再びプラストキノンに戻る循環的経路が機能している．一見，不毛な反応のようであるが，チラコイド膜内外におけるプロトン勾配の形成に寄与している（本文参照）．

場合，呼吸鎖のユビキノンがプラストキノンに，シトクロム b/c_1 複合体がシトクロム b_6/f 複合体に置き換わっているが，それらの機能と構造はきわめて相同性

が高い．暗所でのシアノバクテリア細胞では，電子供与体であるNADPHからNADPHデヒドロゲナーゼ(呼吸鎖の複合体Iと相同性をもつ)，プラストキノン，シトクロム b_6/f 複合体，シトクロム c，シトクロムオキシダーゼを経て最後に酸素に電子伝達される．一方，明所では，光化学系Ⅱにおいて光エネルギーを利用した水の分解（プロトンの引抜き）から電子伝達が始まり，プラストキノン，シトクロム c を経て，光化学系Ⅰに電子を渡し，NADPHを生成する．葉緑体ではシアノバクテリアの呼吸鎖でみられるNADPHデヒドロゲナーゼの活性は低下しているが，いまだに痕跡的活性を保持している．一方，葉緑体ではシトクロムオキシダーゼの発現は確認されていない．植物では，シトクロムオキシダーゼに依存した呼吸機能をミトコンドリアに任せて，葉緑体は光合成専門の細胞小器官に特化したといえる．植物において現在機能している光合成電子伝達系を図3・5に示す．

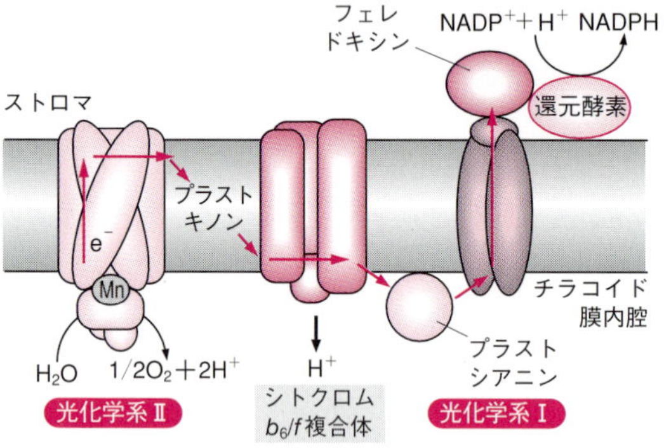

図3・5　葉緑体における光合成電子伝達鎖　図3・4で示した呼吸電子伝達に特有の部分は痕跡程度に残存するのみである．電子(e^-)は水からNADPHへと直線的に流れる（赤矢印）ので直鎖電子伝達（Zスキーム）ともよばれる．Zスキームというよび方は酸化還元電位と光合成電子伝達の関係を図示したときの形に由来している．高等植物では，シトクロム c の代わりにプラストシアニンがシトクロム b_6/f 複合体からの電子の受容体となる．還元酵素：フェレドキシン-NADP$^+$ レダクターゼ

3・3・4　光合成にみる電子伝達系の調節

すでに述べたように生体反応において必要となるATP：NADPH（NADH）の比ならびに量は，変動する．たとえば，光合成では，二酸化炭素と水から糖を合成する際にはATPとNADHが3：2の割合で要求される．一方，脂肪酸の生合成ではNADHの要求性はずっと高くなる．すなわち，時々刻々変化する代謝においてATPとNADHの存在比は変化する必要がある．一方，図3・5で示す光合成電子伝達系（いわゆる**Zスキーム**）で生成するATPとNADPHの比は，一定であるので，両者の割合の調節には，ミトコンドリアの呼吸鎖との相互作用や，光合成電子伝達鎖の**循環的電子伝達経路**が利用されていると考えられている．

ATPとNAD(P)Hはリン酸輸送体を介したシャトル回路，すなわちトリオースリン酸と3-ホスホグリセリン酸の回路，あるいはジカルボン酸輸送体によるリンゴ酸やオキサロ酢酸の輸送によって，細胞質（ミトコンドリア）から葉緑体，あるいはその逆方向に輸送されると考えられているが，その調節の詳細は不明である．一方，循環的電子伝達系として，葉緑体のNAD(P)Hデヒドロゲナーゼを経由する経路やフェレドキシンからプラストキノンへ電子伝達する経路（図3・6）が光化学系Ⅰとともに機能しており，膜のプロトン勾配を介してATPを生成していることが明らかになっている．

一方，光合成電子伝達系における活性酸素消去系もATP生成の機能を担っていると考えられる．光化学系Ⅰでは，きわめて還元力の強い分子種が生成するが，これらの一部は，メーラー（Mehler）反応により不可避的に分子状酸素を一電子還元し，活性酸素を生じる．活性酸素による障害を抑制するため，葉緑体中には**water-water回路**とよばれる光合成電子伝達で生じた還元力を利用した活性酸素の還元経路が存在している（図3・6）．この経路では，光化学系Ⅱにおける水の分解が，酸素の還元による水の再生として完結する．この反応もATPのみを生じることから，ATP：NADPH比の調節に寄与すると考えられる．

光化学系ⅡとⅠの活性の比の調節も環境応答としてきわめて重要である．強光下で，電子伝達鎖の構成成分がすべて還元されてしまうと，光化学系Ⅱでつぎつぎに生みだされる還元力は，行き場をなくして，活性酸素を多量に生成してしまう．これを避けるため光化学系Ⅱと光化学系Ⅰの間にプラストキノンのプールが光化学系Ⅱ1分子当たり十数分子存在し，還元力の受け皿になっている．このキノンプールを貯水槽にたとえると，光化学系Ⅱは，水のくみ入れポンプであり，光化学系Ⅰはくみ出しポンプに相当する．この二つのポンプの能力を調節することで，貯水槽の水位をつねに一定に保つように，二つの光化学系の活性が調節されている．強光下では，プラストキノンの還元が引き金となり，光化学系Ⅱのアンテナタンパク質（クロロフィルを多数結合したタンパク質で，集光機能をもつ）が，光化学系Ⅰへ移動し，光化学系Ⅱの活性を相対的に低下させる（**ステート遷移**）．またプラストキノンの還元の程度によって，光化学系を形成するタンパク質の合成速度が決定され，光化学系ⅡとⅠの量比が調節されている．さらに，電子伝達で生じるプロトン勾配を引き金として，光化学系Ⅱの活性が低下し，余剰なエネルギーを熱として放出する機構も存在する．このようなさまざまな制御機構により，強光下では，光化学系Ⅱの活性を低下させて，電子伝達鎖の過還元とそれに伴う活性酸素の生成を防止している．一方，弱光下，光の量が光合成速度を律速する状態では，より多くの光エネルギーを獲得するため光化学系Ⅱの活性は高く保たれている．

3・3・5 炭酸固定回路と光呼吸

植物は光合成電子伝達鎖およびATP合成酵素により生成したNADPHとATPを利用して二酸化炭素を有機化合物に取込む．この炭酸固定（**光合成**）の最終反応は**リブロースビスリン酸カルボキシラーゼ/オキシゲナーゼ**（Rubisco）という酵素により触媒される．リブロース1,5-ビスリン酸と二酸化炭素の縮合により生じた2分子の3-ホスホグリセリン酸は**カルビン回路**（または**還元的ペントースリン酸回路**）とよばれる巧妙な代謝系を経て糖に変換され，さらに，リブロースビスリン酸に再生される．これら一連の反応は，葉緑体のストロマで行われる（図3・7）．

Rubiscoは，すべての光合成生物に存在する炭酸固定酵素であるが，二酸化炭素とともに酸素も基質とする．酸素を取込むオキシゲナーゼ反応では1分子の3-ホスホグリセリン酸と1分子の2-ホスホグリコール酸が生じる．グリコール酸は葉緑体から，ペルオキシソーム，ミトコンドリアを経由する代謝系によりグリセリン酸に再変換され葉緑体に戻される．この過程で酸素の取込みと二酸化炭素の放出が起こるため，この一連の反応を**光呼吸**とよぶ．光呼吸においては，カルビン回路からはずれてしまった炭素の回収が行われる．また，過剰なエネルギー，特に還元力を消費することにより，ストレス条件下での活性酸素の生成を抑制していると考えられている．しかし，このプロセスはエネルギーの無駄使いともいえる．ある種の植物では二酸化炭素を濃縮する機構を発達させることで，光

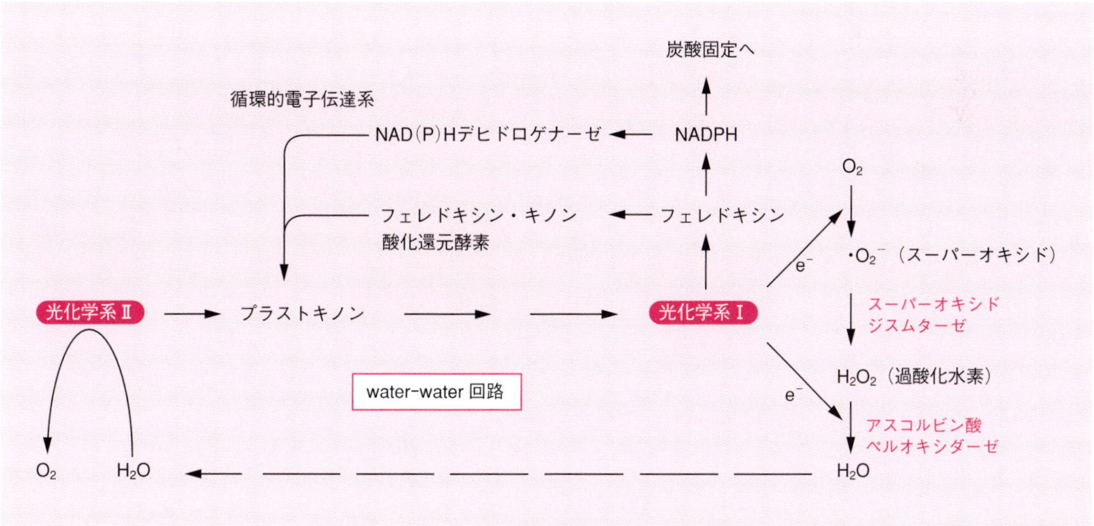

図3・6 循環的電子伝達とwater-water回路 光合成電子伝達系の主経路（図3・5参照）とは別に電子を循環的に伝達することにより，ATP合成を可能とし，葉緑体のATP/NADPH比を調節している．water-water回路は，葉緑体内における活性酸素消去系としてきわめて重要である．この経路は，アサダ・ハリウェル経路ともよばれる．

呼吸を抑制している．二酸化炭素の濃縮機構としては，まず二酸化炭素を四炭素酸に取込んだ後，異なる細胞に輸送し再固定する機構（C_4 光合成）や，夜間に四炭素酸に取込んだ後，同一の細胞内で昼間に再固定する機構（CAM 回路）がある．

3・4　グルコースの利用とその調節

動物はその生命活動を維持するために，恒常的に自らを構成している細胞に栄養素を供給しなければならない．しかし，動物はつねに食物を手に入れられるわけではないので，動物は摂取した栄養素を備蓄している．たとえば，グルコースはおもに肝臓と，また少量が筋肉組織にグリコーゲンとして蓄えられている．そして，血液中のグルコース濃度を厳密に調節してつねに組織細胞にグルコースが供給されるようにしている．では，どのような機構で細胞へのグルコースの供給や血液中のグルコース濃度は調節されているのだろうか．

細胞によるグルコースの取込み・利用は，**インスリン**というペプチドホルモンによって調節されている．食事により摂取した炭水化物の吸収により血液中のグルコース濃度が上がると，インスリンが分泌される．図3・8にあるようにグルコースは細胞膜上にある**グルコーストランスポーター**を通して細胞内に取込まれる．グルコーストランスポーターは細胞膜を 12 回貫通した構造をしており，構造のよく似た四つのサブタイプ（Glut1，Glut2，Glut3，Glut4）がある．インスリンは細胞膜上にある特異的な受容体に結合し，細胞内にその情報を伝える．**インスリン受容体**は細胞膜

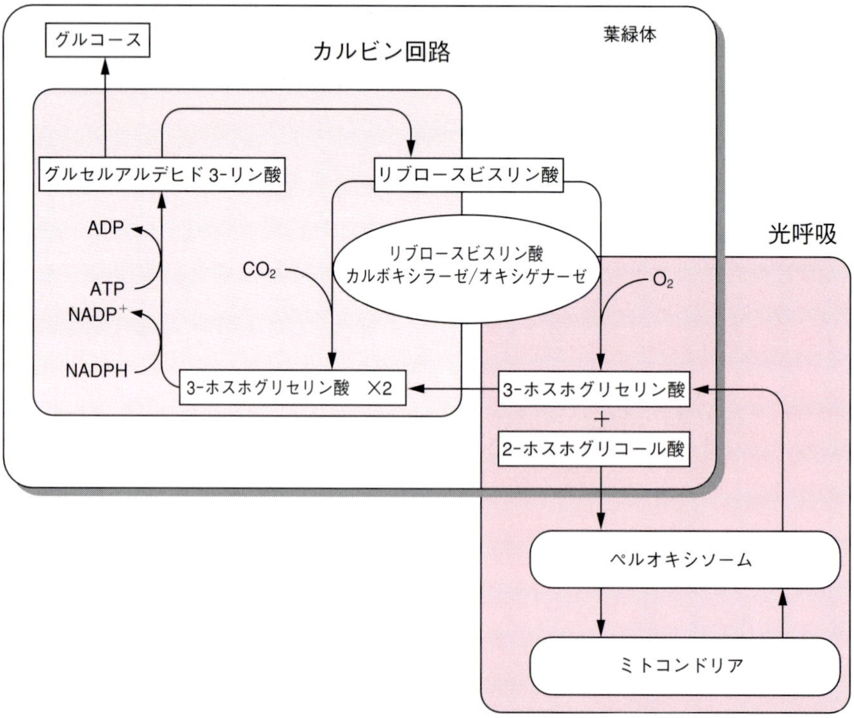

図3・7　炭酸固定と光呼吸　リブロースビスリン酸カルボキシラーゼ/オキシゲナーゼ（Rubisco）で生成した 3- ホスホグリセリン酸は光合成電子伝達鎖と ATP 合成酵素でできた NADPH と ATP を使用して，高エネルギーのグリセルアルデヒド 3-リン酸に変換される．この化合物が糖質生合成の直接の材料となる．また一部は，リブロースビスリン酸に再生され，Rubisco の基質となる．Rubisco のオキシゲナーゼ反応で生成した 2-ホスホグリコール酸はペルオキシソームとミトコンドリアを経由してグリセリン酸として，葉緑体に戻ってくる．この過程でペルオキシソームでは酸素吸収が，ミトコンドリアでは二酸化炭素の放出が起こる．

を1回貫通した構造のβサブユニットとそれにジスルフィド(S-S)結合したαサブユニットからなり，この対が二つ結合して存在する．インスリンがαサブユニットに結合すると，βサブユニットの細胞内領域に存在するチロシン残基のヒドロキシ基にリン酸を結合させる**チロシンキナーゼ**というタンパク質リン酸化酵素が活性化され，自らの受容体を含めてさまざまな情報伝達分子のリン酸化をひき起こす．インスリンはさまざまな生理作用を発揮するが，その重要な機能であるグルコースの細胞内への取込み機構は，Glutの機能調節である．通常，細胞膜上には恒常的にGlut1が発現しており，Glut1を通してグルコースは少量取込まれている．一方，普段は細胞内の小胞体に機能していない予備軍のようなGlut4が存在するが，インスリンのシグナルがくると，Glut4を含んだ小胞体が移行して細胞膜と融合することにより，細胞膜表面に多量のGlut4が発現し，グルコースの細胞内への大量の取込みを促進する．このシステムは，グルコースの取込みの律速過程であるGlutのタンパク質を新たに合成して増やすより，あらかじめ準備しておいた予備軍を動員することにより，きわめて迅速にグルコースの取込みを行える利点がある．このように，インスリンは血液中のグルコースを細胞に効率よく供給してエネルギー代謝を促進し，血中のグルコース濃度を下げる．

最初に述べたように，食事により取込まれたグルコースは将来の需要に向けて備蓄しておかなければならない．過剰のグルコースはおもに肝臓の肝細胞で**グリコーゲン**として貯蔵される．これは，図3・9に示すように**グリコーゲン合成酵素**という酵素によりグルコースからグリコーゲンに変換される．グリコーゲン合成酵素は通常，グリコーゲン合成酵素キナーゼ3というタンパク質リン酸化酵素によりリン酸化されており，不活性状態にある．詳しい経路は省くが，インスリンはその受容体を介してRasという低分子量GTP（グアノシン5′-三リン酸）結合タンパク質を活性化し，脱リン酸酵素1を活性化し，リン酸化されているグリコーゲン合成酵素のリン酸基を加水分解して合成酵素を活性化する．このようにして，活性化されたグリコーゲン合成酵素が過剰のグルコースからグリコーゲンをつくり，エネルギーを備蓄するのである．グリコーゲン合成における中心の酵素であるグリコーゲン合成酵素の活性調節はタンパク質リン酸化酵素と脱リン酸酵素で行われていることがわかる（第2章参照）．

インスリンが血液中のグルコース濃度を制御してい

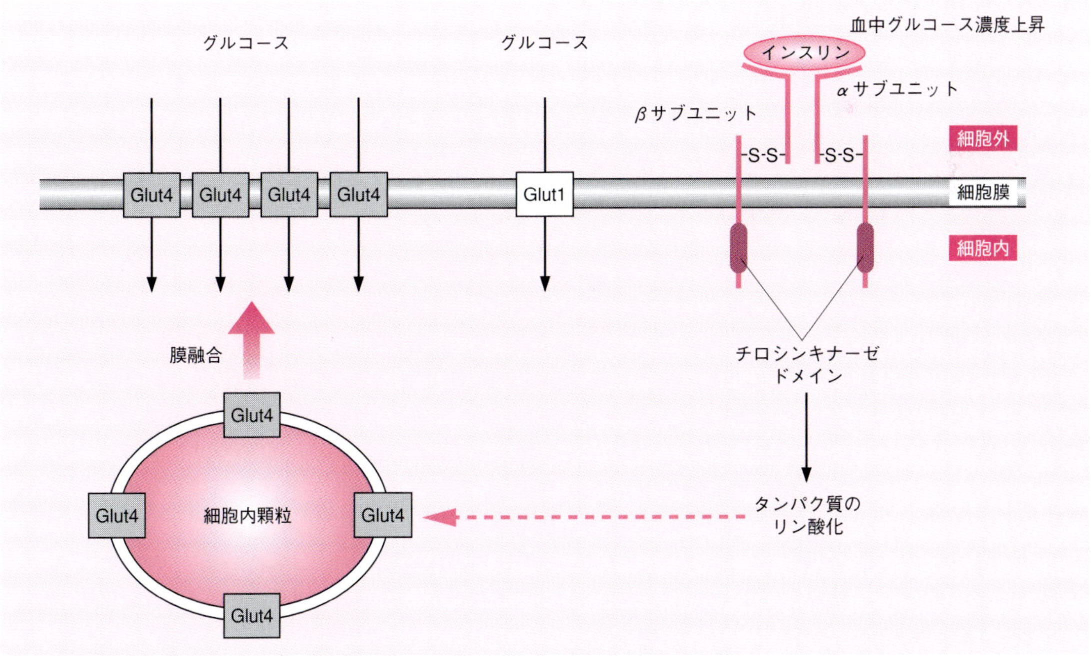

図 3・8 インスリンによる細胞内へのグルコース取込み促進機構 Glut：グルコーストランスポーター

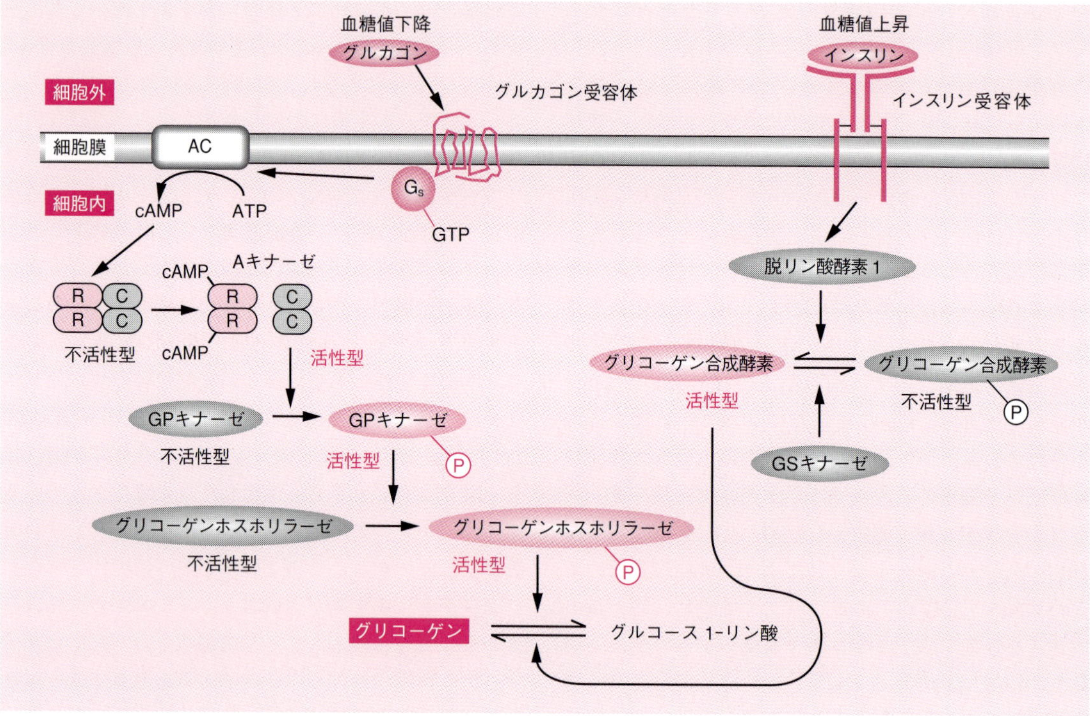

図 3・9　肝細胞におけるグルカゴンによるグリコーゲン分解とインスリンによるグリコーゲン合成　AC：アデニル酸シクラーゼ，G_s：三量体 GTP 結合タンパク質，R：A キナーゼ調節サブユニット，C：A キナーゼ触媒サブユニット，GP キナーゼ：グリコーゲンホスホリラーゼキナーゼ，GS キナーゼ：グリコーゲン合成酵素キナーゼ，Ⓟ：リン酸化

ることはわかったが，ではどのようにして血液中のグルコース濃度を感知してインスリンは分泌されるのだろうか．インスリンは膵臓のランゲルハンス島の β 細胞から分泌される．この細胞膜上には Glut2 が発現しており（図 3・10），このトランスポーターを介してグルコースが取込まれる．血液中のグルコース濃度が高くなると，Glut2 を介して濃度依存的に細胞内にグルコースが取込まれる．取込まれたグルコースから ATP が産生され ABC トランスポーターの一種 **SUR** に ATP が結合するようになる．その結果，SUR と複合体をつくっている **K^+チャネル**が閉鎖される．通常，細胞内の Na^+ 濃度は細胞外に比べ低いが，逆に K^+ 濃度は細胞内の方が高い．Na^+ は内側に向けて，K^+ は外側に向けて流れようとし，また，細胞膜上にある Na^+, K^+-ATP アーゼが ATP のエネルギーを使って Na^+ を外に，K^+ を内に運ぶことによりイオン濃度と膜電位を維持している．定常状態では細胞膜は細胞内に向かってマイナスに分極しているが，K^+ チャネルが閉じると外向きの K^+ の流れが止まり，細胞膜の脱分極が起こる．この ATP によって調節されている K^+チャネルは，それ自身は閉じた構造になっているが，SUR というサブユニットが結合すると開き，定常状態では SUR と会合してつねに開いた状態で外向きに K^+ を流し，細胞膜電位を過分極状態にしている．しかし，ATP が SUR に結合すると，この K^+ チャネルは閉じて脱分極する．ちなみに，SUR というのは化学合成の糖尿病薬であるスルホニル尿素の標的分子として見いだされた．スルホニル尿素が SUR に結合すると，ATP が結合したように K^+ チャネルを閉じることによってインスリンの分泌が起こり，血糖値が下がる．さて，脱分極が起こると，細胞膜上にある電位依存性の Ca^{2+} チャネルが開き，細胞外から Ca^{2+} が流入する．Ca^{2+} は通常細胞外に比べ細胞内は著しく低い濃度に保たれている．流入した Ca^{2+} は，ここでは詳しいメカニズムは省くが，インスリンを大量に含んだ分泌顆粒と細胞膜との融合を促進し，分泌顆粒から細胞外へ，すなわち血液中へインスリンを放出する．このように，β 細胞は血液中のグルコース濃度そのも

のをGlut2を介して認識し，インスリンの分泌を起こすのである．

一方，血糖値が下がったときはどうするのだろうか．外界からつねに食料が手に入るわけではない．しかし特に，脳はそのエネルギーをグルコースだけに依存している臓器だけに血糖値の低下は致命的である．そのために，生体は肝臓にグリコーゲンとしてグルコースを備蓄している．血糖値が下がると，今度はランゲルハンス島の α 細胞から**グルカゴン**というペプチドホルモンが分泌される．図3・9の左側に示したが，グルカゴンは肝臓の肝細胞の細胞膜上にある特異的な**グルカゴン受容体**に結合し，グリコーゲンを分解してグルコースを血液中に放出させる．グルカゴン受容体はロドプシン型受容体といい，網膜の光受容体であるロドプシンのように細胞膜を7回貫通した構造である（第5章参照）．この型の受容体は三量体GTP結合タンパク質（**Gタンパク質**）を介して細胞内に情報を伝達する．Gタンパク質はGTPが結合して活性型となり，情報を下流のエフェクターに伝えるが，自らがGTPアーゼでGTPを加水分解してGDPとし，GDP結合のGタンパク質は不活性型である．Gタンパク質には多くの種類があるが，グルカゴン受容体は $\mathbf{G_s}$ という種類のGタンパク質に結合し活性化する．グルカゴンが受容体に結合すると，受容体は G_s をGTP結合型にし，GTPの結合した G_s は細胞膜上にある**アデニル酸シクラーゼ**に結合し，活性化する．

アデニル酸シクラーゼはATPから**サイクリックAMP**（cAMP）をつくる酵素である．cAMPは細胞内の**セカンドメッセンジャー**とよばれ，細胞外からのホルモンなどの情報を細胞内に伝える重要な分子である．cAMPはタンパク質リン酸化酵素の一種である**Aキナーゼ**（サイクリックAMP依存性プロテインキナーゼ）に結合して活性化する．Aキナーゼは酵素活性をもつ触媒サブユニット2個と，その酵素活性を抑制している調節サブユニット2個からなる．cAMPは調節サブユニットに結合し，触媒サブユニットから調節サブユニットをはずすことにより，触媒サブユニットが活性化される．

触媒サブユニットは，別のタンパク質リン酸化酵素であるグリコーゲンホスホリラーゼキナーゼをリン酸化して活性化する．さらに，活性化されたグリコーゲンホスホリラーゼキナーゼはグリコーゲンホスホリラーゼをリン酸化して活性化する．活性化されたグリコーゲンホスホリラーゼはグリコーゲンからグルコー

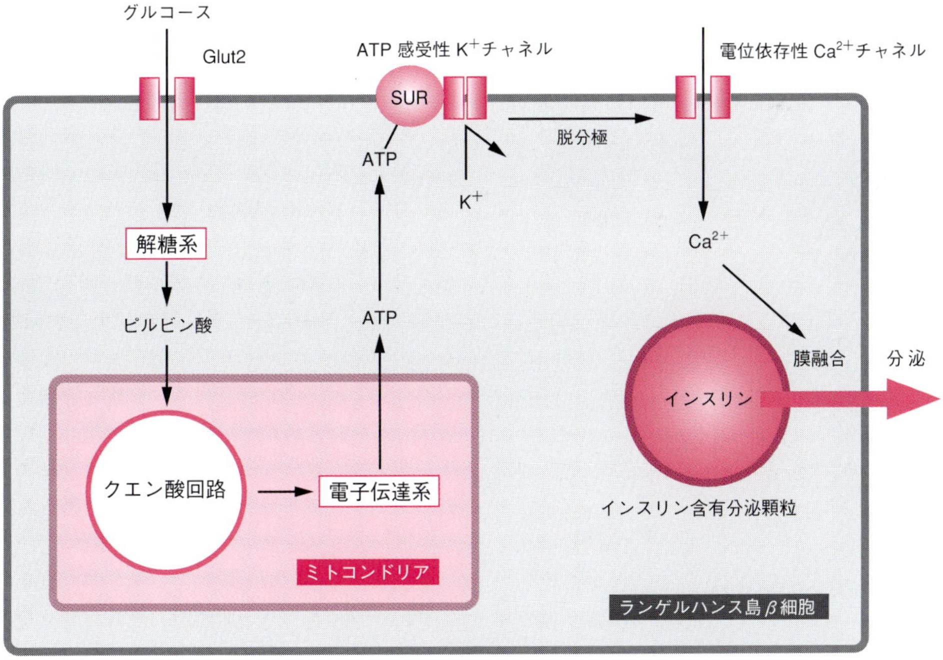

図 3・10　膵臓ランゲルハンス島 β 細胞からのインスリン分泌機構

ス 1-リン酸を産生する．こうしてグリコーゲンからグルコースが切出されてくる．

このように，グルカゴンからグルコース産生までの情報伝達には多くの分子がかかわっていることがわかるが，なぜこのように面倒なことをするのかと思われるかもしれない．その理由の一つとして，グルカゴンの結合した受容体は多くの G_s を活性化し，G_s で活性化されたアデニル酸シクラーゼが大量の cAMP を産生し，以下のそれぞれのキナーゼが多くの分子をリン酸化することにより，細胞外からのわずかな情報をキャッチし，それを増幅して伝えられるのである．さらに，この情報伝達経路に複数のステップがあることは，その伝達を調節するポイントがたくさんあり，状況に応じて精妙に調節することが可能であるということになる．

さて，動物はいつも平穏無事に暮らせるわけではなく，自分を取巻く環境の中で敵と遭遇したときなどのような緊急のときに，生体の可能な限りの力を発揮しなければならない状況になることが頻繁にある．このような緊急事態では大量のエネルギーを必要とする．動物はこのような緊急時に大量のエネルギーを供給するためのシステムをもっている．図 3・11 にあるように，動物は視覚，聴覚，触覚などさまざまな感覚器官を通して周りの環境を理解する．これらの情報は脳に伝えられて，統合，処理される．この入力情報で自らが危険にさらされていると理解したとき起こる生理反応が**情動反応**である．脳の中の扁桃体とよばれる神経核は情動反応で重要な機能をしているところである．おおざっぱにいえば，感覚刺激が扁桃体に入りそこから視床下部，そして交感神経系を活性化する．ストレスや危険に遭遇したとき，交感神経系は副腎髄質にあるクロマフィン細胞を活性化し大量のアドレナリンを血液中に放出させる．アドレナリン受容体にはいくつかのサブタイプがあるが，肝細胞の細胞膜上には **β_2（アドレナリン）受容体**がある．この受容体はグルカゴン受容体と同じくロドプシン型受容体であり，アドレナリンが結合することにより G_s を活性化する．こうして，アドレナリンは β_2 受容体を介してグルカゴンと同様の情報伝達経路を介してグリコーゲンから大量のグルコースを動員してくる．さらに，脂肪細胞の細胞膜上にも別のサブタイプ，β_3 受容体があり，アドレナリンは脂肪細胞でリパーゼを活性化して脂肪酸の遊離を促進する．この脂肪酸も後で述べるように大量のエネルギーを産生する．

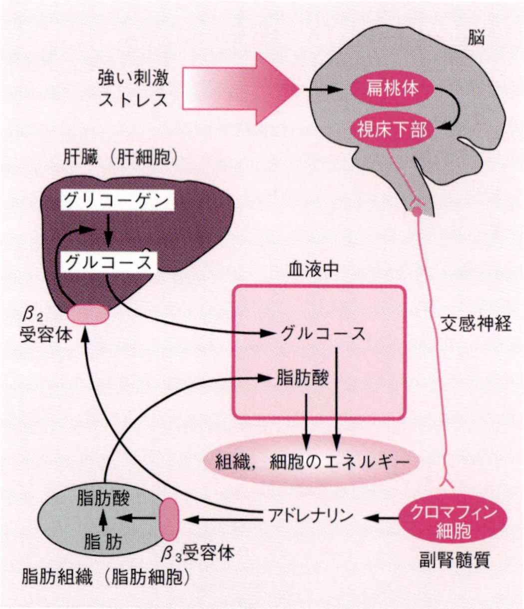

図 3・11　ストレス刺激を受けたときの緊急のグルコース，脂肪酸の動員機構

3・5 脂肪代謝

脂肪の取込みとその代謝についてみていこう．食物の中の脂肪の主成分はグリセロールに脂肪酸が三つ結合した**トリアシルグリセロール**である．これは，膵臓より分泌される消化酵素，膵臓リパーゼにより腸内で加水分解され，モノアシルグリセロールと 2 個の脂肪酸となって腸上皮細胞に吸収され（図 3・1），細胞内で脂肪酸はアシル CoA 合成酵素によりアシル CoA となり，取込まれたモノアシルグリセロールに再度付加されて，トリアシルグリセロールに再構成される．そして，リンパ管や血液中に放出される．このときトリアシルグリセロールや別の脂質であるコレステロールにさまざまなアポリポタンパク質が結合し，キロミクロンという大きな複合体となって組織に運ばれる．

組織細胞の細胞膜上にはリポタンパク質リパーゼがあり，キロミクロンを脂肪酸，グリセロールとアポリポタンパク質に分解して脂肪酸を細胞内に取込む．このように複雑なステップがある理由としては，脂肪は水にまったく溶けないので，血液中での輸送のために親水性を高めて効率よく輸送するためと考えられる．

脂肪酸は細胞に取込まれると，図3・12の左側で示したように，ミトコンドリア膜上に存在するアシルCoA合成酵素によりアシルCoAとなり，ミトコンドリア内に取込まれる．そして，CoAの結合した端から炭素2個ずつ切取られ，アセチルCoAを産生する．これを**β酸化**という．つくられたアセチルCoAは，クエン酸回路と電子伝達系により，大量のATPを産生する．脂肪酸は多くのアセチルCoAをつくることができるので，たとえばC_{16}のパルミチン酸は129個ものATPを産生し，きわめて高いエネルギー産生物質である．

さて，このように高エネルギー物質である脂肪酸の生体内での量はどのように調節されているのだろうか．食事により大量に取込まれた脂肪はまず，脂肪組織に貯蔵される．図3・12の右側にあるように，脂肪細胞での脂肪酸の代謝も肝細胞でのグリコーゲン代謝と同様にインスリンとグルカゴンで調節されている．グルカゴンやアドレナリンなどは脂肪細胞膜上にある受容体に結合し，細胞内cAMP濃度を上昇させ，Aキナーゼを活性化する．Aキナーゼはリパーゼをリン酸化し，活性化することにより，貯蔵されていたトリアシルグリセロールを加水分解して脂肪酸を遊離させ，血液中に放出する．一方，インスリンはリパーゼ脱リン酸酵素を活性化し，リン酸化されているリパーゼを脱リン酸し，リパーゼを不活性化して脂肪の貯蔵を促進する．このように，基本的にグリコーゲンの貯蔵と分解で見たものと同じ機構が働いていることになる．

3・6 アミノ酸代謝

酵素をはじめ多くの生体内機能分子や細胞の骨格をなすタンパク質の構成成分であるアミノ酸は摂取後生体の構成成分として，利用される．しかし，アミノ酸

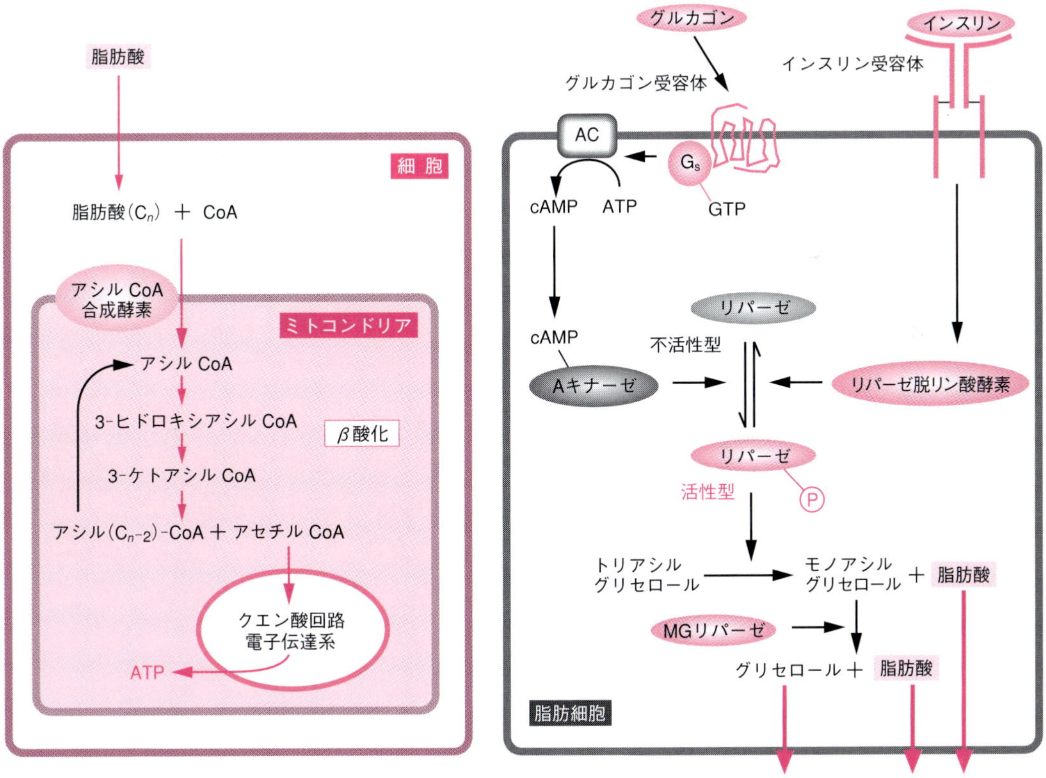

図 3・12 脂肪酸の代謝による ATP 産生機構と脂肪細胞における脂肪酸貯蔵機構　MGリパーゼ：モノアシルグリセロールリパーゼ，AC：アデニル酸シクラーゼ

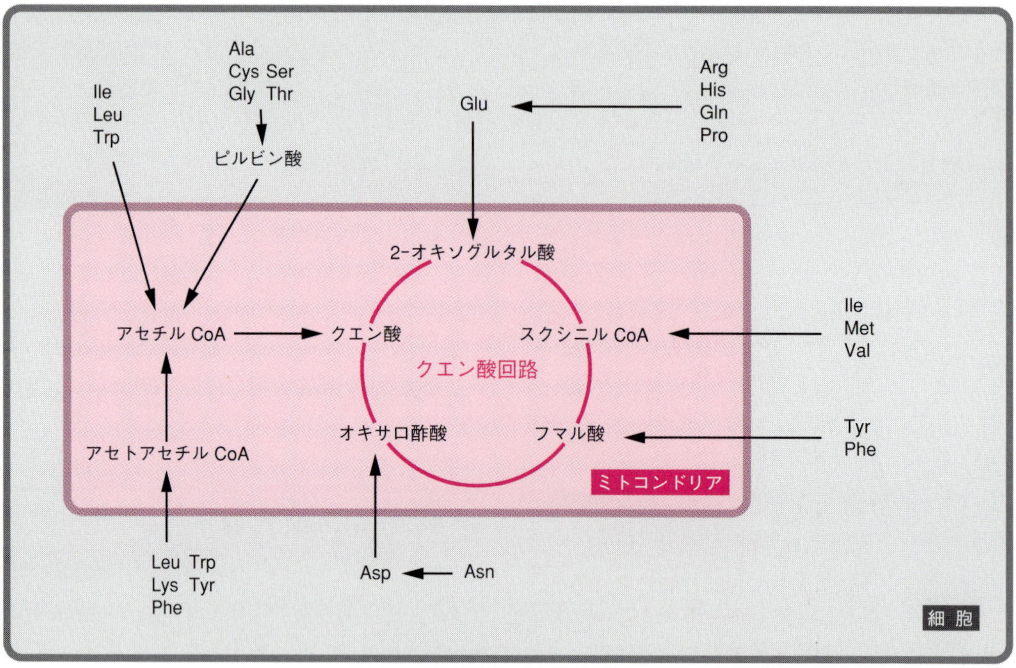

図 3・13　アミノ酸の代謝機構(アミノ酸は三文字表記)

はエネルギー源としても使われている．摂取されたタンパク質はさまざまなプロテアーゼにより分解される．胃から分泌されるペプシン，膵臓から分泌されるトリプシン，キモトリプシン，カルボキシペプチダーゼにより短いペプチドに分解されるので，小腸でアミノペプチダーゼやジペプチダーゼにより，アミノ酸にまで分解される．こうしてタンパク質の分解から生じたアミノ酸は小腸よりアミノ酸トランスポーターを介して吸収され，各組織で取込まれてエネルギー源として利用される（図 3・1）．アミノ酸は 20 種類あるが，図 3・13 で示すようにその種類によってさまざまな経路を経て最終的にクエン酸回路に合流する．

3・7　カルシウム代謝

三大栄養素とともに，生体にとってミネラルは必須の物質である．Na^+ と K^+ は主要なカチオンであり，体液のイオン環境の基礎となっている．また，細胞の内外で Na^+ と K^+ がつくる濃度勾配は細胞膜を通した物質輸送や神経伝達において必須であるが，この濃度勾配は細胞膜上にある Na^+, K^+-ATP アーゼにおける ATP の膨大な消費により濃度勾配に抗した外向きの Na^+ の輸送と細胞内への K^+ の輸送により維持されている．Na^+，K^+ とともに重要なイオンとして Ca^{2+} があり，Ca^{2+} は特に，神経伝達や筋肉の収縮などに必須なイオンである．

通常，血液中の Ca^{2+} 濃度は 1.1 〜 1.3 mM に維持されている．一方，細胞質の Ca^{2+} 濃度は数十 nM ときわめて低く抑えられており，その濃度差は数万倍になる．しかし，細胞内にも Ca^{2+} を貯蔵しているところがある．それは小胞体内で，mM レベルである．

では，どのように体内の Ca^{2+} は調節されているのだろうか．細胞質での低い Ca^{2+} 濃度は，細胞膜上にある Na^+/Ca^{2+} エクスチェンジャー（交換反応により，Na^+ を細胞内に，Ca^{2+} を細胞外に運送する）による細胞外へのくみ出しと，小胞体膜にある Ca^{2+}-ATP アーゼによる小胞体内への取込みにより維持されている．

Ca^{2+} は，cAMP とともに細胞内のセカンドメッセンジャーとして重要な働きをしている．Ca^{2+} は細胞内でさまざまな酵素に結合し，活性化する．さらに，Ca^{2+} が特異的に結合する**カルモジュリン**というタンパク質がある．図 3・14 にあるようにカルモジュリンはミオシン軽鎖リン酸化酵素のサブユニットであり，

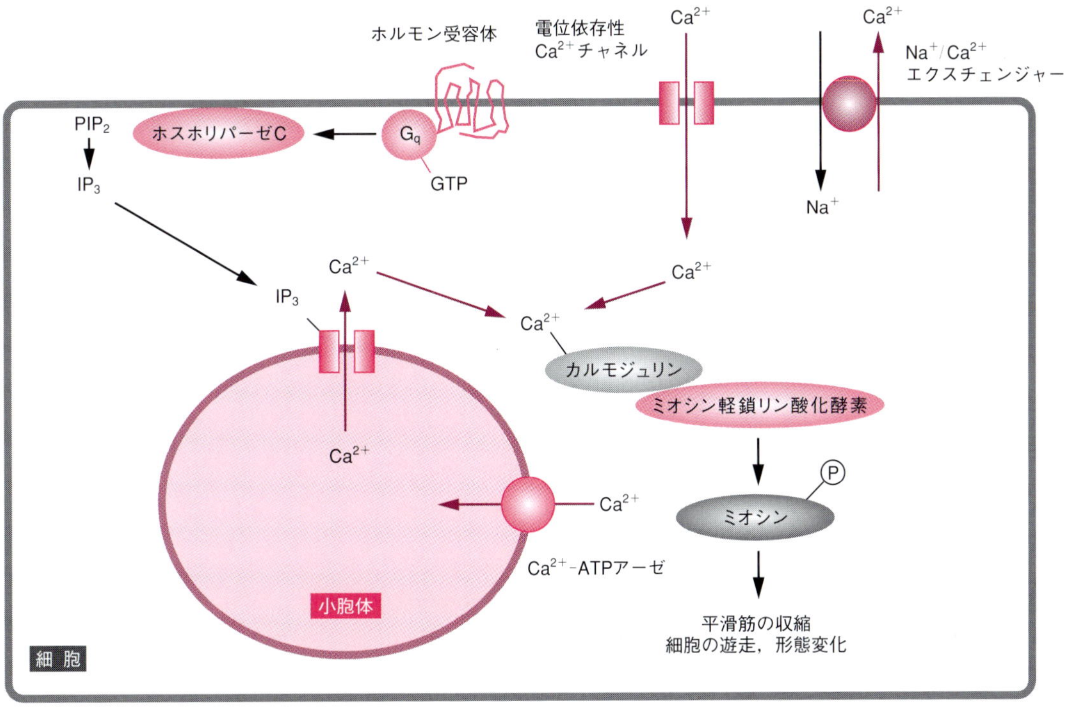

図 3・14 細胞内 Ca^{2+} 濃度の調節機構 PIP_2：ホスファチジルイノシトールビスリン酸，IP_3：イノシトールトリスリン酸

Ca^{2+} がカルモジュリンに結合すると，ミオシン軽鎖リン酸化酵素がミオシンをリン酸化し，活性化することにより，アクトミオシンが収縮し，平滑筋の収縮や細胞の遊走，形態変化をひき起こす．これ以外にも，カルモジュリンはさまざまな分子に結合し，それらの活性を制御している．

骨格筋においてはカルモジュリンの代わりに**トロポニン**という Ca^{2+} 結合タンパク質がある．トロポニンに Ca^{2+} が結合し，筋肉収縮が起こる．このように，Ca^{2+} は細胞内でさまざまなタンパク質に結合し，細胞の機能を調節している．

Ca^{2+} の細胞質内での濃度調節は細胞の機能において重要な意味をもつが，ではどのようにその濃度は制御されているのだろうか．細胞質の Ca^{2+} 濃度を上昇させる機構は二つある．一つは細胞膜上にある電位依存性の **Ca^{2+} チャネル**で，脱分極刺激により細胞外から細胞内に Ca^{2+} を流入させる．もう一つの経路は，ロドプシン型のホルモン受容体で，三量体 G タンパク質の一種の G_q を介してイノシトールリン脂質を加水分解するホスホリパーゼ C を活性化するものである．これによりイノシトールトリスリン酸が産生される．すると，小胞体膜上にイノシトールトリスリン酸が結合し活性化される Ca^{2+} チャネルがあり，小胞体から Ca^{2+} が流出する．この二つの経路で細胞質内の Ca^{2+} 濃度が上昇し，上に述べたカルモジュリンなどに結合し，さまざまな反応が起こる．

ところで，脊椎動物は大量のカルシウムを体内に貯蔵している．そのほとんどは骨に蓄積されており，体内の 99 %にものぼる．骨の中でカルシウムはリン酸と結合し，**ヒドロキシアパタイト**の結晶として不溶性の安定した構造物として生体の骨格を維持する重要な役割を担っている．陸上で生活する動物にとって，カルシウムも外界からつねに摂取できるわけではないので，骨に蓄積されている不溶性のカルシウムは血液中 Ca^{2+} の供給源としてきわめて重要である．骨の形成を制御しているのは骨のマトリックスの周囲にいる機能の異なる 2 種類の細胞によって行われている．その一つ，骨芽細胞は Ca^{2+} とリン酸を取込み，不溶性のヒドロキシアパタイトにして骨の形成を促進する．一方，破骨細胞は多核の大きな細胞であり，骨との接着面に細かい微絨(じゅう)毛構造をつくって表面積を広くしている．そこにプロトン ATP アーゼがあり，ATP を加水分解してそのエネルギーでプロトンを細胞外に輸送し，接着面の間隙を酸性にする．さらに，さまざまな分解酵素を含む顆粒のリソソームが接着面の細胞膜へ移動，融合し，タンパク質分解酵素を放出する．骨はヒドロキシアパタイトだけではなく，さまざまなマトリックスタンパク質との複合体であり，放出されたタンパク質分解酵素によりこのタンパク質が消化され，さらに酸性溶液で不溶性のヒドロキシアパタイトが溶けて Ca^{2+} が溶出してくる．こうして，この 2 種類の細胞の活性のバランスのうえに骨の形成と Ca^{2+} 流出は調節されている．

それでは，血液中の Ca^{2+} はどのように調節されているのだろうか．図 3・15 に示すようにそれを調節しているのは 3 種類のホルモン，**副甲状腺ホルモン**(PTH)，**ビタミン D_3**，**カルシトニン**である．PTH は副甲状腺でつくられ，分泌されるペプチドホルモンで，その受容体は骨芽細胞や腎臓の細胞膜上にあるロドプシン型の受容体である．PTH はその受容体に結合し，骨芽細胞の機能を抑制して骨からの Ca^{2+} の放出を促進する．また，腎臓において活性型ビタミン D_3 の合成を促進する．活性型ビタミン D_3 は小腸の上皮細胞に取込まれ，細胞内にある核内受容体に結合し，遺伝子発現をひき起こし，食物に含まれる Ca^{2+} の小腸からの吸収を促進することにより，体内から失われた Ca^{2+} を補給する．一方，カルシトニンは甲状腺の C 細胞より分泌されるペプチドホルモンで，やはりロドプシン型受容体に結合し，機能を発揮する．カルシトニンは破骨細胞に作用し，骨からのカルシウム流失を阻害し，血中の Ca^{2+} 濃度を低下させる作用がある．このように，PTH とビタミン D_3 が血液中の Ca^{2+} 濃度を上昇させ，カルシトニンがそれを低下させ，これらのホルモンのバランスで Ca^{2+} 濃度が調節されている．

では，どのようにして血中の Ca^{2+} 濃度を感知し，それを調節するのであろうか．副甲状腺細胞は血中の Ca^{2+} 濃度が下がると，PTH を血中に分泌する．これは，副甲状腺細胞の細胞膜上に，Ca^{2+} が直接結合するロドプシン型の Ca^{2+} センサー受容体が存在するこ

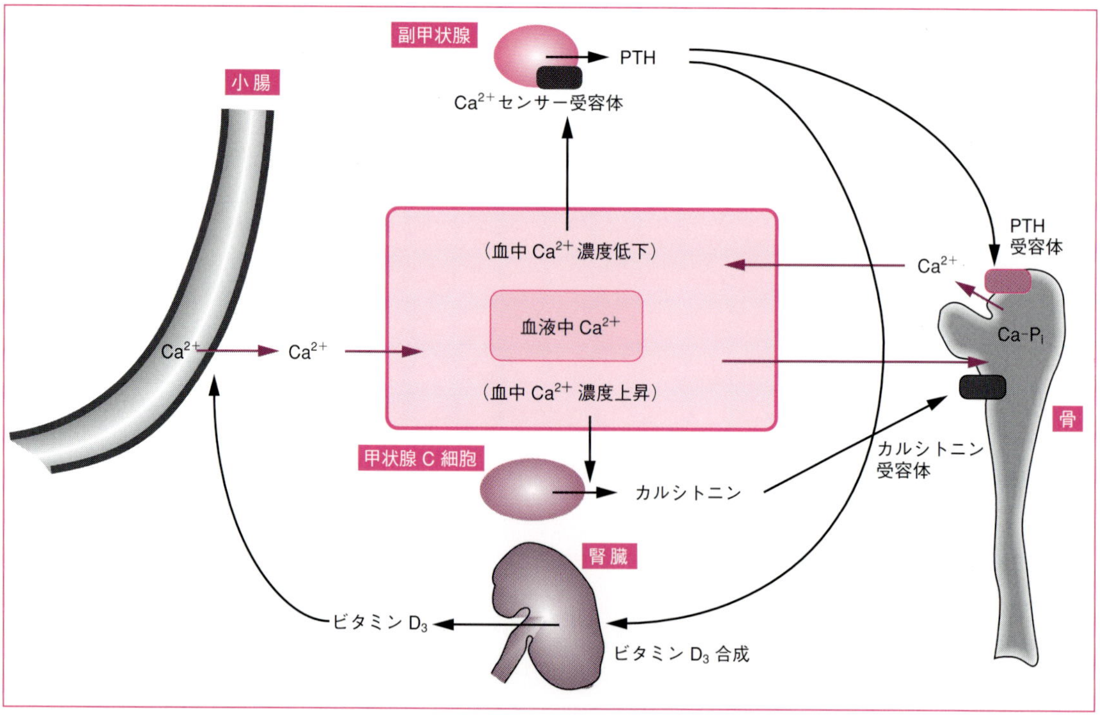

図 3・15　血液中の Ca^{2+} 濃度の調節機構

とによる．この受容体は細胞外に出ているアミノ末端鎖に多くの酸性アミノ酸残基をもち，ここに Ca^{2+} を結合する．この受容体は Ca^{2+} の結合が低下すると活性化され，PTH を血液中に分泌し，血中の Ca^{2+} 濃度を上昇させる．すなわち，この受容体は，血中の Ca^{2+} そのもの濃度を直接感知できる．一方，血中の Ca^{2+} 濃度が上昇すると，この Ca^{2+} センサー受容体に Ca^{2+} が結合し，受容体の活性が抑えられ，PTH の分泌が低下する．と同時に，甲状腺の C 細胞からのカルシトニンの分泌が促進され，血中の Ca^{2+} 濃度が低下する．このようにして Ca^{2+} 濃度は一定に保たれているのである．

3・8 おわりに

生物は外界からさまざまな物質を積極的に取込んで利用している．生命体は環境の中で生きているが，外界に存在する環境と，生物個体に作用する環境とを区別して考え，前者を**地理的環境**とよび，後者，すなわち，生物の行動を規定する環境を**行動環境**とよぶ．そして，各生物個体ごとに固有の行動環境があることになる．生命体は周りのたえず変化する環境の中で，積極的にその環境と交渉しながら 1 個の機能的な統一体を維持している．特に，動物は環境の中を動き回り，積極的によりよいと思われる世界を求めていく．我々は，動物のことをアニマルとよぶが，アニマルの語源はアニマからきている．アニマとは魂を意味する．古代の信仰儀式であるアニミズムも同じ由来である．人間からみたら動物は動き回るので魂をもったものとうつったのかもしれない．古代ギリシャ語には生命に当たる単語としてビオスとゾーエー二つがある．生物の 1 個体に宿るものを**ビオス**とよび，個々の生物に共通なものを**ゾーエー**とよんだ．ビオスからバイオロジーという言葉が生まれたし，また，1 個人の伝記のことをバイオグラフィーとよぶ．ゾーエー由来の言葉には動物園や動物学が残っている．私は，生命科学とは個々の生物を自然の環境の中に生まれたかけがえのない 1 個の個体とみることではないかと思う．

4 細胞の構造とその構築

4・1 はじめに

生命科学は“見る”ことから始まる．その意味で，細胞の種類と構造を調べる研究は，まさに300年も以前にR. Hookeが光学顕微鏡で細胞を観察したときに始まった．以来，空間的分解能の向上と可視化法の改良を求めていろいろな顕微鏡が開発されてきた．これらの顕微鏡を用いて“見る”ことによって，また，実際に細胞を構成している成分の機能を分析することによって，細胞の構造と機能に関するさまざまな知見がもたらされてきた．ここでは，まず細胞の構造を見る方法について簡単に解説した後，細胞構造をその成分の微細機能に基づいて分解してみよう．

4・2 細胞の構造を“見る”方法

異なる場所に存在する二つの点を“異なった点”として確認できる限界を**解像度**とよぶ（図4・1 a）．これは，裸眼では0.2 mm，光学顕微鏡では0.2 μm，そして，電子顕微鏡では0.2 nm程度である．細胞は，ニワトリの卵のように数cmのものもあるが，通常は数十μm，細菌は数μm，細胞小器官（オルガネラ）やタンパク質分子は数十～数百nmの大きさなので，通常，細胞は光学顕微鏡で，細胞小器官は電子顕微鏡で観察される．しかし今日の生命現象の解明には，細胞や分子の単なる形状観察だけではなく，それらの形の変化や動き，さらには他の細胞や分子との相互作用を“見る”ことが必須となってきた．そして現在では，共焦点蛍光顕微鏡による複数分子の同時あるいは経時的局在観察，さらには走査型プローブ顕微鏡による分子形態や分子同士の会合様式の“生きた”観察まで，実際に起こっている現象を“見て”理解することが可能になった．

4・2・1 光学顕微鏡と位相差顕微鏡・微分干渉顕微鏡

光学顕微鏡（light microscopy）は，基本的には対物レンズと接眼レンズで像を2度拡大して可視化を行う（図4・1 b）．基本的な装置のままでは，裸眼で単純に受容できる明暗や色彩の情報しか得られないため，観察したい試料面で切片をつくったり，試料を染色したりする必要がある．この点を改良して，目で受容できない“生きたままの透明な試料の構造情報”を検知可能にする装置を取付けたのが，**位相差顕微鏡**（phase contrast microscopy）や**微分干渉顕微鏡**（differential interference contrast microscopy）である．位相差顕微鏡は，リング絞りという特殊な絞りにより，試料を透過する光と試料を外れて透過する光とを区別し，その2種の光を対物レンズに備えた位相板により互いに干渉させてコントラストをつける．微分干渉顕微鏡は，ノマルスキープリズムという偏光板により，照明光をわずかにずれた2光束にして，試料および対物レンズを透過した後に再びノマルスキープリズムでその2光束を干渉させて位相差を光の明暗に変える．

4・2・2 蛍光顕微鏡と共焦点顕微鏡

蛍光顕微鏡（fluorescence microscopy）では，蛍光物質で標識した試料，もしくはもとから蛍光物質をもった試料に対して，フィルターを通した特定波長近傍の励起光を照射して蛍光を励起し，試料から対物レ

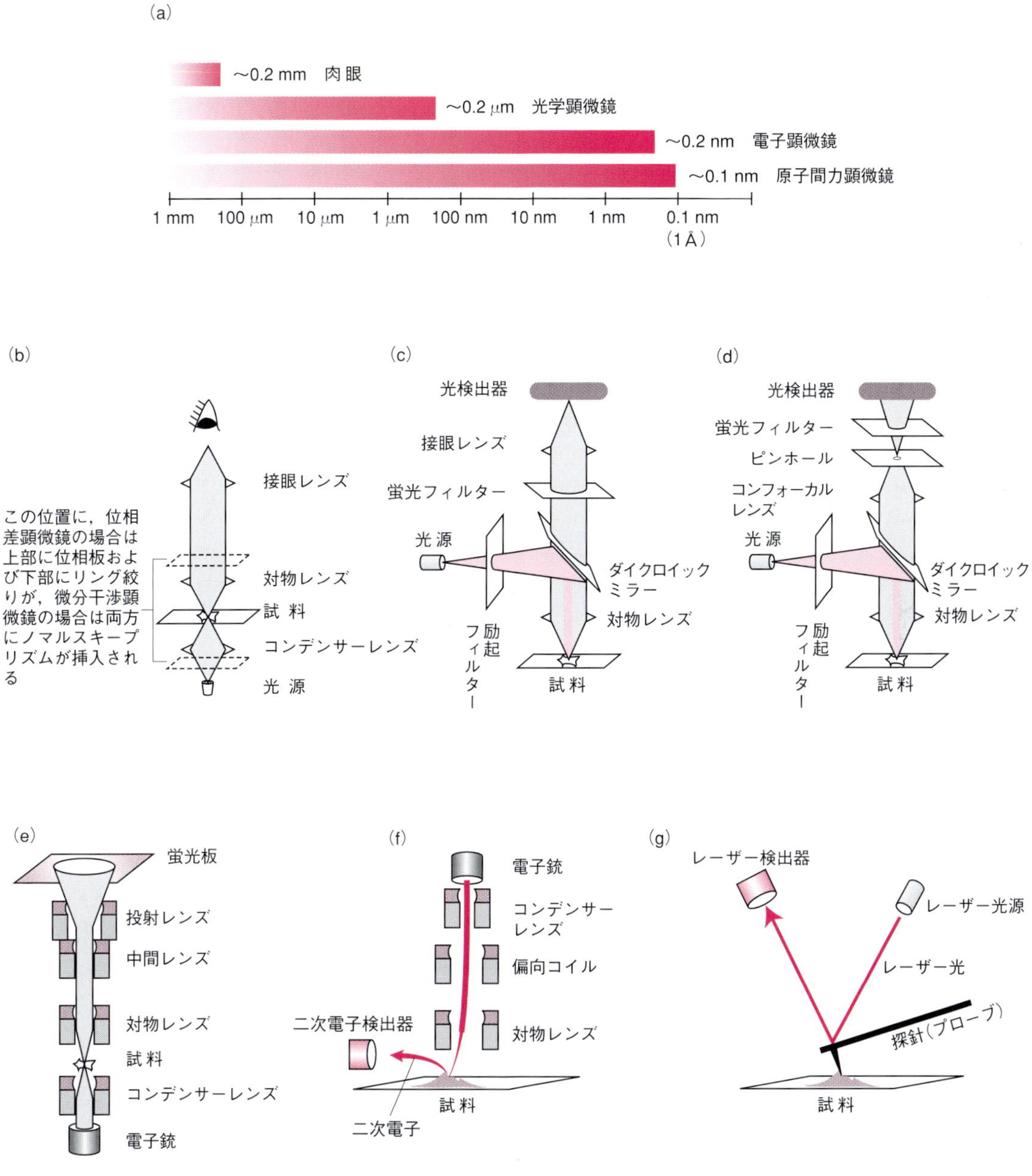

図 4・1 見るためのいろいろな装置と方法 (a) 見える範囲．**光学顕微鏡** (b) は，基本的には対物レンズと接眼レンズで像を2度拡大する．目で受容できない情報を視覚化し，より生きたままの透明な試料の構造を検知可能にするために，位相差顕微鏡や微分干渉顕微鏡が開発された．**蛍光顕微鏡** (c) は，二つのフィルターをうまく組合わせることにより，特定の蛍光シグナルのみを検出することができる．**共焦点顕微鏡** (d) は，厚みのある試料に対して，きわめて小さな焦点深度であたかも切片像であるかのような像を得ることができる装置である．多くの光学的切片像を，Z 軸を少しずつずらして連続的に取得し，それらをもとに三次元的な構造を再構築することも可能である．**透過型電子顕微鏡** (e) は光学顕微鏡と原理的には似ている．光学顕微鏡のレンズにあたるものが磁気コイルであり，これにより電子線を収束させて試料に照射し，試料によって電子線がさえぎられた部分を影として検出する．**走査型電子顕微鏡** (f) は試料に当たって反射した電子線を検出する．**原子間力顕微鏡** (g) は，先端が鋭利な探針で試料表面を順次スキャン（走査）し，その際に試料から受ける引力や斥力をコンピューター上で集積することにより試料の形状を画像化する．

ンズを経た光路には，励起光を通さず蛍光のみを通すフィルターを配置して，蛍光シグナルだけを検出する（図4・1c）．**共焦点顕微鏡**（confocal microscopy）を用いると，厚みのある試料に対して，きわめて小さな焦点深度であたかも切片像であるかのような像を得ることができる（口絵3）．試料に対して照射光を当てる際に，ピンホールやスリットを通過させて照射範囲を限定し，対物レンズから検出器までの間の光路にもピンホールを設置することで任意の焦点面からの像のみを検出するので，光学的に切片像を得ることができる（図4・1d）．したがって，焦点面を深さ方向に少しずつ，ずらしながら多くの連続切片像を取得し，それらをもとに三次元的な構造を再構築することも可能である（図4・4b）．

4・2・3　透過型電子顕微鏡と走査型電子顕微鏡

光学顕微鏡よりもさらに解像度を上げるために，可視光よりも波長の短い電子線を用いて物体の形状を検出する装置が開発された．電子顕微鏡である．**透過型電子顕微鏡**（transmission electron microscopy：TEM）は光学顕微鏡と原理的には似ている．光学顕微鏡のレンズにあたるものが磁気コイルであり，これにより電子線を収束させて試料に照射し，試料の下のX線フィルムが像を検出する（図4・1e）．試料によって電子線がさえぎられた部分が影となって撮影されるので，ほとんどの生物試料は，重金属を沈着させるなどの“染色”が必要となる．また，電子線の拡散を防ぐために，試料は真空状態で撮影されるので，構造が乾燥に耐えるように固定を施す必要がある．透過型電子顕微鏡が試料に当たらなかった電子線を検出するのに対し，**走査型電子顕微鏡**（scanning electron microscopy：SEM）は，試料に当たって反射した電子線を検出して物体の構造を画像化する（図4・1f）．電子線は一度に一面に当てるのではなく，細く絞った線状にして試料表面を走査するので，試料は切片である必要はなく，立体的な試料の可視化に適している．

4・2・4　原子間力顕微鏡

原子間力顕微鏡（atomic force microscopy：AFM）は，先端が鋭利な探針（プローブ）で試料表面を走査し，その際に試料から受ける引力や斥力を感知し，その情報をコンピューターで集積して試料の形状を画像化する（図4・1g）．したがって，原理的には試料を染色したり固定したりする必要はなく，空中や液中でも走査できるので，生きた細胞の動きなども可視化する．しかも，数Åから数nmの解像度をもつため，DNAや数十キロドルトン程度のタンパク質の形や機能も十分検知することができる．

4・3　細胞構造の基本としての“膜”と“骨格”

いろいろな顕微鏡を用いて細胞を見てみよう．見えるものと見えないものに注意しながら．

4・3・1　植物の細胞には特有の膜と骨格がある

光学顕微鏡を使って最も手軽に観察できる細胞は，植物の葉の表皮細胞や根の細胞といった植物の細胞である（口絵3A）．植物の細胞の外側には**細胞壁**という硬い層があり，それが動物でいえば骨の役割をしている．この層は光を通しにくいので一種の影として簡単に見ることができる．細胞壁で囲まれた空間に“細胞”があるが，この細胞を形作っている外周構造（**細胞膜**とよぶ）はあまりにも薄い膜（厚さ40Å程度）なので，単純な光学顕微鏡では見ることができない．細胞の中には光を通しにくいいろいろな細胞小器官が見える．成長した植物細胞の中で一番大きい細胞小器官は**液胞**である．液胞を形作っている“液胞膜”もここでは直接見ることはできないが，液胞内部の空間の存在は容易に確認できる（口絵3B右）．

植物は光合成をする（第3章）．そのための細胞小器官は**葉緑体**である．内膜によって囲まれた水溶性領域がストロマとよばれ，ここで暗反応が起こる．また，チラコイド膜が積み重なったグラナがあり，ここで明反応が起こる．葉緑体も単純な光学顕微鏡では見ることができないが，クロロフィルという色素をもっているため，蛍光顕微鏡では容易に見ることができる（口絵3B左）．

4・3・2　動物の細胞を見てみる

動物細胞には細胞壁も液胞もない．したがって，動物の培養細胞などを簡単な光学顕微鏡で観察することはできないが，微分干渉装置を取付けると細胞の外形を見ることができる（口絵3C）．また，細胞核の存在も明らかになる．しかし，細胞膜そのものや核を形作る核膜を直接見ることはできない．

細胞膜や液胞膜，核膜といった細胞の“膜，あるいは細胞内膜”を一般に**生体膜**とよぶ．生体膜は脂質の二重層（第2章参照）から成り立っており，これらの膜系を直接観察するための最も簡単な方法は，脂溶性色素を用いて膜を染めることである（口絵3 D）．ここでは DiO_6（3, 3′-ジヘキシルオキサカルボシアニンヨージド）という色素で網目状に染まった小胞体が観察される．また，後に述べるように，細胞内のいろいろな膜系にはそれぞれの機能に直結した特異的な膜タンパク質が存在しているので，これらの膜タンパク質に特異的な抗体と蛍光顕微鏡を用いることにより，特定の細胞内膜系を見ることができる．

細胞核は動物細胞にも植物細胞にもある．核内には，**クロマチン**とよばれるゲノムとタンパク質との複合体と，それを支えるラミンなどの繊維状タンパク質からなる核マトリックスがある．クロマチンは，DAPI（4′,6-ジアミジノ-2-フェニルインドール）などの色素で染色して蛍光顕微鏡で観察できるが（口絵3 E），その詳しい構造は，そのまま原子間力顕微鏡で直接観察できる（口絵3 F）．

細胞が有糸分裂（第13章参照）をする際，クロマチンは凝集して染色体になり，それまで核の付近に1対あった中心体は両極に分かれ**紡錘体**となる（口絵3 G）．この紡錘体は次に述べる微小管といろいろな中心体タンパク質からなる．

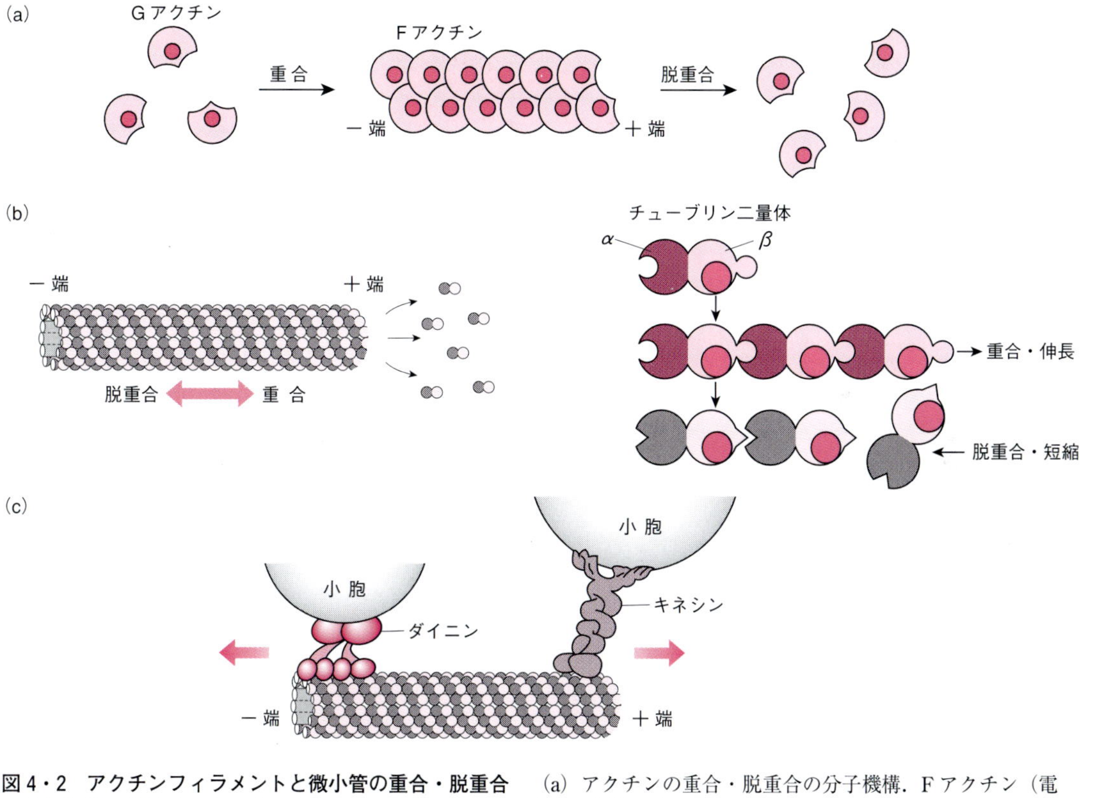

図4・2 アクチンフィラメントと微小管の重合・脱重合 (a) アクチンの重合・脱重合の分子機構．Fアクチン（電子顕微鏡で観察すると，太さはおよそ8 nm）はGアクチンが隙間なく一様に配向したらせん状のフィラメントで，その一端は速く重合し（＋端），他端はゆっくり重合する（－端）．二つのGアクチン間の結合は比較的弱いが，三つめのアクチンが結合するとより安定になる．この三量体が“重合の核”となって，これに単量体がつぎつぎに付加していく．(b) チューブリンの重合・脱重合の分子機構．アクチン同様チューブリンも方向性をもって重合し微小管を形成する．アクチンフィラメントの場合はアクチン三量体が重合の核になるが，微小管の場合はもっと複雑で，13個かそれ以上のチューブリン分子が環状になったものが重合の核になる．(c) 分子モーターと微小管との関係（本文§4・4・4参照）．

4・3・3 細胞骨格は重合・脱重合を繰返す

真核細胞には複雑な細胞膜・細胞内膜系以外に，細胞の運動や分裂に重要な**アクチンフィラメント**，**微小管**，**中間径フィラメント**といった**細胞骨格**とよばれる系が存在している（口絵3 H）．これらが細胞に形や運動能力を与え，細胞小器官の配置を決めたり配置替えをしたりしている．アクチンフィラメントはアクチン，微小管はチューブリン，中間径フィラメントはビメンチンやラミンなどタンパク質が方向性をもって重合したもので，それぞれ細胞内での配置の仕方も機能も異なった多量体である．細胞骨格は，脊椎動物の骨とは異なり動的で，細胞分裂や細胞移動の際にはなめらかに重合・脱重合して再構築される（図4・2）．

4・3・4 細胞膜系の動態

核，小胞体，ゴルジ体，ミトコンドリアなどの細胞小器官膜は細胞内膜系（図4・3）を形成している．これらの膜も脂質二重層であるが，その脂質成分は，細胞膜とは若干異なっている．

核は2層の膜からなる核膜によって細胞質から分離されている．しかし，核内容物は核膜孔を通して細胞質と連絡している．細胞内空間の大きな部分を占める**小胞体**には，平らな層状の袋で，その外側表面にタンパク質合成を行うリボソームが付着した**粗面小胞体**と，管状でリボソームが付着しておらず主として脂質代謝に関与している**滑面小胞体**がある．**ミトコンドリア**にはそれぞれ脂質二重層からなる外膜と内膜とがあり，内膜はひだ状のクリステとよばれる構造をとってクエン酸回路と電子伝達系の酵素を装備している．

こういった細胞内膜系間には連絡がある．たとえば，核の外膜と小胞体膜はつながっている．また，ミトコンドリア間も外膜の一部で連結されている．これらの細胞小器官間では物質や情報の交換があると想像されている．

液胞や核の内部には膜が管状やひだ状に陥入してできる複雑な構造がある．核の中は単にゲノムがあるだけではなく，ゲノムをつなぎとめておく足場となる**核マトリックス**がある（図4・4 a）．マトリックスタンパク質のラミンに対する抗体で染色すると，核膜の裏打ち構造や管状構造がよくわかる．また，液胞の膜上にあるスネアー（SNARE）というタンパク質にGFP（緑色蛍光タンパク質）というクラゲの蛍光タンパク

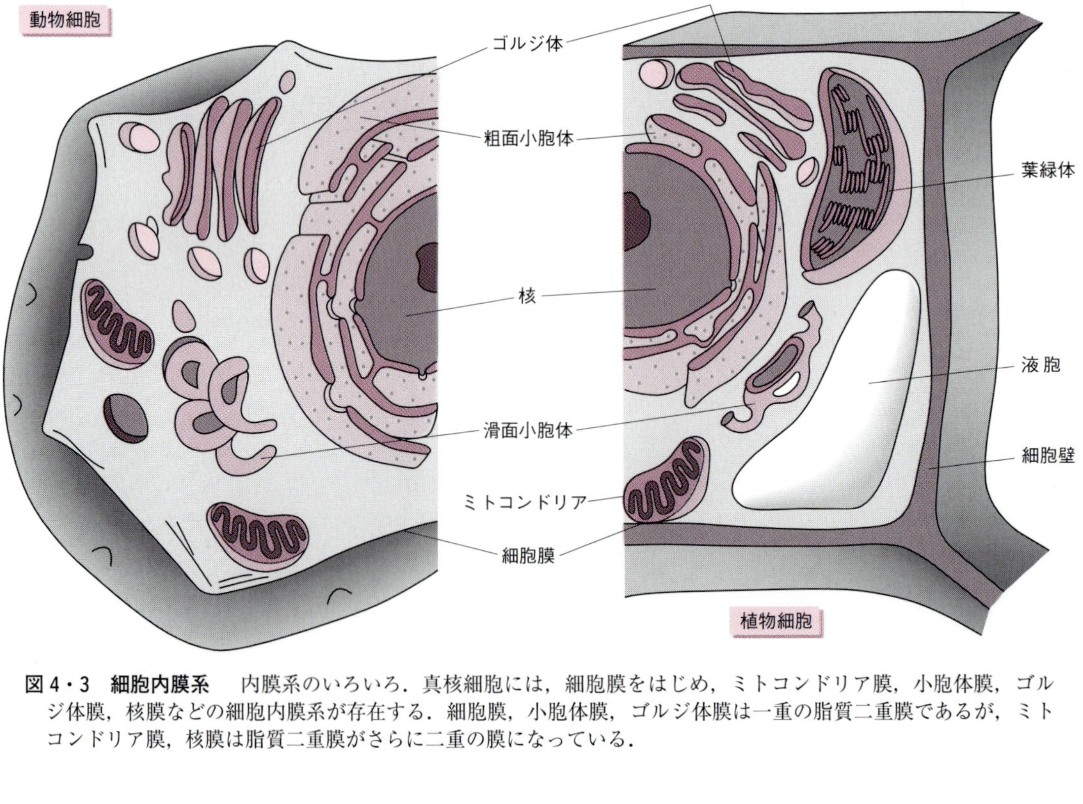

図4・3 細胞内膜系 内膜系のいろいろ．真核細胞には，細胞膜をはじめ，ミトコンドリア膜，小胞体膜，ゴルジ体膜，核膜などの細胞内膜系が存在する．細胞膜，小胞体膜，ゴルジ体膜は一重の脂質二重膜であるが，ミトコンドリア膜，核膜は脂質二重膜がさらに二重の膜になっている．

質をつけて共焦点蛍光顕微鏡で観察すると，液胞内構造がたえずつくられたり壊されたりしている様子がリアルタイムで見られる（図4・4b）．

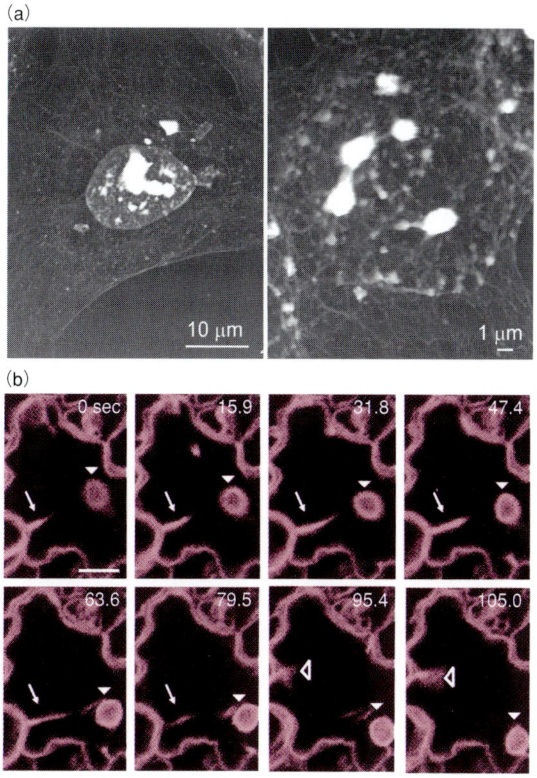

図4・4 細胞内構造の動態 (a) HeLa 細胞の膜系を取除き，細胞内骨格および核内構造を原子間力顕微鏡でとらえたもの（左）．右図は特に核内構造を高倍率でとらえたもの．フィラメントの走行がよくとらえられている．白い部分は，高さがあって周囲から突出していることを示している．特に大きいものは核小体である．(b) GFP に結合した SNARE タンパク質のシロイヌナズナの液胞膜上での動きを指標に，数秒間隔で，液胞膜の動態を共焦点蛍光顕微鏡でとらえた．矢印，三角形などは特定の膜の動きを注目している（スケールバー：5 μm）．〔写真提供：(a) 京都大学大学院生命科学研究科 吉村成弘博士，(b) 同 植村智博博士〕

4・4 細胞はそれぞれ特徴ある小区画に分かれている

細胞膜にせよ細胞内膜にせよ，それぞれの膜には必要に応じていろいろな機能をもつタンパク質が埋込まれている．機能タンパク質には，イオンや化学物質を運ぶ**膜輸送体**やホルモンや化学物質の**膜受容体**などがある（図4・5）．単細胞体であれ，多細胞体であれ，ある一定の環境のもとに生きなければならない．この外的環境に生じた変化は，ある種の情報（第一メッセンジャー）として受容され，ついで，別の化学物質（第二メッセンジャー）を介して細胞内へ，さらには核（遺伝子）へと伝達される．このシグナル伝達の条理も，セントラルドグマ同様，今を生きるための重要な柱である．そして，細胞膜こそ細胞間対話のためのシグナル伝達の第一現場なのである．

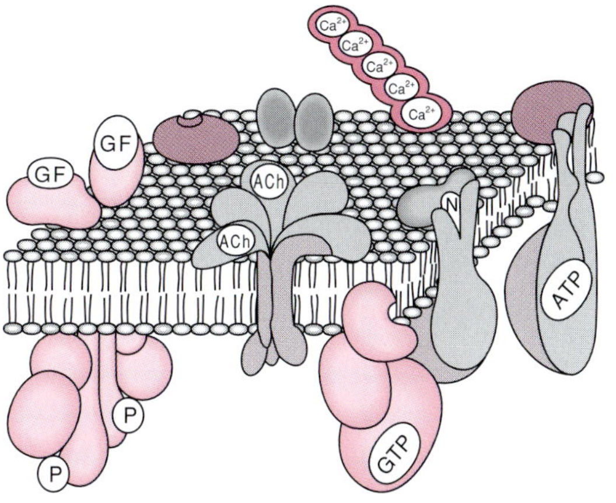

図4・5 細胞膜の模型と膜タンパク質のいろいろ
細胞膜のモザイク模型．成長因子（GF）の受容体は二量体となり，自身のチロシン残基がリン酸化される．アセチルコリン（ACh）受容体は五量体でチャネルを形成する．三量体 G タンパク質は 7 回膜貫通型受容体と共役する．ナトリウムイオンやカルシウムイオンを ATP 加水分解のエネルギーを用いて輸送する ATP アーゼは，自身のアスパラギン酸がリン酸化される．

4・4・1 タンパク質が細胞小器官の機能を決める

細胞のいろいろな膜は“いろいろな機能タンパク質を含んだ脂質の膜”であった．この脂質二重層をはっきりと確認するには，透過型電子顕微鏡が必要になる．しかし，この脂質二重層のなかにどのようなタンパク質があって，それぞれが何をしているかを調べるには，さらに生化学の方法が必要になってくる．まず，いろいろな細胞小器官を別々に分離しなければならない．これは**段階的遠心法**を用いれば簡単である（図4・6）．細胞をすりつぶしたり外液浸透圧を急変させたりすると，細胞の形質膜やミクロソームの膜系は断片となる．できた断片はただちに閉じて小胞となり，破砕処理を注意深く行えば，核，小胞体，ゴルジ体，ミトコンドリアなどの細胞小器官はほとんど機能的に無傷のまま残存する抽出液（**ホモジェネート**）が得られる．つぎに，ホモジェネートを遠心管に入れ高速遠心すると，大きなものほど受ける遠心力が大きいので核や未破壊細胞などの大きな成分が先に沈降し，遅れてミトコンドリアが沈降してくる．さらに高速で長時間遠心すると小胞が沈降してくる．

細胞分画法で分離した各膜画分には種々の特異的タンパク質が存在することがわかってきた．これらタンパク質は細胞膜および細胞内膜系に特異的な機能を担っており，各膜画分のマーカーとなる．たとえば，細胞膜に存在する Na^+, K^+-ATP アーゼは Na^+ と K^+ の能動輸送を担っており（第3章参照），ゴルジ体に存在する *N*-アセチルグルコサミニルトランスフェラーゼやガラクトシルトランスフェラーゼは膜タンパク質への糖の添加に重要である．

4・4・2　タンパク質合成の場としてのリボソーム

そもそも細胞の中でタンパク質はどのようにしてつくられるのだろうか．タンパク質合成の現場では，rRNA と多くのタンパク質を含んだリボソーム，mRNA，アミノアシル tRNA，それに多くの酵素が活躍する（第9章参照）．

tRNA は，その特異性（アンチコドンによってどのアミノ酸のコドンに対応するか決まっている）によって 3′末端に特定のアミノ酸を付加され，アミノアシル tRNA となる．一方，mRNA には，リボソームの小さい方の 40S サブユニットが結合し翻訳開始点（メチオニンのコドン，AUG）を探す．ついで，40S サブユニットが翻訳開始点に落ち着くと，60S サブユニットが結合し完全なリボソームができあがり，第1番目のアミノ酸（メチオニン）からつぎつぎにアミノ酸が付加されタンパク質ができあがっていく．どういう順序でアミノ酸が付加されるのかは mRNA の遺伝暗号（コドン）の配列に基づいており，このコドン配列に対応して tRNA のアンチコドンが順次結合していくわけである．そして最後には，終止コドン（UGA，UAA あるいは UAG）のある場所で翻訳は終わる．

4・4・3　小胞輸送による膜タンパク質の運搬

細胞膜のタンパク質は，原核細胞では細胞質で合成

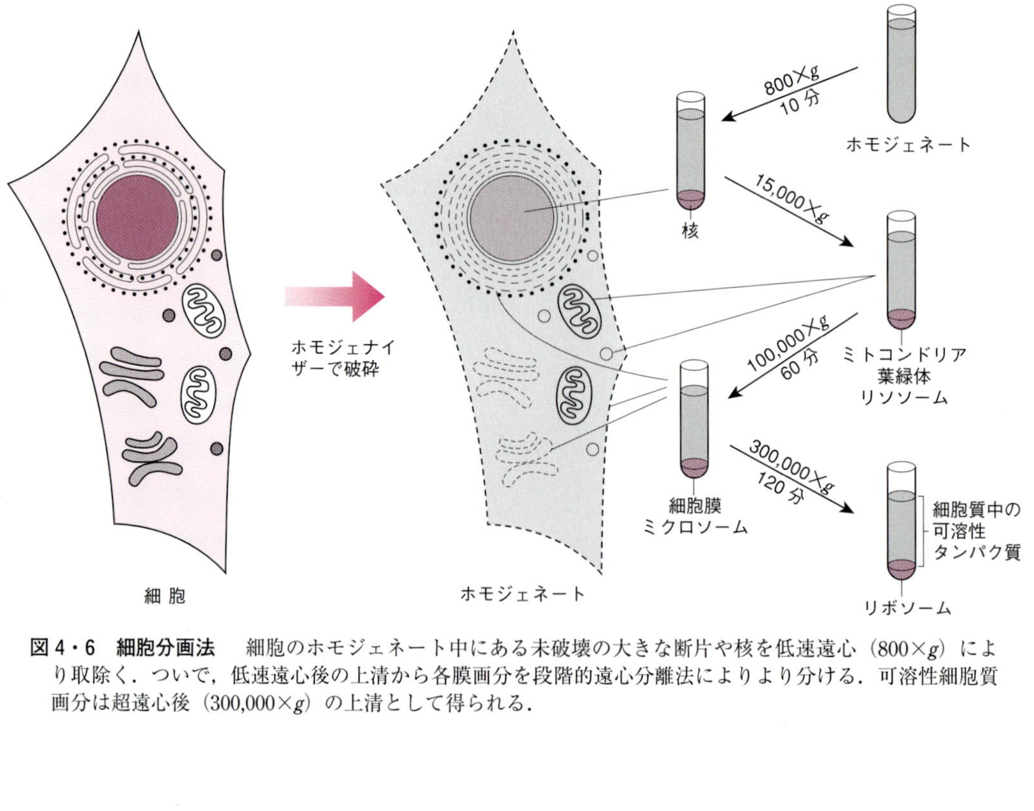

図4・6　細胞分画法　細胞のホモジェネート中にある未破壊の大きな断片や核を低速遠心（800×*g*）により取除く．ついで，低速遠心後の上清から各膜画分を段階的遠心分離法によりより分ける．可溶性細胞質画分は超遠心後（300,000×*g*）の上清として得られる．

されたのち細胞膜に直接組込まれるが，真核細胞では，細胞質で合成されると同時に小胞体に組込まれ，ゴルジ体を経て細胞膜へ運搬される（図4・7）．この輸送

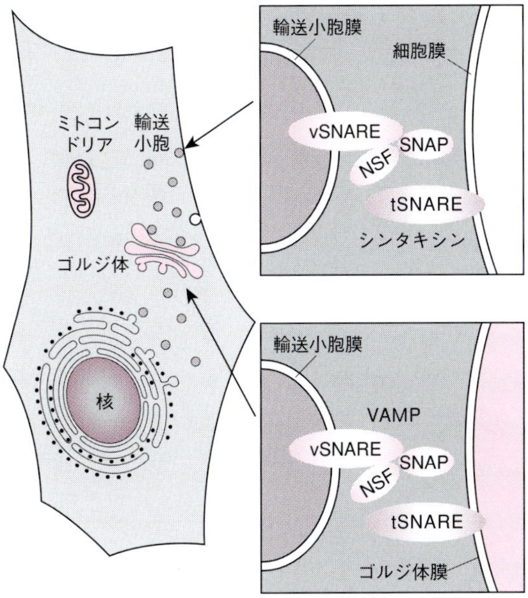

図4・7 小胞輸送の経路 エキソサイトーシスの際には小胞膜と細胞膜との融合が起こり，小胞の内容物が細胞外に放出される．小胞膜と細胞膜との融合の際には，SNARE（SNAP Receptor）とよばれるタンパク質群とそれらに結合するNSF（*N*-ethylmaleimide Sensitive Fusion Protein），SNAP（Soluble NSF Associated Protein）などの一連のタンパク質群が関与する．小胞膜側には vSNARE（vesicular SNARE）であるVAMP（Vesicle Associated Membrane Protein）が，細胞膜側には tSNARE（target SNARE）であるシンタキシンが存在し，両者は NSF と SNAP などによって連結され膜融合の開始へと導く．

の過程は，進化的に保存された一連のタンパク質により調節・管理され，“小胞（ベシクル）の輸送”とよばれる．ここでは，小胞体の膜から“出芽”した小胞はゴルジ体膜と融合し，ゴルジ体の膜からちぎれ出た小胞は細胞膜と融合する．この最終段階において小胞と細胞膜とが融合すると，小胞の内容物は細胞外へ放出される（小胞膜上のタンパク質は細胞膜上にとどまる）．この最終段階は**エキソサイトーシス**（開口分泌）とよばれ，小胞膜に存在するタンパク質（vSNARE）と細胞膜に存在するタンパク質（tSNARE）との相互作用を介して膜が融合することによって起こる．インスリンなどのペプチドホルモンの分泌も小胞輸送を介してエキソサイトーシスより行われる．

スネアー（SNARE）タンパク質を介する分子機構は，小胞体からゴルジ体への小胞輸送経路にもある．膜融合には，このほか共通の因子として **NSF**（*N*-エチルマレイミド感受性因子）や **SNAP**（可溶性 NSF 付随タンパク質）などの可溶性分子が必要で，特に NSF の ATP アーゼ活性は膜融合時のエネルギーの供給に重要であることがわかっている．このような細胞内における小胞の形成，細胞内輸送，他の細胞内膜系や細胞膜との融合といった細胞内膜輸送の分子機構は，生物界において酵母からヒトに至るまで広く共有されている．

4・4・4 小胞輸送と分子モーター

膜タンパク質や分泌タンパク質は小胞によって運ばれると述べた．では，小胞はどのようにして細胞内を移動するのだろうか．小胞を運ぶものとして**ダイニン**や**キネシン**が知られている．これらは“分子モーター”とよばれ，ATP アーゼ活性をもっていて（ATP の加水分解のエネルギーを使って）微小管上を移動する（図4・2c）．

小胞輸送の原理は，神経系における軸索輸送を担う微小管と小胞との関係にもあてはまる．微小管には重合して伸びていく側（＋端）と脱重合して短くなる側（－端）があるが，ダイニンは微小管の＋端から－端（逆行性）に，キネシンは－端から＋端（順行性）に軸索内輸送を行っている．

分子モーターは，これら以外に，繊毛や鞭毛の運動においても活躍する．鞭毛や繊毛の運動は，それらの芯にある軸糸の屈曲によってなされる．この軸糸は，原生動物の鞭毛や繊毛から，ほ乳類の鞭毛や繊毛に至るまで，微小管の特徴的な“9＋2”配列から成り立っている．

4・4・5 小胞体とゴルジ体におけるタンパク質の品質管理

ミトコンドリアのタンパク質は，ミトコンドリアへのターゲットシグナルをもっており，直接ミトコンドリアへ組込まれる（図4・8）．その際には，MSF（ミトコンドリア輸送促進因子）や Hsc70 といった**シャペロン**の助けにより，ミトコンドリア外膜の受容体を

介してチャネルに渡される．マトリックスタンパク質はそのまま内膜チャネルを通過していくが，外膜と内膜との膜間腔に行くべきタンパク質は，外膜チャネルを通過した直後，シグナルが切断されてそのまま膜間腔にとどまる場合や，いったん内膜チャネルを通過した後，再度膜間腔に運ばれる場合がある．

真核細胞の細胞膜タンパク質や分泌タンパク質は，合成されるとただちにその膜貫通領域が小胞体に組込まれる（図4・9）．その際，タンパク質のもつシグナル配列が **SRP**（signal recognition particle：シグナル認識粒子）とよばれる分子によって認識され，SRP受容体を経て**トランスロコン**（translocon）とよばれるチャネルへ渡される．そして，タンパク質の親水性部分は，タンパク質の疎水性膜貫通領域が小胞体膜にはまり込むまで，そのまま小胞体内部に入っていく．分泌タンパク質の場合，シグナル配列はシグナルペプチダーゼによって切断される．小胞体内に入った親水性部分に糖添加部位（Asp-X-Ser/Thr）が存在すればアスパラギン残基にマンノース型の糖が付加される．この過程は数分以内で終了し，その後，平たい袋が重層した系であるゴルジ体に小胞（ベシクル）輸送され（図4・7），シアル酸やグルコサミン，ガラクトサミンなど（第2章参照）でさらなる糖の修飾を受けて細胞膜へ送り出される．この過程は分から時間の単位で起こる．

合成されたタンパク質は上手に折りたたまれて，二次，三次，さらには四次構造といった高次構造をとるわけだが（第2章参照），このタンパク質の折りたたみを正しく行うために，シャペロンとよばれる一群のタンパク質が働いている．小胞体に入ってきたタンパク質には **Bip**（Hsp70）というタンパク質が結合し，折りたたみが進行する．うまく折りたたみが進行すればBipははずれるが，間違って折りたたまれたタンパク質は，**ユビキチン-プロテアソーム系**からなるとい

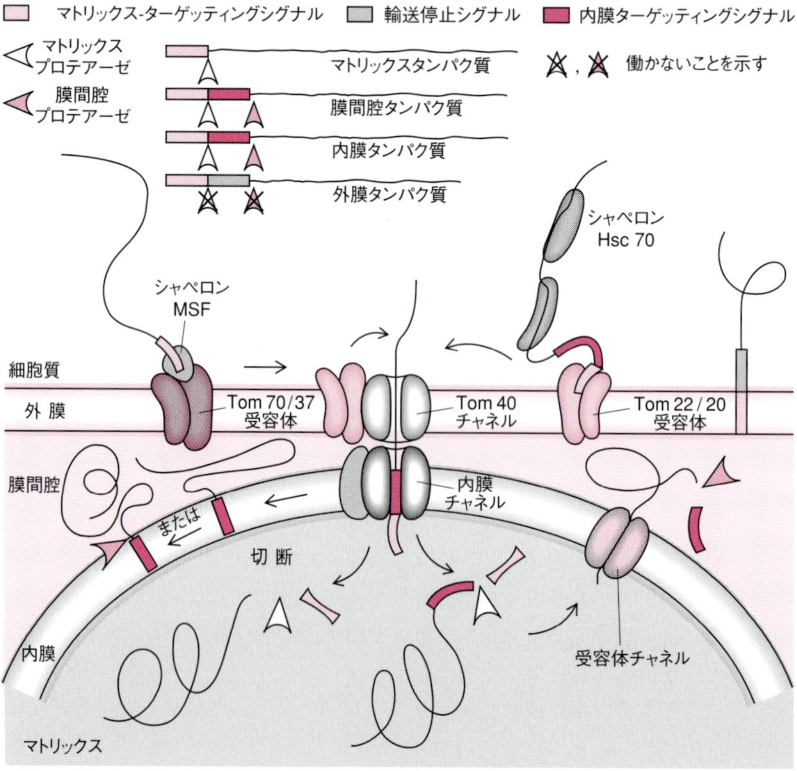

図4・8　ミトコンドリア膜へのタンパク質の組込み機構　ミトコンドリアタンパク質の膜への組込みは分子シャペロンとタンパク質自身のもつシグナル配列に依存している．

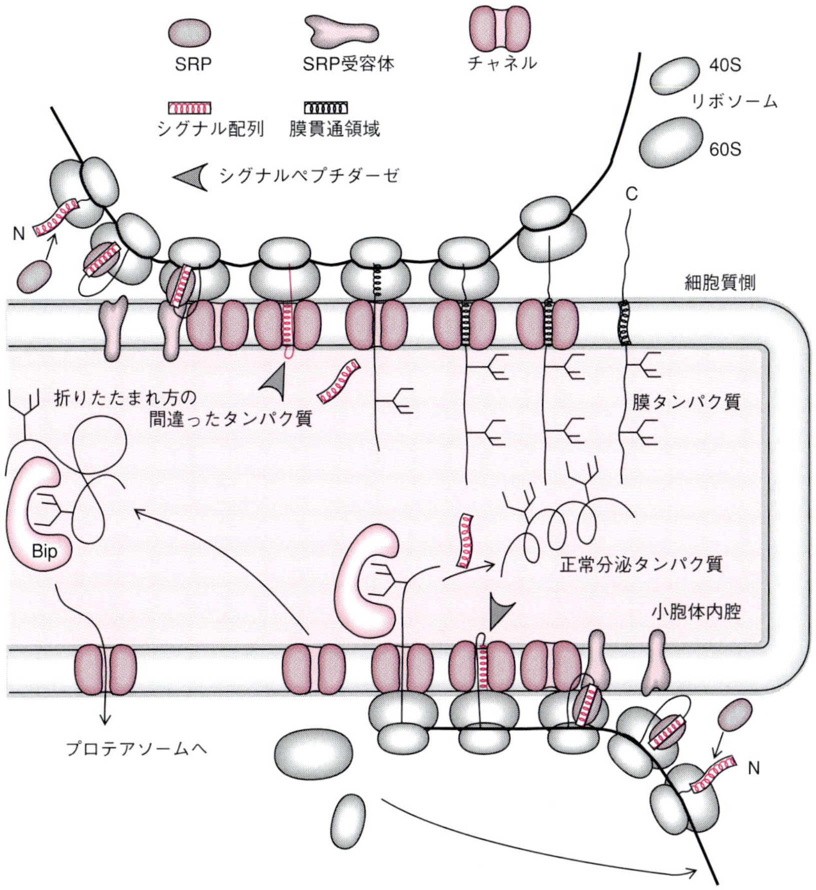

図 4・9 真核生物の小胞体膜へのタンパク質の組込み機構と品質管理 膜タンパク質および分泌タンパク質の小胞体膜への組込みには，タンパク質自身のもつシグナル配列のほかに，SRP と SRP 受容体，それに小胞体膜に存在するチャネルが関与する．タンパク質の高次構造は Bip とよばれる分子によってモニターされる．

うタンパク質分解系に導かれる（図 4・9）．正しく折りたたまれたタンパク質はゴルジ体に送られ，修飾・仕分け・梱包されて細胞の他の部分へ送り出される．

このように，小胞体やゴルジ体はタンパク質の“翻訳後修飾の場”であり，同時にまた“品質管理の場”でもある．

4・4・6 化学反応の場としての細胞質

細胞の膜系には，これまで述べてきたようなもの以外に，リソソームやペルオキシソームといった小胞があり，それぞれ細胞内消化や過酸化水素の生成・分解に関与している．しかし，それら以外の多くの化学反応系（解糖系や糖の合成系）は細胞質の可溶性部分に存在している（第 3 章参照）．

4・4・7 細胞接着と細胞外マトリックス

私たちの体内で，血球やリンパ球などの細胞以外は単独で組織液の中に存在することはない．必ず，隣の細胞と直接接していたり，**細胞外マトリックス**とよばれる層を挟んで別の細胞と接していたりする（図 4・10）．このマトリックスを形成する分子には，少なくとも，ラミニン，コラーゲン，ヘパラン硫酸などを含むプロテオグリカンとよばれる巨大な糖タンパク質，エラスチンとよばれる弾力性のある繊維状タンパク質，フィブロネクチンなどの構造タンパク質，などが含まれる．

細胞外マトリックスは細胞膜の受容体を介して細胞の内側と物理的につながっている．また，TGFβ（トランスフォーミング増殖因子β），FGF（繊維芽細胞増殖因子），PDGF（血小板由来増殖因子）といったさまざまな増殖因子とも結合する．受容体としてはインテグリンファミリーが最も有名で，よく研究されている．**インテグリン**は大きく2種類に大別され，フィブロネクチンやラミニンと結合する場合のように標的のアルギニン-グリシン-アスパラギン酸（RGD）配列を認識して結合するタイプと，ICAM（intercellular adhesion molecule）と結合する場合のように標的のRGD配列を介さずに結合するタイプがある．一方，インテグリン以外の受容体としては，シンデカンとCD44が有名である．**シンデカン**は膜貫通型のプロテオグリカンで，コラーゲンやフィブロネクチンと結合する．**CD44**も膜貫通型のプロテオグリカンで，すべてのほ乳動物の細胞に発現してその細胞外領域でヒアルロン酸に結合するので，細胞間の接着に直接関与すると考えられる．

細胞外マトリックスの受容体は細胞内領域でアクチンフィラメントや微小管などの細胞骨格と結合している．したがって，細胞外マトリックスへの増殖因子の結合やマトリックス分子を介する細胞同士の直接の接着が引き金となって，細胞内情報伝達系が活性化され，最終的に遺伝子の発現調節に至るという細胞間対話の分子機構が存在するわけである．

細胞間対話の一般的様式には，以上のほかにも，神経系や内分泌系に見られるような“小さな化学物質（第一メッセンジャー）”を介するもの，免疫系に見られるような“巨大糖タンパク質複合体（抗原-MHC複合体）”を介するものがある（次章参照）．

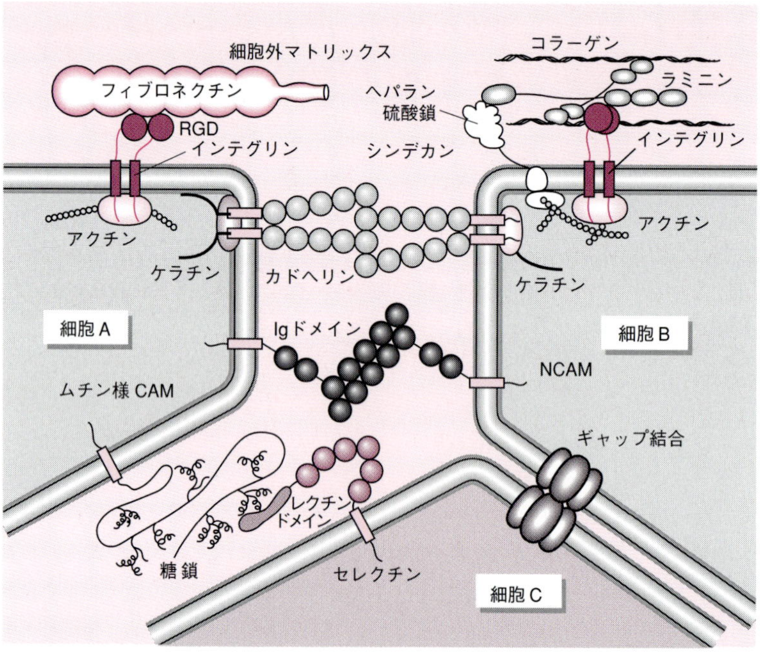

図4・10　細胞外マトリックスを介した細胞接着の基本形　一般に膜タンパク質は複数のドメインから成り立っている．細胞接着分子(cell adhesion molecule：CAM）であるカドヘリンやNCAM〔neural cell adhesion molecule：免疫グロブリン（Ig）スーパーファミリーCAM〕は同じ分子同士で接着する．セレクチンにはレクチンドメインがあり，ムチン様CAMの糖鎖に結合する．インテグリンはαとβの二つのサブユニットからなり，フィブロネクチンやラミニンなどと結合する．

5

細胞の種類とその機能

5・1 はじめに

前章の最後に，一つの細胞は他の細胞と“話し合う”ことを述べた．では，話し合った結果はどうなるのだろう．それがこの章の問題である．細胞間コミュニケーションの結果，シグナルの受け側は“分化”する．多細胞生物の発生の段階でこういった細胞分化が順次起こった結果，組織が生じ，器官ができる．ここでは，分化したさまざまな細胞とその機能について調べてみよう．

5・2 組織や器官は異なる形態（種類）の細胞からできている

胃や腸，血管などの組織切片を作製して，光学顕微鏡で見てみると，管腔側から順に，上皮細胞，基底膜，

(a)

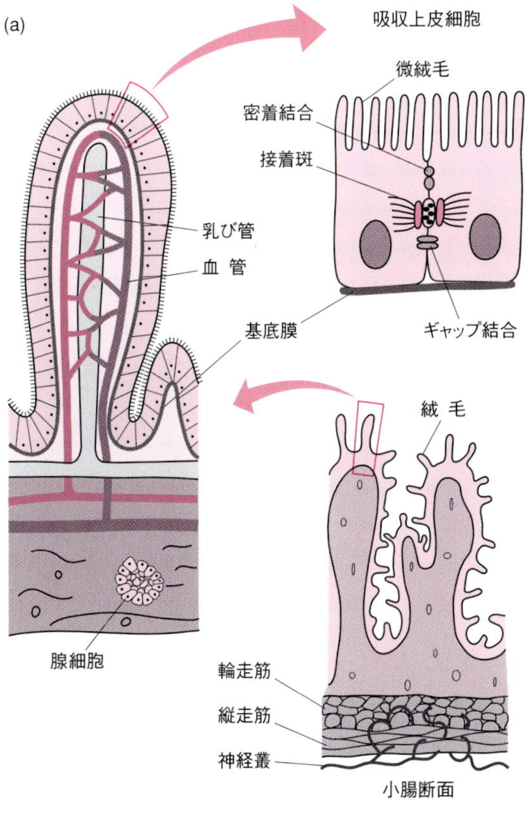

(b)

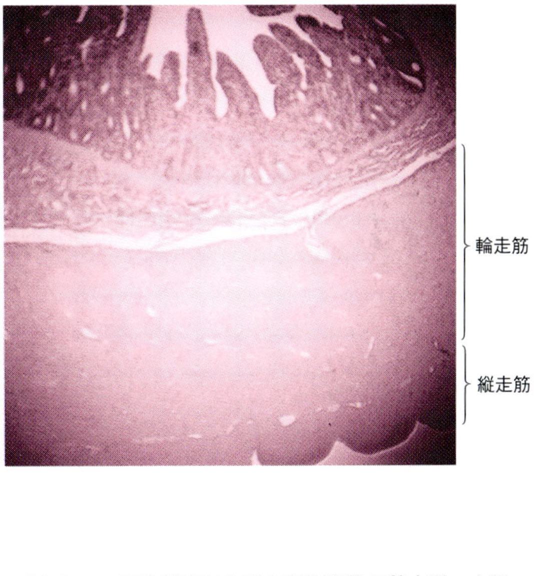

図 5・1 動物組織における細胞配置の基本形 小腸断面の模式図と組織切片の光学顕微鏡像．(a) 上皮組織では，隣の細胞とは密着結合や接着斑を介して接着しあい，また，ギャップ結合を介して情報や栄養分の交換をしている．(b) ラット小腸の輪切り切片を光学顕微鏡で見たもの．〔写真提供：オハイオ州立大学 山口 守教授〕

筋肉細胞といったものが見られる（図5・1）．このように，上皮組織，筋組織および神経組織は他の分化した組織や器官の構成要素で，周りの結合組織から栄養分や機械的な支持を受けている．これらの組織と結合組織との間には，基底膜とよばれる細胞外マトリックスの凝縮した層がある．

5・3　動物細胞の特徴

5・3・1　上皮細胞と物質の吸収・分泌

単層上皮は物質の選択的拡散，吸収，分泌に関与する界面にほとんどつねにみられる．分泌に関与する上皮は**腺上皮**とよばれ，特に上皮表面が複雑に入り組んだ導管がみられる．上皮表面と連続した導管をもつものは**外分泌腺**（唾液腺など），他の組織内部に分泌組織が“島”となって残っているものは**内分泌腺**（膵臓のランゲルハンス島など）とよばれる．分泌の機構はすでに§4・4・3で述べた“小胞輸送に基づく開口分泌”である．機械的摩擦の多いところでは，下層を保護するための多層上皮がみられる．

気管支や腸の上皮細胞では管腔側に繊毛や絨毛が見られ，それぞれ粘液の移動や栄養分の吸収に関与している．隣の細胞とは**密着結合**（tight junction）や**接着斑**（desmosome）を介して接着しあい，また，**ギャップ結合**（gap junction）を介して情報や栄養分の交換をしている．

腎臓においては，上皮細胞はタンパク質の沪過と水やイオンの再吸収に非常に重要な働きをしている（図5・2）．腎臓の機能単位は**ネフロン**である．ここでは，毛細血管の絡み合った球状の網（**糸球体**）が基底膜を介して単層扁平上皮からなる**ボーマン嚢**に包まれ，ボーマン嚢は近位尿細管上皮に連続している．糸球体では，血漿中の大部分の水と小分子量の成分がボーマン嚢内腔に沪過される．この沪液から水と無機イオン，特定の分子を再吸収するところが**尿細管**である．近位尿細管は折返し点（**ヘンレ係蹄**（けいてい））を経て遠位尿細管へと続く．このループ構造の意義は“対向流水増幅系”を利用して，髄質の細胞外液に高い浸透圧勾配をつくり出すことにある．ナトリウムイオンは，管腔側の細胞膜を通して，グルコースやアミノ酸などとともに上皮細胞内に担体輸送され，基底膜側のナトリウムポンプ（Na^+, K^+-ATP アーゼ）によって能動的に排出される．特に，遠位尿細管の基底膜側には Na^+, K^+-ATP アーゼが多く存在しており，ナトリウムイオンを能動的に再吸収し，血中に戻す．また，管腔側の細胞膜には Na^+/H^+-交換輸送体が存在し，H^+の排出

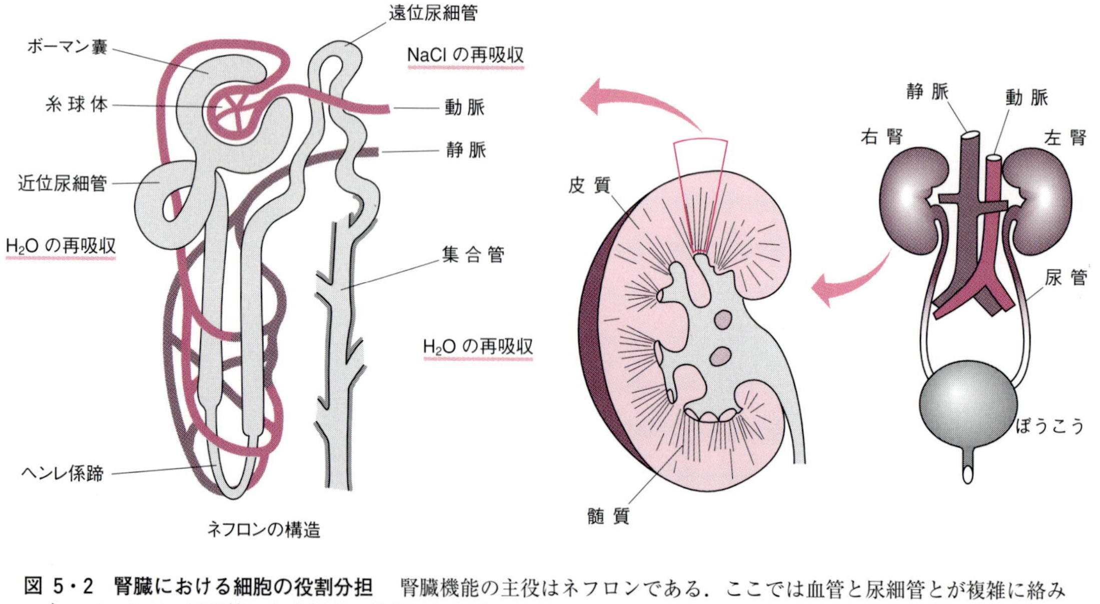

図 5・2　腎臓における細胞の役割分担　腎臓機能の主役はネフロンである．ここでは血管と尿細管とが複雑に絡み合っているが，尿細管の上皮細胞の管腔側細胞膜と基底膜側細胞膜にそれぞれ特異的な機能性膜タンパク質が存在するために，イオンの一方向性輸送が実現される．

が炭酸水素イオンの再吸収に重要な意味をもつことになる．水の 75 % は近位尿細管で，残りは遠位尿細管と**集合管**で“水チャネル”を通して再吸収される．

5・3・2 筋肉とエネルギー変換

骨格筋細胞（筋繊維）は極度に分化した細胞である（図 5・3）．内部には主としてアクチンとミオシンからなる収縮タンパク質の束（**筋原繊維**）が数本あり，この筋原繊維はそれぞれ発達した**筋小胞体**によって**サルコメア**とよばれる小単位ずつ取囲まれている．各サルコメア間には **T 管系**とよばれる“筋細胞膜が筋繊維内に陥没してできた管”があり，この管は細胞外部

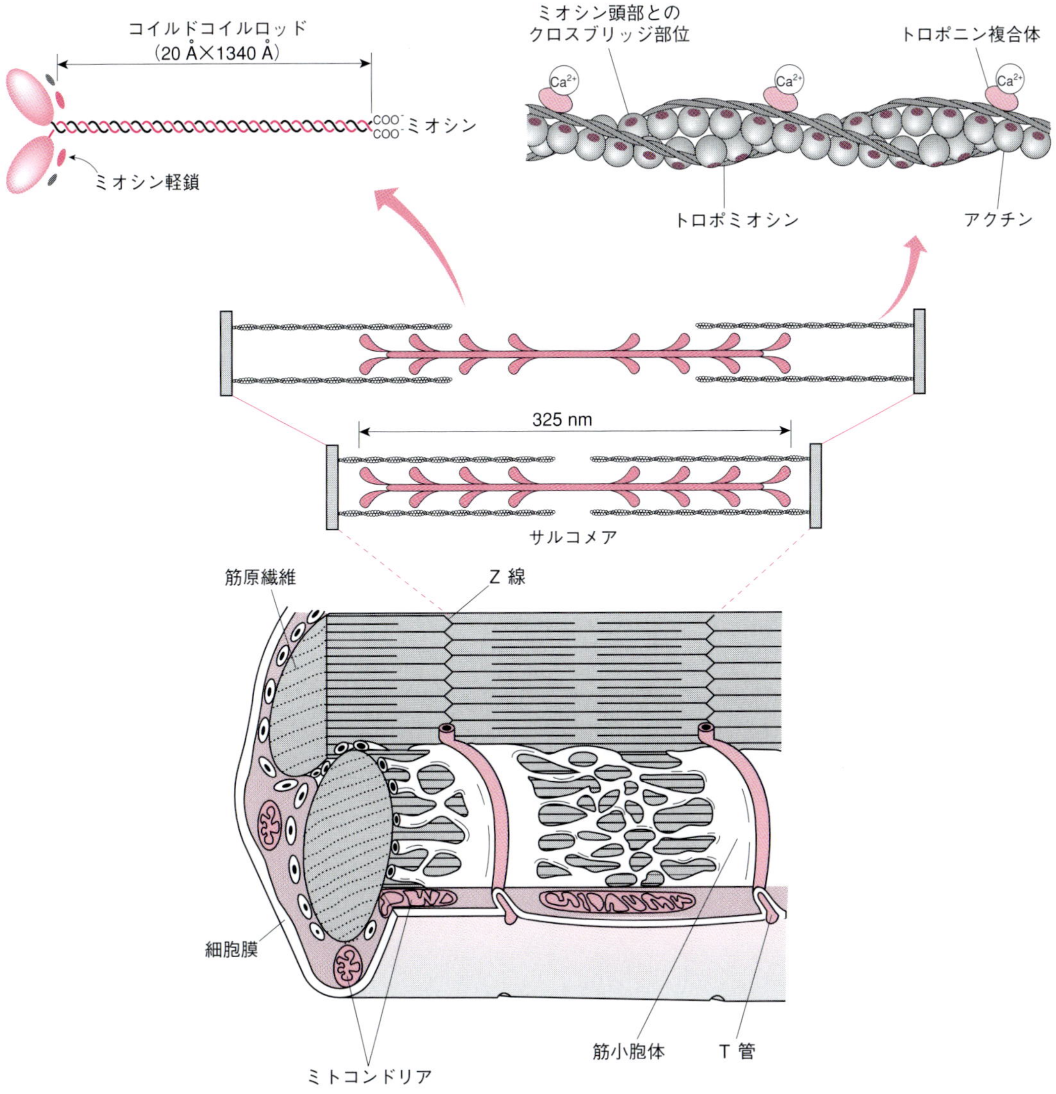

図 5・3 骨格筋の構造と機能 骨格筋の筋繊維の模式図（下）と収縮タンパク質の相互作用のモデル（上）．筋繊維では，T 管を筋小胞体が挟み込んでいる．T 管には電位依存性 Ca^{2+} チャネルが，筋小胞体膜にはリアノジン受容体（リガンド依存性 Ca^{2+} チャネル）が存在する．細胞膜から T 管系に伝わった興奮（脱分極）により電位依存性 Ca^{2+} チャネルが開き，ついでリアノジン受容体が開くことにより筋小胞体内に貯蔵されていた Ca^{2+} が細胞質内に流出する．流れ出た Ca^{2+} はトロポニン複合体に結合し，アクチンとミオシンの相互作用（筋収縮）を惹起する．

につながっている．T管と筋小胞体との会合部は**トリアッド**とよばれる構造をなし，T管膜には電位依存性のCa^{2+}チャネルが，筋小胞体膜には**リアノジン受容体**とよばれるCa^{2+}放出チャネルが存在している．筋小胞体の中央部（T管から離れた部位）にはCa^{2+}-ATPアーゼとよばれるCa^{2+}ポンプが存在し，筋繊維の細胞質におけるCa^{2+}濃度を低く（$< 10^{-7}$ M），筋小胞体内の濃度を高く（$> 10^{-3}$ M）保っている．筋細胞膜には電位依存性のNa^+チャネルやK^+チャネルがあり，また，筋繊維の細胞質におけるNa^+とK^+の濃度を一定に保つ働きをするNa^+, K^+-ATPアーゼがある．

さて，骨格筋の収縮の機構をみてみよう．以下のような大変複雑な機構で，ATPのエネルギーを**筋収縮**というかたちで機械エネルギーに変換する．成熟した骨格筋においては1本の筋繊維は一つの運動神経終末によって支配されており，その神経-筋接合部の筋細胞膜側にはアセチルコリン受容体チャネルが多量（10^4 個/μm^2）に存在する．運動神経終末から**神経伝達物質**（アセチルコリン）が放出されると，アセチルコリンはアセチルコリン受容体を活性化し，筋細胞膜を脱分極に導く．脱分極が“閾値”に達すると，電位依存性のNa^+チャネルやK^+チャネルが開いて活動電位が発生する．発生した活動電位は筋細胞膜を伝わりT管系に至り，電位依存性のCa^{2+}チャネルを活性化することになる．Ca^{2+}チャネルが活性化すると，それに隣接したリアノジン受容体が開き筋小胞体内のCa^{2+}が放出され，ついに骨格筋の収縮が惹起される．

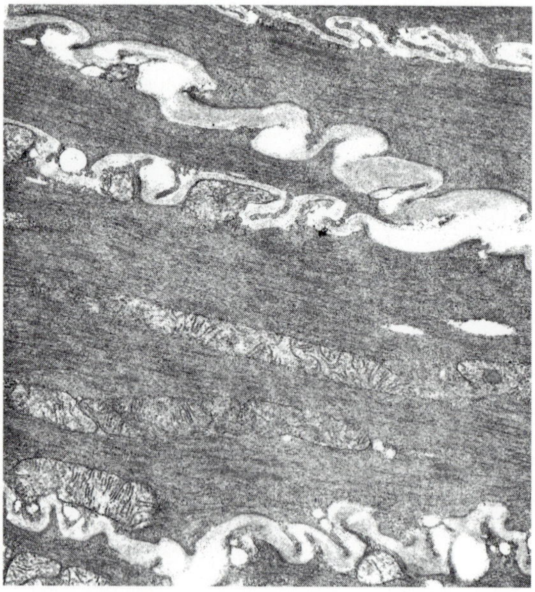

図 5・4A　平滑筋の構造　ニワトリの砂嚢切片の電子顕微鏡写真．平滑筋には骨格筋に見られるような規則性のある“横紋”は見られない．しかし，ミオシン繊維の走行は見られる．

骨格筋の収縮タンパク質の一つである**アクチン**には，トロポミオシン，トロポニンC（TnC），トロポニンT（TnT），トロポニンI（TnI）とよばれる一連の調節タンパク質が付随しており，Ca^{2+}のない条件ではこれら調節タンパク質がアクチンとミオシンの“すべり”（収縮）を抑制している．TnCはCa^{2+}結合

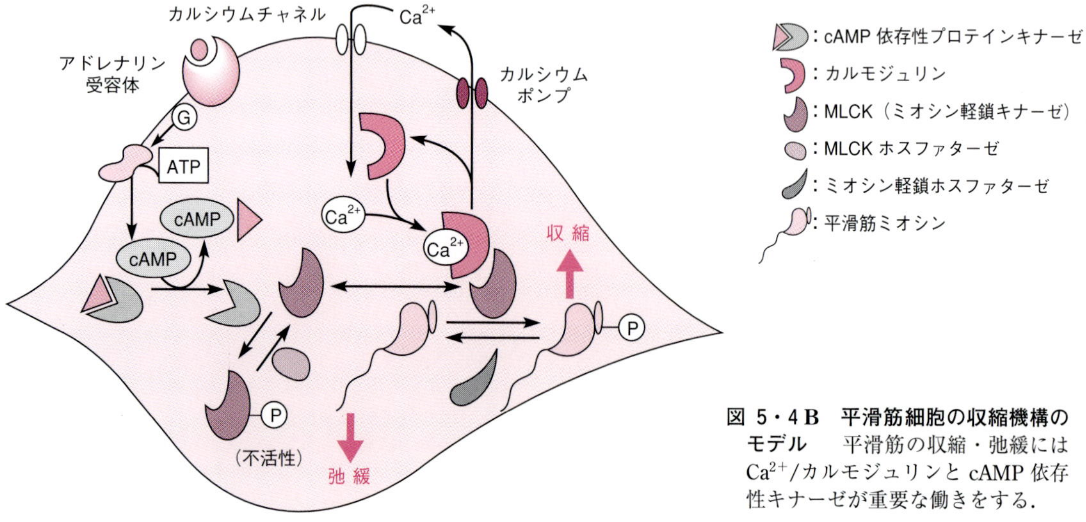

図 5・4B　平滑筋細胞の収縮機構のモデル　平滑筋の収縮・弛緩にはCa^{2+}/カルモジュリンとcAMP依存性キナーゼが重要な働きをする．

タンパク質で，Ca^{2+}が結合することにより構造変化を起こし，TnT を介して TnI とトロポミオシンに影響を与え，アクチンとミオシンの“すべり”を誘発することになる．つまり，Ca^{2+}の役割はアクチン側の“すべり”抑制の解除である．この Ca^{2+}は**第二メッセンジャー**（セカンドメッセンジャー）とよばれる．

ところで，**平滑筋**には骨格筋にみられるようなサルコメア構造がなく（図 5・4），また，TnC，TnT，TnI といった一連の調節タンパク質も存在していない．平滑筋の収縮にも Ca^{2+}が必須であることには変わりがないが，Ca^{2+}は**カルモジュリン**（CaM）とともに Ca^{2+}/CaM 依存性ミオシン軽鎖キナーゼを活性化し，ミオシン軽鎖のリン酸化を介して平滑筋のゆっくりした収縮を惹起する，すなわち，平滑筋の収縮の制御はアクチン側ではなくミオシン側にある．

一方，平滑筋の弛緩は，Ca^{2+}/CaM 依存性ミオシン軽鎖キナーゼが cAMP 依存性プロテインキナーゼ（A キナーゼ）によるリン酸化を受けて不活性化するために生じる．CaM は TnC と約 70 % の相同性を示す Ca^{2+}結合タンパク質である．交感神経の伝達物質（第 19 章参照）であるノルアドレナリンが平滑筋を弛緩させる機構は，β アドレナリン受容体を介する細胞内 cAMP 濃度の上昇によってこの A キナーゼ系を活性化するためである．気管支の β アドレナリン受容

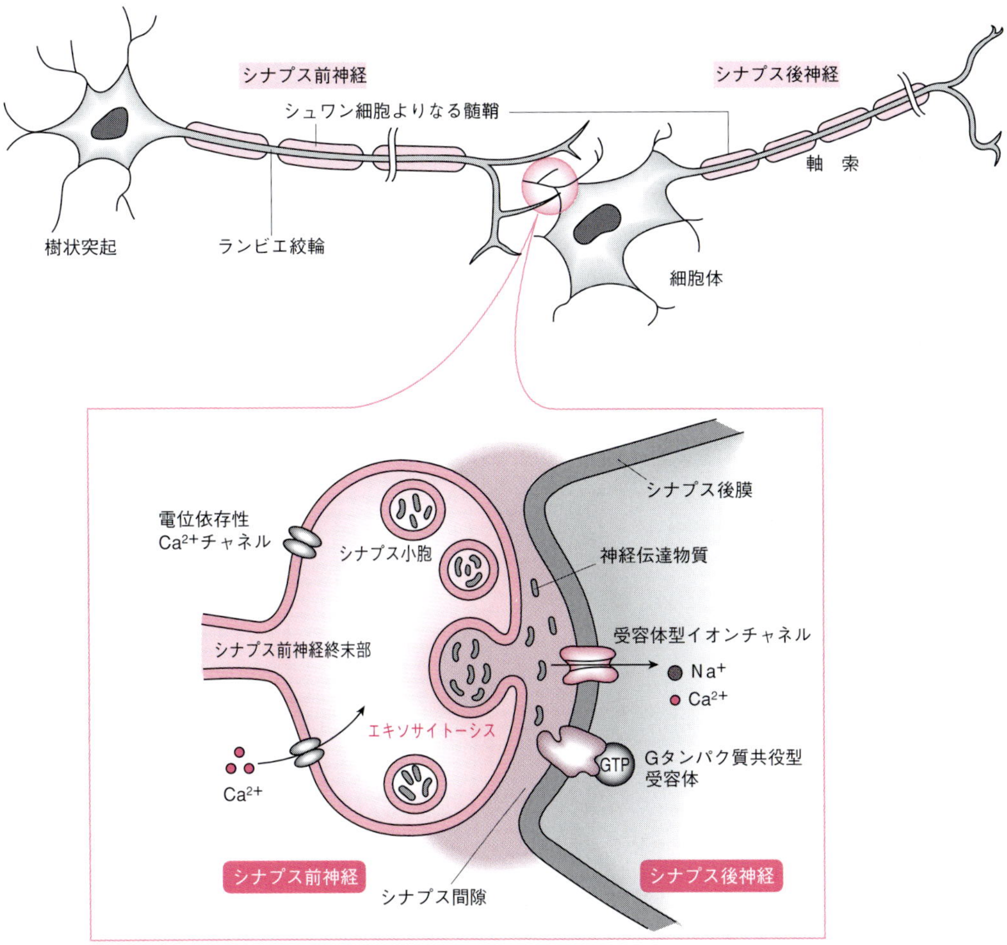

図 5・5　シナプスと化学伝達物質を介したシグナル伝達様式　多くのシナプスは化学伝達の場である．ここでは，神経終末部におけるエキソサイトーシスによる神経伝達物質の放出，および神経伝達物質受容体の活性化について概略を示した．

体に特異的に作用するイソプロテレノールは，喘息の発作をやわらげるために用いられている．

5・3・3　神経細胞と情報の伝達

生体の情報には遺伝的情報（第Ⅱ部参照）と生理的情報（神経細胞の興奮など）とがある．生理的情報は，シグナル細胞と標的細胞とが電気的に連結されている少数の例外を除いてほとんどの場合“化学伝達物質”に変換されて細胞外へ放出される．一般に，シグナル細胞が内分泌細胞の場合は血中へホルモンとして，神経細胞の場合は神経細胞と標的細胞との間隙へ神経伝達物質としてシグナルを放出する（図5・5）．化学伝達物質はシグナル細胞内で小胞中に蓄えられており，すでに述べた“開口分泌（エキソサイトーシス）”により細胞外へ出される．

神経細胞にはさまざまなかたちをしたものがあるが，どの場合も**シナプス**とよばれる接合部を介して他の神経細胞や筋肉などの効果器と連結する（図5・5）．細胞膜の興奮がシナプス前神経の終末部に達すると，その終末部にCa^{2+}が流入し神経伝達物質が開口分泌によって放出される．シナプス間隙へ放出された神経伝達物質は，標的神経の細胞膜（シナプス後膜）に存在する特異的受容体に結合し，これを活性化させることになる．活性化された受容体は，シナプス前神経から送られてきた化学物質（第一メッセンジャー）としての情報をシナプス後神経細胞内で活用できる形（活動電位や第二メッセンジャー）に変換し，その後，神経伝達物質は，再びシナプス前神経終末部に取込まれたり分解されたりしてその受容体に対する作用を停止する（図5・6，第19章参照）．

分化した神経細胞の一つの極限に**視細胞**がある．網膜の桿（状）体細胞（視細胞の一種）には光の強さを感じる**ロドプシン**というβアドレナリン受容体に似た膜タンパク質があり，ここではアドレナリンではなく光により構造変化する**11-*cis*-レチナール**がロドプシンの活性（光感受性）を調節している（図5・7）．さて，光のない状態では，桿体細胞はcGMP依存性Na^+チャネルにより脱分極状態にあり，桿体細胞末端

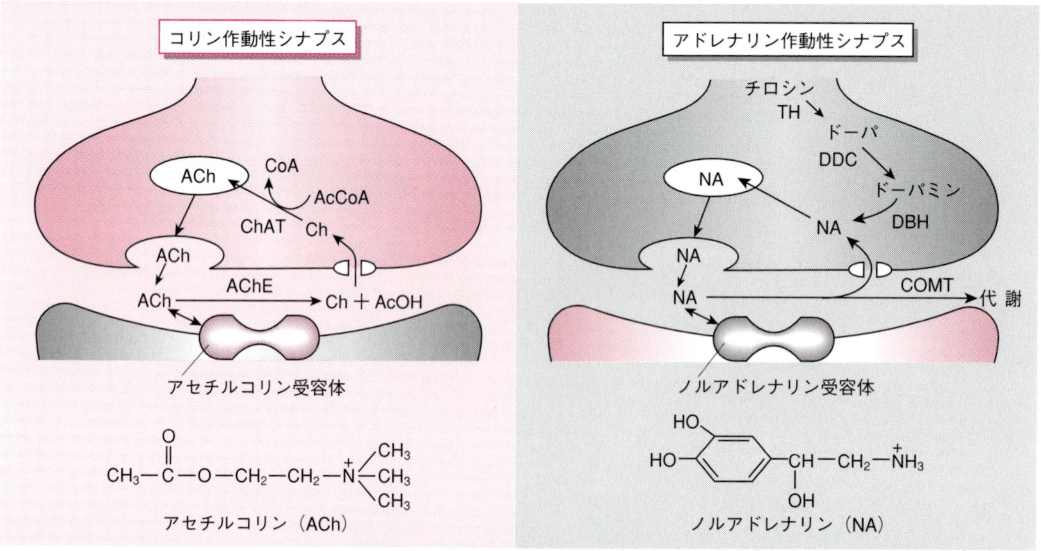

図5・6　運動神経や副交感神経の神経伝達物質（アセチルコリン：ACh）**と交感神経の神経伝達物質**（ノルアドレナリン：NA）**のシナプスにおける“放出・不活性化機構”**　放出されたAChは受容体を活性化させた後，アセチルコリンエステラーゼ（AChE）により酢酸（AcOH）とコリン（Ch）に分解される．コリンは神経終末に再吸収されコリン *O*-アセチルトランスフェラーゼ（ChAT）によるACh合成に再利用される．NAは放出された後，分解を受けずにそのまま神経終末に再吸収され，神経伝達物質として再利用される．化学伝達は，基本的には神経系のみならず免疫系，さらには単細胞生物（たとえば，細胞性粘菌）同士の間においてもみられる．TH：チロシンヒドロキシラーゼ，DDC：ドーパデカルボキシラーゼ，DBH：ドーパミン β-ヒドロキシラーゼ，COMT：カテコール *O*-メチルトランスフェラーゼ．

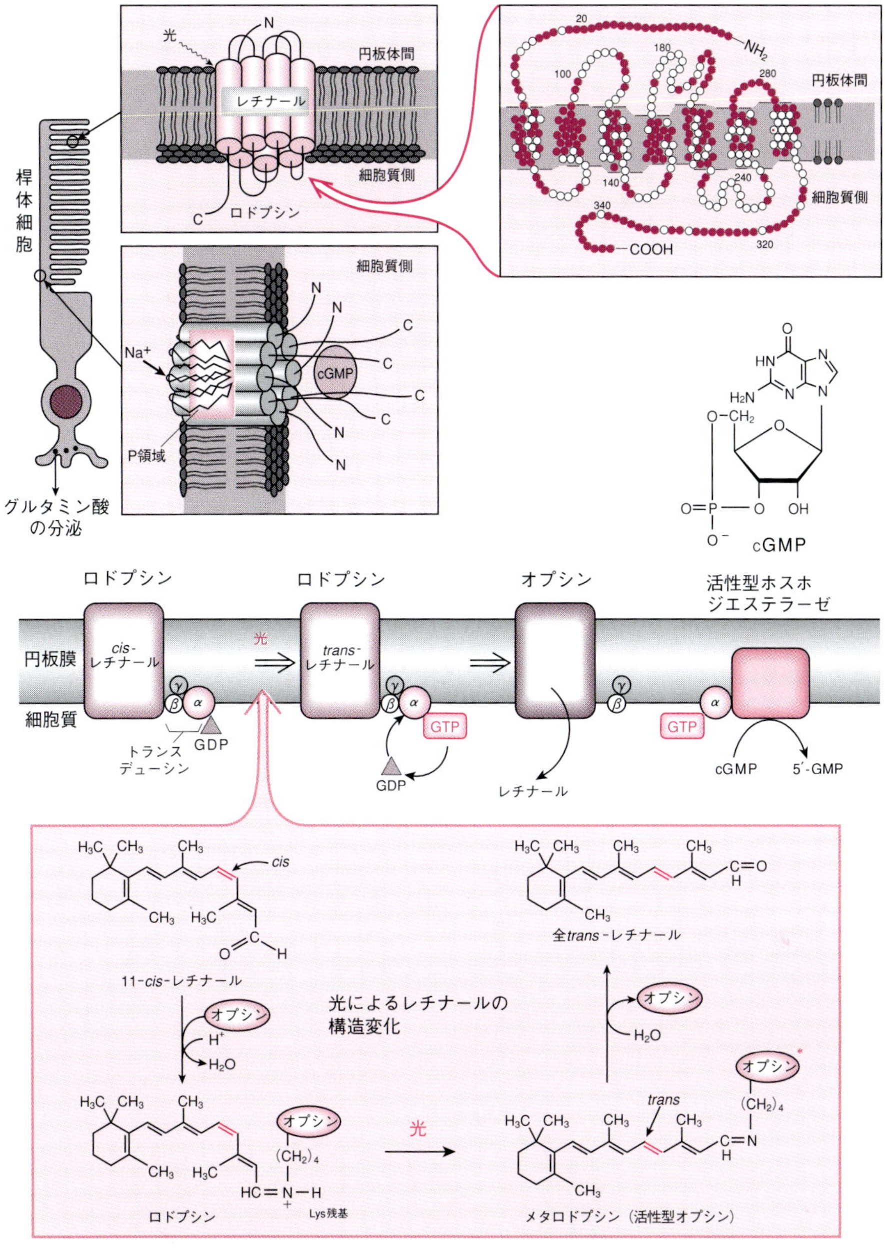

図 5・7 視細胞の構造と機能 網膜の桿体細胞は，暗所で脱分極状態にあり，末端部からグルタミン酸を分泌している（左上図）．これは，cGMP 依存性 Na^+ チャネルを通して Na^+ が細胞内に流入するためである．この細胞には光の強さを感じるロドプシンという膜タンパク質が存在する（右上図）．ロドプシンはトランスデューシンとよばれる三量体 G タンパク質を介して第二メッセンジャーである cGMP の濃度を調節する．レチナールの光による構造変化の様式を下図に示した．11-*cis*-レチナールは視細胞の膜では，オプシンのリシン残基に結合してロドプシンを形成している．11-*cis*-レチナールは光のエネルギーを吸収して *trans*-レチナールに変換され，ロドプシンはメタロドプシン（活性型オプシン）になる．ついで，全 *trans*-レチナールは加水分解によりリシン残基から離れる．ロドプシン-オプシンの構造変化としてとらえられた光のエネルギーは α, β, γ の三つのサブユニットからなるトランスデューシンに伝えられる．暗所では，トランスデューシンの α サブユニットには GDP が結合しているが，ロドプシンに光が当たると α サブユニットは GTP を結合するようになりホスホジエステラーゼを活性化する．活性化されたホスホジエステラーゼは cGMP を 5′-GMP に変換する．

からグルタミン酸を分泌して脳に情報を送っている．ところが，レチナールに光が当たりロドプシンがこれを感受すると，**トランスデューシン**とよばれるGTP結合タンパク質を介してcGMPを加水分解するホスホジエステラーゼが活性化される．その結果，cGMP濃度の低下をきたしcGMP依存性Na^+チャネルは閉じることとなり，桿体細胞は過分極状態に導かれ，桿体細胞末端からのグルタミン酸分泌が抑制され，このことが脳への情報となる．

5・3・4 生体防御にかかわる免疫系細胞

すべての生体組織は，細菌やウイルス，寄生虫といった病原生物の脅威につねにさらされている．これらの脅威は，皮膚，腸上皮，呼吸上皮，さらには泌尿生殖器上皮などの破綻部から進入する．そこで，これらの脅威に対する防御機構が必要となる．

結膜や口腔粘膜は涙や唾液中に分泌されるリゾチーム（酵素）などの抗菌性物質で保護されている．胃や膣は酸性環境を維持することで細菌の増殖を防いでいる．こういった“生体表面での防御”が崩れ，組織が

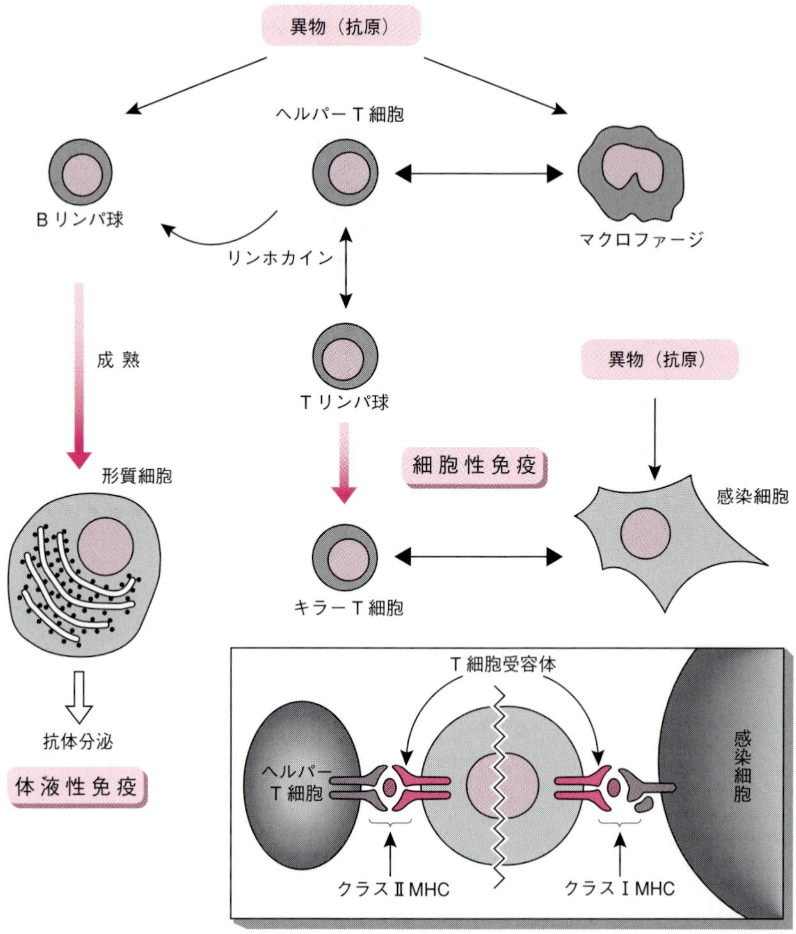

図 5・8 免疫担当細胞の役割 Bリンパ球は抗体を分泌して“体液性免疫”に，Tリンパ球は自身のもつ受容体（T細胞受容体）と感染細胞のクラスⅠMHC（主要組織適合抗原）と巨大複合体をつくることによって“細胞性免疫”に働く．ヘルパーT細胞は，Bリンパ球やマクロファージのクラスⅡMHCと巨大複合体をつくることによって“リンホカイン分泌”を促進し，Bリンパ球やTリンパ球の成熟を促す．

損傷を受けると，通常は“炎症”とよばれる非特異的組織性防御機構が働く．好中球についで大食細胞（マクロファージ）が死んだ組織と異物を除去する．これらの防御機構を飛び越えて体内に入った異物は“免疫系”によって抗原として認識される．免疫担当細胞にはBリンパ球，細胞傷害性Tリンパ球（キラーT細胞），ヘルパーT細胞，マクロファージなどがある（図5・8）．

Bリンパ球は骨髄で前駆細胞から生まれ，そこで成熟する．この細胞が抗原に出合うと，ヘルパーT細胞の助けを得て末梢のリンパ性器官（リンパ節や脾臓）で増殖し，クローン細胞群を生みだすと同時に“記憶B細胞”もつくられる（一次免疫応答）．クローン化したBリンパ球は成長して，大量の抗体（免疫グロブリン）を産生する“形質細胞”になる．

Tリンパ球も骨髄で生まれるが，その後は胸腺で多様な表面マーカー〔T細胞受容体，クラスⅡ主要組織適合抗原（MHC）など〕を獲得しつつ増殖し，成熟しクローン化した細胞は末梢のリンパ性器官から体内を循環することになる．この成熟過程で，自己抗原に反応する細胞は“細胞死（アポトーシス）”により除かれたり，“自己寛容”を獲得したりする．

5・4 植物細胞の特徴

植物の細胞同士は細胞壁で接着し合っているが，生きている細胞間には“原形質連絡”があり，協調が保たれている．厚い細胞壁で囲まれた古い組織の細胞は，原形質連絡も水や養分の補給も断たれ，死んでしまう．しかし，細胞壁が接着し合っているため，死んでもそのまま組織内に残る．

5・4・1 植物は限られた部位でのみ分裂成長する

動物組織には，脳の神経細胞のように一生分裂しないものから，皮膚や肝細胞のように一定の条件下に分裂するものとがある．同様に，植物の組織にも，分裂するもの（分裂組織）としないもの（永久組織）とがある．分裂組織は，根と茎の先端（成長点）と維管束にある形成層（単子葉植物にはない）である（図5・9）．こういった分裂組織の細胞は，細胞壁が薄く，液胞はないかあっても目立たない．一方，永久組織には，成長点から分裂後に派生する表皮や一次木部・一次師

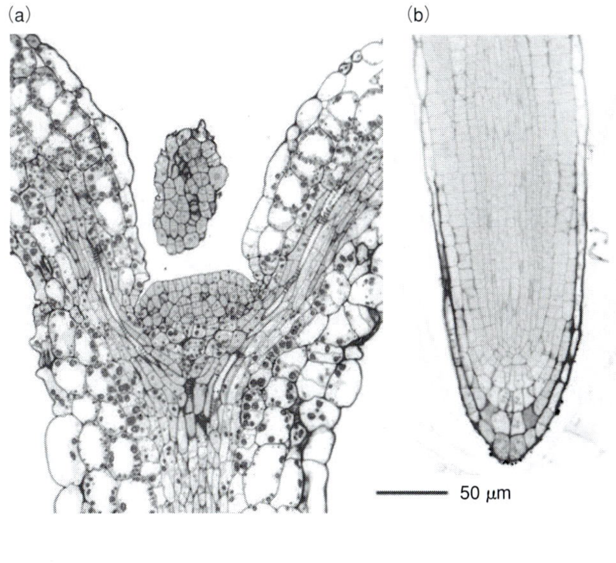

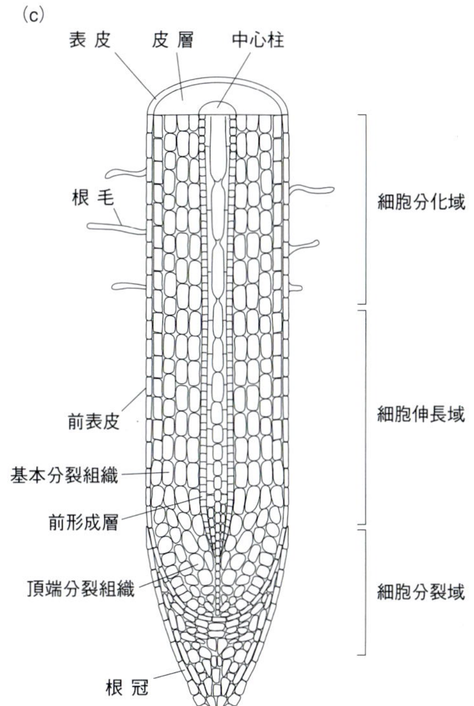

図 5・9 植物組織の例 22℃，光存在下で5日間生育させたシロイヌナズナの茎頂分裂組織(a)と根端分裂組織(b)の電子顕微鏡写真〔写真提供：中部大学 田中博和博士〕．茎頂分裂組織の両端は子葉，中央に浮かんでいる細胞の塊は，第一葉または，第二葉の一部．(c)は根組織の模型．

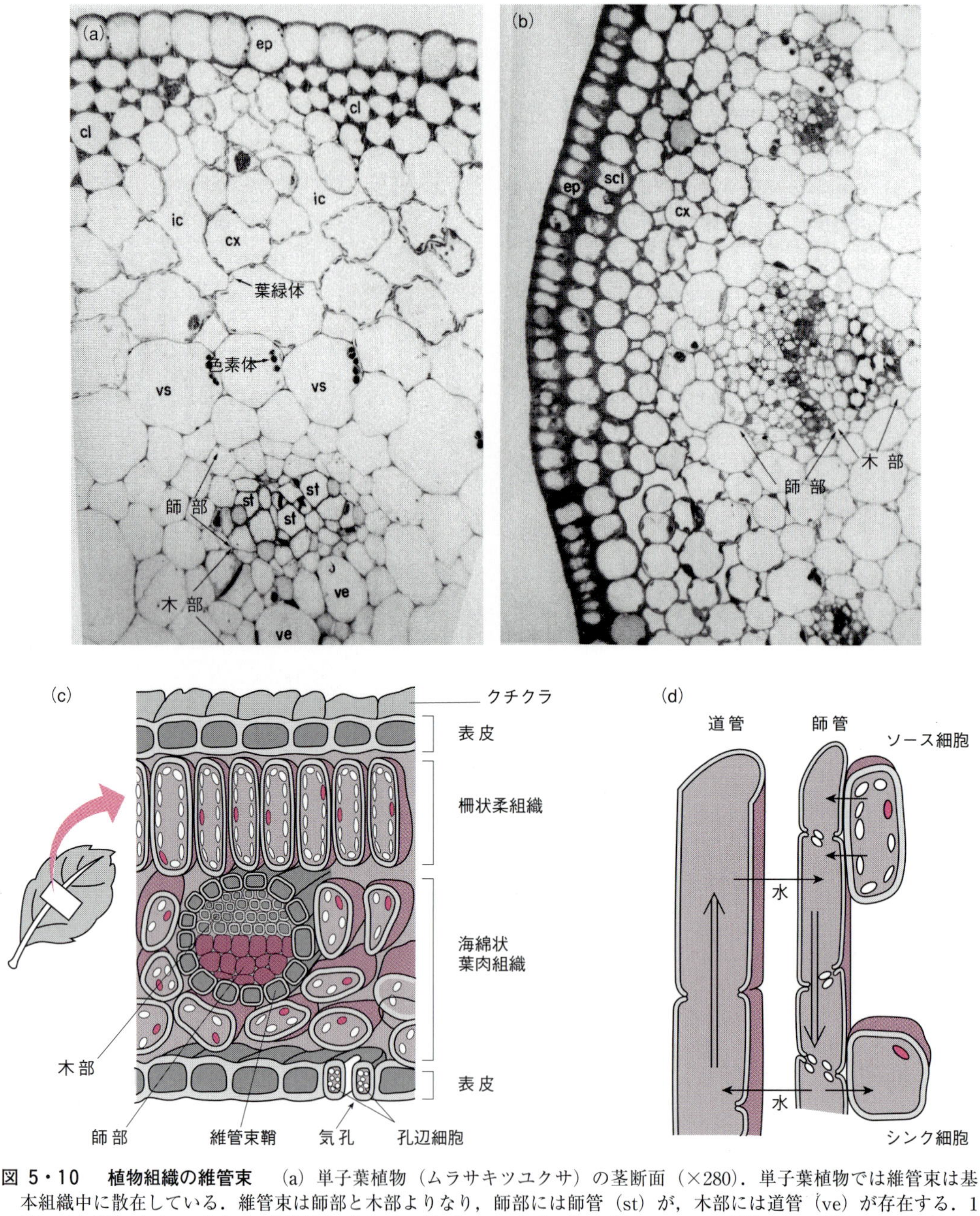

図 5・10　植物組織の維管束　(a) 単子葉植物（ムラサキツユクサ）の茎断面（×280）．単子葉植物では維管束は基本組織中に散在している．維管束は師部と木部よりなり，師部には師管（st）が，木部には道管（ve）が存在する．1層の表皮細胞（ep）のすぐ下に厚角細胞（cl）が，逆ピラミッド形に積み重なっている．厚角細胞は細胞壁の一部分だけが肥厚している点で，全面肥厚の厚壁細胞とは区別される．どちらも植物体の強度を増し，内部保護の役割を果たす．厚角細胞は空気を通しにくいために，厚角細胞群では覆われていない表皮部分から皮膚に向かって細胞間隙（ic）が発達しており，この間隙を通り空気の流通が行われている．皮層細胞（cx）には多数の葉緑体が含まれており，葉緑体中のクロロフィルのため皮層は緑色である．維管束鞘（vs）の細胞の中の色素体は大型のデンプンを含んでいる．(b) 双子葉植物（タンポポ）の茎断面（×350）．双子葉植物の茎断面を見ると，維管束は円形の表皮とほぼ並行に同心円状に分布する．写真は1個の大型の維管束と3個の小型の維管束を示す．成熟した維管束は表皮側に師部が，中心側に木部が存在する．表皮（ep）は厚膜で，その直下には1，2層のやはり厚壁細胞層（scl）がある．厚壁細胞層の下には数層の皮層細胞層があり，葉緑体をもち光合成をしている．維管束より内方には大型の髄細胞が分布する．〔写真提供：奈良女子大学名誉教授　植田勝巳博士〕(c) 葉の微細構造．(d) 維管束における水や養分の輸送．

部といった一次組織と，形成層から派生する二次木部・二次師部といった二次組織がある．

5・4・2 維管束と物質の輸送

茎を輪切りにした切片を光学顕微鏡下で観察すると，主として木部と師部から維管束を見ることができる（図5・10）．道管の細胞は，死んで初めて水の通路となる．道管内には一連の水柱があって，蒸散によって葉から水が失われると，道管内は陰圧となり水柱は上に引っ張られる．一方，師管は生細胞で浸透圧が高い．この圧によって，光合成産物は体内の各所に運ばれる．

根には表皮細胞の変化した“根毛”があり，土壌中の水を吸上げる．植物の細胞膜はスクロースを通さない．したがって，細胞内の浸透圧が高く，水が外から入ってくる．そうすると，細胞内の塩類は希釈されるので，外から塩類も拡散によって入ってくる．根の組織では，根毛＜皮層＜木部の順に細胞のスクロース濃度が高くなっていて，この順で浸透圧に従って水は根毛から道管へと流れる．

5・4・3 液胞と肥大成長

葉の細胞の寿命は落葉樹で1年，常緑樹で4～5年程度である．しかし，植物全体としては，1～2年生植物を除いて，毎年成長を続け，長年生き続ける．そのためには，分裂成長に加えて永久組織の肥大成長が必要である．そして，肥大成長は主として液胞（§4・3・1参照）の増大によっている．茎が肥大成長すると，形成層より外側の組織は押し広げられ輪状に傷を受ける．そうすると，傷を受けた永久組織の細胞は分裂能力を回復してコルク形成層となる．

成長した細胞では，液胞がその体積の90％以上を占めるようになる（口絵3）．初めは小さかった液胞がスネアー分子（§4・4・3参照）を介する液胞間の膜融合によって大きくなる．かつて，液胞は老廃物の単なる貯蔵庫と考えられていたが，実際はそうではなく，肥大成長に空間充塡として不可欠で，また，栄養物の貯蔵および代謝や浸透圧の調節もする．そのために，液胞の内部は酸性になっていて，この内部環境維持に液胞膜にある H^+-ATPアーゼや H^+-ピロホスファターゼがイオンポンプとして働いている．

5・4・4 植物細胞には全能性がある

これまで述べてきたように，植物細胞にはいろいろな特徴があった．しかし，動物細胞に比べて最大の特徴は，これから述べる“全能性”である．ニンジンの断片をシャーレに入れ，オーキシンというホルモンを加えて培養すると，根が出てくる．ついで，サイトカイニンを加えると芽が出る．そして，最終的にはもとのニンジンが復元する（図5・11）．このことは，ニンジンに限らず，シロイヌナズナやタバコでも同様である．いったん完全に分化した細胞であっても，環境しだいでどのような細胞にもなれる能力，すなわち全能性が植物細胞にはあるわけである．詳しくは，第20章で解説するが，こういった能力は次節で述べる場合を除いて，一般に分化した動物細胞には見られない．

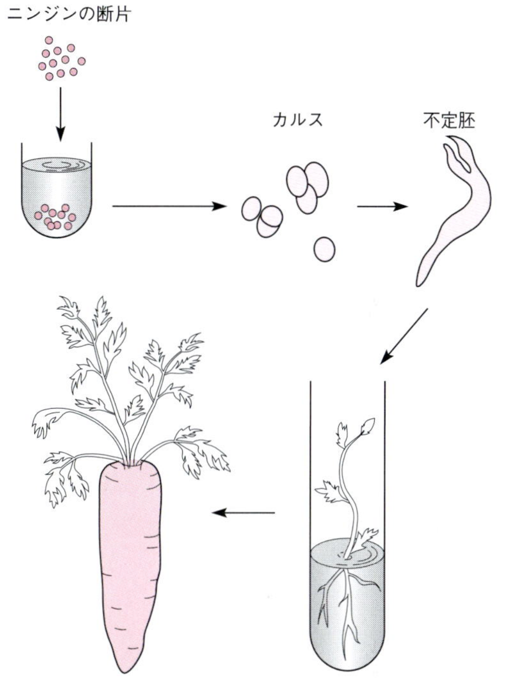

図5・11 植物の全能性

5・5 人工細胞

細胞はタンパク質，糖，脂質，核酸といった成分から成り立っていることは第2章で述べたが，現在のところ，これらの成分を試験管の中で混ぜ合わせることで人工的に細胞を合成することはできない．しかし，生きた細胞をもとに，別の性質をもった細胞をつくり出すことはできる．

5・5・1 培養細胞の形質転換

筋細胞や神経細胞をシャーレの上で一定期間培養することができる．しかし，長期間にわたって増殖させることはできない．一方，がん細胞（たとえば，HeLa 細胞）なら長期間増殖させることができる．いろいろな組換え DNA をこういった増殖中の細胞に導入して，形質転換を誘導し特定の遺伝子の機能，さらには遺伝子産物（タンパク質）の機能を調べることができるようになった．**遺伝子導入法**にはいろいろあるが，DNA とリン酸カルシウムの共沈殿を分裂中の培養細胞にふりかける，という方法が最も簡単である．リン酸緩衝液に溶かした遺伝子（DNA）と $CaCl_2$ 溶液とを徐々に混ぜ合わせると，リン酸カルシウムの沈殿が生じると同時に DNA もその沈殿の中に取込まれる．この沈殿を増殖中の培養細胞にふりかけると，細胞は DNA を取込み自分のゲノムの中に組込み，組込まれた遺伝子は状況に応じて発現することになる．

一方，組換えゲノムをもつウイルスを用いると，筋細胞や神経細胞の形質転換も可能である．この方法でリンパ球の形質転換体を作製し，遺伝子治療に使う試みもなされている．

5・5・2 半人工細胞：ハイブリドーマ

前駆筋細胞（myoblast）は培養液中の血清を取除くと**細胞融合**を起こし，成熟した多核の筋繊維になる．一方，普通の細胞は，放っておけば一般には融合しないが，ポリエチレングリコール（PEG）やセンダイウイルスなどで処理すると細胞融合を起こし，新しい形質をもった雑種細胞になる．この細胞が**ハイブリドーマ**とよばれる"半人工細胞"である．ヒトとマウスの細胞を人工的に融合させてできるハイブリドーマでは，融合初期には両親細胞の染色体を併せもっているが，その後，ヒトの染色体がしだいに排除されていき，最後にはヒトに由来する染色体は数本になってしまう．このときに発現しているヒト遺伝子と残存染色体との対応関係を調べることによって，ヒト特定遺伝子の染色体上での位置がわかる．

前章では，細胞の構造を見る際，いろいろな場面で抗体が登場した．成熟した B リンパ球は免疫グロブリンを大量に産生するが，それぞれの B リンパ球は異なった種類の免疫グロブリンを産生している．しかし，残念なことに，B リンパ球にも寿命がある．特定の B リンパ球を取出し，クローン細胞として永久に増殖させることができれば，単一種類の免疫グロブリン（モノクローナル抗体とよばれる）が常時得られることになる．そのためには，B リンパ球ハイブリドーマが必要になる．

B リンパ球ハイブリドーマは，特定の抗体を産生するマウスの B リンパ球とミエローマ（骨髄腫）とよ

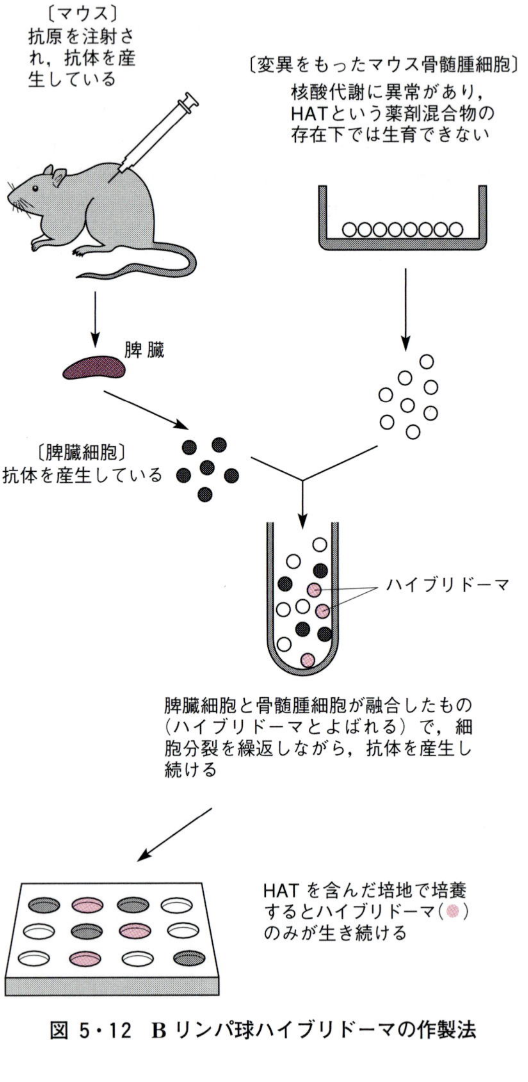
〔マウス〕
抗原を注射され，抗体を産生している
〔変異をもったマウス骨髄腫細胞〕
核酸代謝に異常があり，HATという薬剤混合物の存在下では生育できない
脾臓
〔脾臓細胞〕
抗体を産生している
ハイブリドーマ
脾臓細胞と骨髄腫細胞が融合したもの（ハイブリドーマとよばれる）で，細胞分裂を繰返しながら，抗体を産生し続ける
HAT を含んだ培地で培養するとハイブリドーマ（●）のみが生き続ける

図 5・12 B リンパ球ハイブリドーマの作製法

ばれるマウスのがん細胞とを融合させることによって得られる（図5・12）．この骨髄腫細胞はHGPRT（ヒポキサンチン-グアニンホスホリボシルトランスフェラーゼ）という核酸代謝に関係する酵素に欠陥があり，培養液中にHAT（ヒポキサンチン，アミノプテリン，チミジンの混合試薬）があると生存できない．一方，Bリンパ球は，増殖はしないがHATの存在下でも生存できる．そこで，Bリンパ球の性質と骨髄腫細胞の性質とを兼ね備えた細胞，すなわち，培養液中にHATがあっても生存でき，かつ，増殖しながら抗体を産生し続けるハイブリドーマを探せばよいことになる．こういった技術は**細胞工学的技術**とよばれる．

5・5・3 クローン胚

細胞工学で最近注目を集めている技術に**核移植法**がある（第14章参照）．

卵が受精すると，分裂（卵割）が始まり，1個の卵が2個の娘細胞に，さらに4個，16個という具合に細胞の数が増えていく．受精卵が胚として発達していくわけである．2細胞期に，偶然一つ一つがバラバラになると，遺伝的に同質の二つの胚ができ，うまく発生が進むと，一卵性双生児が生まれることになる．実験的には，優良牛の受精卵が2回分裂した4細胞期の胚を実験的にすべてバラバラにすると，うまくいけば4頭の優良牛を誕生させることができる．しかし，うまくいってたったの4頭である．そこで，核を移植して，“もっと多くのクローン動物を生みだすことはできないものか”という欲求が出てくる．技術的には，5回分裂後の32細胞期くらいまでなら，それぞれの核を，核を取除いた他の受精卵に入れること（**受精卵クローニング**）により，遺伝的に同質の多くのクローン動物を作製することができる．ここに畜産分野での応用が期待される理由がある．

その後さらに発生が進むと，各細胞は胚の中でのそれぞれの位置環境によって分化し，特定の細胞種になっていく．こういった細胞なり，核なりを増殖や移植可能にすることは難しい，とされてきた．なぜなら，動物細胞の核は，細胞がいったん分化すると，その運命が決定されていて，もはや受精卵のときのような“どのような細胞にでも分化できる”という性質（全能性）を失っているからである．しかし，つい最近になって，成長した動物の体細胞の核を，あらかじめ核を除去した受精卵に入れ，胚発生を経ておとなの動物にまで成長させることが可能になった．これが**体細胞クローン**とよばれるものである．すなわち，分化した核が受精卵の細胞質内で全能性を再獲得した，いいかえれば，体細胞核が初期化されたわけである．この初期化機構を研究することは，“植物ではあたりまえの事象（全能性）が動物ではそうでないのはなぜか”という生命科学の基本的問題を解決する糸口になると期待される．

ところが，事ここに至って，クローン人間をつくりたいという人たちが現れた．クローン技術に関して，欧米や日本の政府の対応はすべて，“動物での研究開発は推進”“人間でのそれは禁止”の方向で動いている．しかし，これまでの歴史を振返ってみると，動物で成功したことは，“治療”という名の大義名分のもとにつねに人間にも応用されてきたことがわかる．そもそも“人間としての尊厳”についての現代人の解釈は，同一ゲノムを有する一卵性双生児がそれぞれ異なった人格をもつ個人に成長することからもわかるように，それがあらかじめ決められていないという“非決定性”に基本をおいている．一方，われわれ生命科学者にとっては，同じゲノムをもっている個人の間に人格の差が生まれることはあっても，それはその人のもつゲノムの可能性の範囲内のことであって，“人格の幅”は当然そのなかに含まれると考えざるをえない．いいかえれば，遺伝子が人間を決定する部分があればこそ，“クローン人間は人間の非決定性を侵す”ことが主張できるわけである．クローン人間にまつわる問題は，昔ながらの“神”を忘れた我々現代人への偉大なる挑戦といってもいい過ぎではないだろう．私たち一人ひとりが“人間としての質”について真剣に考える必要に迫られているのである．

6

生物の種と個体群

自然界には数多くの生物が暮らしている．彼らはモンシロチョウやカブトムシなどのように分類学的な基本単位としての種に属している．種とは，（それに属する個体が）相互に交配しあい，他の集団から生殖的に隔離されている自然集団の集合体のことである．では，この地球上にいったいどれほど多くの種がいるのだろうか．現時点でわかっているだけでも 170 万種類近くになる（図 6・1）．しかし，これは学名によって登録されている種類だけに限ってのことである．たとえば，種類数が最も多いと考えられている昆虫は，現在約 99 万種が登録されているが，実際には 800 万から 3000 万種はいるだろうといわれている．ちなみに，私たちが属しているほ(哺)乳類は 4600 種なので，生物全体から見ればごく小さなグループにすぎない．

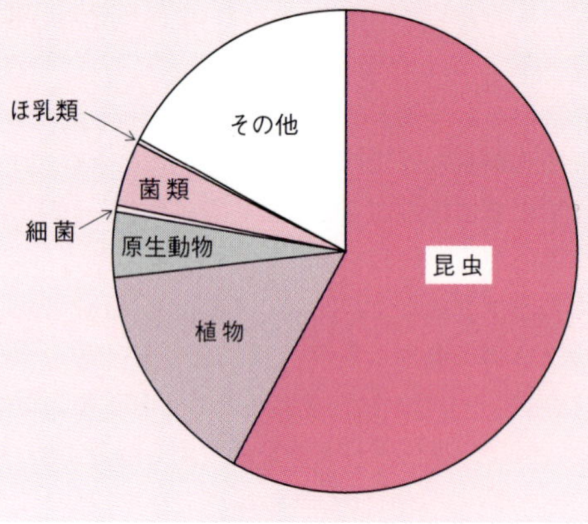

図 6・1　各生物群の種数の相対的な割合
（合計：170 万種）

6・1　種の進化と自然淘汰

生物は効率のよい餌の獲得や外敵からの素早い逃避などを可能にするさまざまな形質をもっている．自然界では，種が生息する環境において，このような生存や繁殖により適した形質が**自然淘汰**によって進化してきた．自然淘汰により形質が進化するためには，次の三つの条件が必要である．1）形質に変異がある，2）形質と適応度（個体が残す平均的な子供の数）の間に相関がある，3）形質が遺伝する．ここでは具体例として，個体のサイズの進化を考えよう．一般に，ある種の集団中には大きな個体も小さな個体もいるが，中くらいの個体が一番多い．サイズのような量的形質の頻度は，極端な値は少なく中間の値が最も多いという正規分布にあてはまる．このように，集団中にはサイズに個体間でばらつき（変異）がある．つぎに，大きな個体は餌を見つけやすく，かつ敵から逃れやすいとしよう．このため，大きな個体は小さな個体に比べて生存率がよくなり，より多くの子供を残せるだろう．この関係が，形質と適応度の相関である．さらに，大きな親が残す子供のサイズが大きい場合には，サイズという形質が遺伝したことになる．このため，次世代の集団中には大きな個体の割合が増える．この過程により，世代を通したサイズの変化，つまり大型化への進化が起こるのである．いくら大きな個体の生存率がよくても，サイズが遺伝しなければ進化は起こらないことに注意しよう．いいかえれば，自然淘汰は選別の過程であり，それを次世代に固定するのが遺伝の役割なのである．このような自然淘汰による形質進化のプロセスは，以下の節で詳しく述べる，種の基本単位としての個体群の中で生じている．

6・2　個体群：種が存続するための基本単位

自然界では，どのような生物であっても1個体だけでは暮らしていけない．彼らが生活している場所では多かれ少なかれ複数の個体が集まり，そこで繁殖をして子供を残す必要がある．このように，ある特定の場所で暮らしている同種の個体の集まりを，**個体群**とよぶ．個体群とは，種が自然界で存続するための基本単位なのである．しかし，実際には，ある個体群を他の個体群からはっきりと区別することは簡単ではない．いくつかに分かれた集団がある程度の交流を保ちながら存続していることが多いからである．この分集団のことを**地域個体群**とよぶ．

6・3　個体群には大きさがある

自然界における種の実体としての個体群はどのような特徴をもっているのだろうか．個体群には大きさがあり，その個体群を構成している個体の総数である**個体群サイズ**によって表すことができる．個体群サイズを用いて，個体群の大小を比較することができる．しかし，実際には個体群をはっきりと分けることや，その総数を正確に決めることが難しい．このため，個体群サイズの代わりにある生息単位あたりの個体数，つまり**個体群密度**が個体群サイズの相対的な尺度としてしばしば用いられる．この生息単位は空間（平方メートルやヘクタールなど）だけでなく，たとえば昆虫の場合には，植物の株や枝あるいは葉などが単位としてよく用いられている．

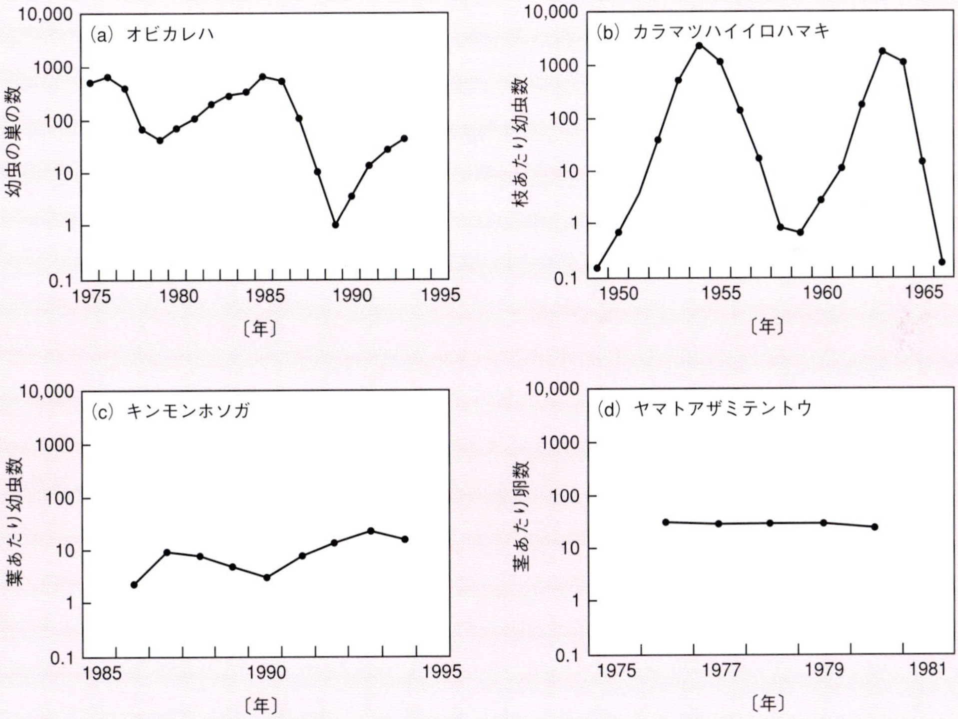

図 6・2　葉を食べる昆虫の個体数の変化　(a) カナダ太平洋岸のマンダルテ島におけるオビカレハの変化（Myers and Rothman[1], 1995）．(b) スイスアルプスにおけるカラマツハイイロハマキの変化（Baltensweiler[2], 1968）．(c) 北米のミネソタ州におけるキンモンホソガの変化（Auerbachら[3], 1995）．(d) 滋賀県の北西部におけるヤマトアザミテントウの変化（Ohgushi[4], 1992）．

6・4 個体群サイズの変化

6・4・1 個体群サイズは時間とともに変わる

個体群サイズは一定ではなく，時間とともにつねに変化している．個体数の変化の様子は，たとえば植物の葉を食べる昆虫でも，種によって大きく異なる（図6・2）．カナダ太平洋岸で野生のバラの葉を食べているオビカレハは個体数の変化がたいへん激しい．大発生の年には多くのバラが丸坊主になってしまうかと思うと，見つけることすら困難な年がある．また，スイスのアルプス地方でカラマツの新葉を食べるカラマツハイイロハマキの個体群は，周期的な変化を示し，大発生の年と通常年とでは個体群密度に2万倍近くもの違いがある．これに対して，北米でハコヤナギの葉に潜るキンモンホソガや本州でアザミの葉を食べるヤマトアザミテントウなどは，密度がほとんど変化しない例である．

個体群サイズの変化は種によって独自のパターンを示すだけでなく，たとえ同じような変化をしても，その大きさ（つまり，世代を通した平均値）は種によって異なる（図6・3）．同じ地域に住んでいても，モンシロチョウなどのように普通種とよばれる昆虫の個体群サイズは一般に大きく，一方，絶滅が危惧されている希少種のそれは小さい．

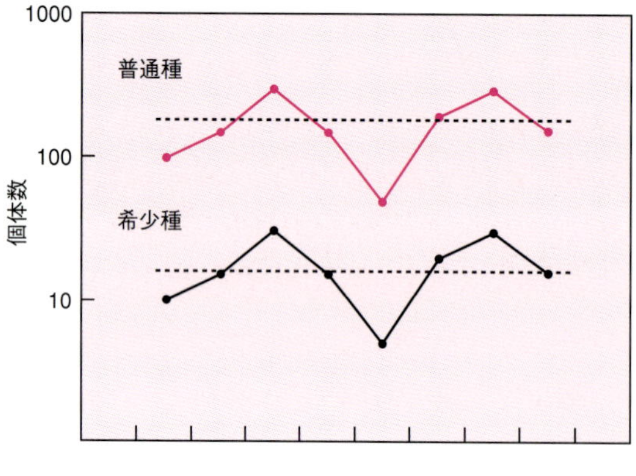

図 6・3 普通種と希少種の個体群サイズのレベル

6・4・2 個体群サイズは場所によって変わる

自然界では，ある生物が暮らすのに適した場所が一様に広がっていることはほとんどなく，生息に適した場所があちこちに点在しているのが普通である．このように，個体群がいくつもの場所に分かれて維持されている場合には，ある生息場所での個体の生死だけでなく，場所間での個体の出入り（移出と移入）も個体群の存続にとって重要である．それぞれの生息場所で暮らす地域個体群は，独自に個体数が増えたり減ったりするので，ある場所では個体数の増加が見られても，他の場所では個体数がゼロつまり絶滅することさえある．しかし，いったん絶滅しても，近くの場所からの移入によって個体数を回復させるチャンスもある．このように，個体の出入りによって結びついている地域個体群のネットワークが**メタ個体群**である（図6・4）．

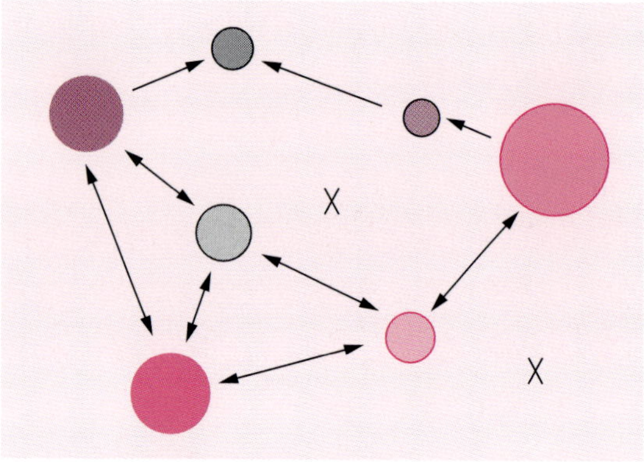

図 6・4 メタ個体群　地域個体群の大きさを丸の大きさで，個体の出入りを矢印で示す．X は絶滅した地域個体群を表す．

いいかえれば，どの地域個体群も単独では存続できなくても，地域個体群の間での個体の出入りを通して，それが可能になる．近年，大規模開発などによる生息地の分断化が急速に進行していることに加えて，地域個体群の消失は種の絶滅につながることから，メタ個体群の存続をどのように保証するかが，種の保全対策をたてるためにたいへん重要になっている．

6・5 個体群はなぜ無限に増えないのか？

多くの個体群では個体数の変化はある範囲に収まっている．つまり個体群サイズの変化には上限と下限がある．この場合，その個体群は調節されているという．これは，個体群が変化しつつもある特定の**平衡密度**から一方的に離れてしまわないことを意味している．そのため，個体群は爆発的な増加をしないだけでなく，たやすく消滅もしない．では，なぜ個体群は無限に増えないのだろうか．この問題を考えるために，個体群の増加の仕方を見てみよう．

6・5・1 個体群の増え方

個体群サイズは，出生や他の個体群からの移入によって増えるが，逆に，死亡や他の個体群への移出によって減少する（図 6・5）．ここでは個体群の時間的

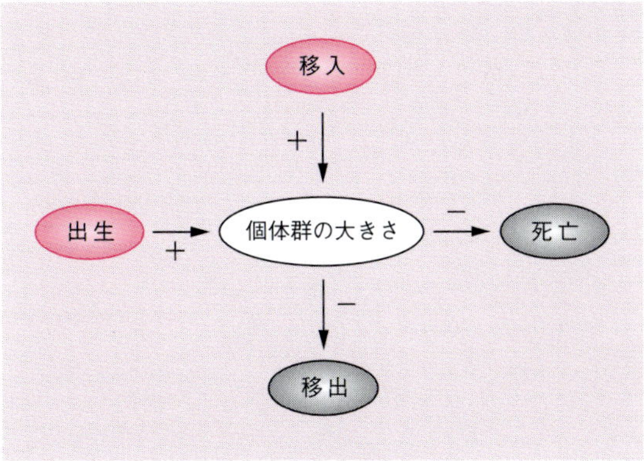

図 6・5 個体群の大きさを決める要因 個体群の大きさは，出生と移入による個体群への加入と，死亡と移出による個体群からの消失によって決まる．

な増加の様子を簡単な数式で考えてみよう．b を瞬間出生率，i を瞬間移入率，d を瞬間死亡率，e を瞬間移出率とすると，**個体群の増加率**（$\mathrm{d}N/\mathrm{d}t$）は，つぎの微分方程式で表すことができる．

$$\frac{\mathrm{d}N}{\mathrm{d}t} = (b-d+i-e)N$$

ここで，$r = b - d + i - e$ とおくと，

$$\frac{\mathrm{d}N}{\mathrm{d}t} = rN \qquad \frac{1}{N}\frac{\mathrm{d}N}{\mathrm{d}t} = r \qquad (6 \cdot 1)$$

r は個体あたりの増加率で，種に特有の値をとり，これを**内的自然増加率**とよぶ．式（6・1）を積分すれば，

$$N_{\mathrm{t}} = N_0 \mathrm{e}^{rt} \qquad (6 \cdot 2)$$

となる．N_0 は $t = 0$ の時点での数（最初の個体数）．

たとえば，$r = 1.0$，$N_0 = 1$ とすると，1 個体がわずか 10 世代の間に 2 万個体以上に増えることがわかる（図 6・6 a）．このように爆発的に数が増えると，地球上はあっというまに生物で埋め尽くされてしまう．しかし，実際にはこんなことは起こらない．なぜだろうか．たとえば，餌を食べ尽くしてしまうともうそれ以上増えることができない．そこまでいかなくても，込み合ってくると，成長の悪化に伴う死亡率の増加や出生率の低下などのマイナスの影響が現れる．つまり，密度に依存したマイナスの影響を考えなくてはならない．そのためには，個体群の増加率がその時点での数に比例して減ると考えて，r の代わりに $r - hN$ にすればよい．h は 1 個体が増加率を減らす強さに相当する．このとき，式（6・1）は，

$$\frac{\mathrm{d}N}{\mathrm{d}t} = N(r - hN) \qquad (6 \cdot 3)$$

となる．この式を個体群の成長を表す**ロジスティック方程式**とよぶ．個体数の増加が起こらなくなるのは，$\mathrm{d}N/\mathrm{d}t = 0$ のときなので，$r - hN = 0$ とおくと，

$$N = \frac{r}{h}$$

つまり，個体数が r/h を超えると個体群は増加できなくなる．そこで，r/h の代わりに K とおくと，K は個体群が増えることができる最大数（上限）であり，これが**環境収容力**である．K を使うと式（6・3）は以下のようになる．

$$\frac{\mathrm{d}N}{\mathrm{d}t} = N\left\{r-\left(\frac{r}{K}\right)N\right\} = rN\left(1-\frac{N}{K}\right) \qquad (6 \cdot 4)$$

いいかえると，ある時点での個体群の増加率は，（内的自然増加率）×（個体群サイズ）×（まだ収容できる割合）で表すことができる．つまり，個体数の増加は K が満たされる割合に依存して制限を受けることがわかる．式（6・4）を積分すると，

$$N_{\mathrm{t}} = \frac{K}{1 + \mathrm{e}^{a-rt}} \qquad (6 \cdot 5)$$

a は積分定数で，$\mathrm{e}^a = (K - N_0)/N_0$ である．ロジスティック式に従う個体群では，初期は比較的ゆっくりした増加であるが，そのあと急に増えだし，その後，増加は徐々に鈍っていき，K で頭打ちになるという S 字形の曲線を示す（図 6・6 b と c）．このように，個体群の増加パターンは，生物が生息する環境条件によって決まる環境収容力（K）と種に特有の内的自然増加率（r）に大きく依存して変わる．

6・5・2 個体群の増加は制限される

ロジスティック成長に従う個体群では，環境収容力

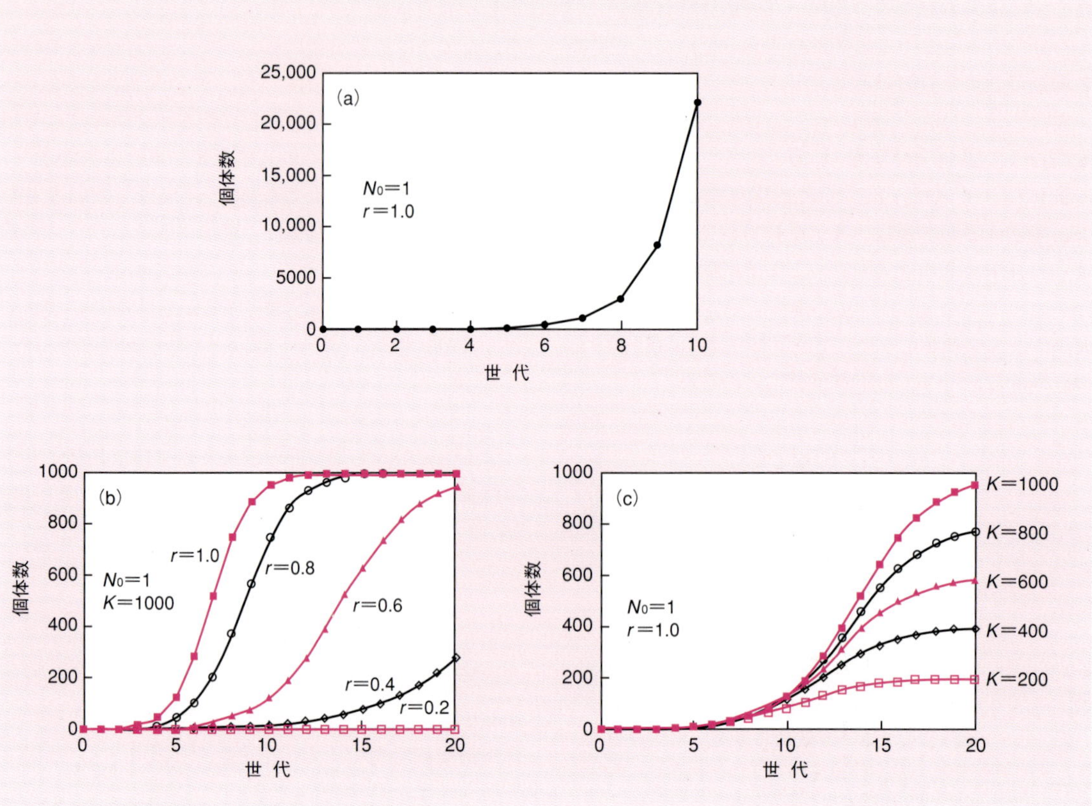

図 6・6 個体群の増え方 (a) 個体数の増加率に制限がない場合．(b) と (c) 個体数の増加率に制限がある場合（ロジスティック方程式に従う個体群の増加）．

(K) に近づくにつれて増加率が徐々に低下する．一般に，密度が高くなると，発育率や生存率が低下したり，産仔（卵）数が減少することが多くの生物で知られている．また，移動分散が活発になることで個体群からの移出を促す．このように，個体群のサイズや密度が大きくなると個体群の増加率が低下する現象を，**密度効果**とよぶ．つまり，個体群の密度が高くなると，繁殖率の低下や死亡率・移出率の増加が起こり，個体群の増加率に対して負のフィードバックが働き，それ以上の増加が抑えられるのである．

個体群の増加率が個体群の密度によって変わる場合，**密度に依存する過程**とよぶ（図 6・7）．これとは逆に，密度の影響を受けない場合が，**密度に依存しない過程**である．個体群が調節されるためには密度に依存する過程が必要であるが，逆は必ずしも成り立たない．密度効果が逆に働いたり（密度逆依存過程），大きすぎたり（過度の密度依存過程），効果が現れるのが遅れたり（遅れを伴う密度依存過程）すると，個体群はこれまで以上に大きな変動を示すことがわかって

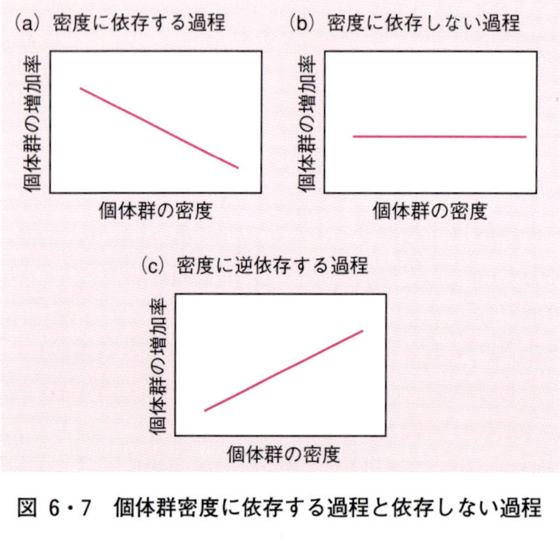

図 6・7 個体群密度に依存する過程と依存しない過程

いる.

6・5・3　メタ個体群は安定する

複数の地域個体群の結びつきからできているメタ個体群では，個体の出入りを通して個体数の安定化が促進される．いいかえれば，個体群が地域的なスケールで調節されるのである．メタ個体群が安定するためには，つぎの条件が必要である．1）複数の繁殖集団に分かれていること．2）移入個体を一方的に送り出す大規模な地域個体群がないこと．もしあれば，メタ個体群の運命はその大規模個体群だけで決まるからである．3）各地域個体群は移出入を妨げない程度に離れていること．メタ個体群は個体の出入りによって結びついているからである．4）地域個体群の絶滅が同時には起こらないこと．地域個体群の絶滅が非同調的であればあるほど，メタ個体群は安定することが理論的に示されている.

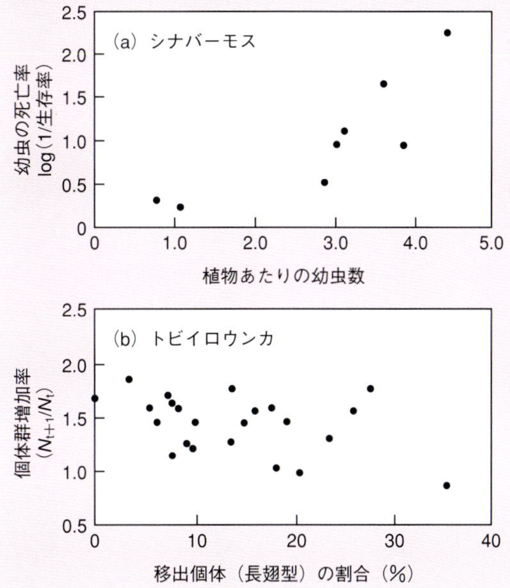

図 6・8　**密度の効果**　(a) シナバーモス（ヒトリガの一種）の幼虫の密度と死亡率の関係（Dempster[5], 1971）．(b) トビイロウンカの出ていく個体（長翅型）の割合と個体群の増加率の関係（Dennoら[6], 1995）．

6・6　個体群が調節される仕組み

野外では，個体群は多かれ少なかれ密度に依存する過程によって調節されている．では，つぎに，これまでに多くの研究が行われてきた（植食性）昆虫を例にとり，個体群サイズの調節の仕組みを考えてみよう．

温度や降雨などの環境要因は，その作用が個体群の密度によって変わることはないので，個体群の調節に直接には結びつかない．しかし，密度が高くなれば個体の生理や行動の変化を通して，間接的に密度に依存して死亡率が大きくなることがある．一般に，昆虫では，幼虫期の密度が高いと成虫が小さくなる傾向があり，小型の成虫はしばしば越冬中の死亡率が高いことが知られている．また，台風や洪水などによる大規模な攪乱は，個体群サイズを大きく減少させてしまうことがある．

密度効果は自種の密度に反応して個体群の増加率を抑制することから，個体群の調節要因としてとりわけ重要であると考えられている．たとえば，サワギクの葉を食べるヒトリガの一種であるシナバーモスの幼虫は，しばしば密度が高くなり，寄主植物を食い尽くしてしまうことがある．このような高密度になると，餓死や分散によって幼虫の死亡率が増加する（図6・8 a）．さらに，成虫になることができてもサイズが小さくなり，産卵数の減少をまねく．

多くの昆虫では密度が高くなるにつれて食物資源が悪化するので，移出個体の割合が増える．その結果，個体群の増加が抑えられると考えられている．特に，カメムシやアブラムシなどは幼虫の密度が高くなると，移動分散により適した長い翅をもつ長翅型とよばれる成虫が出現し，これに伴い個体群増加率が低下する（図6・8 b）．逆に，数が減った場合には，密度に依存した分散は移出による密度の低下を抑制するため，個体群のより早い回復をもたらす．

テントウムシなどの捕食者は，しばしば餌であるアブラムシの個体数を大きく減少させる．さらに，捕食者や寄生バチなどを取除くと，昆虫の密度が増加することが多くの実験で明らかにされている．これらの事実から，個体群の調節における捕食者や捕食寄生者の役割が重視されてきた．では，餌（植食者）の密度が増加すると捕食による死亡率はどのように変わるのだろうか．餌の数が増加すれば，それに応じて食べる数も増えるが，そのうちに捕食者は飽食して，それ以上は食べられなくなる．つまり捕食される個体数には上限があり，その密度を超えると捕食されなくなるので，捕食率は低下する．このことから，植食者の密度に対する捕食による死亡率は中程度の密度で最も大きくなる一山型の曲線を示す（図6・9a）．

植物の質はそれを餌としている昆虫の発育や産卵数に大きな影響を与えることが知られている．一般に，質がよくなると発育が早くなり，個体のサイズも大きくなる．その結果，産卵数が増加する．植物の質は，（植食性）昆虫の出生率を通して個体群密度を増加させる要因として重要である．一方，植物の質は昆虫による被食が進むと低下するという，密度に依存した変化も示す（図6・9c）．

しかし，これらの要因が単独で働いて個体群が調節されることはほとんどない．多くの場合，複数の要因が作用することにより，個体群が調節されるのである．捕食と競争による死亡率はそれぞれ昆虫の密度に対して異なる反応を示す（図6・9a）．一般に，低い密度では捕食の影響が，より高い密度では競争の影響が顕著になる．両者による死亡の割合を複合したものが図6・9bである．一方，植物の質は出生率に影響する．同じ密度でも植物の質が良い場合には出生率は高く，質が悪くなると低くなる．しかし，いずれの場合も，密度が増加するにつれて質が悪化し，このため出生率は低下する．出生率と死亡率を合わせたグラフが図6・9dである．この図で出生率と死亡率がつり合ったところ，つまり交点が平衡密度である．平衡密度を超えると死亡率が出生率を上回るので密度は減少する．逆に，平衡密度より低くなると出生率が死亡率を上回るので密度が増加する．これが，平衡密度に個体群が調節される仕組みである．このように，各要因による死亡率あるいは出生率の密度に対する反応がわかれば，個体群サイズの調節における相対的な役割を明らかにすることができる．

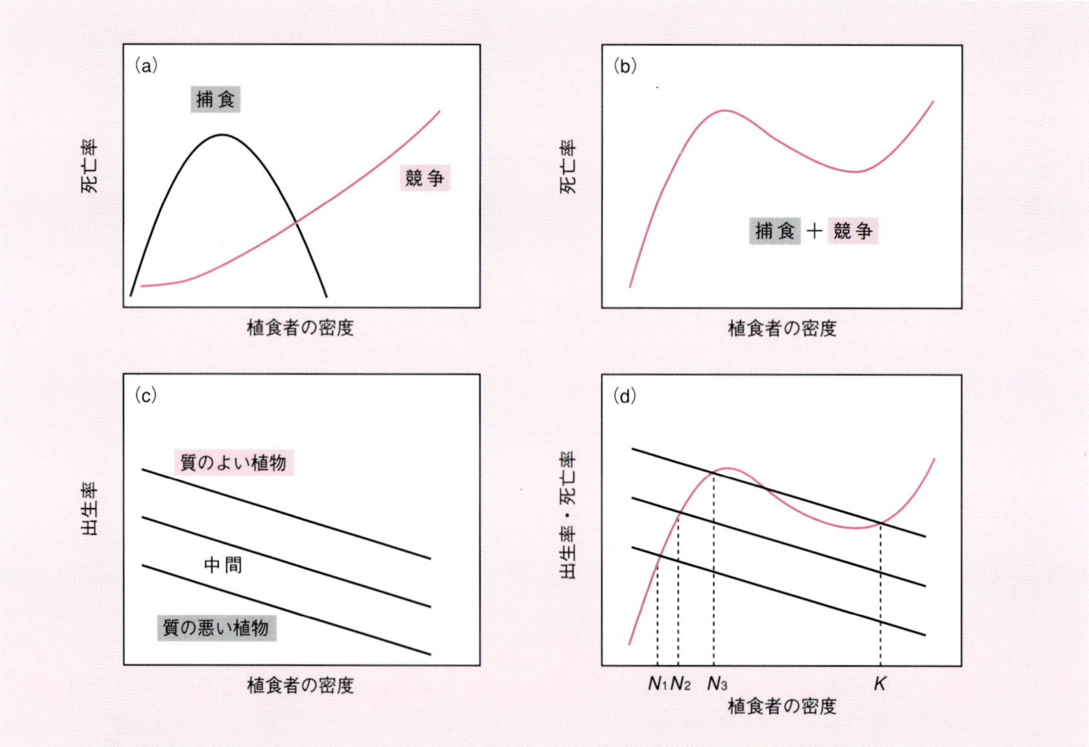

図6・9　個体群の調節の仕組み　(a) 捕食と競争による死亡率の密度に対する変化．(b) 捕食と競争の複合効果による死亡率の密度に対する変化．(c) 植物の質に依存した出生率の密度に対する変化．(d) 捕食，競争，植物の質の効果と平衡密度．Nは平衡密度，Kは環境収容力を示す．

参考文献

・伊藤嘉昭，藤崎憲治，齊藤 隆，“動物たちの生き残り戦略”，日本放送出版協会（1990）.
・伊藤嘉昭，山村則男，嶋田正和，“動物生態学”，蒼樹書房（1992）.

［図出典］
1）J. H. Myers, L. D. Rothman, “Population Dynamics: New Approaches and Synthesis”, ed. by N. Cappuccino, P. W. Price, p. 229, Academic Press, San Diego (1995).
2）W. Baltensweiler, “Insect Abundance”, ed. by T. R. E. Southwood, p. 88, Blackwell Scientific Publications, Oxford (1968).
3）M. J. Auerbach, E. F. Connor, S. Mopper, “Population Dynamics: New Approaches and Synthesis”, ed. by N. Cappuccino, P. W. Price, p. 83, Academic Press, San Diego (1995).
4）T. Ohgushi, “Effects of Resource Distribution on Animal-Plant Interactions”, ed. by M. D. Hunter, T. Ohgushi, P. W. Price, p. 199, Academic Press, San Diego (1992).
5）J. P. Dempster, *Oecologia*, **7**, 26 (1971).
6）R. F. Denno, M. A. Peterson, “Population Dynamics: New Approaches and Synthesis”, ed. by N. Cappuccino, P. W. Price, p. 113, Academic Press, San Diego (1995).

7

環境，生態，種の保全

7・1　環　境

7・1・1　物理的な環境要因

生物はその種に適した生息場所で生存，成長，繁殖を行う．このいずれが欠けても，個体群を維持していくことができない．このため，温度や湿度などの物理的な環境要因は，生物の活動を制限することにより，種の分布や個体数を決める際に大きな役割を果たしている．たとえば，昆虫は変温動物なので，発育速度は温度に依存する．降雨も昆虫の摂食活動を阻害するため，体の小型化や発育期間の延長により死亡率の増加をもたらすことが知られている．各環境要因の変化に対する生物の許容範囲には大きく分けてつぎの三つがあり，それぞれ 1）生存できる範囲，2）成長できる範囲，3）繁殖できる範囲である（図 7・1）．生存できる範囲が最も広く，ついで成長できる範囲になり，繁殖できる条件が最も厳しい．たとえば，ある場所で個体が成長できたとしても，繁殖できなければ個体群は絶滅してしまう．繁殖するためには，生存や成長ができる以上の好適な条件に恵まれなければならない．これらの条件は種によって大きく異なる．このため，個体群が存続している場所では，これらの環境条件が十分に満たされていると考えられる．一方，大規模な生息場所の撹乱，たとえば，洪水や山火事は個体群に対してしばしば壊滅的な打撃を与える．しかし，その後の周囲からの移入などにより，時間とともに個体群は回復する．これに対して，広範囲にわたる開発などによる生息地の分断化は，個体の移入を制限するため，個体群の速やかな回復を困難にして絶滅の可能性を高めることになる．

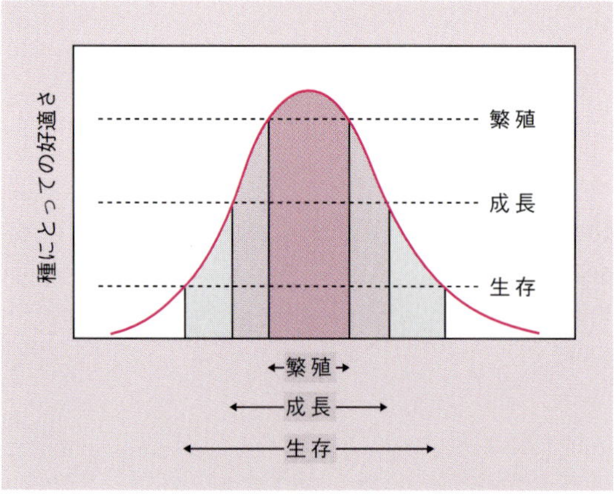

図 7・1　物理的環境要因に対する生物の許容範囲

7・1・2　生物にとっての資源

生物は生きるためのエネルギーを外界から得ている．たとえば，モンシロチョウの幼虫はキャベツの葉を食べて育つ．食べる生物（モンシロチョウの幼虫）にとって，食べられる生物（キャベツ）は彼らの資源である．食物資源が枯渇すればいかなる生物も生きていくことができない．また，資源は，生物が利用すると減少する．このため，温度や湿度のような物理的な環境要因と違って，資源はある生物に使われると他の生物が使うことができなくなる．このため，同種あるいは異種の個体間で資源をめぐる競争が起こる．植物は光合成を行い，無機物から成長と繁殖に必要なエネルギーと栄養分を得ている．彼らの資源は，日光，二酸化炭素，水，栄養塩類である．一方，光合成を行わない生物（従属栄養生物）は他の生物の体やその一部を食物にしている．シカやバッタなどの植食者は植物を，オオカミやクモなどの捕食者はおもに植物を食べる動物（植食者）を資源としている．この食物資源を介した被食-捕食関係が，**食物連鎖**をつくりだしている．

7・2 生　態

7・2・1 種間相互作用

自然界ではいかなる生物も単独では暮らしていけない．たとえば，モンシロチョウはキャベツの葉を食べ，ライオンはシマウマを襲うことによりエネルギーを得ている．一方，多くの植物は動物に花粉を運んでもらい種子をつくる．さらに，その種子も他の動物によって運ばれて，分布を広げていく．このような生物間のさまざまなかかわり合いを**種間相互作用**とよんでいる．ある種が他種の個体群の増加率や適応度の要素（産仔数，成長率，生存率，交尾率，受粉率など）を変化させる場合に，両者の間には相互作用が成立する．種間相互作用は種の分布や個体群密度を変化させ，個体群の動態や生物群集の構造を決めるうえで決定的な役割を担っている．種間相互作用には2種の関係からなる**直接作用**と3種以上の関係からなる**間接作用**がある．また，捕食や寄生のような食物連鎖を通した相互作用と，競争のような同じ栄養段階で働く相互作用に分けることができる．

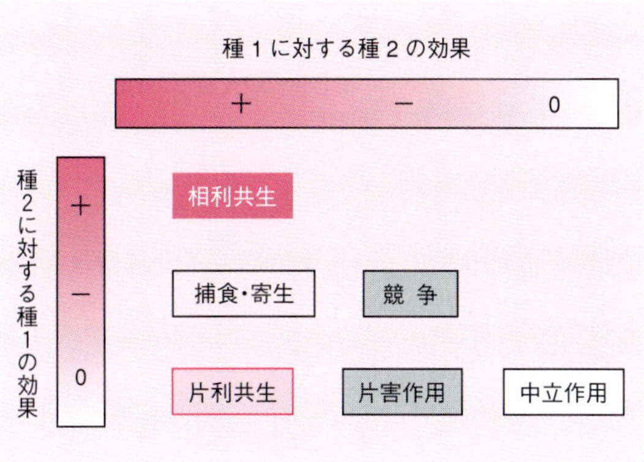

図 7・2　種間相互作用の分類

種間相互作用は，1）ある種が相手の種に与える作用と2）それによる個体群の増加率や適応度の変化，に基づいて便宜的に分類されてきた．相手が自種に与える利益を（＋），害を（−），どちらでもない場合を（0）の記号で表せば，2種間の直接的な相互作用はつぎの6通りのいずれかに分類することができる（図7・2）．つまり，（＋，＋）は互いに利益を与えあう**相利共生**，（＋，−）は自分にとっては利益になるが，相手に害を与える**捕食**や**寄生**，（＋，0）は自分にとっては利益になるが，相手に影響を与えない**片利共生**，（−，−）は両者ともに害を与えあう**競争**，（0，−）は自分にとっては利益も害もないが，相手に害を与える**片害作用**，（0，0）は両者ともに影響がない**中立作用**である．つぎに，これまでよく調べられてきた相互作用として，競争と捕食について見てみよう．

7・2・2 競　争

モンシロチョウとコナガの幼虫は同じキャベツの葉を食べて成長する．この2種のように，共通の資源を利用する生物の間にはしばしば種間競争が起こり，生存率，成長率，繁殖率，さらには個体群増加率の低下などのマイナスの影響がみられる．競争は個体間の関係により，**消費型競争**と**干渉型競争**の二つに分けられる．消費型競争とは，一方の種が資源を消費することにより，他方の種が利用できる資源を減少させる場合に起こる競争である．このため，競争する2種の間には資源をめぐる直接的な争いは起こらない．一方，干渉型競争とは，2種の個体がなわばりや営巣場所などの資源の獲得をめぐって直接争うタイプの競争である．

種間競争の結果，しばしば一方の種が他方の種を排除してしまうことがあり，これを**競争排除**とよぶ．2種間に種間競争が生じると，このような競争排除あるいは安定した共存のいずれかになることが理論的に示されている．2種が共存するためには，自種に対する密度の制限（密度効果）が他種による密度の制限（競争の効果）より大きいことが必要である．一方，種間競争は生息場所の棲み分けや食物資源の食い分けなどを促進させることがある．この場合，しばしば形態などの変化を伴うことがあり，これを**形質置換**とよぶ．たとえば，ガラパゴス諸島に生息するダーウィンフィンチは多様な形態やサイズのくちばしをもっており，この多様化は種間競争を通した形質置換によるものであると考えられている（図7・3）．

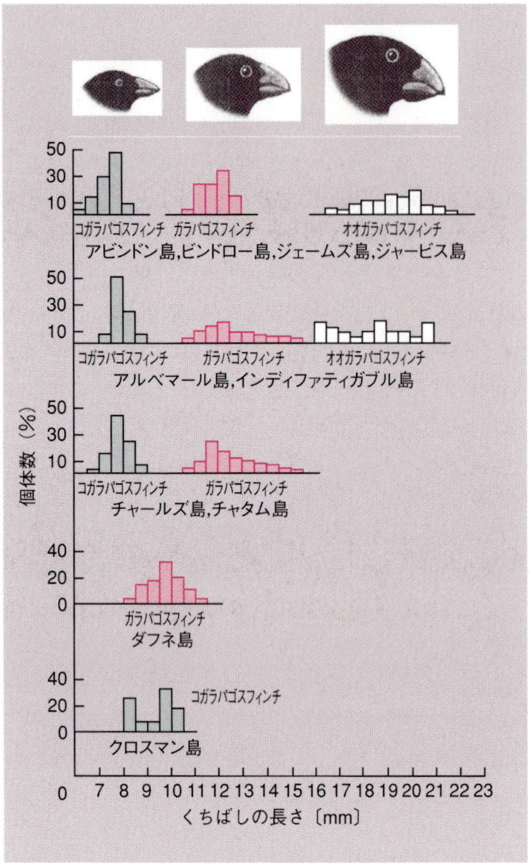

図 7・3　ガラパゴス諸島の各島に生息するダーウィンフィンチのくちばしの長さ　島の名前をグラフの下に記す．他種の存否により，同種のくちばしの長さは島により異なる．〔Krebs[1]（2001）を改変〕

7・2・3　捕　　食

ある生物（捕食者）が他の生物（被食者）を餌にするために捕まえて食べることを**捕食**という．捕食は，生物の分布や個体数変動を決める要因として，種間競争と並んで重要な役割を果たしている．また，被食者は捕食を回避するように，隠蔽色，警戒色，擬態などの形態的な適応を進化させ，これに対して，捕食者は捕食効率を向上するための形態や行動を進化させてきた．捕食者にはライオンのように餌となる被食者を捕らえてただちに殺してしまう（真の）捕食者だけでなく，**捕食寄生者**，**寄生者**，**植食者**が含まれる．捕食寄生者とは，寄生バチや寄生バエのように寄主から栄養を摂取し，最終的には殺してしまう生物のことである．これに対して，サナダムシのような寄生者は，寄主から栄養を摂取するものの，直接には寄主を殺さない．植食者とはシカやモンシロチョウの幼虫のように植物を餌とする生物で，寄生者と同じように，餌である植物を殺すことは，種子や実生の段階を除くと，ほとんどない．

捕食者-被食者関係にある生物の個体数の時間的な変化は，さまざまなパターンを示す．たとえば，モリフクロウの個体数は被食者であるネズミの個体数にはまったく影響を受けない（図 7・4）．これに対して，被食者と捕食者の個体数が密接な関係をもって変動することもある．たとえば，カナダにおけるオオヤマネコとユキグツウサギは長期間にわたり両種の個体数が同調しながら周期的に変動することで有名である（図 7・4）．

7・2・4　間接効果

図 7・2 で示された種間相互作用の分類は 2 種間の直接的な関係に基づくものである．しかし，相互作用はこのような直接的な関係だけではない．2 種間の関係は第 3 種によってしばしば変更されることがあり，これを**間接効果**とよぶ．つまり，間接効果とは 3 種以上からなる相互作用系に特有の効果なのである．このような第 3 種が介在する間接効果は，直接的な相互作用のパターンを大きく変えてしまうことが明らかになってきた．自然界では複数の種が相互作用で結ばれているため，このような間接効果が普遍的に作用していると考えられる．間接効果が生じるメカニズムには，1）密度の変化を介するものと，2）行動，生理，形態など個体の形質を介するものに分けられる（図 7・5）．**密度を介する間接効果**とは，A 種が B 種の密度を変化させ，B 種の変化が C 種の密度や適応度を変化させる場合の，A 種が C 種に与える効果のことである．これに対して，**形質を介する間接効果**とは，A 種の作用により B 種の行動や形態などが変化し，B 種と関係する C 種の密度や適応度が変化する場合の，A 種が C 種に与える効果である．

このような形質を介する間接効果は，植物と植食者の関係で広く見られる．たとえば，ノゲシの葉に潜るハモグリバエの幼虫は，根を食べるコガネムシの幼虫がいると成長がよくなる（図 7・6）．根を食べられるとノゲシは乾燥ストレスを被り，しばしば窒素含有量が増加する．その結果，ハモグリバエにとっての食物

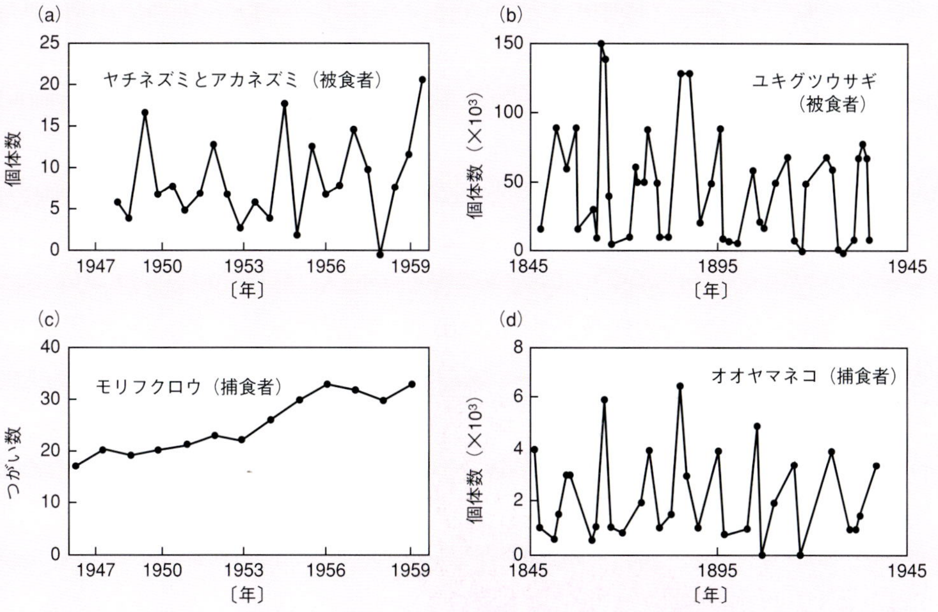

図 7・4　捕食者と被食者の個体数の時間的変化

の質が良くなるのである．逆に，コガネムシはハモグリバエから負の効果を受けている．ハモグリバエの密度が高くなると，根が小さくなり，それを食べるコガネムシの幼虫の成長が悪くなるのである．また，北欧では食物の乏しい冬の間にオオツノジカやウサギがヤナギやポプラの枝を食べてしまう．しかしこれらの植物は，枝を食べられると春に成長のよい枝を盛んに伸ばす．この現象を**補償反応**とよび，多くの植物で知られている．新たに伸びてきた成長のよい枝は栄養に富

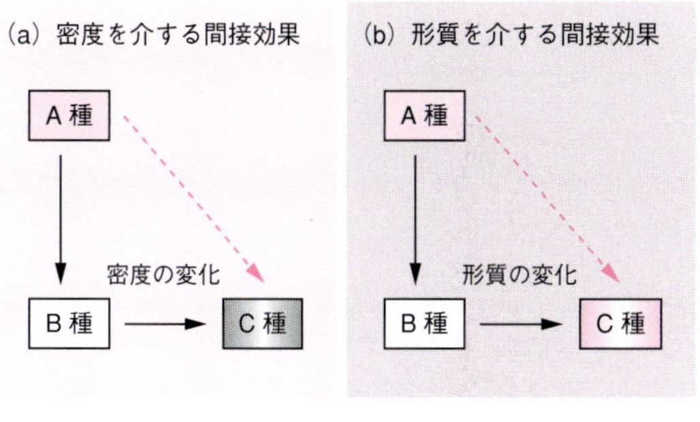

図 7・5　密度を介する間接効果(a)**と形質を介する間接効果**(b)　点線は間接効果を表す．

んでおり，枝に虫こぶをつくるハバチの産卵はこのような成長のよい枝に集中するため，個体数が大幅に増

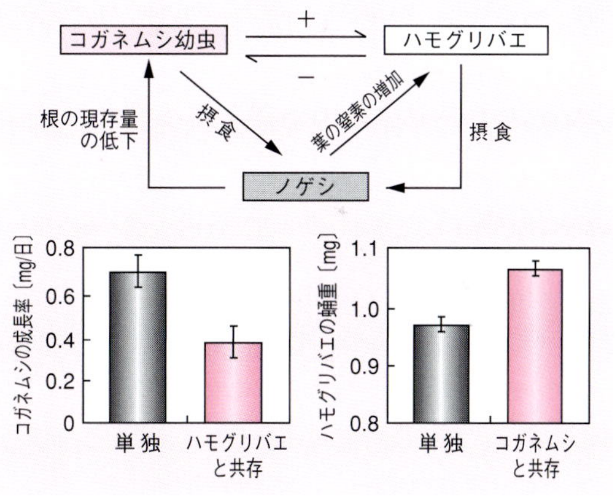

図 7・6　摂食場所を棲み分けている種の間接的相互作用
〔Masters and Brown[2]（1992）を改変〕

加する（図 7・7）．このように，植物を介した植食者間に生じる間接効果は，相手にとってプラスの影響を与えることがしばしばある．2 種の直接的な関係では，互いにマイナスの効果を与えあう競争でしかなかった関係が，間接効果を考えると協調関係にもなりうるのである．さらに，上の例で見たように，利用場所を棲み分けている生物や，草食動物と昆虫の関係のように

分類的にかけ離れた生物の間にも相互作用が働いていることがわかってきた．

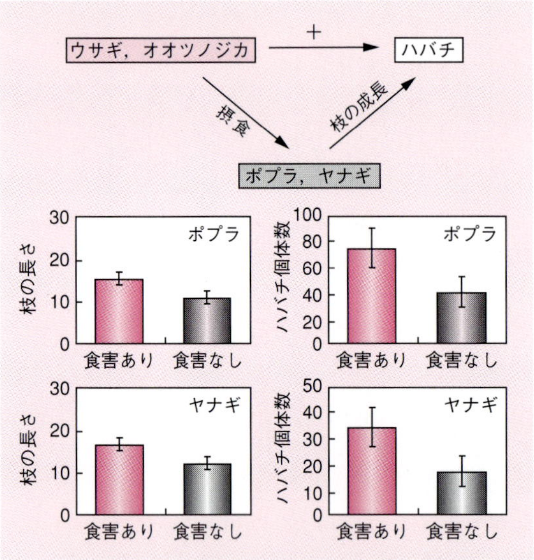

図 7・7　草食動物と昆虫の間接的相互作用
〔Roininenら[3]（1997）を改変〕

7・2・5　相互作用は変化する

種間相互作用の結果はいつも同じになるとは限らない．物理的環境，個体の発育段階，個体群の構造，間接効果などによって大きく変わる．たとえば，植物の汁を吸うアブラムシは，栄養に富んだ排泄物（甘露）をアリに与えて，クモなどの捕食者から守ってもらうという相利共生の代表例として有名である．しかし，アブラムシの甘露は植物の質（おもに窒素）に依存しているので，質の悪い植物を利用しているアブラムシはアリに守ってもらえないばかりか，逆に食べられてしまうことさえある．つまり，彼らの関係は，条件によって，相利共生から被食-捕食関係へ変化するのである．

生物間の相互作用も，個体の形質の進化と同様に，時間とともに進化する．たとえば，イチジクには幼虫期間に花のうとよばれる閉じた花序の中の種子を食べて育つイチジクコバチが寄生している．このイチジクコバチのメスは成虫になると同じ花のうの中で羽化したオスと交尾をする．その後，メスは花粉を体に付けて他のイチジクの花のうに入り，めしべに卵を産み付ける．このとき受粉が行われるのである．イチジクの花は花のうの中にあるので，他の虫によって花粉を運んでもらうことができない．いまや，イチジクはイチジクコバチがいないと子孫を残せなくなってしまったのである．これは，もともと寄生という敵対的であった関係が，共生的な関係へと進化した例である．また，2種のそれぞれの形質が種間相互作用を介して互いに進化する現象を，**共進化**という．多くの植物はアルカロイドやフェノール性化合物（あるいはフェニルプロパノイド）などの毒性のある二次代謝物質を用いて植食者による攻撃から身を守っている．しかし，植食者が防御物質を無毒化する酵素を獲得すると，再び植物を利用することができるようになる．そうなると，植物は新たな毒をさらにつくりだす必要に迫られる．このような現象は進化的な軍拡競争とよばれており，植食者と植物の被食-捕食関係が相手の形質の変化に対応してさらなる変化をつづけるという共進化の代表例である．

7・2・6　群　　集

自然界ではいかなる生物も他の生物と何らかの相互作用で結ばれている．つまり，複数の種が関係をもちながら組織化された実体が**生物群集**なのである．植物は植食者に食べられ，植食者はさらに捕食者に食べられる．これを図式化したものが**食物連鎖**である（図7・8）．しかし，多くの種が共存する群集の中では，このような食物連鎖が複数組合わさって生物種間のネットワークを形づくっており，これを**食物網**とよぶ（図7・8）．この生物間ネットワークを通して，ある

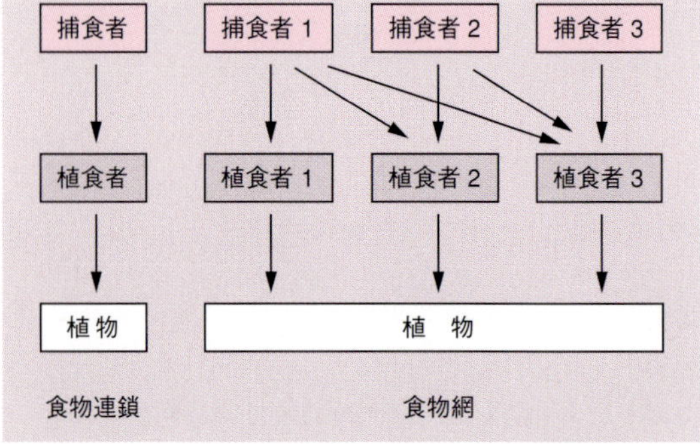

図 7・8　植物，植食者，捕食者からなる食物連鎖と植物のうえでの食物網　矢印は被食-捕食関係を示す．

生物の作用は他の生物にまで波及する．たとえば，カリフォルニアの岩礁帯ではヒトデはおもに固着性の貝類を捕食している（図7・9）．ところが，このヒトデ

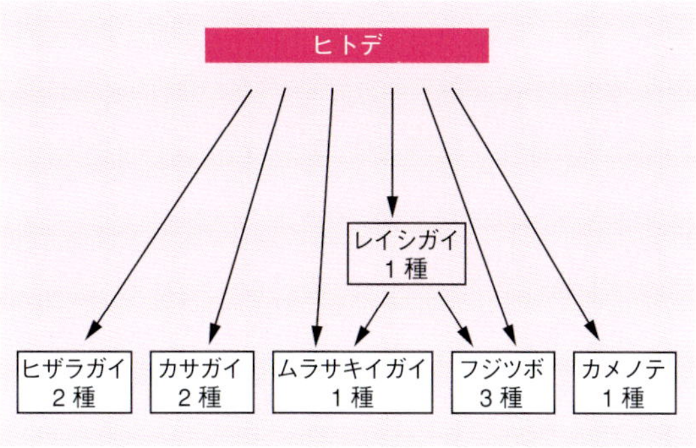

図 7・9　ヒトデと貝類の被食-捕食関係に基づく食物網　矢印は被食-捕食関係を示す．ヒトデを除去すると，レイシガイ，ムラサキイガイ，カメノテ以外の種は見られなくなる．

を取除くと，15種もいた貝類が8種に減ってしまった．ヒトデは，競争に強く数の多い種類の貝をもっぱら捕食する．このため，それまで排除されていた競争に弱い種も侵入できるようになったのである．このヒトデのように，群集構造にとりわけ大きな影響を与えている種を**キーストン種**とよぶ．一方，カリフォルニアの沿岸ではかつてラッコが多数生息していたが，毛皮をとるために乱獲されて，個体数が大きく減少した．その後，保護されたおかげで個体群は回復したが，1990年以降はシャチによる捕食などにより再び激減している．このラッコの減少はそれだけにとどまらず，大型のコンブを壊滅させる結果をまねいている．というのは，ラッコはコンブに被害を与えるウニの捕食者なので，ラッコが減少することにより，大発生したウニがコンブをたちまちのうちに食い尽くしてしまったからである．このように，ある生物の消失が他の生物に与える影響は，生物種間のネットワークの構造に大きく依存しているのである．食物網は生物間ネットワークを理解するための一つの手段であるが，これは被食-捕食関係に基づくものである．しかし，被食-捕食関係は群集の中で生じている種間相互作用の一部に過ぎない．最近では，共生関係や同じ栄養段階の生物間の直接的・間接的な相互作用を生物間ネットワーク構造に組込む必要があると考えられている．

7・3 種の保全

7・3・1 種の絶滅の原因

現在の地球上では，白亜紀に起こった恐竜の絶滅をはるかに上回るスピードで生物の大量絶滅が進行しつつある．その主たる原因は，われわれ人間の活動によるものであり，特に，**過度の乱獲**，**生息地の破壊**，**外来種の侵入**などが種の絶滅をひき起こしている．

乱獲による個体群サイズの大幅な減少は，しばしば種を絶滅の危機に陥れる．特に，体が大きく内的自然増加率の小さな生物，たとえば，ゾウ，クジラ，サイなどが深刻な影響を受けている．近年のアフリカゾウの激減は，象牙を得るための乱獲や密猟によるものである．事実，過去50年の間に，個体群サイズは10分の1以下にまで減ってしまった．アフリカゾウは子供を産むまでに10年以上もかかるうえ，1頭の子供を3年から9年に一度しか産まない．このため，いったん個体数が減少すると，回復するのがきわめて難しいのである．

人間による宅地や農耕地などの造成による土地の大規模な開発は，さまざまな生物の生息地を破壊するとともに，その断片化をもたらす（図7・10）．ある生

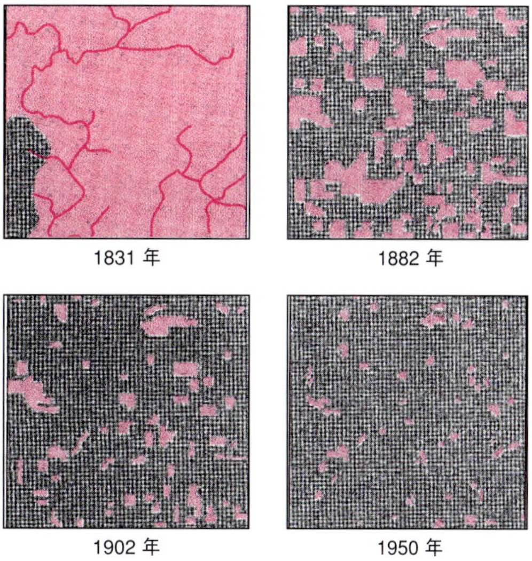

図 7・10　ウィスコンシン州における森林地帯（赤い部分は森林の分布）**の断片化の変遷**〔Krebs[4]（2001）を改変〕

物の生息地の完全な破壊は，その生物を絶滅に追いやる．破壊に至らなくても，**生息地の断片化**や孤立化に

よって，絶滅の機会が増大する．生息場所が小さすぎると個体群を維持することができないのはもちろんのこと，生息地の断片化は，種の移入を妨げることにより個体群の減少からの回復を遅らせ，ひいては絶滅をまねくことがある．さらに，小さな生息地では気候や病気による死亡率が高くなる．たとえば，オーストラリア東南部にかつて多数生息していたヒガシキバラヒタキは，農耕地開発に伴う生息場所の断片化の影響を強く受ける．この結果，今では15ヘクタール以下の生息場所にはまったく見られなくなった．この理由として，生息場所の縮小化に伴う捕食の増加や食物不足が考えられている．このことは，多数の小さな場所だけでは種の維持にとって十分でないことを示唆している．生息地の断片化は，生育する植物の種数の減少もまねいている．たとえば，北米の中央部に広がるプレーリー（草原）はヨーロッパ人が到来した時点では80万ヘクタールにも及んでいたが，今ではわずかその0.1％を残すのみになってしまった．この40年間に草原に生育する植物の8～60％が絶滅したのである．いいかえれば，50～100年の間に半分の種が消えてしまったのである．

外国との交易が活発になるに伴い，外来の生物が侵入する機会が飛躍的に増大している．新たな生物の侵入はもともと生息していた固有の生物の生存を大きく脅かすことがある．これまでにわかっているほ乳類や鳥の絶滅の実に40％近くが，移入動物の影響によるものと考えられている．たとえば，1980年代の前半にビクトリア湖に導入された捕食魚のナイルパーチによって，ビクトリア湖で種分化を遂げた200種以上のカワスズメがわずか10年間に絶滅してしまった．また，過去200年にわたりオーストラリアに固有の有袋類の半分近くが絶滅したが，この大量絶滅には人間がもち込んだアカキツネによる捕食が大きいと考えられている．外来生物の侵入による固有種の絶滅は，特に海洋島で著しいことが知られている．最近のほ乳類と鳥の絶滅の75％がこのような島で起こっており，その大部分が外来生物の侵入によるものと考えられている．

7・3・2　種の絶滅の仕組み

上に述べた要因はいずれも個体群サイズの低下をまねき，それが種の絶滅をひき起こす原因になっている．では，なぜ小さな個体群は絶滅しやすいのだろうか．その理由として，つぎの三つが考えられている．第一に，小さな個体群では遺伝的浮動や近親交配が起こりやすく，これが遺伝的多様性の喪失につながる．このため，生存や繁殖あるいは病気に対する抵抗性が低下すると考えられている（図7・11）．第二に，生存や

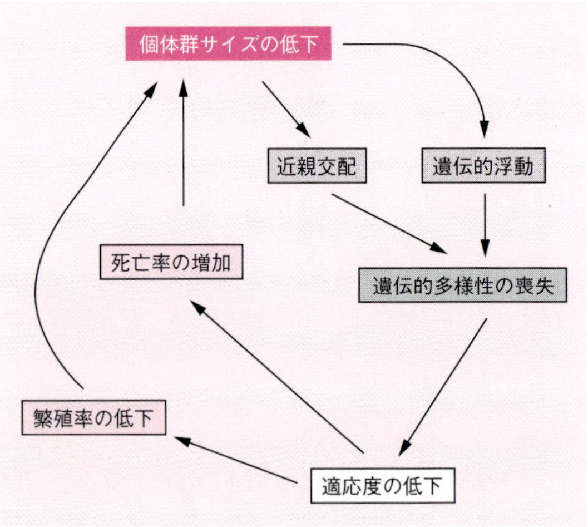

図 7・11　個体群サイズの低下がもたらす影響

死亡がランダムに起こるとしても，個体群サイズが減少すると，少数個体の運命が個体群の存続を左右することもある．たとえば，わずか数個体からなる個体群ではある個体の生死や子供の性比が個体群の絶滅をまねくことにもなりかねない．第三に，サイズの小さな個体群は洪水や台風のような大規模な撹乱が起こると，個体数を回復できない可能性がある．さらに，撹乱などによってひき起こされる個体群増加率の変異の大きさがその平均を上回ると，個体群の絶滅が生じやすいことが理論的に示されている．

7・3・3　種の保全

種の保全のためには，個体群サイズの低下の原因を明らかにして，すみやかな対策を講じなければならない．しかし，生物の減少の原因と絶滅の可能性は，種の特性や生息場所の条件に大きく左右されるので，種の保全は個々の場合に応じて慎重に行う必要がある．たとえば，生息場所の断片化に伴う問題を解決するために，複数の生息場所を回廊で結ぶことが提案されている．回廊によって断片化や孤立した生息場所を結び

つけることにより，移入による個体群の迅速な回復と近親交配の回避ができると考えられるからである．しかし，回廊を設置することにより，逆に，捕食されやすくなったり，病気が蔓延する可能性も指摘されている．このように，個々の対策の長所と欠点を十分に理解しておかないと，思わぬ結果をまねいてしまうことさえある．このため，有効な保全策を講じるためには，実際の生息地において，対象とする種の生活史特性，個体群動態，さらに他種との相互作用を十分に調査する必要がある．

ある生物の絶滅は，その生物だけの問題にとどまらない．種の消失は，群集を構成している種間相互作用のネットワークを通して，思いもよらぬ生物にまで深刻な影響を及ぼすことがある．この例として，ラッコの減少がコンブの壊滅をまねいたことを見てきた．また，種の絶滅は共進化の過程を通してほかの生物の形質の進化にも影響を及ぼす可能性がある．種の保全のためには，個体群の存続を保証する環境を保全すること，いいかえれば，その種が進化してきた生息地と種間相互作用のネットワークによってつくられている生物群集を同時に保全することを考えねばならない．

参考文献

・木元新作，武田博清，“群集生態学入門”，共立出版（1989）．
・大串隆之，“さまざまな共生”，平凡社（1992）．
・鷲谷いづみ，大串隆之，“動物と植物の利用しあう関係”，平凡社（1993）．
・鷲谷いづみ，“生物保全の生態学”，共立出版（1999）．

［図出典］
1）C. J. Krebs, “Ecology”, 5th Ed., p. 202, Benjamin Cummings, San Francisco (2001).
2）G. J. Masters, V. K. Brown, *Functional Ecology*, **6**, 175 (1992).
3）H. Roininen, P. W. Price, J. P. Bryant, *Oikos*, **80**, 481 (1997).
4）C. J. Krebs, “Ecology”, 5th Ed., p. 364, Benjamin Cummings, San Francisco (2001).

第Ⅱ部

遺伝子と生命の連続性

8 遺伝子のかたち

8・1 遺伝子とは？

われわれヒトのような多細胞生物も，細菌のような単細胞生物も，すべての生き物は細胞という単位からできている．ヒトの場合，1個の受精卵が増殖（分裂）を何度も繰返して，約60兆もの細胞からなる体が形成されていく．この過程で，ある細胞は心臓に，別の細胞は筋肉にというように機能が異なる細胞に変化し，複雑な体が形成される．なぜたった一つの受精卵から複雑なヒトの体ができるのだろうか．それはさまざまな性質の細胞に変化するための情報が“遺伝子”として受精卵の中にあるからである．細胞が増殖する過程や，個々の働きをもった細胞に分化するときに，細胞の部品となるタンパク質をつくるための設計図が遺伝子である．この章では，遺伝子がどのような物質からできており，どのような性質をもっているかを解説する．

8・1・1 遺伝子の実体はDNA

遺伝子の実体が**デオキシリボ核酸**（**DNA**）であることは，1944年にO. T. Averyらによって微生物を用いた実験から示された．肺炎双球菌には，ネズミに感染して肺炎をひき起こすS型と病原性をもたないR型があることが知られていた．遺伝現象の実体を調べるために，S型の菌を殺してDNAを取出し，そのDNAをR型に取込ませると，R型はS型に変化した（図8・1）．このような実験から，遺伝形質を変化させる（**形質転換**という）能力をもつDNAこそが遺伝子の実体であると示された．

微生物の場合と同様，ヒトのような多細胞生物でも遺伝子の実体はDNAであり，身体のすべての細胞は基本的に同じ遺伝情報をもっている．DNAは細胞の中心にある“核”の中に収納されており，タンパク質と結合した染色体という構造をとっている（図8・2，詳しくはこの章の後半で説明する）．

8・1・2 DNAの基本単位

遺伝物質であるDNAは，長いひものような構造をしている（図8・2）．実はこのひもは2本のひもが対合してらせん状に絡み合っており，“二重らせん構造”とよばれる．おのおの1本のひもは**デオキシリボヌクレオチド**という基本単位が多数つながってできている．ヒトのDNAは約30億個のヌクレオチドからで

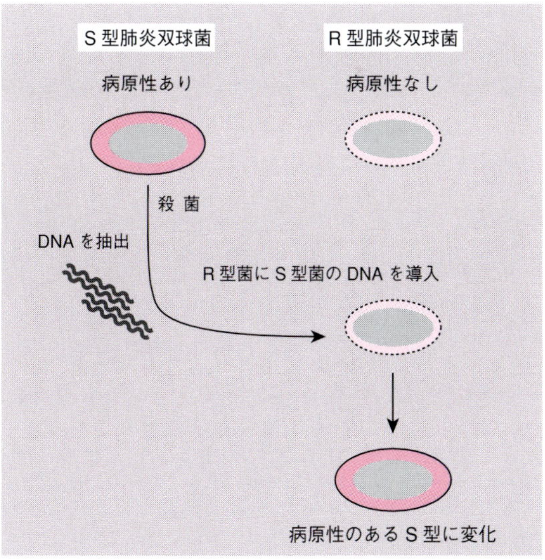

図 8・1 遺伝子の実体がDNAであることを示す実験例

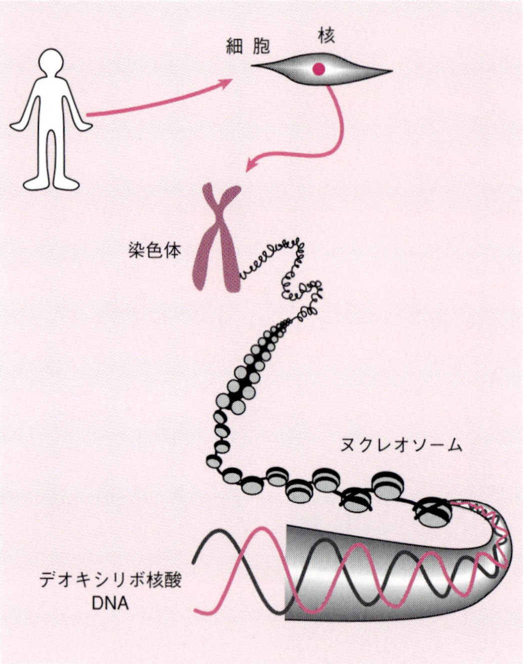

図 8・2　細胞の中の遺伝子の形

きている．

デオキシリボヌクレオチドは図 8・3 に示すように塩基，糖（デオキシリボース），リン酸基の三つの部分からできている．塩基にはアデニン（A），グアニン（G），シトシン（C），チミン（T）の 4 種類があり，六角形の構造をしているシトシンとチミンを**ピリミジン塩基**とよび，六角形と五角形が合わさった形のアデニンとグアニンを**プリン塩基**とよぶ（図 8・4）．4 種類のヌクレオチドがどの順序で並ぶか（**塩基配列**）によって遺伝情報が決定される．

デオキシリボースの五つの炭素には 1′ から 5′ までの番号が付けられており，3′ の位置でリン酸基を介して隣のヌクレオチドの糖の 5′ と結合している．このように 5′ と 3′ 部位での結合を繰返して長いひも状の DNA ができている．この結果，1 本の DNA 鎖には 5′ と 3′ という方向性（“DNA の極性” ともよぶ）があることになる（図 8・4）．後の章で詳しく述べる DNA の複製や遺伝情報を写し取る転写反応ではこの DNA の方向性が重要な問題となる．

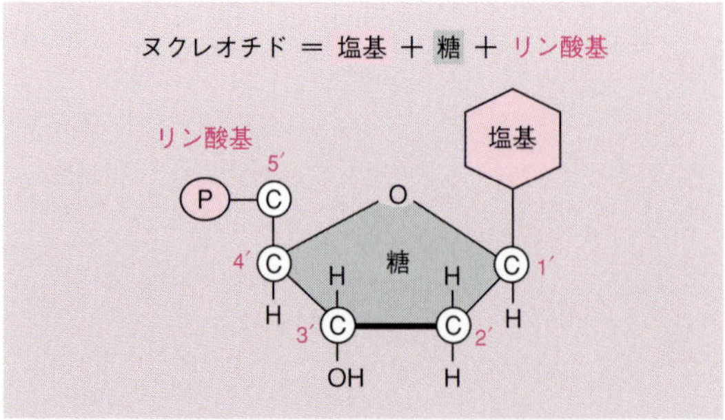

図 8・3　ヌクレオチドの構造

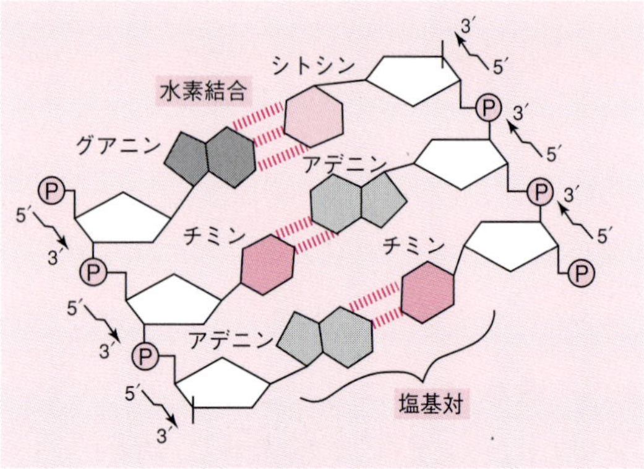

図 8・4　DNA の塩基が対合する相手は決まっている

8・1・3　塩基対と二重らせん構造

糖とリン酸基の結合によりできている縦の鎖に対し，鎖と鎖をつなぐ対合は塩基の間の結合によって維持される．4 種類の塩基のうち，アデニン（A）とチミン（T）は互いに**水素結合**という弱い結合 2 本で結びつくことができ，一方グアニン（G）とシトシン（C）は 3 本の水素結合で結合する．図 8・4 に示すように，2 本の DNA 鎖は互いに逆向きになっており，A と T，G と C が**塩基対**（base pairing）をつくって結びついている．片方の鎖の A に対してもう一方の鎖に T があり，また G に対して C があるというように相手が自動的に決定される対合を，**相補的塩基対**（complementary base-pairing）とよび，2 本の DNA 鎖を互いに**相補鎖**とよぶ．この性質は遺伝子としての機能に重要である．二重鎖 DNA では，塩基対は水平な板が積み重なるように並んでいる．糖-リン酸の軸に対して塩基が垂直からずれた角度になる方が塩基対の板の距離が近づいて安定になるため，2 本の鎖はねじれて，らせん階段のような二重らせん構造をとっている．

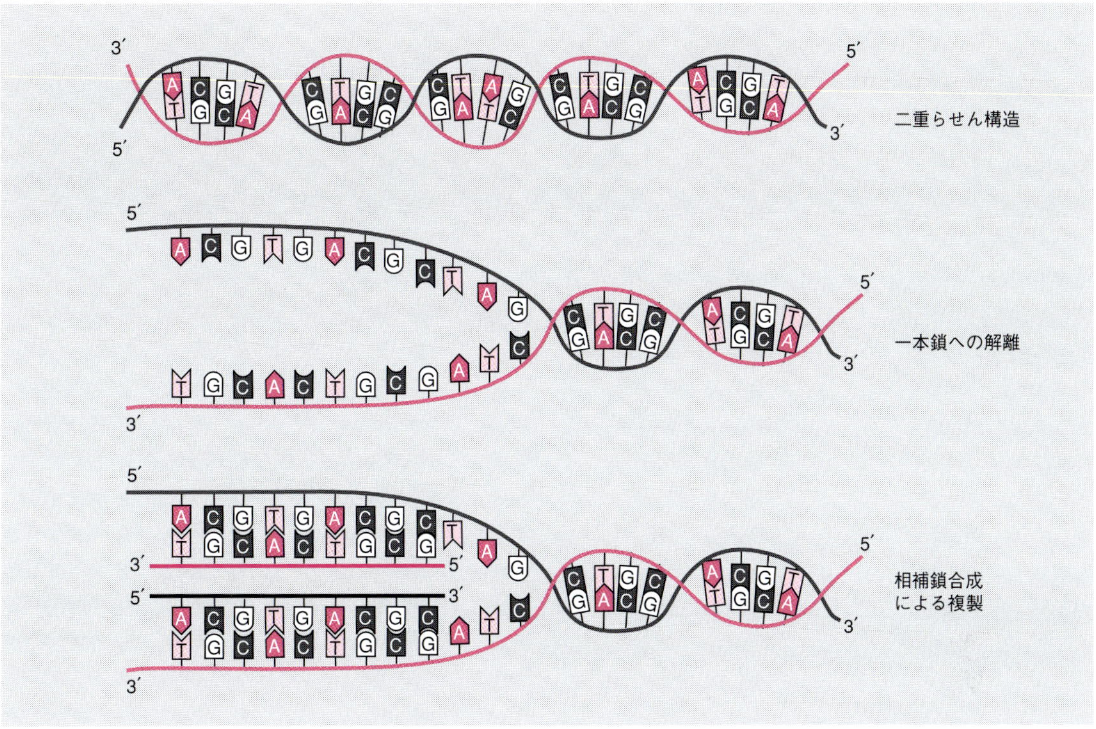

図 8・5　**DNA の二重らせん構造**

1953 年に J. D. Watson と F. H. C. Crick によって DNA の二重らせん構造が解明されたとき，同時に遺伝子を複製する仕組みも予測された．というのは，1 本の DNA 上の塩基配列は，自動的に相補鎖の塩基配列を決定することになり，遺伝情報を確実に複製させることができる．DNA は，通常は相補的塩基対結合によって安定な二重鎖構造をとっているが，温度を上げたり，酵素を働かせることにより塩基間の水素結合が切れ，DNA の二重鎖が開裂される（図 8・5）．一本鎖になった DNA に対し相補的塩基をつないでいくことにより，もとの鎖の塩基配列と相補的な配列を写し取ることが可能となる．このように DNA は，タンパク質をつくるための情報 mRNA を写し取る転写反応や，遺伝情報を複製させて娘細胞に分配するために最も都合のよい構造をしている．

8・1・4　もう一つの遺伝物質である RNA

遺伝情報を伝える物質である核酸には，DNA 以外に **RNA** がある．RNA はリボヌクレオチドがつながったひも状をしている．リボヌクレオチドは 4 種類あり，DNA を構成するデオキシリボヌクレオチドとよく似ているが，図 8・6 に示すように，糖の 2′ の炭素に水素ではなく OH 基が付いている点と，4 種の塩基のうちチミンの代わりにウラシル（U）が使われる点が DNA と異なっている．ウラシルはチミンとよく似た構造をしておりアデニンと塩基対をつくることができ，RNA は RNA 同士や DNA と二重鎖をつくることができる．細胞内の RNA は DNA の配列を写し取る転写反応でつくられる．RNA には，DNA の遺伝情

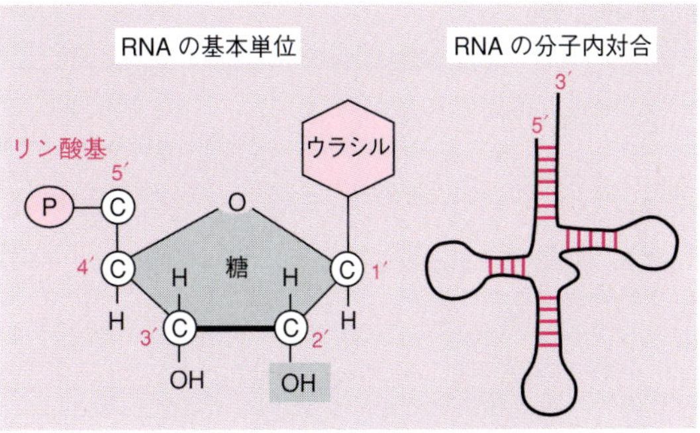

図 8・6　**RNA の基本単位と構造**

報を運ぶ役割をもつ**メッセンジャー RNA**（**mRNA**）や，核酸からタンパク質への情報の変換に働く**転移 RNA**（**tRNA**）や**リボソーム RNA**（**rRNA**）などがある．またある種のウイルスではRNAが遺伝子の本体として使われている．細胞内のRNAは一本鎖であるが，けっしてただの伸びたひも状ではなくRNA分子内の領域同士が部分二重鎖構造をつくり複雑な高次構造をとる（図8・6）．特定の高次構造をとることがtRNAやrRNAの働きにとって欠かせないことがわかっている．さらにRNAのなかには，自分自身や他のRNAを切断する酵素活性をもつものもある．このようなRNAは**リボザイム**（ribozyme）とよばれ，酵素活性には分子内の特定の高次構造が重要である．

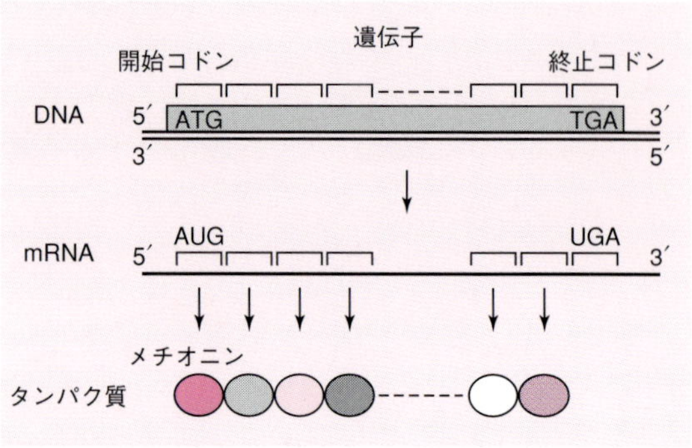

図 8・7 遺伝子の形と働き

8・1・5 遺伝子の働き

遺伝子の最も重要な働きはタンパク質をつくるための情報を保存することと，必要なときに情報を転写反応によってRNAに写し取ることである．RNAに写し取られた情報は，翻訳によりタンパク質を構成するアミノ酸の配列へと読み替えられる．4種類のヌクレオチドからできているDNAが20種類のアミノ酸を指定する仕組みは，後の第9章で詳しく説明するので，

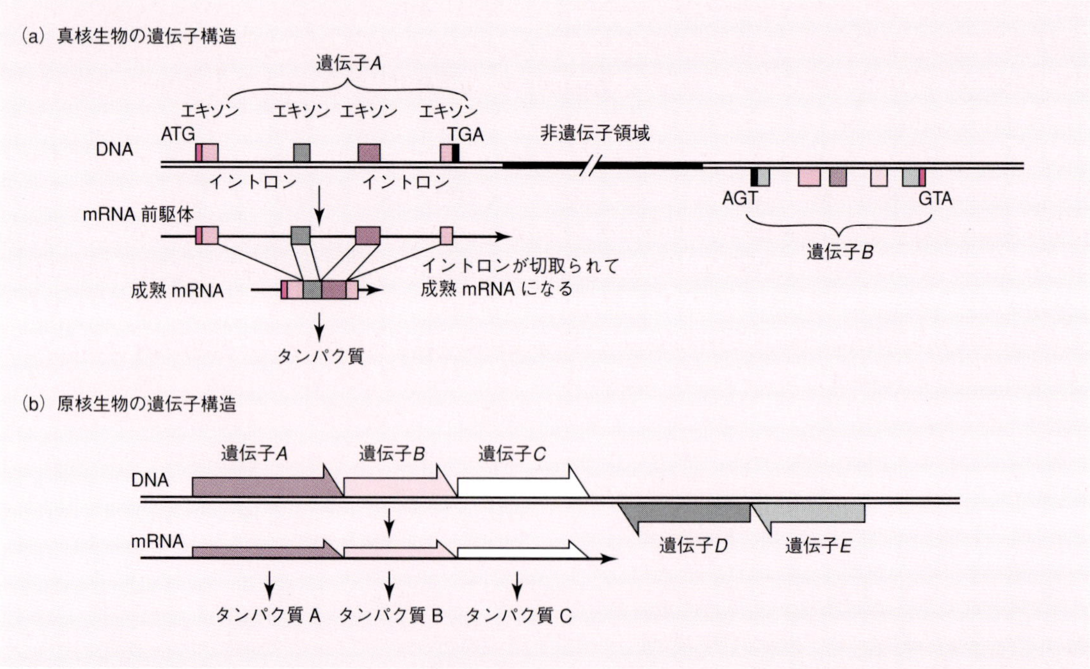

図 8・8 遺伝子構造の違い (a) 真核生物の遺伝子構造の例として遺伝子 *A* と *B* を示す．遺伝子 *A* は，アミノ酸を指令するコドンが上のDNA鎖で左から右へと並ぶのに対し，遺伝子 *B* では逆に下のDNA鎖に右から左へと情報が並ぶ．遺伝子 *A* のタンパク質を指令する部分は四つのエキソンに分かれ，それらの間のイントロンを含めたmRNA 前駆体として合成されるが，イントロン部分がスプライシングによって切取られて成熟した mRNA になる．(b) 原核生物の遺伝子 *A*, *B*, *C* はいずれも上のDNA鎖にアミノ酸を指令するコドンが並んでおり，左から右へと1本のmRNAとして転写され，それぞれのタンパク質に翻訳される．一方，遺伝子 *D*, *E* は下のDNA鎖がアミノ酸を指令し，右から左へと転写される．

ここでは概略のみを示す．4種類のヌクレオチドを文字にたとえると，1文字だけで指定できる情報は4通りであるが，2文字をセットにすると4×4＝16通り，3文字のセットでは4×4×4＝64通りとなり，20種類のアミノ酸を十分に指定できる．このような3ヌクレオチドずつのセットを**コドン**という．図8・7に示すように，タンパク質の1番目のアミノ酸は，ほとんどの場合メチオニン（Met）であり，メチオニンを指定するコドンは，DNAの5′から3′方向にATGである．2番目以降は3文字ずつで20種類のアミノ酸のどれかを指定していき，遺伝子の終わりはTAA, TAG, TGAの3種類のいずれかである．

8・1・6 遺伝子の構造

タンパク質のアミノ酸配列を規定する遺伝子の構造は真核生物と原核生物で特徴的な違いがある．真核生物の場合，遺伝子の内部に，最終的にはタンパク質にならない配列を含んでいる．このような配列を**イントロン**（intron）とよび，一方，タンパク質に翻訳される配列を**エキソン**（exon）とよぶ．図8・8に示すように，タンパク質をつくるときには，イントロンを含んだ遺伝子の全体がいったん転写され（mRNA前駆体），その後イントロンだけが除去されて成熟mRNAとなってからタンパク質に翻訳される．

原核生物では，一つの遺伝子内のすべての配列は翻訳されてタンパク質になる．また，多くの場合，関連した機能をもつ遺伝子が並んで存在している．これらは1本のmRNAとして連続して転写され，その後，別々のタンパク質に翻訳される．このような遺伝子の集合体を**オペロン**という．

8・2 染色体（クロマチン）の構造

8・2・1 クロマチンの基本構造: ヌクレオソーム

ヒトのDNAは直径2 nm（100万分の2 mm）で，23本全部をつなげると2 mにもなる超巨大分子である．このような巨大分子が，直径10 μm（100分の1 mm）の小さな核の中に収納されているのは驚異的である．DNA分子はリン酸基のために負の電荷をもち，裸の状態では互いに反発しあって小さな核内に納まるのは困難である．そこで，正の電荷をもったヒストンというタンパク質が結合してDNAの負の電荷を打消している．H2A, H2B, H3, H4という4種類のヒストンが2個ずつ計8個集まって複合体をつくり，その周りをDNAが2回り巻付いた構造をとっている．このようなDNAとタンパク質の複合体を**ヌクレオソーム**（nucleosome）という（図8・2）．ヌクレオソーム1個分には約180塩基対（bp）のDNAが巻付いている．核の中のDNAは数珠玉のようにヌクレオソームを形成し，さらにヌクレオソーム同士は別のヒストンタンパク質の働きで結びつけられ，何重にも巻込んでコンパクトな高次構造をとる．このようにして，超巨大分子DNAは小さな核の中に収納されている．このような状態のDNAを**染色体（クロマチン）**とよぶ（図8・2）．

8・2・2 ヌクレオソームの役割

近年，ヌクレオソームはDNAをコンパクトに収納する役割のほかに，遺伝子の発現に深くかかわっていることが明らかになってきた．

細胞が分裂するM期にはクロマチンは高度に凝縮して光学顕微鏡でも観察されるようになる．M期以外の時期（間期）には細胞核の中でゆるんだ状態になっており光学顕微鏡では見えない．M期のヒト染色体をある種の試薬で染色すると濃く染まる部分とあまり染色されない部分との縞模様になって見える．これらは染色体の凝縮度の違いを反映している．間期の染色体でも，クロマチンが凝縮している**ヘテロクロマチン**領域と比較的ゆるんでいる**ユークロマチン**領域がある．一般にヘテロクロマチン領域では遺伝子の発現が抑えられているのに対し，ユークロマチン領域では遺伝子が活発に発現している．これらのクロマチンの構造は，DNAやヒストンタンパク質にメチル基（$-CH_3$）やアセチル基（$-COCH_3$）が結合することによって調節されていることが明らかになりつつある．

8・2・3 染色体の維持に必要な領域

真核生物の染色体DNAは線状構造をしており，生物種によってさまざまな数の染色体をもつ．線状染色体の長さは10^6～10^8塩基対で末端部分には**テロメア**（telomere）とよばれる特殊な配列をもっている（図8・9）．テロメアDNAは短い配列の繰返し構造をとっており，末端部分が露出しないようにループ状の特殊な構造をとる．さらにテロメア配列や隣接した領域はヘテロクロマチン構造をとり，染色体の維持に重要な役割をもつ．テロメア領域は通常の染色体領域とは異なる仕組みで複製される．テロメアはヒトの細胞では細胞分裂するごとに短くなっていき，この現象は細胞の寿命に関連するとされている．

セントロメア（centromere）とよばれる領域も染色体の維持に必要な領域である．セントロメアは染色体が娘細胞に分配されるために必要である．分裂期にはセントロメア領域に**キネトコア**とよばれる巨大なタンパク質構造が形成され，染色体を引っ張る紡錘糸が結合して染色体を娘細胞に均等に分配する．これらの領域に加え，染色体を維持するためには，染色体DNAの複製が始まる複製開始点が必要である．巨大な染色体全体を効率よく複製するために，染色体上には多数の複製開始点がある．

原核生物のDNAは環状構造をしており，セントロメアやテロメアのような領域をもたない（図8・9）．通常，環状DNA上のただ1箇所の複製開始点からDNA複製が開始する．また原核生物ではヒストンがないのでヌクレオソーム構造をとらないが，ヒストンに似た性質のタンパク質がDNAに結合してDNAの構造を変化させている．環状のDNAは二重らせんがさらにねじれた超らせん構造をとり，細胞質内で**核様体**とよばれる塊を形成している．

8・3 ゲノムの構造

それぞれの生物種の遺伝情報を総称して**ゲノム**（genome）とよぶ．1980年代後半から塩基配列を決定する技術が進歩した結果，原核生物では，大腸菌をはじめとしてさまざまな細菌ゲノムの全塩基配列が決定され，また真核生物では，単細胞で生きる酵母をはじめ，ショウジョウバエやヒトゲノムの配列が決定された．表8・1にゲノム構造が決定された代表的な生物種のゲノムサイズ（塩基対数）と遺伝子数を示す．原核生物から真核生物へ，さらに単細胞真核生物から多細胞真核生物へと複雑な生活環をもつことに対応してゲノムサイズは増加している．しかし，単細胞真核生物である酵母と多細胞真核生物であるヒトを比較すると，ヒトゲノムは酵母ゲノムの数百倍大きいのに遺伝子数はわずか数倍多いだけであり，ゲノムサイズから予想されるよりもはるかに少ない遺伝子しかもたな

表 8・1 さまざまな生物のゲノムサイズと遺伝子数

生物種	塩基対数	遺伝子数
大腸菌	460万	4300
出芽酵母	1300万	5900
線 虫	9700万	1万9000
ショウジョウバエ	1億8000万	1万3000
マウス	25億	2万9000
ヒ ト	29億	2万7000

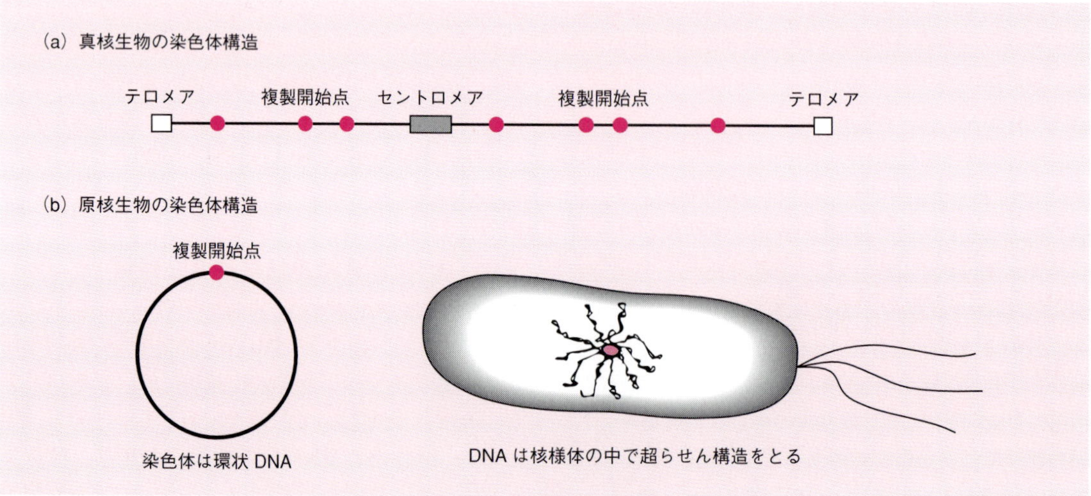

図 8・9 染色体の構造

い．

ゲノムは遺伝子領域と非遺伝子領域から成り立っている．遺伝子の大半はタンパク質のアミノ酸配列を指令するものであるが，なかには rRNA や tRNA など RNA として働く遺伝子もある．一方，非遺伝子領域には，複製開始点，セントロメア，テロメアなど染色体の維持に必要な領域と，明確な機能がわかっていない遺伝子間領域がある．多細胞生物では，ゲノム中の非遺伝子領域の割合が高くなっており，ヒトでは約 8 割が非遺伝子領域である．遺伝子間領域は，数塩基対が連続して繰返しているものや数千塩基対の単位がゲノム各所に多数散在しているものなどが大半を占め，生物種ごとに繰返しの配列や長さが大きく違っている．

さらに，生物種間の違いをつくりだしているのは，塩基配列の違いだけではないかもしれない．ヒトとチンパンジーの塩基配列は約 1 %しか違っていない．ところが染色体レベルでは，大きく違う点もある．ヒトの第 2 番染色体はチンパンジーの別々の 2 本の染色体がくっついたものと考えられ，このような染色体レベルの違いが，遺伝子の発現に違いをもたらしているのではないかと考えられる．

8・4 トランスポゾンとレトロウイルス

ゲノムの遺伝子間領域に見られる繰返し配列の多くは，ゲノムの中を飛び回る因子である**トランスポゾン**（transposon）に由来すると考えられている．トランスポゾンは，トランスポザーゼという酵素の働きによって宿主ゲノムに自分の DNA を組込む機能をもつ因子であり，時として遺伝子の中に入り込んで遺伝子を破壊することもある．トランスポゾンは細菌などの原核生物からヒトまでさまざまな生物種で見つかっている．大腸菌をはじめとする細菌類のゲノム中にはたいてい数種類のトランスポゾンが組込まれている．なかには抗生物質に対する耐性遺伝子を運ぶトランスポゾンなどもあり，細菌の生存に寄与してきたと考えられる．

真核生物のトランスポゾンのなかでは，**レトロトランスポゾン**（retrotransposon ；レトロポゾンとよぶ場合もある）とよばれるグループが，ゲノムに占める割合が高く，また増殖の仕方も興味深い．レトロトランスポゾンは，RNA をゲノムにもつレトロウイルスと同じ起源と考えられる．レトロウイルスには，後天性免疫不全症候群（AIDS）をひき起こすエイズウイルス（HIV）など，我々にとって関心の高いのものが多い．

図 8・10 にレトロウイルスとレトロトランスポゾンの増殖サイクルを示す．レトロウイルスはウイルス粒子の中に RNA と**逆転写酵素**（reverse transcriptase）をもっており，細胞に感染後，逆転写酵素によってウイルス RNA を鋳型として DNA がつくられる．レトロ（逆）という名称は，通常の遺伝情報が DNA → RNA →タンパク質と流れるのとは逆に RNA → DNA へと情報が写し取られることに由来する．ウイルス RNA に由来する DNA はさらに二重鎖 DNA とされた

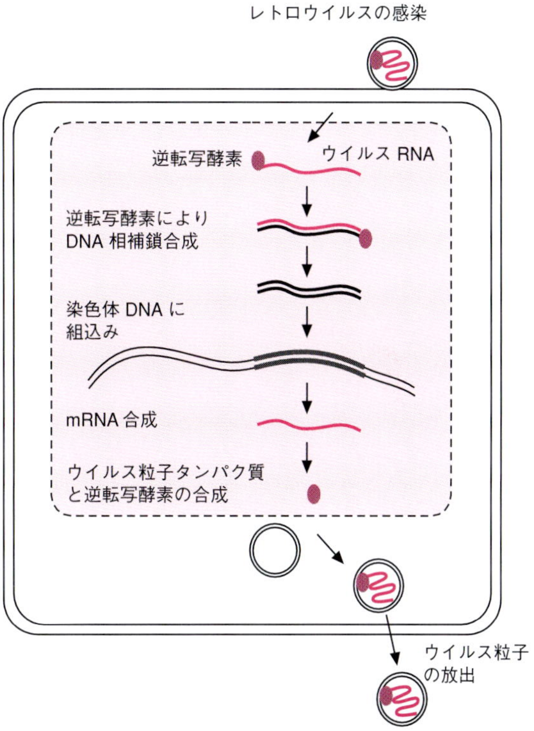

図 8・10 レトロウイルスとレトロトランスポゾンの増殖サイクル レトロウイルスの感染により，逆転写酵素と一緒に細胞内に入ったウイルス RNA（赤）は，逆転写され，二重鎖 DNA になった後，染色体 DNA に組込まれる．その後転写された mRNA からウイルスの殻のタンパク質や逆転写酵素タンパク質が翻訳され，再びウイルスとして細胞の外に出る．点線で囲まれた部分はレトロトランスポゾンの生活環を示す．

後，ゲノムに組込まれてあたかもゲノムの一部のように細胞から細胞へと受継がれていく．その後転写によりウイルスRNAが合成され，ウイルスの殻をつくるタンパク質と逆転写酵素が翻訳され，感染力のあるウイルスになって細胞の外へ排出される．

レトロトランスポゾンは，レトロウイルスと違い細胞の外へ出ることはないが，いったんRNAになって逆転写されるという増殖の仕組みは同じである．レトロトランスポゾンには細胞内でウイルス様の殻に包まれるタイプから，自分自身は逆転写酵素遺伝子をもたないものまでさまざまある．ヒトゲノムに約5万コピーあるLINE-1は，約6500 bpの長さで逆転写酵素遺伝子をもつ．さらにAluとよばれる約300 bpの配列は逆転写酵素遺伝子を失ったレトロトランスポゾンと考えられ，約50万コピーあってヒトゲノムの約5％を占める．

ゲノム上でタンパク質を指令する遺伝子領域よりも多く存在するレトロトランスポゾンなどの繰返し配列は生物にとってどういう意味をもつのであろうか．以前は繰返し配列はジャンク（junk，がらくた）と考えられていたが，実はそれぞれの生物種を特徴づける染色体構造の一つではないかと考えられるようになってきた．生命は遺伝情報をできる限り変化させないで維持する仕組みを発達させてきた．それに対し，トランスポゾンはコピーを増やしながらゲノム上を移動していくことにより，生物種特有のゲノム構造をつくり出すのに貢献している可能性がある．また，トランスポゾンは周辺の遺伝子の発現に影響を及ぼすと考えられるため，同じ遺伝子でも発現の仕方が変化し個体レベルでは違う性質が現れる可能性もある．多くの生物でゲノム配列の解読が進むに従って，遺伝子配列以外のゲノムのもつ意味がより解明されると期待される．

私たちの生活とトランスポゾンのかかわり

［薬剤耐性遺伝子の拡散］　抗生物質耐性遺伝子を運ぶトランスポゾンが細菌のゲノムから**プラスミド**という環状DNAに飛び移ったものも見いだされる．細菌同士の接合などでプラスミドが別の細菌へと移動すると，プラスミドを受取った細菌は抗生物質に感受性から抵抗性に変化する．医療で抗生物質が大量に使われるようになってからは，このような例が増加しており深刻な問題となっている．

［エイズ治療の困難な理由］　エイズウイルスは1980年代に発見されて以来，特効薬が見つかっておらず，いまだに人類にとって脅威である．通常，ウイルスがひき起こす病気の治療にはウイルスの増殖を抑える薬やウイルスのタンパク質に対する抗体を用いるが，レトロウイルスは遺伝子の変異率が高いため薬や抗体を開発してもすぐにそれらに耐性のウイルスが生じてしまう．DNAを複製する酵素の多くは，誤って取込んだ塩基を取除いて正しい塩基を入れる**校正機能**（proof-reading）を備えているが，RNAからDNAを合成する逆転写酵素は校正機能をもたないため変異が生じやすい．

［ヒトゲノム中のトランスポゾンは生きている］　ヒトゲノムにあるレトロトランスポゾンはほとんどが今は不活性になったものと考えられてきたが，活性をもつものがある証拠が見つかった．血液が固まらない遺伝病患者のある人では，血液凝固をひき起こすタンパク質を指令する遺伝子が，LINE-1が入り込むことによって壊されていることがわかった．ここに入り込んでいたLINE-1とまったく同じ塩基配列をもつLINE-1が多くの人では第22番染色体に存在することから，このLINE-1配列がジャンプした結果，遺伝子を破壊したと考えられる．

9 遺伝子の働き

9・1 遺伝子の動態

遺伝子は“自己増殖し，細胞世代，個体世代を通じて親から子に継代的に正確に受け継がれ，形質発現に対する遺伝情報を伝達する”ものと定義される〔“岩波生物学辞典”第4版（1996）〕．つまり遺伝子にコードされた遺伝情報は，同一個体内や他個体間で伝達され，生命活動を担う物質へと合成されることが必要である．本章では自己増殖である複製と，形質発現への過程である転写と翻訳について述べる．

生命活動を担う物質として酵素の存在は古くから知られており，酵素がタンパク質であることが明らかになったのは1920年代のことである．一方で1944年にO. T. Averyらによる肺炎双球菌を使った形質転換実験，1952年にA. D. HersheyとM. Chaseによる放射性同位体で標識されたファージDNAが細胞内に新しい遺伝情報をもち込むことを証明した実験などにより，遺伝子の正体がDNAであることが確定された．また，1953年にはJ. D. WatsonとF. H. C. CrickがDNAの二重らせん構造を提唱した．この構造は互いに逆向きの相補的なDNA鎖が塩基対間の水素結合で結ばれている．この塩基対合はアデニンにはチミン，グアニンにはシトシンと厳密に決まっている．DNAには自己増殖のための複製と，遺伝情報をRNAに写し取る転写のための鋳型になるという機能が必要であるが，この二重らせん構造はどちらに対しても有効な構造である（第8章参照）．

遺伝情報であるDNAの塩基配列から生命活動を担うタンパク質への機能発現は**セントラルドグマ**（中心命題）で表されるDNA→RNA→タンパク質の流れに従う（図9・1）．**複製**とは親DNAの二本鎖のおのおのに対して相補的なヌクレオチド鎖を作製し，親DNAとまったく同じDNA二本鎖をつくり出すこと，

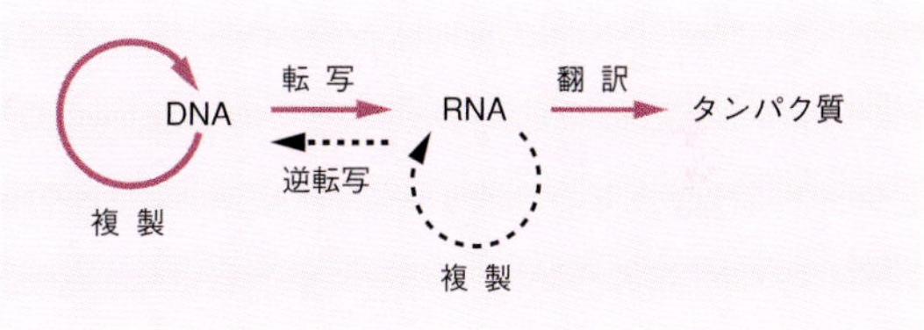

図9・1 遺伝情報の流れに関するセントラルドグマ
破線の経路は一部のウイルスに見られる．

転写はDNA情報を，相補塩基配列をもつRNA鎖に写し取ること，**翻訳**はRNAに転写された情報をもとに，アミノ酸をつなぎタンパク質を合成することをいう．

9・2 複　　製

9・2・1 複製の原則

二重らせん構造が提唱されてまもなくの1956年にA. KornbergによりDNAを合成する酵素，**DNAポリメラーゼ**が発見された．その後，研究が進み，現在ではDNA複製は何種類もの酵素が関与する複雑な過程であることが明らかになった．

DNAの複製は2本のDNA鎖の水素結合が切られ，おのおの一本鎖となり，これらが鋳型となり相補的なDNA鎖が新たに生成される．この結果，新たに生成された二本鎖DNAは鋳型となった親のDNA鎖と新生DNA鎖の組合わさった，半分が新しい鎖の二本鎖になっている．このようなDNA複製機構を**半保存的**

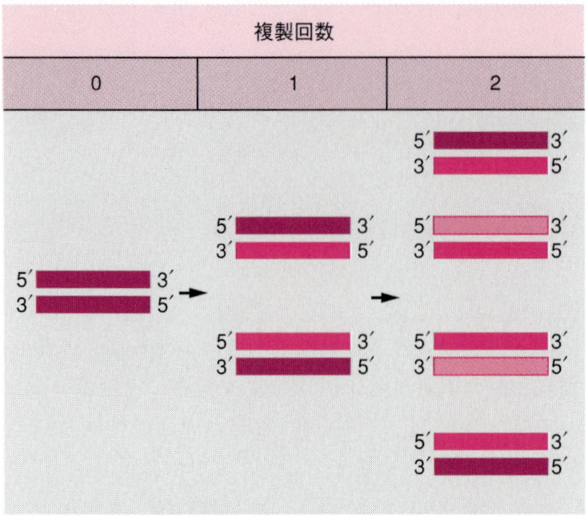

図 9・2 半保存的複製 複製後できたDNA鎖は一方が親のDNA由来で，一方は新しくできたDNA鎖でできている．

複製とよぶ（図9・2）．

大腸菌などの原核生物では染色体上に複製開始点を1個備えている．一方，真核細胞の染色体には多数の複製開始点が存在する．DNAはデオキシリボースの5′位と3′位のリン酸を介して連結した鎖状の構造をしている．DNAポリメラーゼは鋳型の塩基と塩基対合するデオキシヌクレオシド三リン酸を基質として，すでに合成されたDNAの3′-OH基に結合させる．この際ピロリン酸が遊離するが，このリン酸基の解離により生じたエネルギーを用いて合成反応が推し進められる（図9・3）．DNA複製は一定の開始点から，

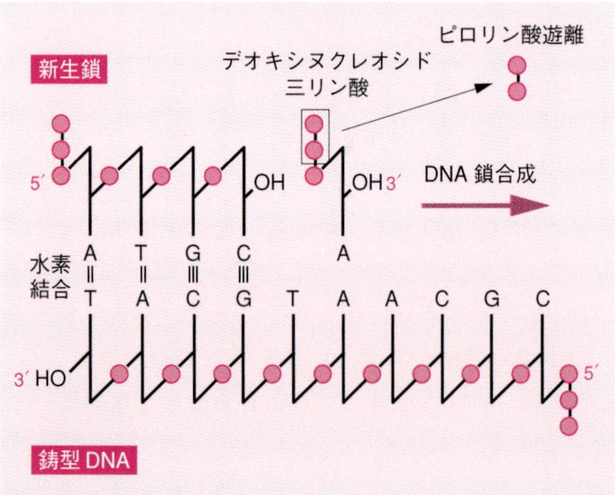

図 9・3 DNA 合成 デオキシヌクレオシド三リン酸を基質とし鋳型 DNA に相補的な新生鎖が合成されてい

両方向に進む．このためには一方向は5′→3′方向に，他方は3′→5′方向にDNA鎖を伸長しなければならない．しかし，前述のようにDNAポリメラーゼによるDNA鎖の伸長は5′→3′の一方向にしか進まない．そこで3′→5′方向では，DNAポリメラーゼは5′→3′方向の短いDNA鎖（100～1000塩基）をいくつも合成し，それらを最終的につなぎ合わせDNA鎖を伸長（**不連続複製**）させている．このとき合成される短いDNA鎖を発見者，岡崎令治の名をとって**岡崎断片**とよぶ．また，連続的に合成されるDNA鎖を**リーディング鎖**，不連続に合成されるDNA鎖を**ラギング鎖**とよぶ（図9・4）．

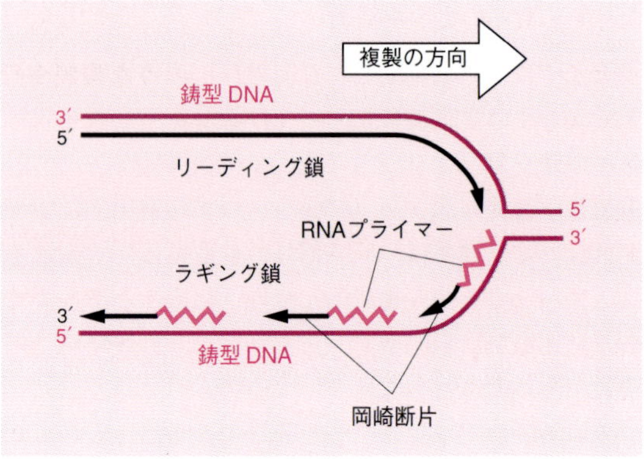

図 9・4 DNA の不連続複製 リーディング鎖では連続的に，ラギング鎖では不連続的に複製は進行する．

DNAポリメラーゼは既存のポリヌクレオチド鎖にヌクレオチドを付加させるだけで，新しいDNA鎖合成を開始することはできない．このため複製の開始にあたっては数～10塩基程度の短いRNA（**RNAプライマー**）を利用する．RNAプライマーは，上流より伸長してきたDNA鎖が結合するときに除去される．

9・2・2 複製反応

複製の開始は，原核細胞ではいくつかのタンパク質因子が**プライモソーム**とよばれる複合体を形成しRNAプライマーを合成し，**DNAポリメラーゼⅢホロ酵素**によりDNA鎖が合成されていく．DNAポリメラーゼⅢホロ酵素は10種類のポリペプチドの集合体で，そのうちコア酵素を形成するものはα，ε，θの3種類である．DNA鎖伸長反応にはDNAポリメラーゼⅢホロ酵素のほかに一本鎖結合タンパク質（SSB），

DNA ポリメラーゼⅠ，DNA リガーゼ，DNA トポイソメラーゼなどが関与する．**DNA ポリメラーゼⅠ**は RNA プライマーの部分の DNA 鎖を合成し，**DNA リガーゼ**が岡崎断片の結合を行う．**DNA トポイソメラーゼ**は二本鎖 DNA に一時的に切れ目を入れ，複製に際に生じる超らせん構造を解消させる．真核細胞の DNA ポリメラーゼは 3 種類知られており，DNA ポリメラーゼ α は RNA プライマーの合成を，DNA ポリメラーゼ δ がラギング鎖の合成を，DNA ポリメラーゼ δ または ε によりリーディング鎖の合成を行っている．DNA ポリメラーゼは校正機能*をもっており，DNA 複製における写し間違えを非常に低いレベルに抑える（10^8 ～ 10^{12} に 1 個）．

原核細胞の染色体は環状であるが，真核細胞の染色体は線状である．線状 DNA で上記のような複製が行われると末端部分（**テロメア**）では RNA プライマーから DNA に置き換わることができないため，DNA 複製を行う細胞分裂のたびに少しずつ DNA の末端が短小化する．細胞分裂を繰返し加齢が進むとテロメア長がある限界まで短くなり，細胞の増殖が停止することが知られている．この現象が老化の一端を担うと考えられる．しかし，生殖細胞など世代を超えて細胞分裂を繰返さなければならない細胞もあり，これらの細胞では**テロメラーゼ**とよばれる酵素の働きでテロメア長を維持する．近年，がん細胞においてテロメラーゼ活性が上昇していることが報告されており，テロメラーゼががん細胞の悪性化に関与していると考えられている．現在，テロメラーゼ活性を阻害することによるがん治療法の開発も行われている．

9・3 転　写

9・3・1 RNA への写し取り

DNA は遺伝情報をコードしているが，DNA から直接タンパク質を形成しているアミノ酸配列の鋳型になるわけではなく，一度 **RNA** にその遺伝情報を写す（**転写**）．RNA の構造は DNA によく似ているが，DNA の糖がデオキシリボースであるのに対し RNA はリボースであり，また四つの塩基のうちチミンがウラシルに変わっているという違いがある（第 8 章参照）．DNA の遺伝情報は RNA の相補的な塩基配列へと正確に伝わる．

RNA はタンパク質合成にかかわる 3 種類，**メッセンジャー RNA**（mRNA），**転移 RNA**（tRNA），**リボソーム RNA**（rRNA）が主要な種類であり，そのなかの mRNA がタンパク質合成の鋳型となる．真核細胞で合成されたばかりの核内にある mRNA 前駆体はタンパク質合成のときに読まれない**イントロン**（介在配列）と読み取られる**エキソン**よりなる．このイントロンは核内で切断除去されエキソン同士が再結合して成熟 mRNA となり細胞質に移行する（図 9・5）．この

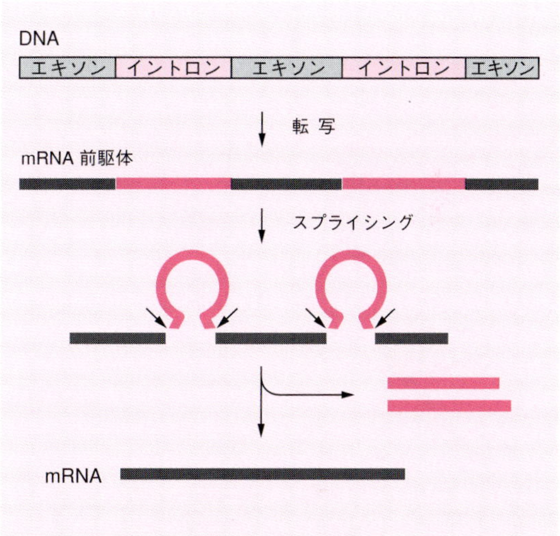

図 9・5　真核生物の mRNA の成熟化　真核生物の遺伝子にはタンパク質に翻訳されないイントロンを含む．イントロンは転写後，mRNA の成熟過程で切断除去される．

イントロン除去の過程を**スプライシング**とよぶ．このスプライシングの際，スプライス部位の位置や組合わせが変化して，同一の mRNA 前駆体から 2 種類以上の mRNA ができることを**選択的スプライシング**という．近年，ヒトゲノムの概要が明らかにされた結果，当初 10 万ともいわれた遺伝子の数が，それよりもかなり少ない 3 ～ 4 万個であることがわかってきた．しかし，タンパク質の総数は 10 万～20 万余と考えられ，選択的スプライシングが多様なタンパク質を生みだす

＊　校正機能：DNA ポリメラーゼは 3′→ 5′方向へのヌクレアーゼ（核酸分解）活性をもっており，写し間違えられた塩基はすぐに取除かれ，正しい塩基を導入する．

原動力となっている．

さらに，真核生物の mRNA は核内で両末端の修飾を受ける．5′末端ではキャッピング酵素により**キャップ構造**（7-メチルグアノシンの 5′部位とつぎのヌクレオシドの 5′部位が三リン酸を介して結合したもの）の形成が行われる．3′末端ではポリ(A)ポリメラーゼにより数十から 200 個程度のアデニル酸が付加される．これらは mRNA の安定性を高め，さらにキャップ構造とポリ(A)とがタンパク質因子をアダプターとし相互にコミュニケーションし，翻訳の効率をあげる役割も担う．

9・3・2　転写反応にかかわる因子

DNA から RNA への転写は **RNA ポリメラーゼ**とよばれる酵素により行われる．DNA ポリメラーゼと違い RNA ポリメラーゼはプライマーを必要とせず二本鎖 DNA の鋳型だけあれば反応が始まる．二本鎖 DNA のうち，遺伝情報として RNA へ転写されるのは決まった片方の鎖の配列だけである．転写はつねに

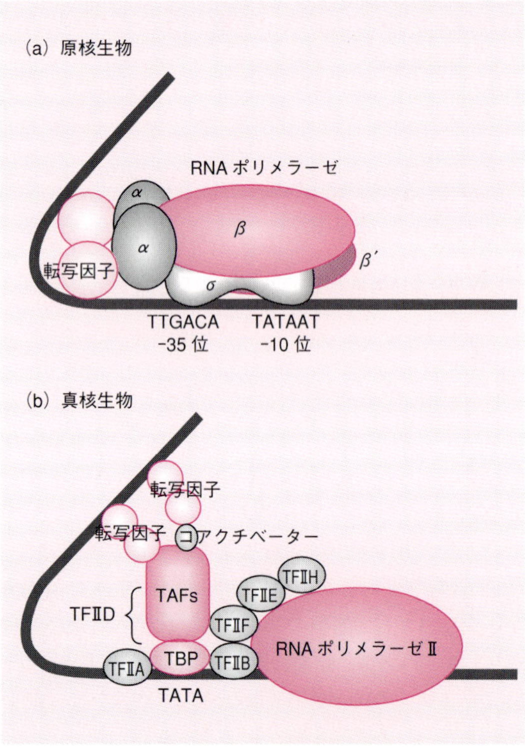

図 9・6　RNA ポリメラーゼと転写因子群　(a)原核生物の場合．(b)真核生物の RNA ポリメラーゼⅡの場合．

5′→3′方向に進み，RNA ポリメラーゼが通過する際にらせん構造の一部分を巻戻して一本鎖 DNA を露出させる．RNA 合成の基本的な機構は DNA 合成とよく似ており，ピロリン酸の遊離により生じるエネルギーにより反応が推し進められる．

原核細胞の RNA ポリメラーゼは 1 種類しか存在せず，それはコア酵素とシグマ因子（σ）よりなり，両者が結合してホロ酵素を形成する（図 9・6 a）．**コア酵素**は三つの異なったタンパク質（α，β，β'）からなる四量体（α が 2 個含まれる）で，コア酵素の分子量は約 40 万である．**σ 因子**は DNA の転写開始配列（プロモーター）に特異的に RNA ポリメラーゼを結合させる因子で，栄養増殖期に遺伝子発現に働く主要な σ 因子と複数の微量 σ 因子が存在し，微量 σ 因子は原核生物においてストレス応答などに関与する遺伝子の発現に働く．

真核生物の RNA ポリメラーゼは 3 種類存在する．これらは RNA ポリメラーゼⅠ，Ⅱ，Ⅲとよばれ，おのおの特異的な役割を担っている．RNA ポリメラーゼⅠは rRNA を，RNA ポリメラーゼⅡはおもに mRNA を，RNA ポリメラーゼⅢは tRNA などの低分子 RNA の転写を行う．真核生物の RNA ポリメラーゼは原核生物のものより構造が複雑で 12 ～ 15 種という多種類のサブユニットからなる（図 9・6 b）．

9・3・3　転 写 反 応

RNA の合成は，DNA 上の**プロモーター**とよばれる特定の部位からだけ始まる．原核細胞のプロモーターを比較したところ，栄養増殖期に働く主要プロモーターは，RNA 合成開始点を＋1 として－10 位に TATAAT，－35 位に TTGACA という（これらと数塩基違っているものを含め）共通配列（**コンセンサス配列**）をもち，遺伝学的，生化学的な実験により **σ 因子**がこれらの領域と結合していることが示された（図 9・6 a）．原核生物の DNA には**ターミネーター**とよばれる領域があり DNA の特定の点で RNA 合成を止める．部位によっては転写終結に **ρ 因子**とよばれる付属タンパク質を必要とする場合もある．

真核生物の RNA ポリメラーゼⅡによって転写される遺伝子のプロモーター領域は転写開始点より上流の広範囲に存在し，コンセンサス配列としては－25 ～－30 位の **TATA ボックス**などが知られている．また，

プロモーターの上流に**エンハンサー**とよばれる特殊配列があり，転写開始を促進する．真核生物の RNA ポリメラーゼは，それ自身は DNA と特異的に結合せず，これと共同で働く**基本転写因子**とよばれるものがこの役割を果たす．たとえば TATA ボックスとの結合は TFⅡD による．**TFⅡD** は 10 種類近くのタンパク質からなる巨大な複合体で，実際に TATA ボックスと結合するのは，そのなかの **TBP** とよばれる因子である（図 9・6 b）．そのほかに RNA ポリメラーゼⅡの系では，TFⅡA，TFⅡB，TFⅡD，TFⅡE，TFⅡF，TFⅡH など，異なる役割を担う多くの因子が関与する．

9・4 翻　訳

9・4・1 遺伝暗号とその伝達

mRNA に転写された遺伝情報は，細胞質中で**リボソーム**とよばれる巨大分子装置でタンパク質へ翻訳される．タンパク質は 20 種類のアミノ酸が結合したポリマーで，mRNA 中の 3 個の塩基（**コドン**）が 1 個のアミノ酸に対応する．4 種類の塩基で二連の配列だと可能な配列の種類は 16 通りで，アミノ酸 20 種類には足りない．20 種類のアミノ酸に対応するには三連の配列（**トリプレット**）が必要と考えられ，その後の研究でこれが正しいことが実証された．三連の可能なコドンの数は 64 通りになる．これらコドンがどのアミノ酸に対応するかを明らかにするのは 1961 年 M. W. Nirenberg らの仕事から始まる．まず初めにポリ(U)の mRNA を化学合成し UUU がフェニルアラニンをコードしていることを明らかにした．これを契機に 1966 年までに 64 通りのコドンすべてについて明らかになり遺伝暗号表が完成した（表 9・1）．64 通りのコドンのうち 61 個が特定のアミノ酸をコードし，残りの 3 個が翻訳を止める終止コドンである．

表 9・1 遺伝暗号表

第一塩基	第二塩基 U		第二塩基 C		第二塩基 A		第二塩基 G	
U	UUU	Phe	UCU	Ser	UAU	Tyr	UGU	Cys
U	UUC	Phe	UCC	Ser	UAC	Tyr	UGC	Cys
U	UUA	Leu	UCA	Ser	UAA	終結	UGA	終結
U	UUG	Leu	UCG	Ser	UAG	終結	UGG	Trp
C	CUU	Leu	CCU	Pro	CAU	His	CGU	Arg
C	CUC	Leu	CCC	Pro	CAC	His	CGC	Arg
C	CUA	Leu	CCA	Pro	CAA	Gln	CGA	Arg
C	CUG	Leu	CCG	Pro	CAG	Gln	CGG	Arg
A	AUU	Ile	ACU	Thr	AAU	Asn	AGU	Ser
A	AUC	Ile	ACC	Thr	AAC	Asn	AGC	Ser
A	AUA	Ile	ACA	Thr	AAA	Lys	AGA	Arg
A	AUG	Met	ACG	Thr	AAG	Lys	AGG	Arg
G	GUU	Val	GCU	Ala	GAU	Asp	GGU	Gly
G	GUC	Val	GCC	Ala	GAC	Asp	GGC	Gly
G	GUA	Val	GCA	Ala	GAA	Glu	GGA	Gly
G	GUG	Val	GCG	Ala	GAG	Glu	GGG	Gly

mRNA は直接アミノ酸と結合しているわけではなく tRNA を介して遺伝情報をアミノ酸の配列に変換する．tRNA は 73 ～ 93 塩基からなる L 字形の立体構造をとる一本鎖 RNA で，コドンに相補的な配列（**アンチコドン**）を使って mRNA 上のコドンと塩基対を形成し遺伝暗号を解読する（図 9・7）．tRNA のアンチコドン塩基配列は対応するアミノ酸によって異なるが，すべての tRNA の 3′末端は CCA 配列で，この末端にアミノ酸が結合する．アミノ酸が結合した tRNA を**アミノアシル tRNA** とよぶ．この結合はアミノアシル tRNA 合成酵素（ARS）とよばれる酵素により触媒される．ARS はある生物種を除いて，すべてのアミノアシル tRNA に対する種類，すなわち 20 種類存

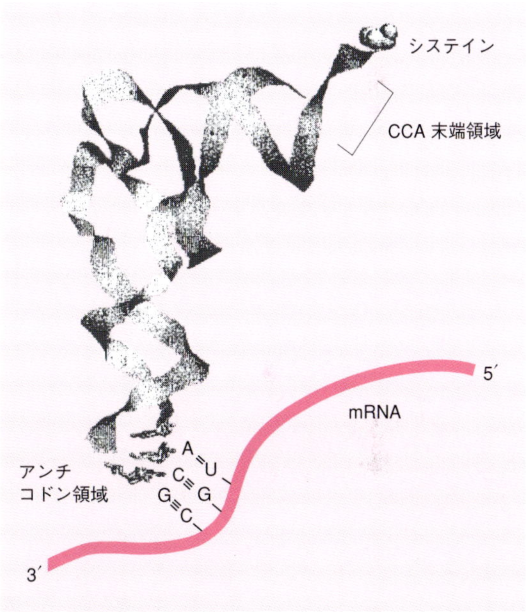

図 9・7 tRNA の立体構造　X 線回折法により決定された大腸菌システイン-tRNA（PDB 登録コード1B23）．

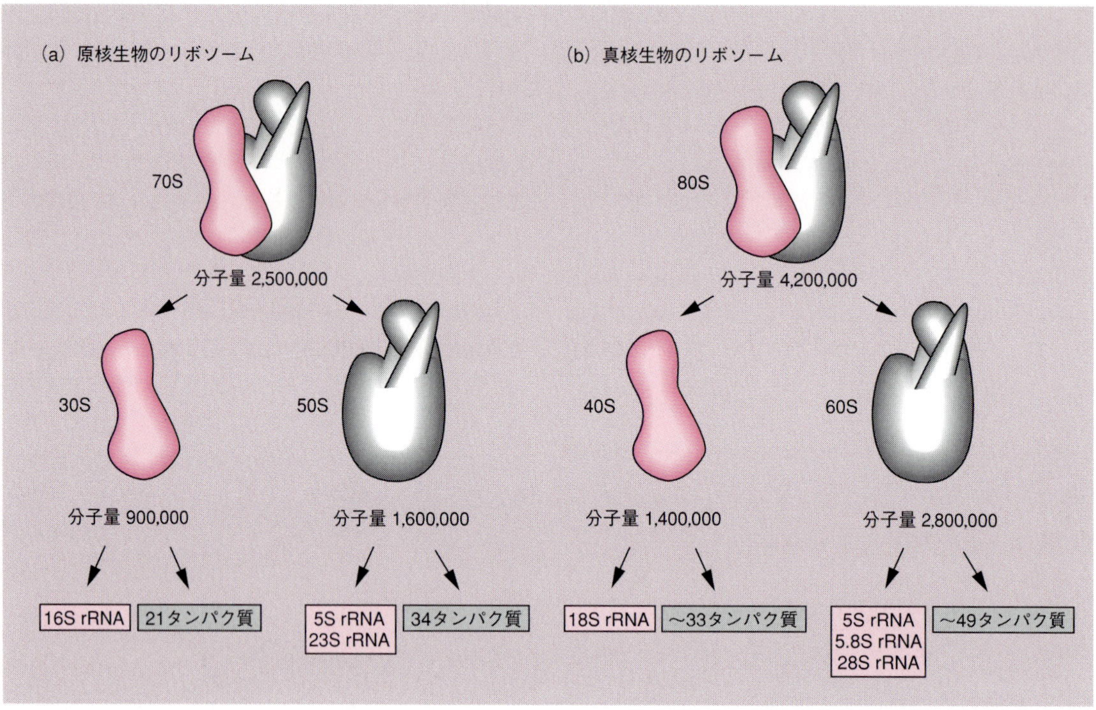

図 9・8　リボソームの構造　リボソームは RNA とタンパク質よりなる巨大な複合体である．原核生物のリボソームは 30S と 50S とよばれるサブユニットから，真核生物のリボソームは 40S と 60S とよばれるサブユニットから構成される．それぞれのサブユニットは rRNA と分子量数千〜数万のタンパク質群よりなる．

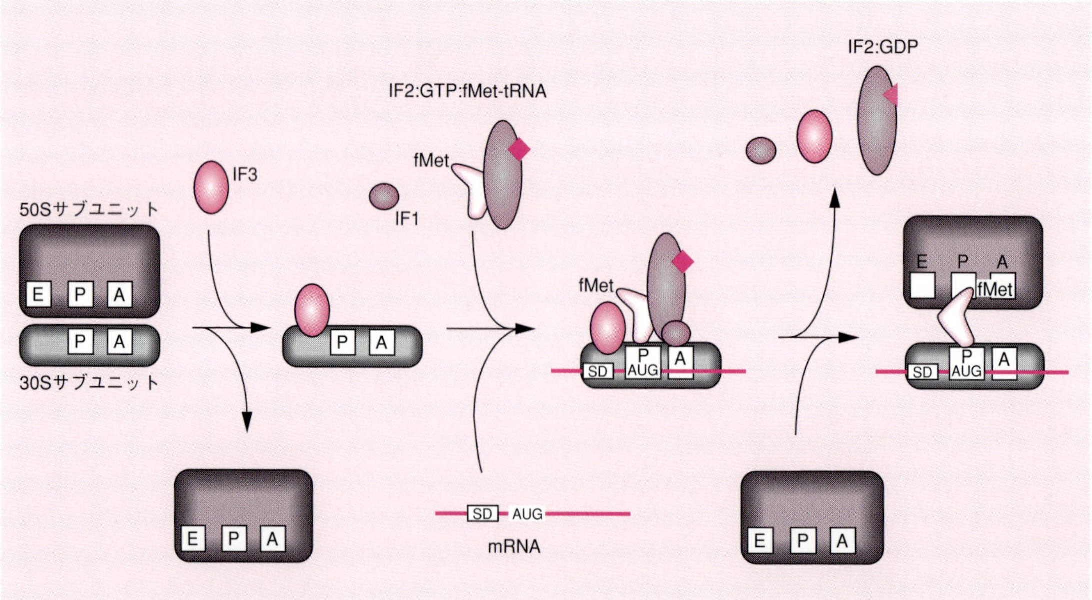

図 9・9　原核生物の翻訳開始反応　原核生物の翻訳開始には IF1，IF2，IF3 とよばれる翻訳開始因子が関与する．30S サブユニットの 16S rRNA の 3′ 末端の配列が，mRNA の SD 配列と相補的塩基対をつくり，30S サブユニットと mRNA が結合する．

在する．

リボソームは大サブユニット（原核細胞では 50S，真核細胞では 60S の沈降係数をもつ粒子）と小サブユニット（原核細胞では 30S，真核細胞では 40S）の二つからなり，それぞれのサブユニットはタンパク質と rRNA よりなる複合体である（図 9・8）．リボソームには tRNA が挿入される部位が三つあり，ペプチジル tRNA（翻訳伸長過程でペプチド鎖が結合している tRNA）が結合する **P 部位**，アミノアシル tRNA（一つのアミノ酸が結合した tRNA）が結合する **A 部位**，脱アシルした tRNA（ペプチド伸長反応を終了した tRNA）が結合する **E 部位**である．

近年の生化学的研究により，リボソームの機能は rRNA 成分がその実質を担うということが明らかにされた．さらに 2000 ～ 01 年には，四つの研究グループが独立にリボソームの原子レベルの構造を解明し，分子量 300 万の巨大マシーンであるリボソームの詳細な解析が進められている．

9・4・2　翻訳開始反応

翻訳の開始はメチオニン（Met）より始まるが，原核生物では Met の NH_2 がホルミル基で修飾されたホルミルメチオニン（fMet）が使われる．翻訳開始反応は，原核生物では三つの**翻訳開始因子**（initiation factor）IF1，IF2，IF3 が関与する（図 9・9）．**IF3** はリボソームを 50S サブユニットと 30S サブユニットに分け，そのまま 30S サブユニット上にとどまる．30S サブユニット上の A 部位に **IF1** は結合する．30S サブユニットは mRNA 上の翻訳開始因子の数塩基上流に位置する**シャイン・ダルガーノ配列**（SD 配列：16S rRNA の 3′末端と相補的配列）を介して mRNA と結合し，開始コドンが P 部位に装填される．IF1 は **IF2** と結合活性があり，fMet-tRNA と結合した IF2 をリボソームに導き，IF3 の働きで fMet-tRNA を P 部位に結合させる．最後に IF2 の GTP アーゼ活性により IF1，2，3 が 30S サブユニットから解離し 50S サブユニットが結合する．

真核生物では，基本的な作用機序は原核生物と同じ

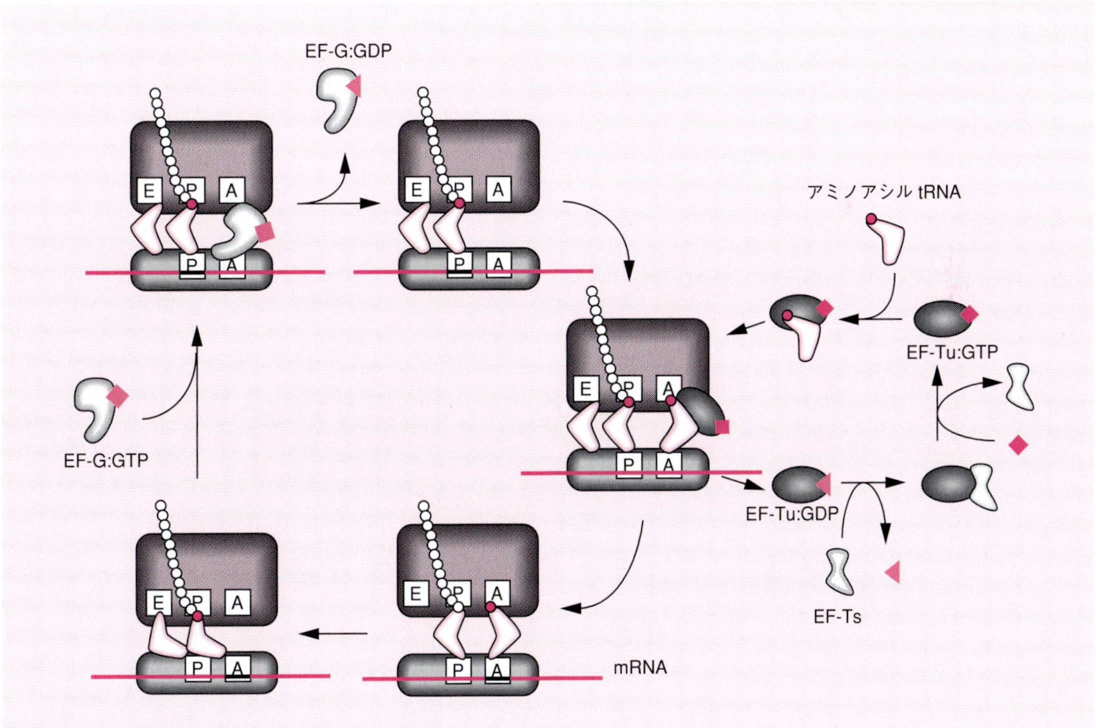

図 9・10　翻訳の伸長反応　原核生物では EF-Tu（真核生物では eEF-1α），EF-Ts（真核生物では eEF-1$\beta\gamma\delta$），EF-G（真核生物では eEF2）の 3 種類の伸長因子が関与している．ペプチジルトランスフェラーゼ活性はリボソーム自身が有する．

であるが，さらに多くの因子が関与し，複雑な反応となっている．原核生物と異なる点はSD配列が存在せず，代わりにmRNAの5′末端のキャップ構造に翻訳開始因子が結合し，これをリボソームが認識してmRNAへと導かれる．そのために，最初に40Sサブユニットをキャップ構造に結合させ，その後で翻訳開始のAUGコドンまでmRNA上を走査（スキャン）させるために多くの翻訳開始因子が関与する．いくつかの開始因子はリン酸化によりその機能が制御されており，細胞増殖や分化に対して重要な役割を担っており，それらが細胞のがん化に関与していることも示されている．

9・4・3　翻訳伸長反応

ペプチド鎖の伸長反応は以下の機序による．ペプチジルtRNAがP部位にあるときに，A部位に新たに連結されるアミノ酸を付加したアミノアシルtRNAが配置される．リボソームに内在するペプチジルトランスフェラーゼの活性によりP部位のペプチドのカルボキシル基が，それまで結合していたtRNAからA部位のアミノ酸のアミノ基へと移る．そして，新たに1アミノ酸連結されたペプチジルtRNAはmRNAと同時にP部位へと移動する．脱アシルしたtRNAはE部位へと押しやられ，リボソームより解離してゆく．そしてまたA部位に新たにアミノアシルtRNAが入り，アミノ酸が付加されペプチド鎖が伸びてゆく（図9・10）．

この過程で原核生物では**EF-Tu**（真核生物では eEF-1α），**EF-Ts**（真核生物では eEF-1$\beta\gamma\delta$），**EF-G**（真核生物では eEF2）の三つの**伸長因子**（elongation

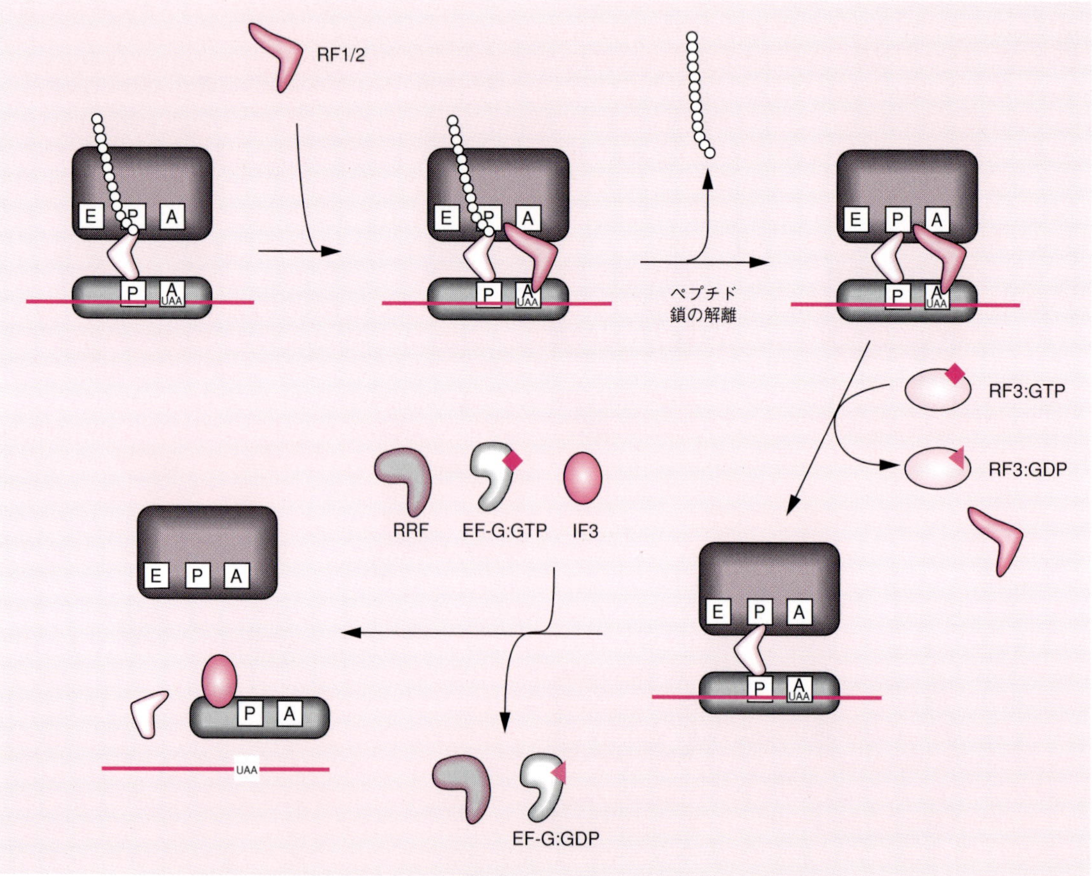

図 9・11　原核生物における翻訳終結反応　解離因子 RF1，RF2(真核生物では eRF1)が mRNA の終止コドンを認識しリボソームの A 部位に入り込み，ペプチド鎖を tRNA から切り離す．

factor）が関与している．EF-Tu と EF-G は GTP 結合タンパク質で，EF-Tu は GTP 結合型でアミノアシル tRNA と結合し，アミノアシル tRNA をリボソームの A 部位に導入する．この際 GTP は加水分解され GDP となり，GDP 結合型 EF-Tu はリボソームよりはずれる．この後ペプチド転移反応が速やかに起こる．このとき新たに合成されたペプチジル tRNA は 50S サブユニット内では P 部位に移り，30S サブユニット内では A 部位に残ったままの状態で存在する．ここで GTP 結合型 EF-G が A 部位に入り込み，ペプチジル tRNA を P 部位に押しやることにより，脱アシルした tRNA は E 部位に押しやられる．この過程の駆動力は EF-G に結合していた GTP の加水分解で得られたエネルギーで，GDP 結合型になった EF-G はリボソームより解離する．EF-Ts は EF-Tu を GDP 結合型から GTP 結合型へと変換する．

9・4・4 翻訳終結反応

翻訳の終結には**解離因子**（release factor；原核生物では RF，真核生物では eRF）が関与している（図 9・11）．終止コドンは UAA，UAG，UGA の 3 種類があるが，原核生物では RF1 が UAA，UAG コドンを，RF2 が UAA，UGA コドンを認識している．真核生物では eRF1 が三つのコドンを認識している．解離因子には tRNA のアンチコドンのように働くペプチド・アンチコドンが存在し，終止コドンを認識する*．終止コドンがリボソームの A 部位にくると，解離因子が A 部位に結合し，P 部位のペプチジル tRNA よりペプチド鎖を切断し遊離させる．原核生物では RF3 の GTP アーゼ活性により RF1 および RF2 がリボソームより遊離される．さらにリボソーム再生因子（RRF）と EF-G，IF3 が作用し，リボソームが 50S サブユニットと 30S サブユニットに分離し再生される．真核生物ではミトコンドリアや葉緑体以外には RRF に相当する因子は存在しない．真核生物ではさらに eRF3 とよばれる因子が関与している．eRF3 は eRF1 と直接結合し，その GTP アーゼ活性でペプチド鎖解離反応を促進・制御する．

---

* このような核酸とタンパク質の間で機能や構造を似せることを**分子擬態**という．

10 遺伝子発現の制御

前2章で述べられたように，遺伝情報の本体は個々の細胞がもつDNAである．この情報がmRNAに転写され，タンパク質に翻訳されることによりその情報が実際に機能する形に具現化される．個々の細胞はその生物の全遺伝情報，たとえばヒトでは約3万の遺伝子をそのままもっているが，このすべてがつねに働いているわけではない．個々の細胞でどの遺伝子がいつ機能するかは厳密に調節されている．これが遺伝子発現の調節である．この調節により，多細胞生物の個体をつくる細胞は基本的に同じDNAをもつにもかかわらず，さまざまな異なった形態や性質を示す．また，細胞外からの刺激に応答して細胞の性質を変化させる．遺伝子発現調節の最も重要なステップは転写の段階であるが，それ以外にもさまざまなレベルでの調節が知られている．

10・1 転写の調節

転写も翻訳も生体高分子の合成過程であるから，エネルギーの消費を伴う．必要のない遺伝子を遺伝子発現の最初のステップである転写段階でOFFにするというのはエネルギーの節約の面から理にかなっている．前章では，RNAポリメラーゼが遺伝子DNAを読取ってmRNAを合成すること，この転写反応の開始はDNA配列上の**プロモーター**により規定されること，さらにプロモーターを認識するのは原核生物ではRNAポリメラーゼのσ因子であり，真核生物では基本転写因子複合体であることが述べられた．これらの基本的転写機構は多くの遺伝子について共通であるが，さらに，個々の遺伝子を特異的に制御する機構が存在する．

原核生物では，図10・1のように，プロモーター以外に**オペレーター**とよばれる配列が存在する．オペレーターに正または負の制御因子が結合することにより転写開始が促進または抑制される．たとえば，糖の一種，ラクトースを代謝する酵素をコードするラクトースオペロンは，LacIとよばれるタンパク質がオペレーターに結合することにより転写抑制される．LacIはラクトースが結合することにより，その転写抑制機能を失う．この機構により，外界にラクトース

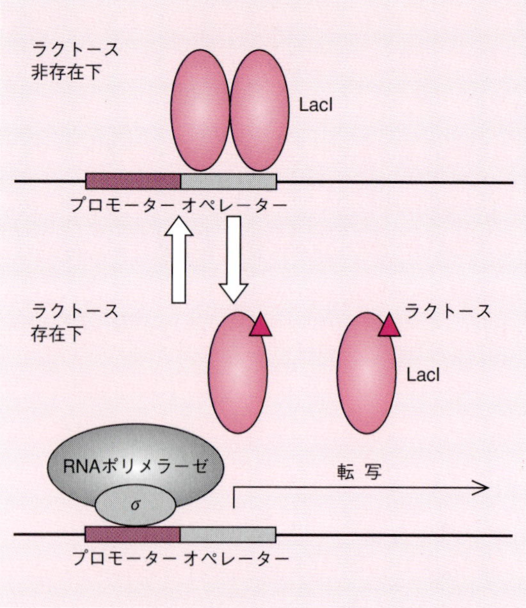

図 10・1 大腸菌におけるラクトースによるラクトース代謝系酵素の転写誘導

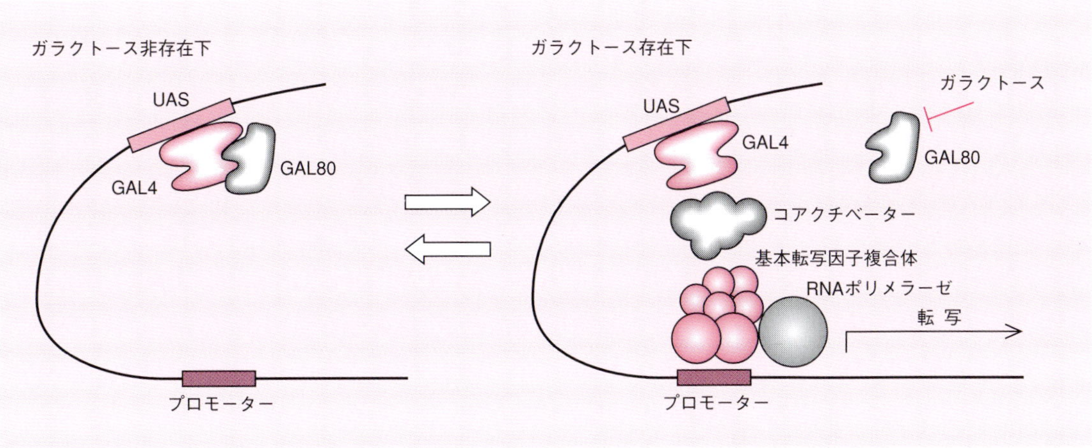

図 10・2 酵母におけるガラクトースによるガラクトース代謝系酵素の転写誘導

が存在するときのみ，それを代謝してエネルギー源として利用するための酵素系が転写誘導され，実際に機能するようになる．

真核生物では，図 10・2，図 10・3 のように，プロモーターのほかに**エンハンサー**（酵母では UAS）とよばれる制御配列が存在する．エンハンサーには**転写因子**（転写調節因子）が結合することにより，転写開始を正または負に調節する．たとえば酵母のガラクトースを代謝する酵素群は，GAL4 という転写因子により，外界にガラクトースが存在するときのみ転写誘導される．

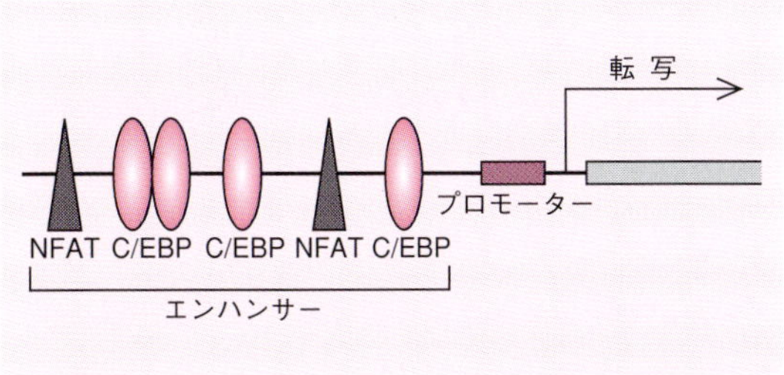

図 10・3 ヒトの遺伝子における転写因子結合配列の分布の例

転写因子は特定の DNA 配列に結合する性質がある．図 10・4 は転写因子が二重らせん DNA に結合している様子の例である．図 10・3 のように，ほ乳類の遺伝子のプロモーター領域には多くの転写因子の結合配列が並んで存在している．

エンハンサーの位置は固定されておらず，プロモーターの上流または下流に，数 kb（あるいはそれ以上）離れて位置することも多い．DNA が折れ曲がることにより，転写因子は転写開始点の基本転写因子にコアクチベーターを介して相互作用することにより転写調節機能を発揮する．しかし，エンハンサーは染色体上

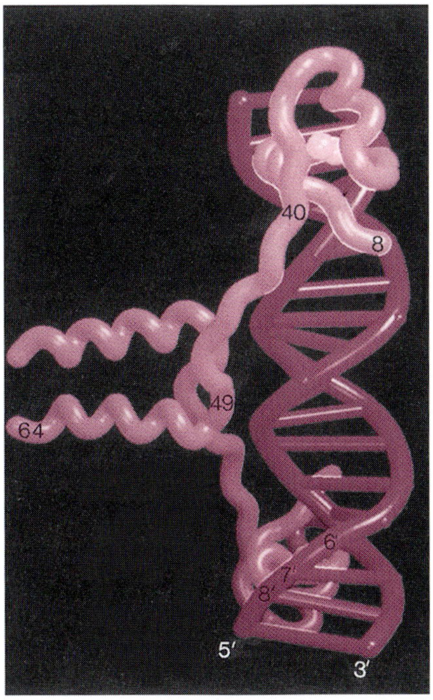

図 10・4 酵母の転写因子GAL4が特定のDNA配列に結合している様子〔R. Marmorstein *et al.*, *Nature* (London), **356**, 408 (1992)〕

のどこにあっても遺伝子の発現を制御できるわけではない．**インスレーター**とよばれるDNA領域とそれに結合したタンパク質群が，エンハンサーの作用を一定の染色体領域にとどめる絶縁体の役割をする（図10・5）．

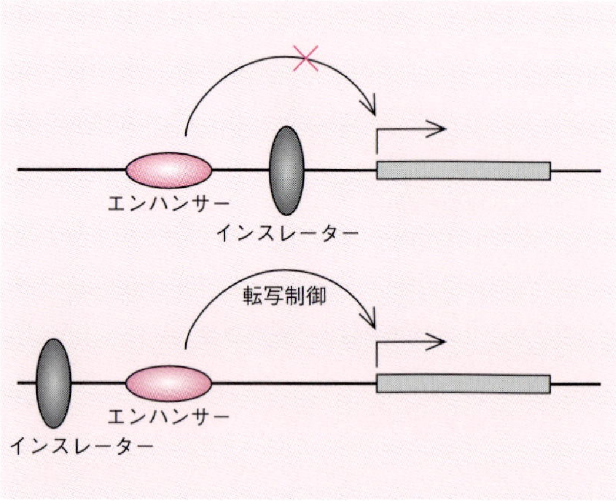

図 10・5 インスレーターはエンハンサーが働く領域を制限する

真核生物における遺伝子発現の調節は，外界あるいは体内の環境に応答するために，また発生過程において異なった種類の細胞をつくり出すためのメカニズムとして重要な役割を果たす．

10・2 体内因子による制御

前述のラクトースやガラクトースの例は，細胞外からの環境因子により遺伝子発現が制御される例である．多細胞生物では，体内の恒常性を保つためにホルモンによる全身性の制御が行われている．ホルモンなどの体内環境制御因子は個々の細胞にとっては細胞外因子であり，細胞外から個々の細胞に働きかけることにより，細胞の遺伝子発現を調節する．

ステロイドホルモンとよばれる一連の脂溶性ホルモンは，直接細胞内に浸透できるため，細胞質のステロイドホルモン受容体に直接働きかける．ステロイドホルモン受容体は，ホルモンを結合すると核に移行し，DNA上のエンハンサー配列に結合して転写を活性化する（図10・6）．たとえばヒトのエストロゲンはステロイドホルモンの一種である性ホルモンだが，おもに卵巣から分泌され，標的細胞でエストロゲン受容体

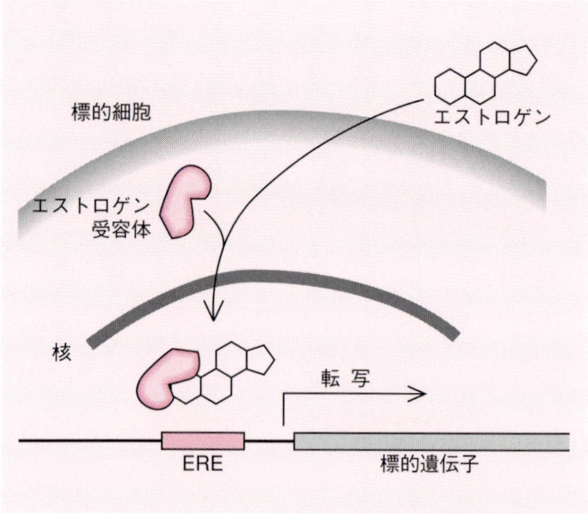

図 10・6 ステロイドホルモンによる転写誘導

と協調してプロラクチンなどの遺伝子の発現を促進することにより性関連機能を制御する．

一方，**アドレナリン**や**インスリン**などの水溶性のホルモンは，細胞表面の受容体に作用する．細胞表面の受容体はホルモンを結合すると活性化され，**セカンドメッセンジャー**とよばれる低分子の物質や，タンパク質のリレーによる細胞内のシグナルを発生する．細胞内シグナルは最終的に核内の転写因子を活性化する．このような，細胞膜の受容体と，それを細胞内に伝える機構は**細胞内シグナル伝達経路**とよばれ，さまざまな種類が知られている（図10・7）．

こういった細胞膜上の受容体とシグナル伝達経路により核の転写装置に制御シグナルが送られる機構はホルモンの作用だけでなく，局所的な作用をもつ増殖因子や栄養因子の作用，細胞同士の接触により伝えられるシグナル，神経細胞における神経伝達物質の作用など，さまざまな細胞外からのシグナルを伝えるのに使われている．

10・3 発生過程における制御

多細胞生物の個体は1個の卵細胞から細胞分裂を繰返してつくられる．この過程でさまざまな組織，細胞種がつくり出される．性質の違った細胞が生じる過程を**細胞分化**とよぶが，細胞の分化は主として遺伝子発現の違いにより起こる．このことをよく示す古典的な例をあげよう．筋肉細胞の分化因子を探す目的で，筋

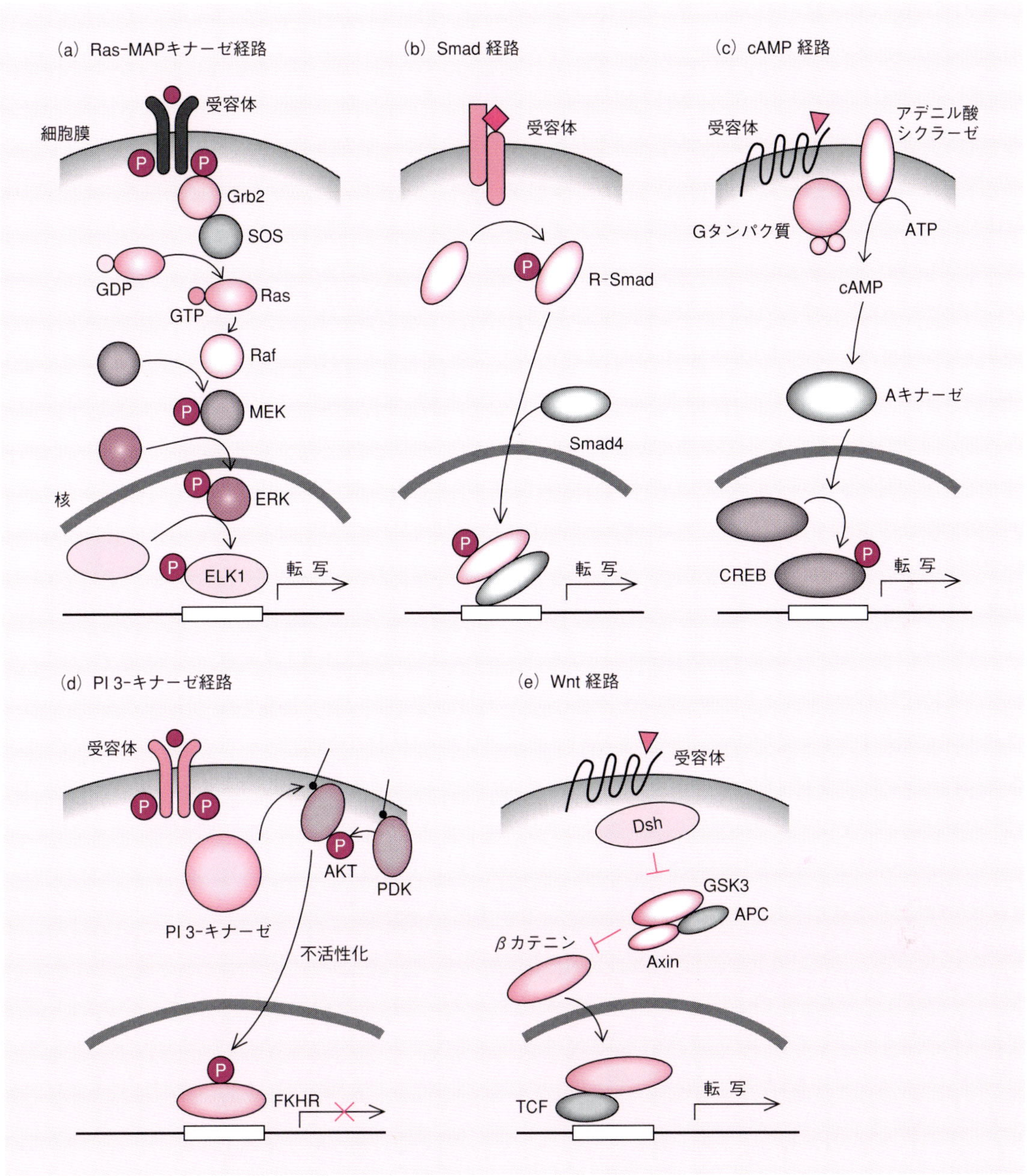

図 10・7　遺伝子発現を制御するさまざまな細胞内シグナル伝達経路

肉細胞から取出した遺伝子を未分化の培養細胞に導入し，筋肉細胞に分化させる因子の検索が行われた．この結果，**MyoD**，**ミオゲニン**などの転写因子が分離された．発生の過程では，中胚葉性の細胞から筋肉細胞が分化するが，この分化の過程で MyoD などの転写因子が発現する．これらの転写因子とその他の転写因子が段階的に働くことにより筋肉としての運命が決定づけられると考えられる．

別のよく知られた例に **Hox 転写因子**がある．Hox 転写因子が分化運命を決定していることはショウジョウバエの突然変異体によって明確に示された．たとえば，体の最前部で働く *Hox* 遺伝子，*Antp* の遺伝子が破壊された突然変異体では，頭の触覚の代わりに，その位置に足が生える．これは頭部のアイデンティティーの獲得ができず，別の部位（胸部）のアイデンティティーになってしまったことを意味する．*Hox* 遺伝子は，ショウジョウバエだけでなくヒトを含むさまざまな脊椎動物，無脊椎動物に共通に存在するマスタープレイヤーであり，体の前後軸に沿った領域の決定を行っている．

個体発生は，これらを含め，多くの転写因子の役割分担や協調作用による複雑な転写制御ネットワークにより成り立っている．発生の全体像については第15章で詳しくふれられる．

10・4　細胞の自律的プログラムによる制御

遺伝子発現が変化するのは細胞外からの刺激による場合だけではない．細胞の自律的なプログラムにより遺伝子発現が変化する場合もある．たとえば細胞が増殖する際には**細胞周期**とよばれる一連の過程を繰返す．これに伴い周期的な遺伝子発現が起こることが知られている．たとえば細胞周期のS期（DNA複製を行うステップ）に先立って，DNA合成に必要な一連の遺伝子が転写誘導される．また，多くの生物には**日周リズム**がある．1日の昼と夜とのリズムである．日周リズムをつくり出す，あるいは日周リズムにより制御される遺伝子の多くは1日単位のリズムで周期的な発現をする．

10・5　転写後のRNAレベルでの制御

真核生物では，核で転写されたRNAはスプライシングによるイントロンの除去を受け，細胞質に輸送される．このスプライシングが遺伝子機能の多様性をつくり出すのに重要な働きをしている例が**選択的スプライシング**である．すなわち，異なったエキソンの組合わせにより，複数の異なるmRNAを生みだすのである（図10・8）．選択的スプライシングの制御が重要な役割を果たす例が，ショウジョウバエの性決定である．ショウジョウバエの性は一連の性決定遺伝子の作用により決定される．この一つ，SXLはスプライシングの制御因子である．SXLタンパク質が *tra* RNAのイントロンに結合し，*tra* のスプライシングパターンを雄型から雌型に変えることにより，異なったタンパク質をつくり出す（雄型タンパク質は機能がない）（図10・9）．雌型のTRAがさらに別の性決定因子DSXのスプライシングパターンを雄型から雌型に変

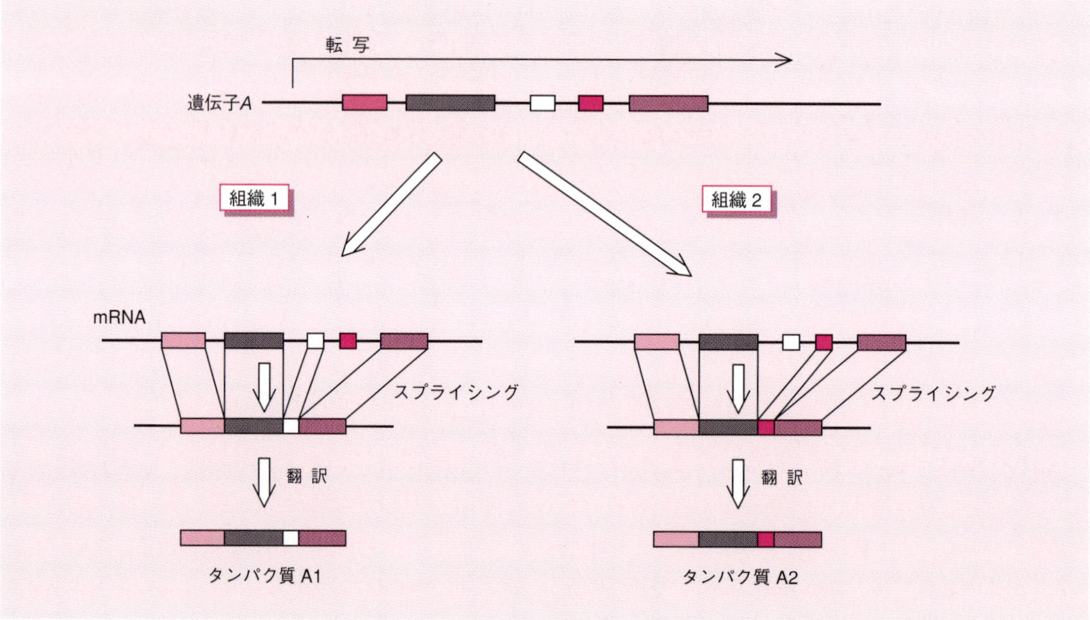

図10・8　選択的スプライシングにより同じ遺伝子から異なったタンパク質がつくられる

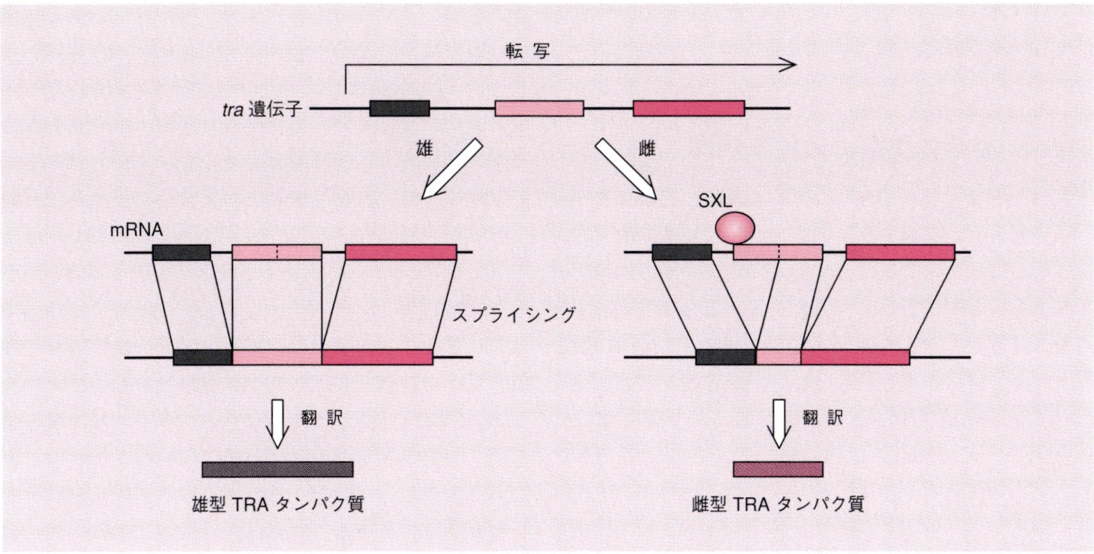

図 10・9 ショウジョウバエの性決定にかかわる選択的スプライシング

え，異なったタンパク質をつくり出すことにより，その個体は雌として発生する．選択的スプライシングは，タンパク質の一部分を変化させることにより，類似して，かつ作用の異なるタンパク質をつくり出すのに有用な制御メカニズムである．

10・6 翻訳の制御

卵や精子などの分化した生殖細胞は一般的に核での遺伝子の転写を行わない．生殖細胞の機能あるいは初期発生にかかわる遺伝子は，生殖細胞がつくり出される過程で転写され，mRNA として蓄えられている．このために，卵や精子は転写後制御がよく見られる場となっている．真核生物の翻訳は 5′末端のキャップ構造に依存することは前章で述べられたとおりである．一方，翻訳の制御には mRNA の 3′末端が重要な役割をする．mRNA の 3′末端には必ず**ポリ(A)**（アデニンの連続）が存在し，これが翻訳に必須である．卵の成熟あるいは精子形成の過程でポリ(A)の伸長または短縮が起こり，これによりタンパク質の合成が制御される例が多く知られている．

ポリ(A)の変化を伴うもの以外に，mRNA の 3′末端近くの**非翻訳領域**に制御配列が存在し，これが翻訳を制御する例もある．たとえばショウジョウバエのハンチバック遺伝子の mRNA は卵の中に一様に分布する．しかし，ハンチバック mRNA の 3′非翻訳領域には NRE とよばれる配列が存在し，これに特異的な制御タンパク質が結合することにより，胚の一端では翻訳が抑えられる（図 10・10）．これによりハンチバック

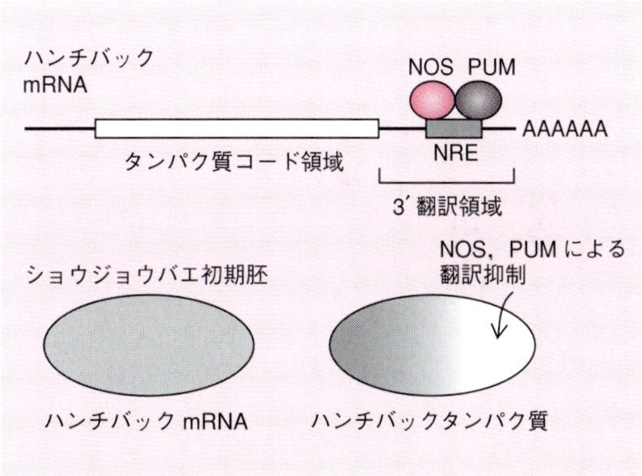

図 10・10 3′ UTR により翻訳が制御される例

が働く領域が限定されることが発生の初期過程のプログラムに重要である．また，最近では microRNA とよばれる小さな RNA が mRNA の 3′非翻訳領域に結合することにより，翻訳を制御する例が多く知られるようになった．たとえば，線虫の *lin-14* は幼虫期の発生段階を規定する遺伝子であるが，この 3′末端に *lin-4* microRNA が結合し，一定の発生段階になるとこの発現を抑える．*lin-4* を欠く突然変異体では *lin-*

14 の発現が抑えられず，幼若期の発生プログラムが何度も繰返される．

10・7 染色体構造における制御

真核生物では核の DNA にはヒストンなどのタンパク質が結合し，**クロマチン構造**をとっている．クロマチン構造を変えることにより染色体上の一定の領域の遺伝子発現を制御するメカニズムがあることも明らかになってきた．たとえば，ほ乳類の雌は X 染色体を 2 本もつが，雄は 1 本しかもたない．雄と雌とで遺伝子の発現量が異なると不都合が生じるため，雌の X 染色体のうち 1 本は染色体レベルで不活性化されている．不活性化された染色体は，**ヘテロクロマチン**という，密集したクロマチン構造をとっている（第 8 章）．

また，染色体の末端などもヘテロクロマチン構造をとる領域で，遺伝子発現が不活性である．本来別の染色体部位にあって転写されている遺伝子を，人為的にこのようなヘテロクロマチン領域に移動すると，転写されなくなる．

こういったクロマチンレベルでの発現はヒストンのメチル化やアセチル化によって制御されている．転写制御因子の作用を基本転写因子複合体に伝えるコアクチベーター（図 10・2）の一種 p300/CBP はヒストンをアセチル化する酵素活性をもつ．個々の遺伝子の転写制御にヒストンの修飾を介したクロマチンの再編成が重要であることを示す知見が蓄積しつつある．

10・8 おわりに

この章では遺伝子発現の制御について概観した．遺伝情報が生物のもつ最も重要な情報であることはポストゲノム時代である現在，衆目の一致するところである．その情報がどのように発現制御されるかは，まさに生命体が正しく機能するための鍵であり，多くの生命現象は遺伝子発現の制御なしには語れない．さらに，第 16 章で詳しく説明されるが，ゲノム情報をもとにしてゲノムの全遺伝子の発現量を一度に調べる方法が近年実用化され，研究の現場で頻繁に使われるようになった．生物のシステムとしての動作原理を理解するために遺伝子発現の全容を探る試みがさまざまな方向からなされている（第 17 章参照）．

11 遺伝子の維持

11・1 はじめに

染色体DNAには，生命の基本設計図が書き込まれている．よって，DNAに生じた損傷を修復することは，コンピューターのオペレーションシステムのファイルに生じたバグを修復するのと同様，生命体というシステムを維持するのに必須な機能である．染色体DNAには，紫外線，電離放射線，化学物質などの外的（環境）要因や，細胞内代謝産物などの内的要因によって大量の**DNA損傷**が起こる．この損傷は，**損傷チェックポイント**とよばれるシグナル伝達機構とさまざまな**DNA修復機構**とが協調的に働くことによって修復される．損傷チェックポイントは，DNA損傷が修復されるまで細胞分裂を一時停止したり，損傷が一定時間内に修復されない場合に細胞死を誘導する．DNA修復機構には，損傷の種類の多様さに対応して，複数の互いに独立した修復経路が存在する．本章では，DNA損傷，損傷チェックポイント，DNA修復機構の3点について解説する．

11・2 DNA損傷

生物がさまざまな生命機能を営むためには，DNAに塩基配列としてコードされた遺伝情報をもとにして，種々のタンパク質やRNAなどの機能分子が的確に合成される必要がある．したがってDNAの遺伝情報が安定に保たれることは，生物個体の生存，および生物種の維持にとってきわめて重要である．しかしながら，DNAは物理的，化学的に必ずしも安定な物質であるとはいえず，さまざまな要因によって図11・1に示すような切断，化学的修飾などの構造変化，すなわち“損傷”を受けることが知られている．このようなDNA損傷をひき起こす要因を以下に列挙する．

11・2・1 塩基損傷とDNA鎖切断

DNAの中でも塩基部分は特に化学的な反応性が高く，図11・1（b），（c）に示すようなさまざまな構造変化を起こしやすい．DNAの二重鎖構造は，水素結合を介した特定の組合わせの塩基間の対合（図11・1a）によって維持されており，DNA複製や転写の際にもこの塩基対形成に基づいて遺伝情報がコピーされる．したがって，この塩基対形成を妨害するような塩基の構造変化が起こると，細胞にさまざまな弊害をもたらしうる（§11・3で後述）．塩基部分の損傷は，1）塩基全体がリン酸-糖骨格から脱離することによる脱塩基部位（apurinic/apyrimidinic site：略して**APサイト**とよばれる）の生成，2）化学結合の分解や修飾による塩基単独の構造変化，3）近接した塩基間の架橋形成，に分類される．

一方，塩基損傷以外のDNA損傷で重要なものとして，リン酸-糖骨格の切断（鎖切断）があげられる（図11・1 d）．DNA二重鎖のうち片方の鎖のみが切断されたものを**一本鎖切断**（single strand break），両方の鎖が同時に切断されたものを**二重鎖切断**（double strand break）とよぶ．一本鎖切断は細胞内において高い頻度で発生するが，切断された鎖の末端が反対側の無傷の鎖によってつなぎとめられるため，比較的容易に修復することが可能である．それに対して二重鎖切断は本来連続した遺伝情報が完全に分断されることを意味しており，生物にとっては非常に危険な損傷と

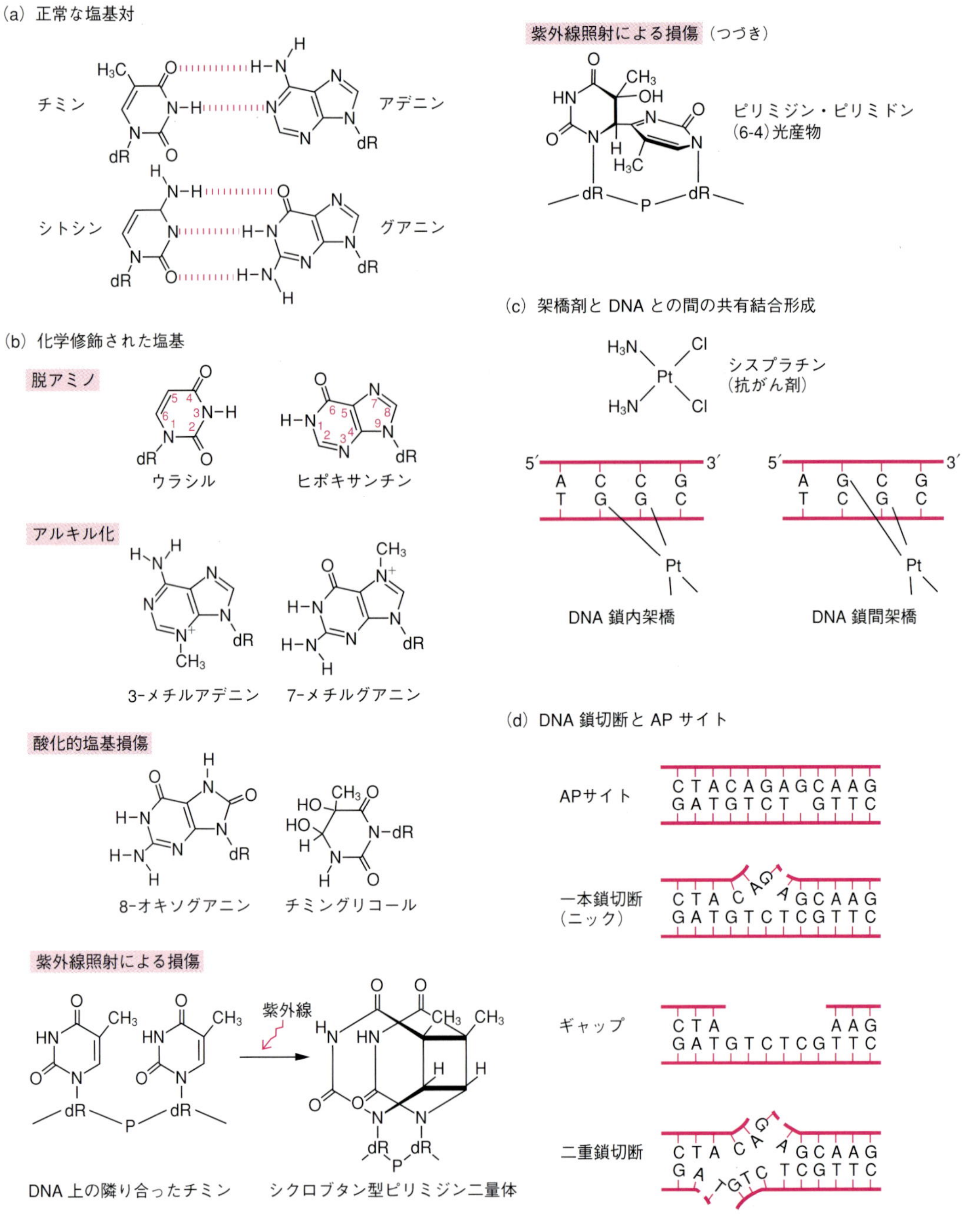

図 11・1 DNA 損傷の種類 (a) チミン (T) とアデニン (A)，シトシン (C) とグアニン (G) が水素結合を介して対合した正常な塩基対の構造．dR は DNA のリン酸-糖骨格中のデオキシリボース残基を表す．(b) 塩基の化学的構造変化の例．このような塩基損傷が生じると，(a) に示したような正常な塩基対形成が妨害される．(c) 架橋剤による塩基間架橋の例．特に二重鎖間で架橋が生じると，DNA 鎖の一本鎖状態への解離が完全に阻害されるため，複製や転写に重大な影響を及ぼす．(d) DNA 中の化学結合の切断による損傷の例．AP サイトは塩基とデオキシリボース塩基をつなぐ *N*-グリコシド結合の加水分解によって生じる．一方，他の損傷はいずれもリン酸-糖骨格の切断を伴うものである．

いえる．

11・2・2　DNAに損傷をひき起こす要因

DNAを構成する化学結合のなかには，もともと安定性が低く自然発生的に分解して損傷をもたらすものがある．塩基とデオキシリボース糖を結ぶ*N*-グリコシド結合の分解によるAPサイトの発生は代表的な例で，その頻度は動物細胞1個につき，1日あたり数万個にも及ぶといわれている．またAPサイトはそれ自体非常に不安定で，二次的に一本鎖切断をひき起こすことが知られている．

酸素呼吸を行う生物においては，**活性酸素分子種**（reactive oxygen species）によりさまざまな生体分子が酸化的損傷を受け，その機能に影響を与えることが知られている．DNAもその例外ではなく，おもに塩基部分がその標的となりやすい（図11・1 b）．さらにDNAは環境に由来する放射線や化学物質によっても損傷を受ける．なかでも地上の生物が日常的にさらされる危険が最も高いのが太陽光に含まれる**紫外線**であり，おもに**ピリミジン塩基**（チミンまたはシトシン）が2個連続した部位で特徴的な損傷をひき起こす（図11・1 b）．一方，**電離放射線**（ionizing radiation: X線や中性子線，重粒子線など，生体に照射したときにラジカルなどの化学的に活性の高い分子を発生するタイプの放射線）はおもにDNA鎖の切断をひき起こすだけでなく，周囲の水分子を活性化することにより間接的に酸化損傷をもたらす．またDNAと反応する化学物質にもさまざまなものがあり，特に発がん物質とよばれるもののなかには鎖切断のほか，塩基と共有結合して付加体を形成したり，DNA鎖内，あるいは二重鎖間で架橋を形成するものがある．

11・3　DNA損傷が細胞に及ぼす影響

11・3・1　DNA複製，および転写の阻害

DNAに損傷が生じたとき，直接影響を受けるのは複製や転写などのDNA代謝反応である．前述のように，DNAポリメラーゼやRNAポリメラーゼによる塩基配列の正確なコピーは特異的な塩基対の形成に依存している．そのため，鋳型となるDNA鎖上の塩基が構造変化を起こしているとその相手となる塩基を重合することができず，その場で停止してしまうことが多い．通常，DNA複製が完了しなければ細胞は分裂増殖することができないばかりでなく，鎖伸長が阻害された結果生じる一本鎖部分が切断を受けて二重鎖切断が発生する可能性がある．また転写の阻害は遺伝子発現を低下させ，さまざまな細胞機能の異常をまねく．特に高等真核生物の場合，複製や転写が阻害された状態が続くと細胞は**アポトーシス**（apoptosis: プログラム細胞死，自殺機構）を起動してみずから死に至る（§ 11・4・2）．

11・3・2　突 然 変 異

染色体DNAの塩基配列の変化により，もとの遺伝情報が書き換えられることを**突然変異**（mutation）とよぶ．突然変異には，塩基配列が1箇所だけ変化するもの（点突然変異）から，染色体レベルの構造変化まで，さまざまな種類がある（図11・2）．DNA複製の際に誤った塩基が取込まれると点突然変異が起こるが，一般に複製を行うDNAポリメラーゼの反応はきわめて正確である．それに加えて，万一生じた誤りもミスマッチ修復機構（§ 11・5・3）によって速やかに解消されるため，通常のDNA複製による突然変異の発生頻度はきわめて低く抑えられている．一方，DNA損傷は突然変異の発生頻度を著しく上昇させる．塩基損傷の種類によっては，DNAポリメラーゼが損傷に遭遇してもそれを乗越えて鎖伸長を続けることができる．また，通常のDNAポリメラーゼが停止するような損傷でも，特殊なDNAポリメラーゼが働くことにより損傷を乗越えて複製が進行する場合がある（§ 11・6・1）．このようなとき，鋳型となる塩基が構造変化を起こしているために，その反対側に誤った塩基が取込まれる確率が高くなる．また二重鎖切断が起こると，その切断末端で塩基の欠失が起こりやすいだけでなく，染色体レベルでの欠失や転座など，大規模な遺伝情報の再編につながる可能性がある．

突然変異は，その部分にコードされた遺伝子産物（タンパク質）のアミノ酸配列を変化させ，その機能に影響を与える可能性がある．このような変化が即座に細胞，あるいは生物個体の機能や生存を脅かすとは限らないが，長期にわたって突然変異が蓄積するとさまざまな弊害が現れてくる．その一例が細胞のがん化であり，実際DNA損傷の除去にかかわる修復機構（§ 11・5）やチェックポイント機構（§ 11・4）を遺

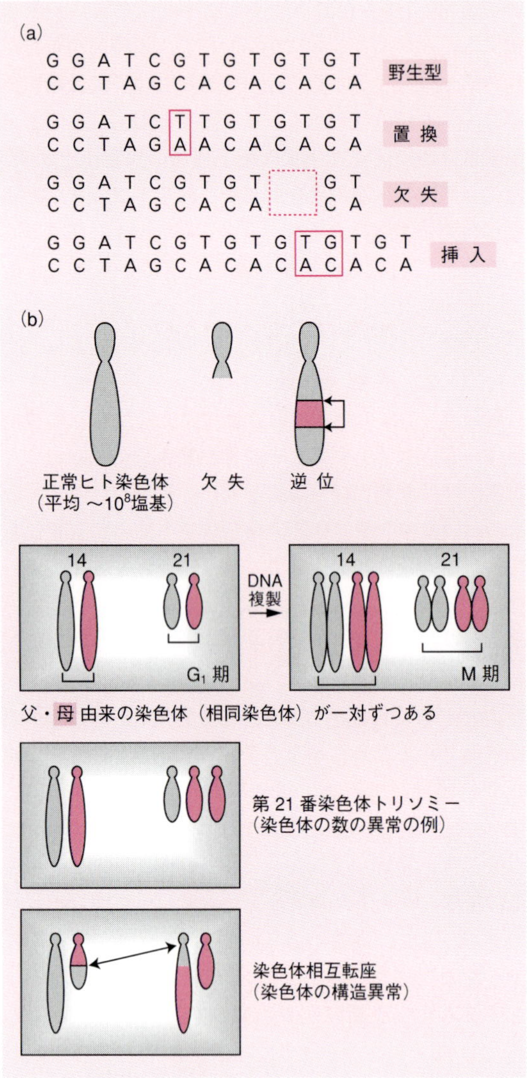

図 11・2　変異の種類　(a) 塩基レベルの変異．特定の塩基配列が繰返す部位（図では，GT の例）では，繰返し単位の増加や減少が起こりやすい．(b) 染色体レベルの変異．平均長が 10^8 塩基対であるヒト染色体は M 期において光学顕微鏡で観察できる．観察している染色体は，2 本の染色分体が平行に合着した像であることに注意する．染色体数や染色体構造の異常は，胎児の出生前臨床や白血病の診断に広く使われている．

伝的に欠損しているために，高い確率でがんを発症する疾患の例が多く知られている．

11・4　DNA 損傷のチェックポイント機構

11・4・1　チェックポイント機構とは？

細胞は，染色体 DNA の複製と細胞分裂を交互に繰返して増殖する．このサイクルは**細胞（分裂）周期**（cell (division) cycle）とよばれ，実際にはさまざまな事象が高度な制御を受けながら連続的に起こること

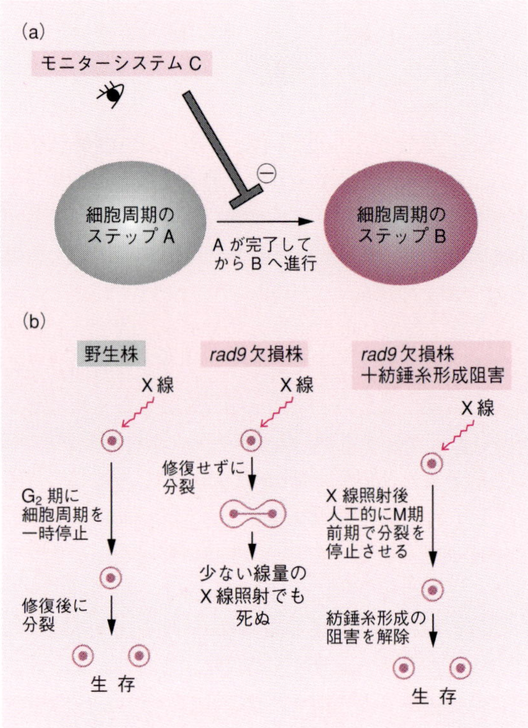

図 11・3　チェックポイントの概念　(a) 細胞分裂に機能するチェックポイントの概念図．細胞分裂は，独立したさまざまな事象が連続的に起こることによって進行する．A という事象が完了してから B という事象が始まらなければならない場合を考える．このときに，C で示したモニターシステムが，A という事象の監視をしながら A から B の事象への移行を制御する．(b) チェックポイント制御の概念が考えだされた歴史的実験（L. Hartwell ら，1992）．野生型細胞は，X 線照射後に G_2 期で細胞周期の進行が一時停止して，その間に損傷が修復され，細胞は再び増殖を開始できる．一方，*rad9* 欠損株は，一時停止できず損傷をもったまま M 期に入り，X 線に高感受性である（野生型より死にやすい）．ところが，*rad9* 欠損株を X 線照射後，紡錘糸の合成を抑制して M 期前期で細胞分裂を一時停止すると，一時停止の間に修復が行われ，X 線に対する耐性が回復する．このような回復現象は，DNA 修復の遺伝的欠損株では観察されない．

によって成り立っている（第13章参照）．なかでも，細胞周期のあるステップが完了するまで次のステップを開始しないようにする制御機構は，細胞が適切に増殖するためにきわめて重要である．このようなフィードバック機構は細胞周期のさまざまなステップで働いており，**チェックポイント**（checkpoint）と総称される（図11・3）．

11・4・2 損傷チェックポイント機構と細胞死の誘導

細胞周期のなかでも，DNAが複製されるS期と，複製されたDNAが娘細胞に分配されるM期は，特に染色体DNAが動的な変化を見せる時期である．遺伝情報を維持するうえで，DNAの複製や分配はきわめて高い正確性をもって行われる必要があり，このような時期にDNA損傷が存在するとさまざまな事故が起こりうる．たとえば，一本鎖切断を含む鋳型DNAが修復前に複製されると二重鎖切断を生じる（図11・4）．また前に述べたように，DNA複製が塩基損傷に遭遇すると突然変異や二重鎖切断が生じる可能性がある．一方，細胞がM期に移行する際に二重鎖切断が存在すると，断片化した染色体が正常に分配されず，結果として染色体の一部を欠失した細胞が生じる（図11・5）．このような事態を回避するため，細胞がDNA損傷の発生を検知したときに，細胞周期の進行を一時的に停止させる機構が存在する．これを**損傷チェックポイント機構**とよぶ．損傷チェックポイント機構が起動して細胞周期が停止すると，その間に細胞はDNA損傷を修復することができる．

高等真核細胞の場合，DNAが損傷を受けると細胞周期を停止して損傷の修復を試みる一方，損傷の程度が重いときにはアポトーシスを起動してみずから死に至る．細胞がその修復能力を超えたDNA損傷を受けた状態で生き続ければ，大量の突然変異の発生により，発がんなど個体全体の生存を脅かす事態につながりかねない．このような細胞を積極的に排除するアポトーシスの誘導は，高等生物にとって重要な防御機構の一つである．アポトーシスを誘導するために必要な損傷

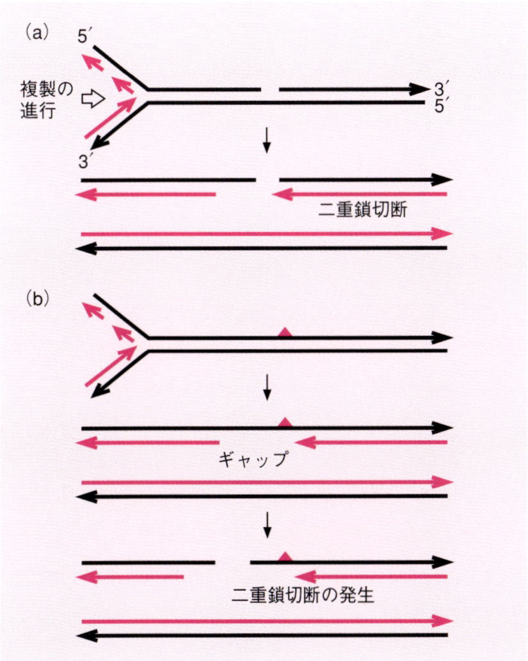

図 11・4 複製時に発生するDNA損傷 DNA損傷がDNA複製によってより重篤な損傷に変換される．塩基損傷（三角で図示）は，それがDNA複製を阻害することによって，一方の姉妹染色分体のギャップや二重鎖DNA切断に変換される．このような損傷は，損傷乗越え合成や姉妹染色分体間の相同組換えで修復される．

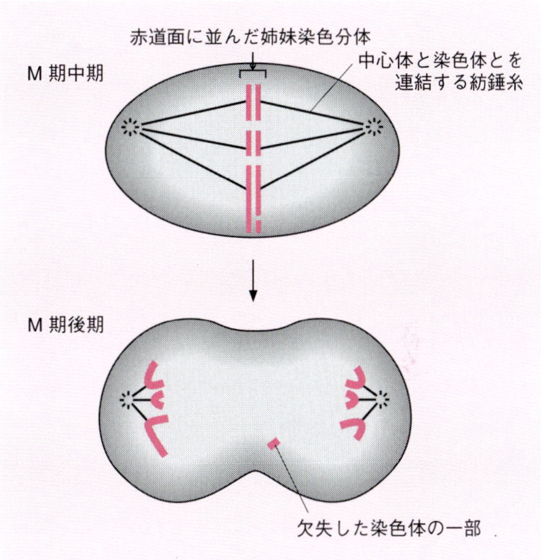

図 11・5 M期に発生する染色体異常 M期の染色体分配のときのトラブルは，染色体の数の異常や構造の異常の原因になる．図では，二重鎖DNA切断がM期での染色体の部分欠失の原因になることを示した．

の数はその種類によって異なり，たとえば，二重鎖切断や二重鎖間架橋は細胞内に1個でも修復されずに残るとアポトーシスを起動しうる．それに比べて，紫外線損傷などの塩基損傷については複製や転写の阻害を回避する機構（§11・6で後述）が存在し，比較的アポトーシスをひき起こしにくい．

損傷チェックポイント機構による細胞周期の停止やアポトーシスの誘導においては，がん抑制遺伝子産物として知られる**p53タンパク質**分子が中心的な役割を果たしている．細胞がDNA損傷などのストレスを受けると転写因子であるp53が活性化され，細胞周期進行のブレーキ役となる分子（p21など）やアポトーシスの進行に関与するさまざまな遺伝子の発現が上昇する．実際，ヒト腫瘍の約50％は*p53*遺伝子に突然変異を起こしており，また*p53*遺伝子を欠損したマウスはさまざまな臓器でがんを発症することが知られている．

11・5　DNA修復機構

DNA損傷によってひき起こされるさまざまな弊害を未然に防ぐための対抗手段として，すべての生物はDNA損傷を見つけだして元通りに修復する機構を備えている．DNA損傷の多様性に対応して，その修復機構にも複数の経路が存在することが知られている．これらのDNA修復経路の多くは，基本的に原核生物から高等真核生物に至るまで，進化の過程で保存されている．

11・5・1　塩基損傷の修復

DNA二重鎖の片側の鎖が塩基損傷を受けた場合，その部分のDNA鎖を一度取除いて新たに合成し直すことによってこれを修復することができる．このようなタイプの修復反応を**除去修復**と総称する．一方のDNA鎖が部分的に除去されてもその部分の塩基配列情報は反対側のDNA鎖に保持されているため，DNAポリメラーゼによる正確なDNA鎖の再合成が可能である．除去修復はDNAが二重鎖構造をとっていることで可能になる信頼性の高い修復機構であり，塩基損傷の修復において主力となるものである．

除去修復のうち，異常塩基をリン酸-糖骨格から切離すことにより，APサイトを中間体として生じるタイプの修復機構を**塩基除去修復**（base excision repair）とよぶ（図11・6）．塩基除去修復の対象となるのは，DNA複製の際に誤って取込まれたウラシル，酸化損傷塩基，メチル化などのかさの小さい修飾塩基などで，DNAの二重鎖構造に対する影響が比較的軽微なものが多い．細胞内で日常的に大量に発生するAPサイトも，この経路を利用して修復される．一方，損傷部位の両側で一本鎖切断が起こり，異常塩基が周囲の正常なヌクレオチドとともにオリゴヌクレオチドの形で切出されるタイプの修復機構は**ヌクレオチド除去修復**（nucleotide excision repair）とよばれる（図11・6）．紫外線によって生じる損傷や鎖内架橋，かさの大きい修飾など，DNAの二重鎖構造にひずみを与えるような種々の損傷がヌクレオチド除去修復の対象となる．

DNAの二重鎖間で塩基の架橋が起こった場合には上記のような除去修復機構のみでこれを修復することはできず，DNAの組換えを含む特殊な修復機構が必要となる．また一部の例に限られるが，損傷発生時の逆反応を行うことによって損傷塩基を正常塩基に直接復帰させる機構も存在する．

11・5・2　DNA鎖切断の修復

一本鎖切断はAPサイトから二次的に生じる可能性があり，生体内で高い頻度で発生する損傷であるが，反対側の鎖が無傷であるため，基本的には除去修復と同様の形で誤りを起こさずに修復することができる．一方，二重鎖切断を修復する機構としては，非相同末端結合と相同組換え修復の2通りの経路が存在する．**非相同末端結合**（non-homologous end joining）は切断されたDNAを単純に再結合するものであるが，修復前に切断末端がさまざまな原因で削られる可能性があり，その場合には塩基の欠失が起こることになる．非相同末端結合が突然変異を比較的起こしやすい修復経路であるのに対して，**相同組換え修復**（homologous recombination repair）はより正確に二重鎖切断を修復することができる．これは損傷部位と相同な配列をもつDNAとの間の組換え反応を利用するもので，DNA複製によって生じた姉妹染色分体間で組換えが起こるのが一般的である．

11・5・3　その他の修復機構

損傷とは異なるが，DNA複製の誤りによって生じたミスマッチを解消するのが**ミスマッチ修復機構**（mismatch repair）である．一般に複製にかかわるDNAポリメラーゼの反応はきわめて正確であるが，特に短い塩基配列が繰返したような部位では，鋳型DNA鎖と伸長途中のDNA鎖にずれが生じるなどして比較的ミスマッチが発生しやすい．ミスマッチ修復は除去修復の一種で，新生DNA鎖がヌクレアーゼによっていったん削られ，ミスマッチ塩基が除かれた後で再合成される．ミスマッチ修復機構に異常が生じると，DNA損傷とは無関係に突然変異の発生率が大幅に上昇する．

11・6　損傷による複製，転写の阻害とその解除機構

上記のようにDNAに損傷が生じると，細胞は損傷チェックポイント機構やDNA修復機構を発動してそれを取除く努力をする．それにもかかわらず，修復が間に合わずにDNAポリメラーゼやRNAポリメラーゼが損傷に遭遇することがある．このような事態が発生したときに損傷による阻害を速やかに解除し，複製や転写を再開させるための機構が存在する．

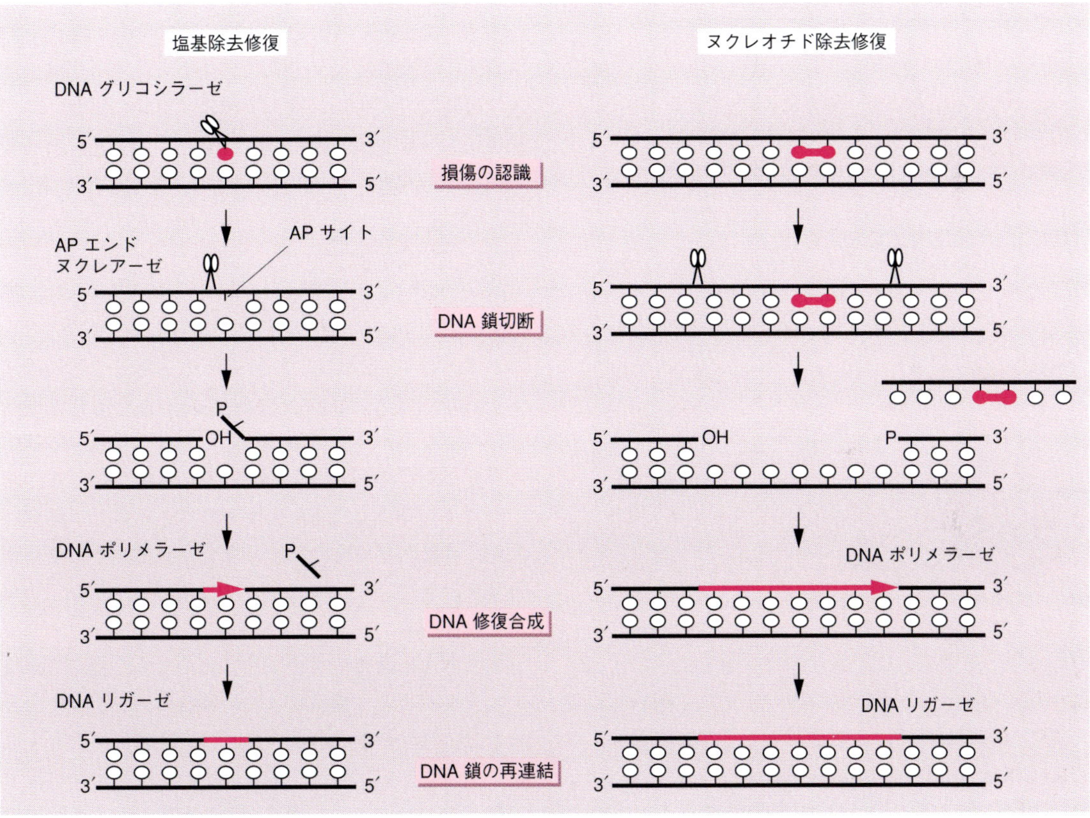

図 11・6　塩基除去修復とヌクレオチド除去修復の反応機構の比較　塩基除去修復では，まずDNAグリコシラーゼによって異常塩基が除去された後，生じたAPサイトがAPエンドヌクレアーゼによって切断される．その後，DNAポリメラーゼが 3′-OH 末端から DNA 鎖を伸長するが，この際に 1 ヌクレオチド分の DNA が合成される場合（ショートパッチ経路）と数ヌクレオチドの伸長が起こる場合（ロングパッチ経路）がある（この図ではショートパッチ経路を示した）．

ヌクレオチド除去修復では損傷の両側で一本鎖切断が起こり，損傷塩基を含む短いオリゴヌクレオチドが切出される．大腸菌では，UvrA，UvrB，UvrC の 3 種類のタンパク質によって損傷の認識と DNA 鎖の切断が行われる．一方，ほ乳類においては色素性乾皮症の原因遺伝子産物を含む約 20 種類のタンパク質が同様の過程に必要とされることがわかっている．

11・6・1　塩基損傷を回避する複製機構

DNA 複製の際に鋳型鎖上の塩基損傷によって DNA ポリメラーゼの進行が阻害されると，その部分に短い一本鎖状態のギャップが残される（図 11・7）．これを何らかの方法で修復しなければ複製を完了できないばかりでなく，より危険度の高い二重鎖切断を生じる可能性がある．このような娘鎖ギャップの修復は特に**複製後修復**（post-replication repair）とよばれるが，そのメカニズムの一つとして**損傷乗越え DNA 合成**（translesion DNA synthesis）が知られている．これは，鋳型鎖上の塩基損傷を乗越えて DNA 鎖伸長を行える特殊な DNA ポリメラーゼによるもので，真核生物では複数種類存在する．一般に損傷乗越え DNA 合成を行う DNA ポリメラーゼは鋳型塩基の認識の特異性が厳密でないため，誤り（すなわち突然変異）を起こしやすい性質がある．一方，姉妹染色分体との間で相同 DNA 組換えを行うタイプの，突然変異を伴わずに娘鎖ギャップを修復する機構も存在する（図 11・7）．

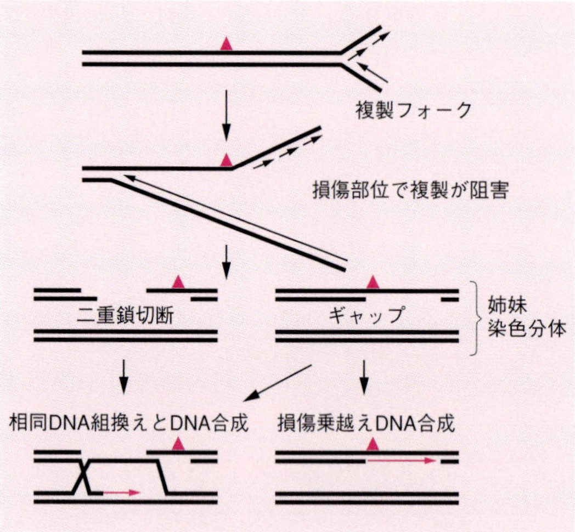

図 11・7　複製後修復経路　S 期には，きわめて正確に長い染色体 DNA（ヒトでは 2 m）を完全に DNA 複製することが要求される．鋳型 DNA に大量の損傷が起こっているなかで，正確さと短い期間中に複製を完全に行うこととの両立は至難の技である．複製後修復経路は，膨大な数起こる複製阻害から複製を再開するためのシステムであり，少なくとも相同 DNA 組換えと損傷乗越え合成とが関与していることがわかっている．がん治療の薬剤（例，シスプラチン；図 11・1c）のなかには，複製阻害を人工的につくることによってがんを含む増殖細胞を殺すタイプのものがある．それゆえに，複製後修復経路の機能は，がん治療の効果を予測するうえで重要な因子である．

11・6・2　転写と共役した除去修復

一般に，塩基損傷を取除く除去修復機構はゲノム全体を対象とするが，転写伸長段階で RNA ポリメラーゼの進行が塩基損傷によって阻害されたとき，障害となっている損傷を特異的に除去するための特殊な機構が存在する．このような**転写と共役した修復**（transcription-coupled repair）は原核生物から高等真核生物まで広く存在するものであり，進行を妨げられた RNA ポリメラーゼが DNA 修復にかかわるタンパク質因子を直接よび込むことによって迅速な損傷の除去を可能にしている．特に高等真核生物の場合，塩基損傷による転写阻害の解除は細胞のアポトーシス誘導を回避するために重要である．

11・7　ま　と　め

1．染色体 DNA には大量の DNA 損傷が常時起こっている．DNA 損傷は，放射線や化学物質などの環境要因だけでなく，DNA 自体の不安定性や活性酸素などの内的要因によってもひき起こされ，生命を維持するうえで避けて通ることのできないものである．

2．DNA 損傷は DNA 複製や転写を阻害し，場合によっては細胞死をもたらす．また，突然変異や染色体異常をひき起こすことにより，長期的にがんなどの原因となりうる．

3．DNA 損傷の弊害を未然に防ぐため，細胞は損傷チェックポイント機構によって細胞周期を停止する一方で，損傷の修復を行う．また，修復が間に合わずに複製や転写が阻害された場合のために，それを解除するためのバックアップ機構を兼ね備えている．

4．高等真核生物では，細胞の処理能力を超えた DNA 損傷が発生するとアポトーシスが誘導される．この機構に異常が生じると，突然変異を起こした細胞が生き残る結果，がんを発生する危険がさらに高くなる．

12

遺伝子の解析

12・1 染色体研究の歴史

ヒトゲノム計画の進展により，1953年 J. D. Watson と F. H. C. Crick による DNA の二重らせん構造の発見後，半世紀を経てヒトのゲノム塩基配列のほぼ全容が明らかになった．一方，J. H. Tjio と A. Levan により胎児肺細胞の分裂像からヒト染色体の正しい数が $2n = 46$ と報告されたのは 1956 年であり（図 12・1），

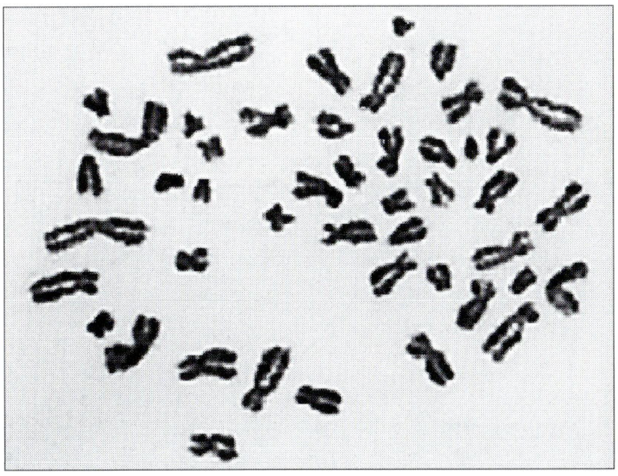

図 12・1 ヒト体細胞の染色体 Tjio と Levan によりヒト胎児肺細胞より得られた中期細胞の染色体．これによりヒト体細胞の正しい染色体数は 46 本であることがわかった．〔J. H. Tjio, A. Levan, *Hereditas*, **42**, 1 (1956)〕

DNA 二重らせん構造発見の 3 年後である．それ以前はヒト体細胞の染色体数は 37 ～ 48 の間であると考えられていた．染色体の正しい数と形がわかると，染色体研究は核型進化，生殖，発生，分化，老化などの生命現象とともに，染色体異常症やがんなどのヒトの病気を含む多くの分野と強いかかわりをもって発展を遂げた．短期間のうちにダウン症の染色体異常（Lejeune *et al.*, 1959 年）や，PHA（インゲンマメレクチン）刺激によるリンパ球培養技術の開発（Moorhead *et al.*, 1960 年），慢性骨髄性白血病の Ph[1] 染色体の発見（Nowell & Hungerford, 1960 年）などが相次いだ．

12・2 染色体分染法の開発

T. Caspersson らによりキナクリンマスタード（quinacrine mustard）による **Q 分染法**が最初に開発された（1968 年）．この染色体を縞模様に染め分ける分染法が導入され個々が識別できるようになり，数の異常だけでなく，部分的に生じた構造異常が同定できるようになり，ヒト染色体研究に飛躍的な発展がもたらされた．分染パターンに基づく染色体バンドの命名，記載法が "Standard in Human Cytogenetics" として標準化され（1971 年），さらに染色体異常の記載法が統一され，"An International System for Human Chromosome Nomenclature (1978)"〔略称 ISCN (1978)〕としてまとめられた．この記載法はその後に 3 回の改訂を経て，"ISCN (1995)" が上梓され，現在これがヒト染色体記載の標準的規約となっており，蛍光 *in situ* ハイブリダイゼーションで得られる所見の命名法も追加されている．

染色体研究はまた分染機構や構造の解析，さらに染色体を染め分ける化学物質の発見へと発展した．チミジン類似体の 5-ブロモデオキシウリジン（BrdU）を DNA 合成期の適当な時期に取込ませ，その取込んだ染色体領域を抗 BrdU 抗体などで検出することにより，染色体早期複製の領域を区別したり，チミン（T）

やアデニン（A）の含有量の多い染色体領域を識別して，染色体複製のタイミングや染色体バンドと塩基構成の関係などが明らかになった（表12・1）．また，姉妹染色分体を染め分ける方法も開発され，SCE（sister chromatid exchange，姉妹染色分体交換）の頻度を測定することが可能になり，変異原物質のスクリーニングやブルーム症候群の診断に利用されている．

12・3　ゲノム解析と染色体技術

分裂中期の染色体をギムザ染色液で分染すると（**G分染法**という）ハプロイドセット（22種類の常染色体とX，Y）当たり約320のバンドに区分される．前中期細胞の細長い染色体ではさらに細かい縞模様を描画する高精度分染が可能になり，伸展した染色体ではハプロイドセット当たり400，550，850バンドと解像度を上げることができる（図12・2）．2000年に発表されたドラフトシークエンスのデータをもとに，個々の染色体の正確な物理的サイズが明らかにされた（表12・2）．元来ヒト染色体番号は顕微鏡で形態観察した大きさの順に付されたのであるが，個々の染色体の正確なDNA含量がわかると，染色体番号は必ずしもゲノムDNAを反映するものではないことがわかる．またヒトゲノム全体の物理的サイズは3289 Mbであり，400バンドレベルの染色体分染で描画される1バンドの平均サイズは約8 Mb（3289 Mb/400＝8.2 Mb）である．850バンドの高精度分染を施したものでも約4 Mbであり，数百bp～数十kbを解像するpolymerase chain reaction（PCR）やサザンハイブリダイゼーション法などのゲノム解析技術（後述）で得られる精度はない．しかし，染色体分析法は全ゲノムを俯瞰して染色体レベルのゲノムのコピー数や構造異常の有無を検出することが可能であり，がんや遺伝疾患の診断だけでなく，染色体レベルのゲノム不安定性を知るには，他に代わりのない技術といえる．

染色体分染技術の導入により種々の染色体異常症が発見される一方，がんにおいて病型特異的な染色体異常が明らかになった．1971年には，J. RowleyによりPh[1]染色体（フィラデルフィア染色体，現在はPh染色体という）が第9番染色体q34バンドと第22番染

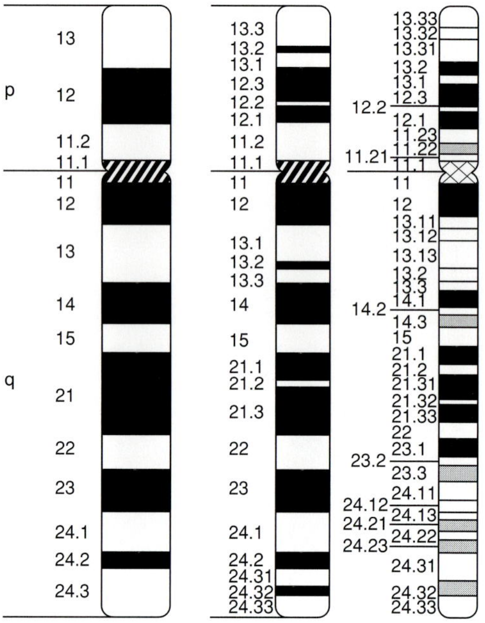

図12・2　ヒト第12番染色体のGバンド染色模式図
染色体は短腕をp，長腕をqで表記する．Gバンド（黒）とRバンド（白）で描画する縞模様はハプロイド当たり400（左），550（中），850（右）と染色体を伸展させることで数を増やし，微細な異常が検出できるようになる．〔ISCN（1995）より〕

表12・1　各分染バンドの特徴

	G/Qバンド	Rバンド	Tバンド(Rのサブグループ)
クロマチン高次構造	密	粗	粗
複製タイミング	S期後半	S期前半	S期前半（特に早い時期）
GC含量	ATが多い	中間的	GCが多い
遺伝子密度	低い	高い	特に高い
CpGアイランド数	少ない	多い	特に多い
反復配列の偏り	*LINE*型(*L1*-rich)	*SINE*型(*Alu*-rich)	特に*SINE*型（*Alu*-rich）

表 12・2 ヒト全ゲノム，染色体の塩基数推定〔Mb〕

染色体番号	今回の報告[a]	従来の推定値
全ゲノム	3289	3286
1	279	263
2	251	255
3	221	214
4	197	203
5	198	194
6	176	183
7	163	171
8	148	155
9	140	145
10	143	144
11	148	144
12	142	143
13	118	114
14	107	109
15	100	106
16	104	98
17	88	92
18	86	85
19	72	67
20	66	72
21	45	50
22	48	56
X	163	164
Y	51	59

a) International Human Genome Sequencing consortium, *Nature* (London), **409**, 860 (2001).

色体 q11 バンドを切断点にする染色体相互転座*1 t(9；22)(q34；q11) であることが明らかにされた．その後，バーキットリンパ腫の t(8；14)(q24；q32) や急性骨髄性白血病（AML - M1）の t(8；21)(q22；q22) をはじめとする病型特異的な染色体転座*2 がつぎつぎと発見され，さらに遺伝子組換え技術の発展により転座切断点の解析が進み，染色体転座によって遺伝子再構成を起こし，活性化されるがん遺伝子があいついで同定された．病型特異的な染色体異常の発見はがん遺伝子の同定に直結することが明らかになり，あらゆる種類のがんにおいて積極的に染色体分析が行われた．F. Mitelman は 1996 年 6 月までに報告されたすべての文献を渉猟し，78 種類のがんで総計 26,523 例の染色体分析結果のなかから nonrandom*3 な均衡型染色体異常*4 は 215 種類，不均衡型異常*5 は 1588 種類であることを報告している．しかし，均衡型異常のほとんどは白血病や悪性リンパ腫といった造血器の腫瘍であり，全腫瘍の 90 % を占める胃がんや肺がんなどの上皮細胞に由来するがんでは病型に共通する nonrandom な染色体転座が見つかることはほとんどない．このことは，上皮系細胞由来の固形腫瘍*6 において病型特異的な染色体異常が存在する可能性そのものが低いことに加え，固形腫瘍細胞では *in vitro* の培養で効率よく分裂細胞を収穫することが困難であり，またたとえ分裂細胞が得られた場合でもその染色体構成は数，構造異常のいずれにおいても複雑であるために nonrandom な異常が特定しにくいということに起因する．

12・4 新しい染色体解析技術

12・4・1 FISH 法：蛍光プローブを用いる *in situ* ハイブリッド形成法

急速に進展した遺伝子組換えや細胞工学技術が染色体解析にも積極的に取入れられ，化学標識プローブを利用して蛍光シグナルを検出する**蛍光 *in situ* ハイブリダイゼーション**（fluorescence *in situ* hybridization; **FISH**）法が開発された．この方法は放射性同位体（RI）を利用した以前の方法と比較し，操作は簡便かつ安全であり，さらに色調の異なる蛍光色素を利用することで一度に複数のシグナルを同時に検出することができる．

このマルチカラー FISH 法を利用することで遺伝子間の配列順序の決定や物理距離の計測も可能になった．さらに間期核やクロマチン繊維を対象に特異的シ

*1 相互転座：2 種類以上の染色体の間で染色体のコピー数の変化を伴うことなく起こった転座異常．
*2 染色体転座：染色体に切断が生じ，その切断点において本来とは異なる別の染色体と組換わることにより起こった変化．染色体構造異常の一つ．
*3 Nonrandom：繰返して起こる状態．起源を同じとする細胞群において，同じ染色体構造異常を 2 個以上の細胞で，または，ある特定の染色体の数的異常を 3 個以上の細胞で検出した場合，これらはクローナルな異常と判断する．
*4 均衡型染色体異常：染色体断片の過不足を伴うことなく生じた構造異常．
*5 不均衡型染色体異常：染色体構造異常に伴って染色体コピー数の変化を伴った異常．
*6 固形腫瘍：白血病のような血液系の腫瘍と区別して，一般に腫瘤を形成して成長する腫瘍の呼称．胃がんなどの消化管の腫瘍，肺がんなどがこれに入り，全腫瘍の 90 % を占める．

グナルを検出することで詳細なゲノムの構造とその変化をとらえることが可能になった．特に間期核で染色体構造とその異常を検出することが可能となり，**間期核細胞遺伝学**（interphase cytogenetics）という新たな名称の研究分野が登場した．これは，従来のように分裂中期の染色体の形態的観察に基づく細胞遺伝学に対して，FISH 法によるシグナルを間期の細胞核に直接検出して，染色体や遺伝子の変化を理解する新たな細胞遺伝学の概念である．さらに，特定の DNA プローブで描画されるシグナルの形状を観察し複製のタイムコースを調べたり，三次元構造を保持したまま固定した細胞核を用いた FISH 法が特定の染色体領域やクロマチン領域と特定の遺伝子やタンパク質分子との空間的な相互関係の解析に応用され，間期の細胞核構造の機能的な研究が近年急速に進んでいる．

また，染色体テロメアは（TTAGGG）$_n$ の特異的な反復配列で構成されるが，この反復配列 DNA をプローブに用いた FISH 法により検出するテロメア特異的シグナルの蛍光強度を観察，測定することでテロメア短小化の定量的解析にも応用されている．

一方，染色体に分染を施してもヒト 24 種類の染色体の個々を正確に同定できるようになるにはある程度の訓練により識別力を修得する必要がある．またいくらその技能を得ても固形腫瘍のように複雑な染色体異常を呈するものでは，正確な核型分析が困難であり，このことは染色体分析の限界の要因にもなっていた．

しかし，ゲノム計画の進展によって，ゲノム情報のみならず **BAC**（bacterial artificial chromosome，細菌人工染色体）*などのクローン化技術とゲノム資源の充実がはかられ，以下に記述するように Comparative Genomic Hybridization（CGH）法とその応用である CGH マイクロアレイ法，さらにヒト 24 種類の染色体を染め分ける Spectral Karyotyping（SKY）法や Multiplex FISH 法などいくつかの新しい応用技術が開発されてきている．

12・4・2　FISH 法の応用技術

a. CGH（Comparative Genomic Hybridization）法　CGH 法は，細胞から抽出した高分子 DNA をプローブに，第 1 番～ 22 番，ならびに XY のすべてのヒト染色体を対象に細胞に生じた染色体コピー数の変化を測定するゲノム解析技術である．1992 年に A. Kallioniemi らによって報告された．染色体コピー数の異常が起こるがん細胞や染色体異常症を対象に利用されることが多い．その工程を図 12・3 と口絵 4 に示

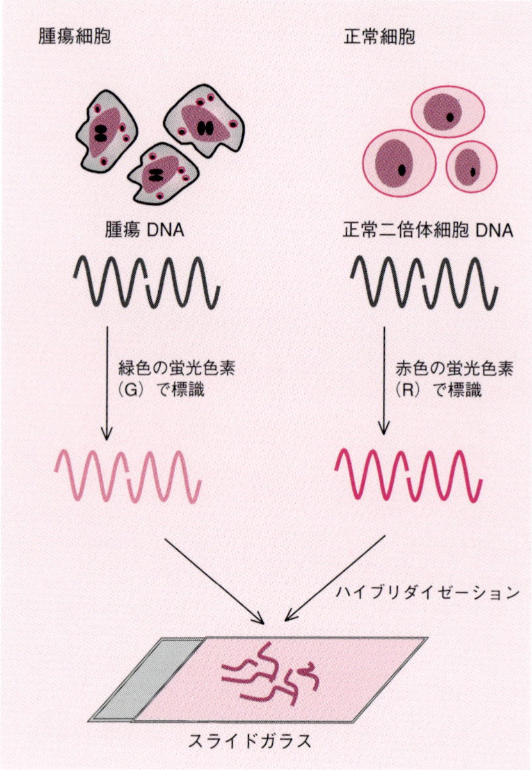

図 12・3　CGH 法の工程　詳細は本文を参照．

した．①試料となる腫瘍 DNA を緑色の蛍光色素（G）で，対照である正常二倍体細胞 DNA を赤色の蛍光色素（R）で標識し，②標識した DNA の等量をヒト反復配列を含む Cot-1 DNA の存在下で正常の分裂中期細胞の染色体とハイブリダイズさせる，③蛍光シグナルを CCD カメラで検出し，④ G，R の蛍光強度を各染色体上で比較し，その比（G/R）から各染色体領域のコピー数の減少（loss），増加（gain），さらに増幅（amplification）を判定し，全染色体を対象に**コピー数核型**（copy number karyotype）を決定するシステムである．CGH 法では複雑な染色体異常のなかから

＊　BAC：100 kb ～数百 kb の比較的大きなサイズのゲノム DNA をクローニングするベクターシステム．

特定の染色体（あるいは特定の領域）に生じた欠失，過剰，さらに増幅を見つけだすことができる．染色体を対象にしたCGH法の検出感度は，一般に1コピーの増減に関しては少なくとも5～10 Mb程度の異常がなければ検出は困難とされている．また染色体コピー数の過不足のない均衡型染色体転座や倍数性異常を検出することはできない．

b. CGHマイクロアレイ法　染色体上の位置の明らかなBACクローンなどのゲノムDNAやcDNAをスポットしたスライドガラスを用いてCGH法を行うことで，スポット上に検出する蛍光シグナルの強度比からコピー数異常を検定することができる(口絵5)．マイクロアレイ技術の進歩に加え，ヒトゲノム計画により染色体のほぼ全領域をカバーするDNAクローンが利用できるようになり，全染色体領域をカバーするCGHマイクロアレイも開発されている．ヒトゲノム情報が充実し，スポットしたBACクローンに異常を検出すると，その塩基配列や存在する遺伝子の発現パターンなどの詳細を公共ゲノムデータベースから得ることも可能な状況となっている．また，スポットされたゲノムクローンに相当する微細な領域の変化も1コピーレベルで検出できることから，全ゲノムにわたりコンティグ化*されたBACクローンをアレイ化することで，数百～数千キロ塩基（kb）のゲノム構造異常を検出するマイクロアレイも実現することができる．従来，全染色体レベルで数十～数百kbのゲノム異常を検出する技術は存在しなかった．隣接遺伝子症候群**やてんかん，自閉症をはじめとする原因の明らかでない疾患のなかには微細ゲノム異常の存在が示唆されるものも多く，CGHマイクロアレイによる疾患特異的異常の探索に期待が寄せられている．

c. ヒト染色体の24種類を染め分けるFISH法

染色体ペインティング法とマルチカラー法の二つの技術を組合わせて24種類のヒト染色体を染め分ける**multiplex FISH**（M-FISH）**法**と**SKY**（spectral karyotyping）**法**が開発された．いずれも，5種類の蛍光色素を利用し，この組合わせパターンで24種類の染色体を同定することを基本にしている．2種類の蛍光色素A，Bを用いると，(A＝1，B＝0)，(A＝0，B＝1)の2種類に加え，AとBを混合することで第三の色調として疑似カラー（A＝1，B＝1）を合成することができる．N種類の蛍光色素により（2^N-1）通りの組合わせで疑似カラーを合成することができる．したがって，5種類の蛍光色素をそろえると（$2^5-1=31$通り），24種類のヒト染色体のすべてを色分けできることになる（口絵6）．

SKY法では，まず，ヒト染色体24種類をフローサイトメトリー/セルソーターを利用して分離回収した後，これら各染色体のゲノムDNAをライブラリー化して各染色体のプローブプールを作製し，これを染色体着色プローブとして利用する．表12・3に示すように第2，8，14，17，20番染色体をそれぞれ1種類の蛍光で標識し，さらに他の染色体を種々の組合わせで多重標識してこれを混合して染色体ペインティングを施す．各染色体の放つ蛍光は，①トリプルバンドパスフィルターを通過後，②干渉計を通って干渉波となりCCDカメラに受光される．③デジタル化された干渉波より得られた情報を，フーリエ変換により強度・波長を座標に二次元に展開し，各蛍光スペクトルに特有の曲線（スペクトルイメージ）を得る．最終的にこの

表12・3　SKY法での染色体ペインティングプローブの蛍光色素の組合わせ

染色体	蛍光色素の組合わせ	染色体	蛍光色素の組合わせ
1	BCD	13	AD
2	E	14	B
3	ACDE	15	ABC
4	CD	16	BD
5	ABDE	17	C
6	BCDE	18	ABD
7	BC	19	AC
8	D	20	A
9	ADE	21	DE
10	CE	22	ABCE
11	ACD	X	AE
12	BE	Y	CDE

† AはSpectrum Orange，BはTexas Red，CはCy5，DはSpectrum Green，EはCy5.5の蛍光色素を示す．これら5種類の蛍光色素で31種類の組合わせが可能となり，24種類のヒト染色体すべてを染め分けることができる．

＊　ある特定のゲノム領域をクローン化DNAで間断なく連繋させせること．これにより作成した物理地図をコンティグマップという．

＊＊　隣接遺伝子症候群（contiguous gene syndrome）：ゲノム上で複数の遺伝子を含む領域に欠失，または重複異常が起こり，複数の遺伝子が影響を受けて惹起される疾患．

スペクトルイメージの相違によって，24 種類の染色体を識別するものである．臨床研究だけでなく染色体不安定性の指標として構造異常を定量的に測定する場合にも利用されている．

SKY 法は従来の分染パターンのみでは染色体由来が不明とされるマーカー染色体の染色体起源や構成を明らかにすることができる．また，相互転座が起こっていても転座染色体断片の大きさとバンドパターンが類似しているために従来の分染法で見逃される潜在型染色体転座などの検出にも有用である．しかし，その解像度は 4 ～ 5 Mb とあくまで染色体バンドレベルであり，検出感度以下の断片，特にテロメアの微細な転座を検出することは困難である．さらに，同一染色体内で生じた欠失や逆位などの構造異常も検出できない．これを克服する方法として，特定の染色体のバンドを異なる色調で描画する“染色体バーコード”法の開発も行われている．

12・5 遺伝子の解析

ゲノム計画の推進によって，ヒトをはじめとする多くの生物においてゲノム DNA の全塩基配列が明らか

表 12・4 種々の遺伝子解析法

解析の目的と基本原理	解析方法	使用目的，特徴，解像度
ゲノムの DNA の構造解析	染色体分析法	染色体バンドレベルの染色体構造や数の異常を検出
	FISH（fluorescence *in situ* hybridization）法	特定遺伝子の構造や数の異常を検出，応用に SKY 法や M-FISH 法がある
	CGH（comparative genomic hybridization）法	試料のゲノム DNA を用いて染色体レベルでコピー数の異常を解析
	パルスフィールドゲル電気泳動法（PFGE）	数 Mb～数十 kb の DNA を検出
	サザンブロット法	20 kb～数百 bp の DNA を検出する汎用される基本技術
	RLGS（restriction landmark gel scanning）法	全ゲノムを対象に遺伝子増幅領域，メチル化 DNA 領域を検出
	ドットブロット法，スロットブロット法	特定遺伝子のコピー数を調べる
	ASO（allele specific oligonucleotide）法	既知遺伝子の 1 塩基レベルの変化を検出する
	アレイ CGH 法	DNA クローンをスポットしたアレイによる染色体コピー数異常解析法
	塩基配列決定法	オートシークエンサーにより大量試料の処理が可能
遺伝子発現の解析	ノーザンブロット法	特定遺伝子の発現量や変化の解析
	マイクロアレイ法，DNA チップ法	オリゴ DNA や cDNA のマイクロアレイ化により遺伝子発現を網羅的に解析
	SAGE（serial analysis of gene expression）法	特定の細胞や組織における既知，未知遺伝子の発現頻度を解析
PCR 法とその応用法	PCR（polymerase chain reaction）法	数コピーの微量 DNA 試料を扱って 1 塩基から数 kb の DNA を検出
	RT-PCR 法	逆転写酵素により RNA を鋳型に cDNA を合成して発現を解析
	リアルタイム RT-PCR 法	遺伝子発現の定量的解析
	エキソントラッピング	ゲノム DNA の中から転写発現断片を検出する
	エキソンコネクション	ゲノム DNA の中から転写発現断片を確認する
	SSCP（single-strand conformation polymorphism）法	既知遺伝子の塩基レベルの変異の検出
	RACE-PCR 法	遺伝子の 5′，3′末端の取得

にされてきている．これら生命の設計図の究極ともいえる塩基配列情報を活用して複雑で多様な生命現象を理解し，さらにヒトにおいて未だ原因が明らかにされていない疾患の病態解明や治療法の開発に期待が寄せられている．

分子遺伝学の急速な進歩により，遺伝子解析にもつぎつぎと新しい技術が開発され，また既存の方法も改良されてきている．一般に遺伝子の解析には，1）DNAの一次構造解析，2）遺伝子の発現解析，3）DNAメチル化などエピジェネティック変化を調べる方法がある（第16章参照）．また，それぞれの解析方法は，ハイブリダイゼーション技術とポリメラーゼ連鎖反応（polymerase chain reaction；PCR）法を基本にするものが多い．さらに個々の手法によって扱える検体の量や数が異なっており，解像度も1塩基対（bp）のレベルから数メガ塩基（Mb）の染色体レベルまで大きな幅がある．また，組換えDNA実験に利用する各種のベクターも，種類によって取扱うことのできるDNAの大きさが決まっている（図12・4）．遺伝子を解析するには多くの中から最適の方法を選択して，目的に応じた使い分けが必要である（表12・4）．

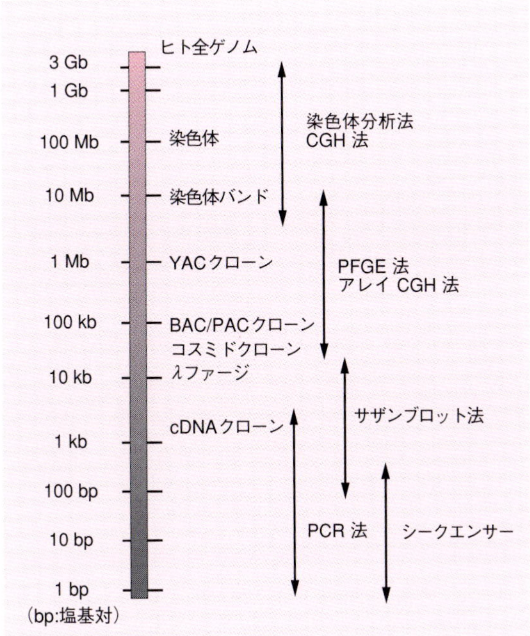

図 12・4 各種クローンおよび遺伝子解析法と取扱えるゲノムの大きさ

12・6 DNAハイブリダイゼーション：DNAの変性と再会合（図12・5）

クローン化したDNAや化学合成した数十塩基からなるオリゴヌクレオチドを適当な方法で標識し，この標識プローブと熱やアルカリ処理で**変性**（denature）して二本鎖を解離させた標的DNAを混合して適当な条件で相補的配列を**再会合**（annealing）させることにより，プローブと相同あるいは近似した標識DNAの配列を検出することができる．

二本鎖DNA間は水素結合によって相補的に結合しているが，熱やアルカリ処理によってDNAを変性することで相補鎖を完全に分離することができる．このDNA変性に要するエネルギーは，DNA鎖長，塩基組成（特にGC含量），溶媒のイオン組成やホルムアミドなどの化学変性剤の有無によって異なっており，このDNA二本鎖の安定度の指標には**融解温度**（T_m；melting temperature）が用いられる．

ハイブリダイゼーションの原理を応用した遺伝子解析法では，通常，標的DNAと過剰標識プローブを混合してハイブリダイゼーションを行った後，再会合に関与しなかった過剰の標識プローブを適当な条件で除去してプローブの特異的再会合部位を検出する．プローブ/標的DNA間の再会合二本鎖は塩基配列が完全に一致する場合に最も安定であり，ミスマッチがあるとT_mは下がる．ハイブリダイゼーションを行う溶媒の塩濃度を下げたり，反応温度を上げることによってハイブリダイゼーション条件をより厳密（stringency）にすることができる．これを**ハイブリダイゼーションのストリンジェンシー**（hybridization stringency）を上げると表現する．

また，一本鎖に解離したプローブDNAが標的DNAの相補配列と再会合して塩基対を形成する再編成の速度（reassociation kinetics）は，DNAの初期濃度C_0〔ヌクレオチドのモル濃度〕と反応時間t〔秒〕の積（C_0t値）によって規定されるために，C_0t値によって反応の再会合時間を見積もることができる．

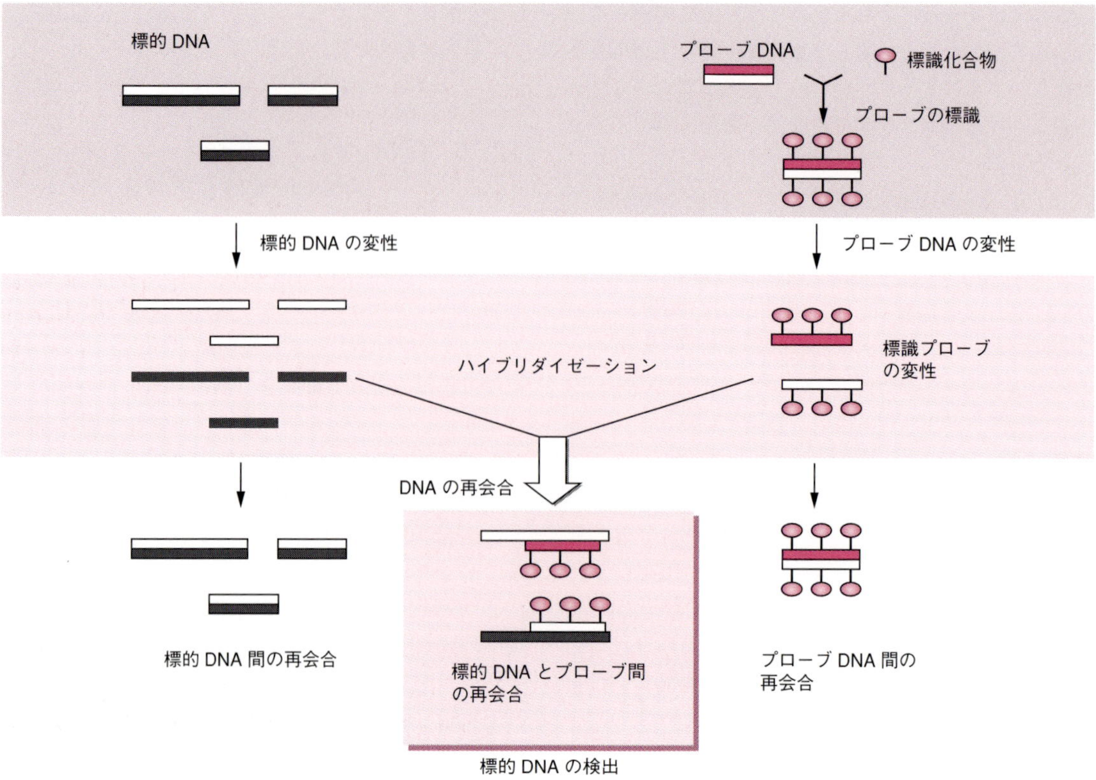

図 12・5　DNA ハイブリダイゼーション法

12・7　ハイブリダイゼーションに基づく遺伝子解析法

12・7・1　サザンブロット法

図 12・6 にサザンブロット法の概略を示した．解析の対象となる試料の標的 DNA を適当な制限酵素で切断して，これをアガロースゲル電気泳動により切断 DNA 断片の大きさに分離した後，DNA 変性をさせて，これをナイロン膜に転写させる．ナイロン膜に移した変性 DNA と放射性同位体などで標識したプローブとをハイブリダイゼーションする．標的 DNA と再会合してヘテロ二本鎖を形成しなかったプローブを洗浄して除去した後，X 線フィルムに露光して標的 DNA をフィルム面のシグナルとして検出する．通常のアガロースゲル電気泳動法では 100 bp ～ 20 kb 程度の DNA 断片を分離することができるが，それ以上の約 40 kb ～数 Mb まで大きな DNA 断片は**パルスフィールドゲル電気泳動法**（pulsed-field gel electrophoresis；**PFGE**）を利用しなくてはならない．

12・7・2　ノーザンブロット法

細胞や組織で発現された特定遺伝子のメッセンジャー RNA（mRNA）の量や大きさ（サイズ）などのパターンを検出するために利用される方法である．その基本はサザンブロット法と同じであり，試料となる RNA を，変性剤を含むアガロースを用いて電気泳動法により分離してナイロン膜に転写した後，標識したプローブとハイブリダイゼーションを行い，X 線フィルムに露光して特異的シグナルを検出する．

12・8　DNA 多型とその検出

ヒトゲノム DNA には塩基配列に基づく多型があることが知られている．この DNA 多型は大きく以下の 3 種類に分けることができる．1）1 塩基が他の塩基に置き換わっている多型（**一塩基多型**，single nucleotide

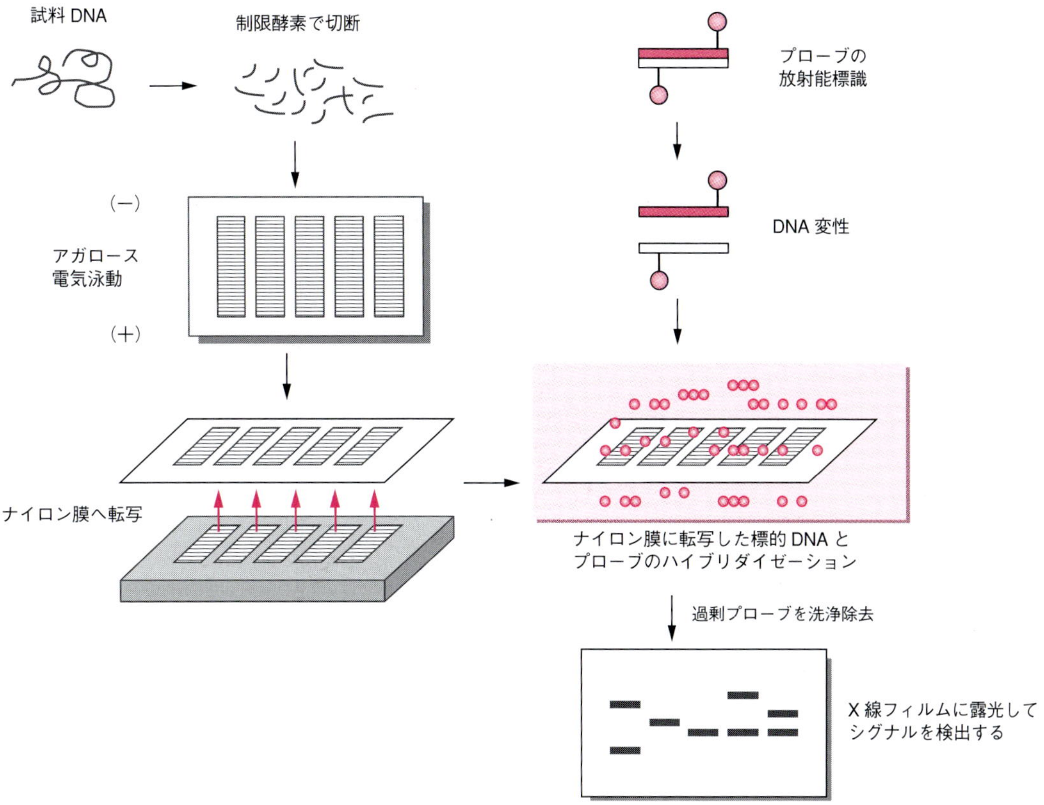

図 12・6 サザンブロット法

polymorphism；**SNP**）で，このタイプの塩基置換は制限酵素切断部位に検出することがあり，この場合，**制限酵素断片長多型**（restriction fragment length polymorphism；**RFLP**）という．2）1～数十塩基が欠失や挿入変異を起こしている多型（挿入・欠失型多型，insertion/deletion polymorphism）．さらに，3）**マイクロサテライト**（microsatellite）や **VNTR**（variable number of tandem repeat）などの反復配列の数の個体差として検出する場合である．SNP は数百～1000 bp に 1 箇所の頻度で存在し，ヒトゲノム中には 300 万～1000 万個あると推定されている．この SNP を調べて，高血圧症や糖尿病などの生活習慣病にかかりやすいという体質を規定する遺伝子を探索する研究が，精力的に実施されている（第 16 章参照）．SNP を遺伝マーカーとして利用して，連鎖解析や相関解析などの遺伝統計学的な手法によって罹病性遺伝子の座位を同定して，疾患に関与する遺伝子を絞り込むという方法が代表的であるが，SNP そのものがアミノ酸をコードするエキソン内や，遺伝子の転写を調節するプロモーター領域に存在する場合は，SNP によって遺伝子の機能そのものに差が生じて，ある特定の病気へのかかりやすさや，薬物応答の個人差などの体質に差が生じる場合もある．SNP の検出は疾患の診断法としても重要になることから，大量検体を効率よく，しかも経済的に測定できるシステムの開発が急務とされており，SNP 測定技術の開発も積極的に取組まれている．

12・9 DNA 塩基配列決定法

DNA 塩基配列の決定には 4 種類の塩基に特異的な化学修飾を用いた**マクサム・ギルバート**（Maxam-Gilbert）**法**と，ジデオキシヌクレオチドにより塩基特異的に DNA ポリメラーゼ反応が停止することを利用した**ジデオキシ法**〔サンガー（Sanger）法〕がある．現在では，PCR 法と自動解析装置の普及から，ジデオキシ法により直接PCR産物を鋳型DNAに蛍光シークエンサーを用いて塩基配列を決定する方法が一般的である．その原理の概略は，1）目的のDNA断片とその両側に位置する配列に対応するプライマーから，4種のデオキシヌクレオシド三リン酸dNTP（dATP，dCTP，dGTP，dTTP）を基質にDNAポリメラーゼを用いて相補鎖を伸長して合成させる．このとき，これら各ヌクレオシド三リン酸の類似体であるジデオキシヌクレオチドのddNTP（ddATP，ddCTP，ddGTP，ddTTP）をそれぞれ異なる別々の蛍光色素で標識しておき，それらのいずれか1種類を単独に適当な割合で混合させた独立の4反応系でDNA合成をさせる．2）相補鎖合成の反応時にジデオキシヌクレオチドが取込まれると，その後のDNA鎖の伸長反応が阻害される．このとき混合したジデオキシヌクレオチドを取込んだ伸長反応はその時点で停止するため，対応するdNTPの代わりにddNTPを末端に取込んだ種々の相補鎖が合成される．3）末端に蛍光標識ddNTPを付加された種々の長さの合成産物を1塩基の違いを分離できるポリアクリルアミドゲルで電気泳動法により展開することで区別する．4）最終的に各塩基の位置をプライマーの配列から割りだすことによって，連続した塩基配列を決定することができる．

12・10　PCR（ポリメラーゼ連鎖反応）法

特定のDNA断片を増幅する方法であり，多くの遺伝子解析法のなかで，現在，最も汎用されている技術の一つである．その原理は1986年に開発され，その後の10年間に，発現mRNAを検出可能とするreverse transcriptase PCR（RT-PCR）法やその定量法であるリアルタイムRT-PCR法をはじめとする種々の重要な応用法が開発された．PCRの原理を図12・7に示すとともに，応用法の一部を表12・4に示した．

① 鋳型となる二本鎖DNAを熱変性により一本鎖にする．

② 増幅するDNA領域の3′，5′両末端のそれぞれに相補的な20～30 merのオリゴヌクレオチドプライマーを反応系に加えて温度を下げることで，鋳型DNAと相補的配列部位で二本鎖を形成させる．

③ DNA合成の基質であるデオキシヌクレオシド三リン酸（dNTP）とDNAポリメラーゼを作用させ，両端のプライマーから相補鎖DNAを合成させて伸長反応を行う．

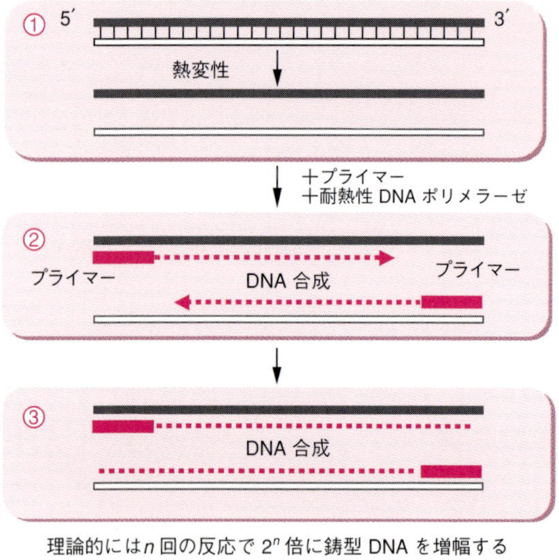

図12・7　PCR法の原理

①～③の反応の繰返しにより，反応ごとに生成された二本鎖DNAは次の反応では鋳型となる．このために連鎖反応的に目的DNAを増幅することができる．1サイクルの反応で目的DNAは2倍に増えるために，nサイクルの反応では理想的には最初の鋳型DNA量の2^n倍に増幅されることになる．しかし，実際には反応中の酵素失活などによって必ずしも計算どおりに増幅するわけではない．

PCR法は微量のDNAを増幅できることから，司法医学での個人識別や人類学における遺伝的進化の解析など，さまざまな領域の研究で利用されるとともに，研究レベルだけではなく，血液や喀痰などの臨床検体を用いた感染細菌の同定や，抗がん剤治療中のがん細胞の存在診断などの臨床医学においても実用されている．

参考文献

1）J. H. Tjio, A. Levan, *Hereditas*, **42**, 1 (1956).
2）“Human chromosome, manual of basic techniques”, ed. by R. Verma, A. Babu, Pergamon Press, New York (1989).
3）“ISCN (1995)”, ed. by F. Mitelman, S. Karger, Basal

(1995).
4) International Human Genome Sequencing consortium, *Nature* (London), **409**, 860 (2001).
5) F. Mitelman, F. Meltens, B. Johamsson, *Nat. Genet.*, **15**, 417 (1997).
6) "臨床 FISH プロトコール－目で見る染色体・遺伝子診断法（細胞工学別冊　実験プロトコールシリーズ）", 稲澤譲治編, 秀潤社 (1997).
7) A. Kallioniemi, O. P. Kallioniemi, D. Sudar, D. Rutovitz, J. W. Gray, F. Waldman, D. Pinkel, *Science*, **258**, 818 (1992).
8) D. Pinkel, R. Segraves, D. Sudar, S. Clark, I. Poole, D. Kowbel, *et al., Nat. Genet.*, **20**, 207 (1998).
9) E. Schrock, S. du Manoir, T. Veldman, B. Schoell, J. Wienberg, M. A. Ferguson-Smith, *et al., Science,* **273**, 494 (1996).
10) T. Strachan, A.P. Read, "Human Molecular Genetics", 2nd Ed., John Wiley & Sons. Inc (1999).
11) B. Lewin, Genes Ⅶ, Oxford University Press, New York (2000); 菊池韶彦ほか訳, "遺伝子（第 7 版）", 東京化学同人 (2002).
12) 中村祐輔著, "改訂 先端のゲノム医学を知る", 羊土社 (2002).
13) "改訂 PCR Tips（細胞工学別冊 Tips シリーズ）", 真木寿治監修, 秀潤社 (1999).

13 細胞増殖とがん

13・1　細胞の死と誕生

13・1・1　再生組織と非再生組織

私たちの体は，一見すると，毎日同じ形をして同じように機能しているので，体をつくる細胞も同じ細胞が変わらず使われているように思えるかもしれない．しかし，組織によって，生涯同じ細胞を使い続ける場合と，日々更新される新しい細胞が使われている場合とがある．前者の代表例として神経組織，後者の代表例として血液細胞や上皮組織をあげることができる．

a. 非再生組織　ヒトの脳は，生まれたときに約1000億個の脳細胞をもつ．これらの細胞は，一部の例外を除いて，一生涯，細胞分裂して増殖することができない．一方，長い年月の間には，細胞はさまざまな損傷を受けて傷つき，なかには死ぬものも現れてくる．したがって，脳細胞はその数が生涯にわたって少しずつ減る一方の組織であるといってよい．さらに，脳出血や脳梗塞などの病気によって脳細胞が急激に損傷を受けた場合には，残された脳細胞は，細胞を増やして損傷を補うことはできない．このことが，これらの病気の後遺症の回復を困難にさせている理由である．脳細胞，末梢神経細胞，筋肉細胞など，誕生後には増殖できない細胞を，**分裂終了細胞**といい，そのような組織を**非再生組織**という（図13・1a）．

b. 再生組織　組織のなかには，健康な状態でも毎日多くの細胞が死につつある場合がある．血液細胞はその代表例である．血液細胞は大きく分類すると，酸素を運搬する赤血球，外敵から体を防御する白血球，そして，血管が破れたときに血液を固めて止血する血小板の3種類に分けることができる．これらの細胞は，血液中にあって全身を循環しながら，毎日，その一部が少しずつ死んでいく．赤血球，白血球，血小板の寿命は，それぞれ，おおよそ120日，2週間，10日である．一方，細胞が死にゆくばかりであれば，その組織はしだいに小さくなる一方であろう．したがって，このような組織では，組織の恒常性を維持するために，死ぬ細胞と見合った数の細胞を日々新たにつくり出さなければならない．このような組織を**再生組織**とよぶ．再生組織には，血液細胞のほか，皮膚細胞，腸管の内面を覆う腸管上皮細胞などをあげることができる．皮膚や腸管内面は，体の外部に直接接触する（腸管の内腔も口から続く体の外部と考えることができる）**上皮組織**であり，それを構成する細胞は**上皮細胞**とよばれる．上皮細胞は，外部からのさまざまな刺激により日々傷つけられている．このため，上皮組織は傷つきつつある古い上皮細胞を積極的に失い，新しい細胞を生みだすことで，つねに完全な機能を維持しようとしている（図13・1b）．

再生組織のなかには，血液細胞や上皮細胞などのように正常な状態でも活発に細胞の死と誕生を行っているものもあれば，正常な状態ではまれに死と誕生が起こるのみであるが，ひとたび組織が何らかの理由で傷つき大量の細胞が失われると，活発に増殖を開始して，比較的短時間のうちに失われた細胞に見合う数の細胞をつくりあげるものがある．その代表例は肝臓であろう（図13・1b）．ヒトの肝細胞は，正常状態では非常にゆっくりとしか死と誕生を行わない．しかし，急性肝炎，薬剤による肝障害あるいは肝切除などの外科的手術などによって急速に肝細胞が破壊され失われると，一度は肝臓は萎縮してしまうが，その一方で，肝

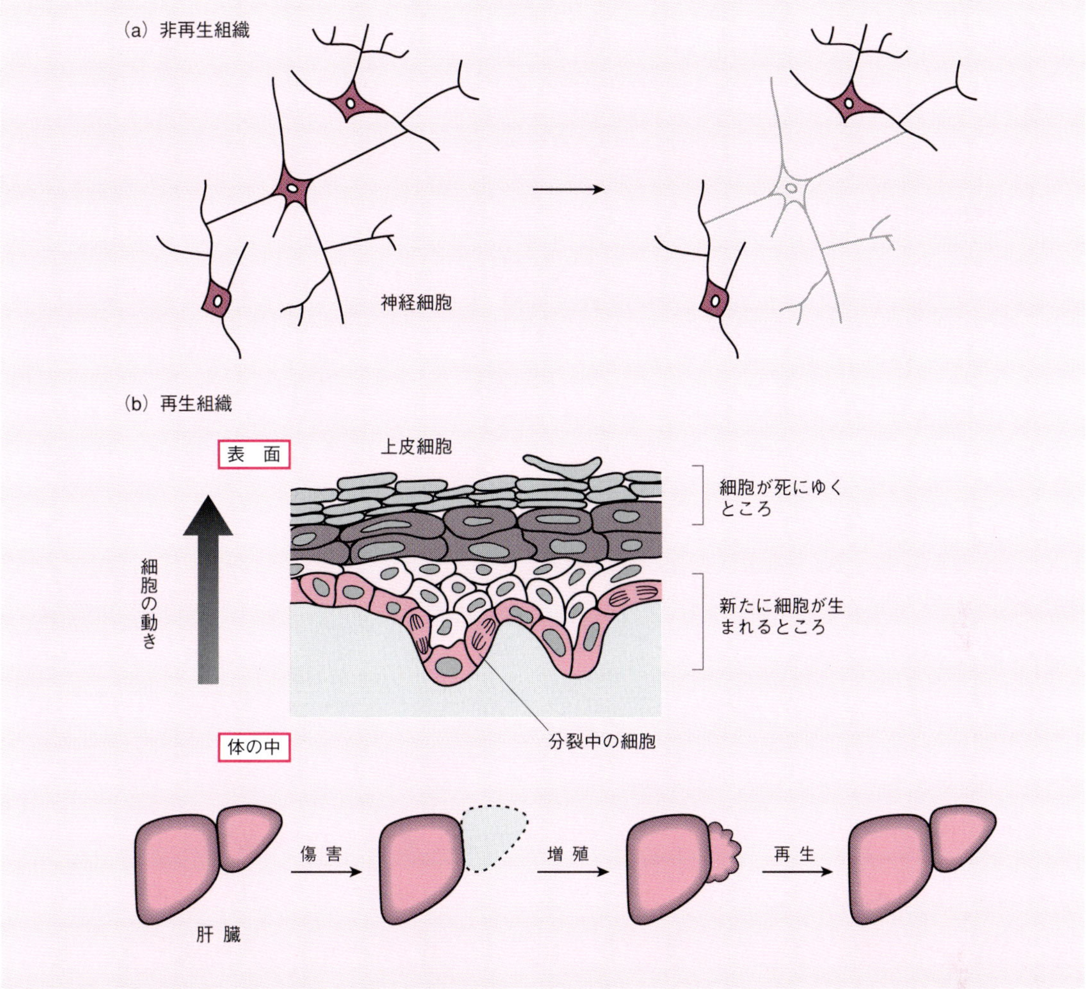

図 13・1　非再生組織と再生組織　(a) 非再生組織．非再生組織の例として神経細胞がある．神経細胞は生まれた後は増殖をしないので，同じ細胞を一生涯使う．一生の間には傷ついて死ぬ細胞があるので，神経細胞の数は加齢とともに減少する．(b) 再生組織．再生組織の例として皮膚と肝臓をあげることができる．皮膚組織では，皮膚の深部で活発に細胞分裂が起こり，新たにつくられた細胞がしだいに表面に移動し，最後はアカとなって死滅して捨てられる．皮膚の上皮細胞の再生現象はつねに起こっている．一方，正常な肝臓では，細胞の増殖はほとんど起こっていないが，いったん肝臓の傷害が起こると，もとの大きさに戻るまで活発に分裂を行う．

細胞は活発に増殖を行い始め，やがて元の肝臓の大きさと機能を回復することができる．肝細胞の数が元の数に回復すると肝細胞は増殖を停止し，定常状態に戻る．このように，再生組織は，正常状態で行っている細胞の死と誕生の速度にはそれぞれ差があるものの，ひとたび損傷を受けたときに細胞増殖を誘導して元の状態に回復する能力をもつことに特徴がある．再生組織のこの性質をいかして，近年，**再生医療**が注目を集めている．すなわち，組織の損傷が大きすぎて自身の再生能力では完全な回復が見込めないときには，同じ種類の細胞を同じ患者の別の場所（皮膚など）あるいは別の健常者の同じ臓器（血液細胞や肝細胞など）から採取して移植し，再生を促そうとするものである．このような再生医療に対して，心臓など非再生組織の臓器移植は，機能しなくなった患者の臓器そのものを，機能をもつ臓器に“交換”するものであり，意味が異なる．

13・1・2 細胞の死

再生組織における細胞の誕生と死は，組織の恒常性を維持するために行われている．その意味で，再生組織の細胞死は，あらかじめ死にゆく細胞にプログラムされた死であり，組織や個体にとって意味のある死といえる．このように積極的に誘導される細胞死を**アポトーシス**とよぶ．これに対して，やけどなど，偶発的な傷害で細胞が死ぬ場合は，細胞が生きてゆくことができなくなった結果起こる受動的な死であり，**ネクローシス**とよばれる．

13・1・3 細胞増殖の制御

a. 増殖因子 細胞の新たな誕生（細胞増殖）は，細胞分裂によって一つの親細胞が二つの娘細胞になることで行われる．前項で述べたように，発生・発達を終えた成体の再生組織における細胞分裂は，生体の恒常性を維持するためにのみ行われる．すなわち，この場合，死にゆく，あるいは，すでに失われた細胞に見合った数の細胞だけ新たに誕生させることが重要であり，そのために細胞増殖は精妙な制御のもとに過不足なく行われる．制御を逸脱した無制限な細胞増殖は，細胞のがん化の第一歩である．細胞増殖の制御，すなわち，ある細胞が細胞分裂を行うかどうかはどのように決定されるのであろうか．細胞分裂は，その細胞が属する組織の機能を維持するために行われるのであるから，組織あるいは臓器全体の情報（組織の損傷の有無など）を細胞の外部より受取り，それに従って細胞分裂が誘導される．このような細胞外からの増殖刺激として重要なものが**増殖因子**である．

多くの増殖因子はタンパク質であり，ある細胞から細胞外に分泌されると，細胞間を移動して別の細胞に作用する．一般に，増殖因子は分泌された場所から近距離に作用することが多く，ときには，自分自身に作用することもある．最も初期に発見された増殖因子の一つが，血小板由来増殖因子である．血小板は傷ついた血管に出会うとそこで凝固し，出血を止める役割をもつ．一方，血液を採取し試験管の中で放置すると，血小板は赤血球や白血球とともに試験管内で凝固し，淡黄色を呈する透明な血清と凝血成分に分離される．この血清を繊維芽細胞などに作用させると，その増殖を促進する活性があることが知られていた．その後の研究により，この活性は血小板に蓄えられている血小板由来増殖因子がその本体であり，血小板が凝固する過程で血清中に放出されることがわかった．このことから，血小板は傷ついた血管で凝固して止血する役割をもつだけではなく，血小板由来増殖因子をはじめとする増殖因子を放出し，血管を構成する細胞の増殖を促すことで血管の修復を促進する役割をもつことがわかった（図13・2）．

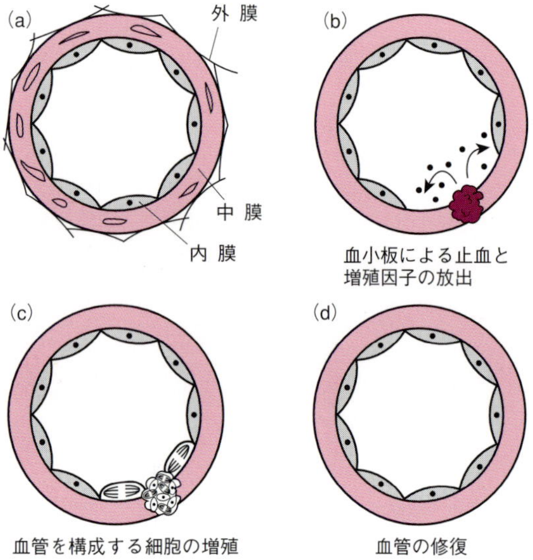

図 13・2 血小板による増殖因子の放出と止血 (a) 動脈は内膜，中膜，外膜の3層からなる．中膜は平滑筋細胞や繊維芽細胞などからなり，動脈壁に弾性に富む機械的な強さを与えている．血液は中膜と直接接触すると凝固する性質をもつが，1層の血管内皮細胞からなる内膜が血液と中膜の接触を防いでいるために，正常では血液は凝固しない．(b) 外傷などにより動脈壁が破壊されると，傷害部位では内皮細胞が失われ血液と中膜が直接接触するようになり，血小板が凝固する．凝固した血小板は止血に役立つとともに，血小板中に貯蔵されていた血小板由来増殖因子をはじめとする増殖因子を周囲に放出する．(c) これらの増殖因子は，局所の血管内皮細胞，中膜の繊維芽細胞や平滑筋細胞に作用しその増殖を促すことで，血管の修復に貢献する．すなわち，血小板は，出血に対して，止血と血管修復の二つの面で機能する．(d) 修復された動脈

b. 増殖因子受容体と細胞内の信号伝達 それでは，細胞外に放出された増殖因子はどのようにして標的となる細胞に作用してその増殖を誘導するのであろうか．一般に増殖因子はタンパク質であるため，脂質からなる細胞膜を通過して標的細胞の細胞内に入り込むことはできない．増殖因子は，標的細胞の細胞表面にある**増殖因子受容体**と結合することで増殖刺激を伝

える（第10章参照）．増殖因子受容体もやはりタンパク質であり，細胞膜を貫いて存在し，細胞外ドメインと細胞質内ドメインをもつ（図13・3）．細胞外ドメインは，増殖因子と実際に結合する部位に相当する．増殖因子が細胞外ドメインと結合すると，増殖因子受容体全体の立体構造が変化し，細胞質内ドメインにもそれに従って構造変化が起こり活性化される．活性化された増殖因子受容体は，増殖信号を細胞内にあるタンパク質に伝える．このようなタンパク質は多数あり，それらの間の相互作用を介して，リレーのように信号が核へと伝達される．信号は，最終的に細胞核に存在する遺伝子に作用して，細胞分裂を開始させる．このように，増殖因子・増殖因子受容体の相互作用は，増殖刺激伝達経路の第一歩であり，刺激を細胞外から細胞内へと変換して伝える役割を果たしている．

細胞分裂は必要があるときには素早く行う必要があるが，同時に，必要がないときには行われないように制御されている．したがって，増殖因子が標的細胞に作用することで起こる標的細胞内の増殖信号の伝達は，増殖因子の作用がなくなり，細胞分裂する必要がなくなるとただちに解除される．すなわち，組織全体の細胞数が十分で増殖を行う必要性がない場合には，増殖因子が存在せず，したがって，細胞分裂も起こらない．

13・1・4 細胞分化と細胞増殖

組織はただ1種類の細胞のみから構成されるのではなく，複数の異なる種類の細胞によって形づくられている．すでに見てきたように，血液は赤血球，白血球，血小板の少なくとも3種類の細胞から構成されている．それでは，これらの異なる種類の細胞は，それぞれまったく別々に増殖するのであろうか．赤血球，白血球，血小板のように自分が本来果たすべき役割が決まっており，細胞の形，機能がその役割に適したような特徴をもつ細胞を**終末分化細胞**という（図13・4 a）．一般に，ひとたび終末分化した細胞は細胞分裂する能

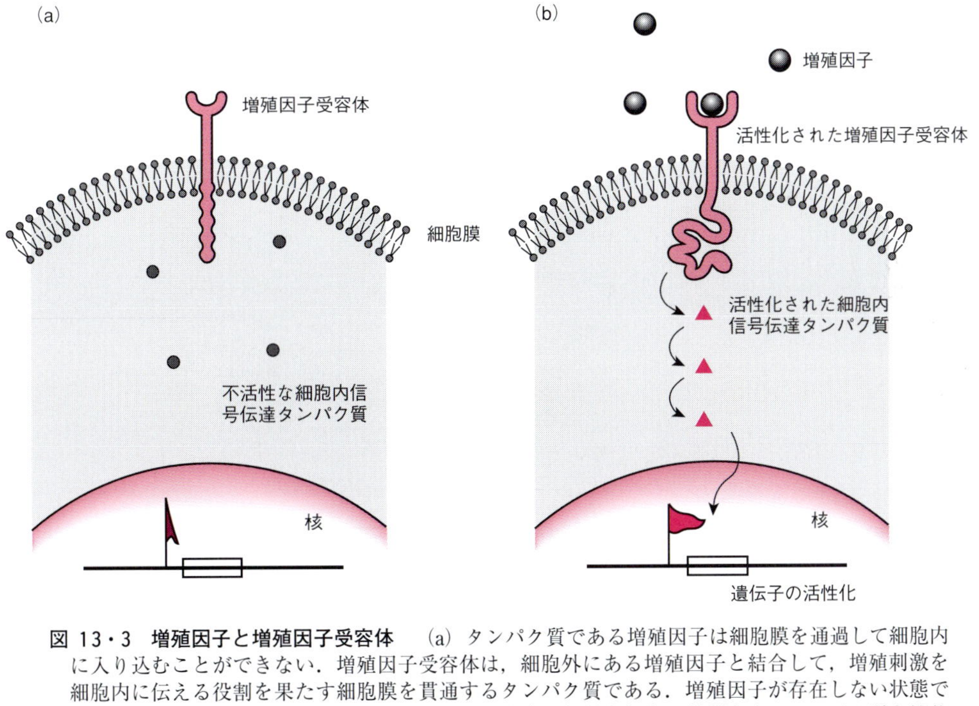

図 13・3 増殖因子と増殖因子受容体 (a) タンパク質である増殖因子は細胞膜を通過して細胞内に入り込むことができない．増殖因子受容体は，細胞外にある増殖因子と結合して，増殖刺激を細胞内に伝える役割を果たす細胞膜を貫通するタンパク質である．増殖因子が存在しない状態では，増殖因子受容体も不活性な状態にあり，細胞内で信号を伝える役割をするタンパク質も機能しない．(b) 増殖因子が存在すると，それは増殖因子受容体の細胞外ドメインに結合する．この結果，受容体の立体構造が変化して，細胞内ドメインが活性化される．活性化された受容体細胞内ドメインが細胞内にある信号伝達タンパク質の活性化反応の引き金を引いて，信号はリレー式に核に伝えられる．

力を失っていることが多い．その典型的な例が，赤血球であろう．ヒトの赤血球は分化する過程で核を失うので，当然のことながら，細胞分裂をすることはできない．このように，終末分化した細胞を見ただけでは，まったく異なる機能，形態を示す血液細胞であるが，実はこれらの細胞は共通の祖先細胞をもち，それが赤血球，白血球あるいは血小板に特徴的な分化経路を経て終末分化することが知られている（図 13・4 b）．この共通の祖先細胞こそが盛んに増殖する細胞なのである．このように，共通祖先細胞は，異なる種類の細胞に分化することができ，この性質を**多分化能**とよぶ．共通祖先細胞は，自分が分化すべき経路がまだ決まっておらず，当然，分化した細胞に特徴的な機能や形態を獲得していない．その意味で，これらの共通祖先細

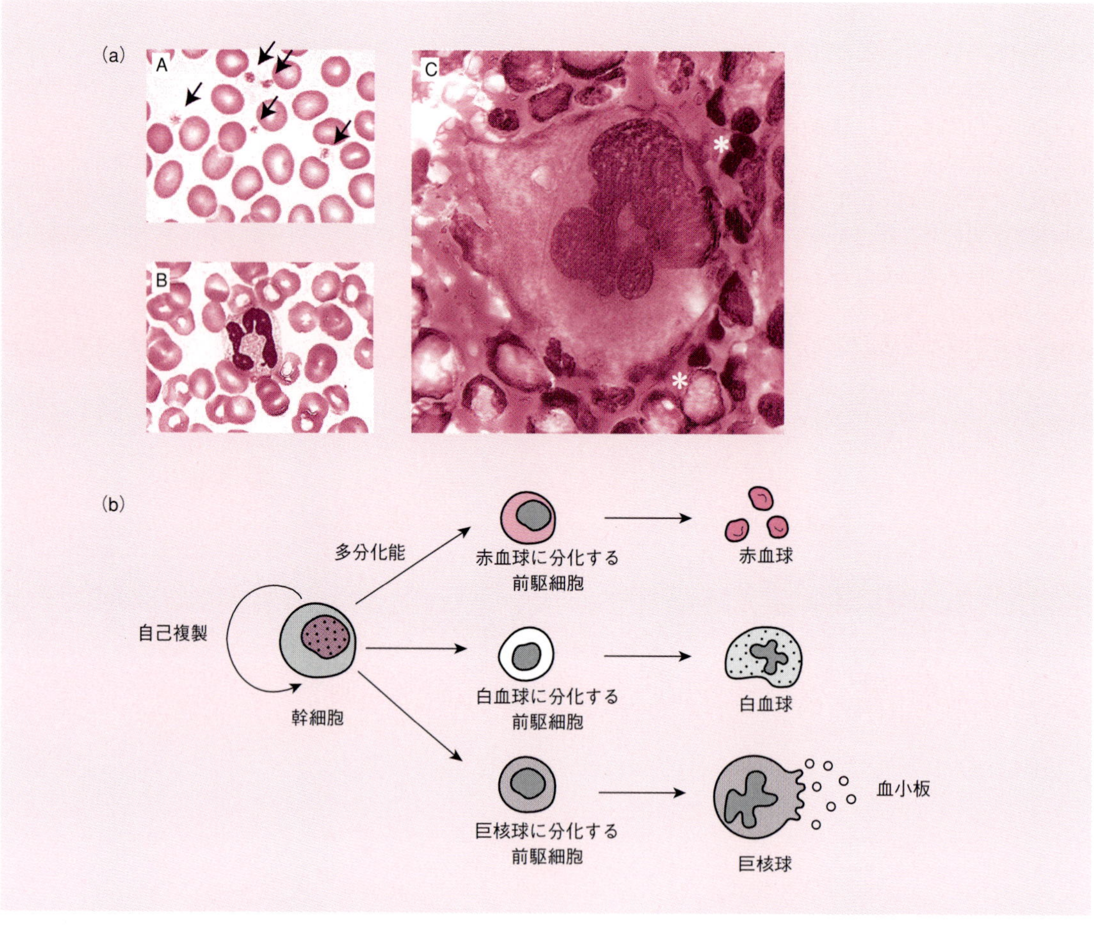

図 13・4　終末分化細胞の典型例としての赤血球，白血球，血小板　(a) A: 末梢血液中の赤血球と血小板（矢印）．B: 末梢血液中の白血球（好中顆粒球）．C: 骨髄中の巨核球．これらの顕微鏡像は同じ倍率であり，巨核球が際だって大きいことがわかる．ヒト赤血球は核がなく，細胞質内に豊富にあるヘモグロビンによって酸素を運搬する．白血球（好中顆粒球）は，くびれをもった核が特徴的で，細胞質内顆粒に含まれる酵素の作用によって外敵を殺す．血小板は，巨核球とよばれる巨大な細胞の細胞質がちぎれるようにして生まれる（図 C で血小板がちぎれかけているところを＊で示す）．これらで見られるとおり，終末分化細胞は，それぞれに特徴的な形態と機能をもち，一般に増殖しない．〔写真提供: 自治医科大学　小澤敬也教授〕(b) 赤血球，白血球，血小板は共通の幹細胞より分化する．血液細胞をつくる幹細胞は，細胞分裂によって自身と同じ細胞を増やす能力（自己複製能）とともに赤血球，白血球，血小板の少なくとも 3 種類の細胞に分化する能力（多分化能）を併せもつ細胞である．幹細胞が特定の種類の細胞に分化を始めると，赤血球，白血球，巨核球に分化するよう運命づけられた前駆細胞が生まれる．これらの細胞はさらに分化して，赤血球，白血球，巨核球になる．巨核球の細胞質がちぎれることで血小板がつくられる．前駆細胞から赤血球に分化する過程で核が失われることに注意．

胞は，未分化状態にあるといえる．未分化状態にある共通祖先細胞は，増殖しながらしだいに自分が分化すべき方向を決定する．ひとたび特定の細胞種に分化し始めると，これらの細胞はしだいに増殖する能力を失っていく．すなわち，未分化であればあるほど，細胞は分裂する能力が高く，分化するにつれてこれが失われていく．

もし，増殖しつつある共通祖先細胞がすべて分化してしまったら，ついには未分化状態を維持した共通祖先細胞は枯渇してしまうであろう．実際，共通祖先細胞は増殖する過程で，分化に向かう細胞と自分自身とまったく同じ細胞の両方をつくり出すと考えられている．すなわち，共通祖先細胞は自分自身を再生産することで，枯渇することがないようにしているのである．このような共通祖先細胞の自己再生産能力を**自己複製能**という．以上のことから，ここで共通祖先細胞とよんできた細胞は，多分化能と自己複製能の両者をもつ細胞であることがわかる．このようにして定義される細胞を**幹細胞**とよぶ．一般に再生組織に存在する幹細胞の数は分化しつつある細胞や終末分化した細胞に比較すると非常に少ない．しかし，幹細胞が増殖することではじめて多様な細胞種に分化した細胞がつぎつぎとつくられて，再生組織が維持される．その意味で，幹細胞は，その組織の恒常性を担うきわめて重要な細胞であることがわかる．実際，再生医療の一つの試みとして，特定組織の幹細胞を集めて，傷害を受けた患者組織にこれを移入し，移入された幹細胞が種々の分化細胞を供給することで傷害の回復を促進させようとする治療が最近盛んに行われている．

13・1・5 染色体と有性生殖

a. クロマチンと染色体　一般に遺伝子すなわちDNAは，細胞内で核とよばれる限局された領域に存在する*．DNAは，デオキシリボヌクレオチドを基本単位とする長い直鎖状の重合体である．たとえば，一つのヒト細胞がもつDNAをまっすぐな化学物質としてその長さを測ると約2メートルになるといわれている．一方，典型的な細胞核は直径が約10 μmの球体である．長いDNAがどのようにしてこのように小さな空間に存在しうるのかは長い間の疑問であった．現在でもその理由が完全に明らかになったわけではないが，一つの大きな理由は，DNAがヒストンとよば

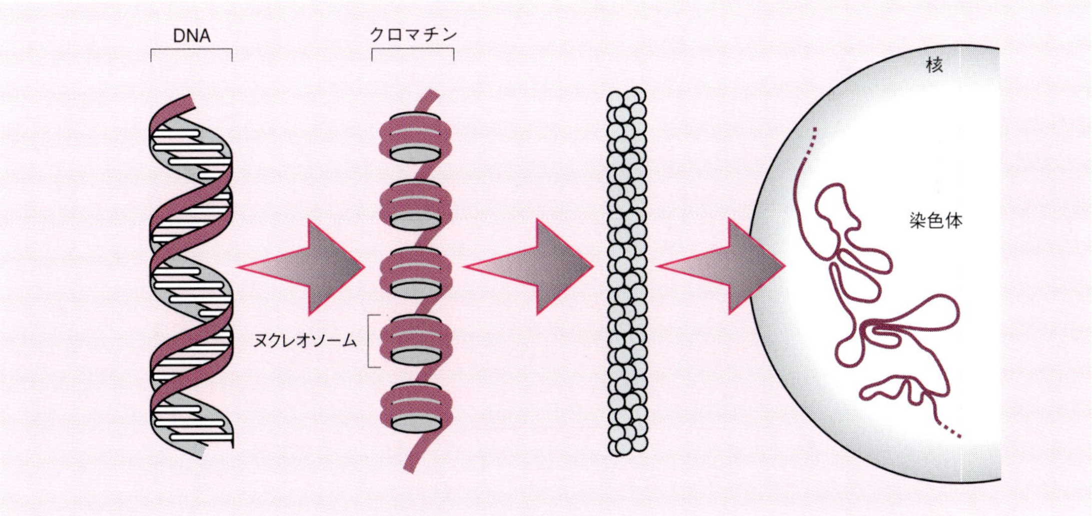

図 13・5 クロマチンと染色体　裸の状態では長いDNAは，ヒストンから構成される円盤状のタンパク質複合体の周りに巻付くことによってコンパクトなクロマチン構造をとる．クロマチンは，多数のタンパク質と複雑な複合体を形成し，さらに折りたたまれることで染色体を形成する．

* これは真核生物の場合であり，核をもたない原核生物（大腸菌など）では細胞内に存在する．また，真核生物でも，核内DNAのほかに少量のミトコンドリアDNAや植物では葉緑体DNAが存在する．

れるタンパク質からつくられる円盤の周りに巻付くことによる（図13・5）．この状態を遠くから見ると，DNAが多数のヒストンの周りにつぎつぎと巻付いた数珠のような状態に見えるであろう．このようにして折りたたまれたDNAを**クロマチン**とよぶ．このように，細胞の中でDNAは裸の状態で存在するわけではなく，ヒストンをはじめとする莫大な数のタンパク質と結合して存在する．このDNAとおもにタンパク質からつくられる巨大な複合体を**染色体**とよぶ．

b. 有性生殖　大腸菌のような原核生物は環状のDNAをもつ．それに対して，ヒトを含めた動物や植物，酵母や原生動物のような真核生物は線状のDNAをもつ．したがって，真核生物の染色体も線状である．1個の細胞がもつ染色体の数は生物種によって決まっている．

ほとんどの真核生物は**有性生殖**を行う（図13・6）．多細胞生物では，雌雄の性があり，雌由来の大型の卵細胞と雄由来の小型の精子が受精し，個体ができる．受精してできた個体は，卵と精子に由来する1セットずつの染色体を合わせて合計2セットもつので，**二倍体**とよばれる．一方，二倍体の個体が卵と精子をつくるときには，受精したものが再び二倍体となるように，卵と精子がもつ染色体の数を半分に減らしてそれぞれ1セット分とする必要がある．この過程は，**減数分裂**

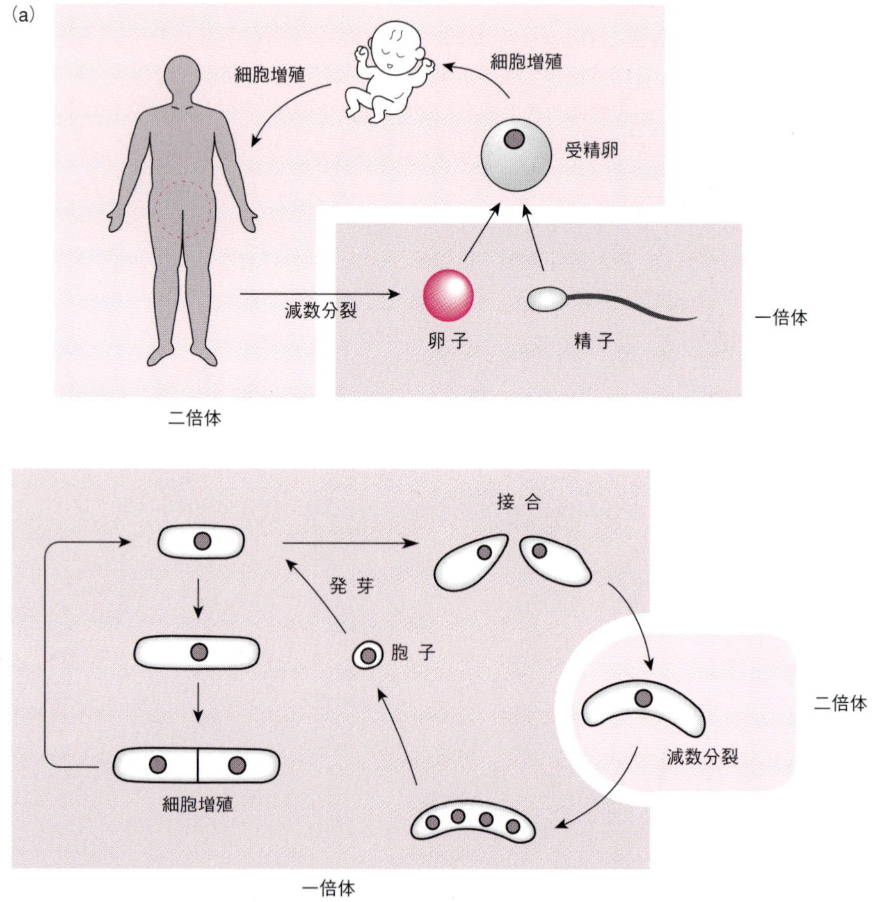

図13・6　さまざまな生物の生活環　(a) ヒトのようなほとんどの多細胞真核生物では，卵や精子などの有性生殖を実際に行う配偶子のみが一倍体で，その他の体を構成するほとんどの細胞は二倍体である．細胞増殖は二倍体細胞が行う．(b) 酵母などの単細胞真核生物には，一倍体でほとんどの細胞増殖を行い，二倍体は接合直後の接合子の時期にわずかにみられるばかりであることがある．図は，分裂酵母の例を示す．

とよばれる特殊な細胞分裂によって行われる．減数分裂によって，配偶子は二倍体の半分の染色体をもつことになり，これを**一倍体**（あるいは**半数体**）とよぶ．一倍体の染色体の数を N で表すと，二倍体は $2N$ である．

ヒトのように大部分の多細胞真核生物は，ほとんどの時間を二倍体として過ごし，二倍体の状態で増殖する．減数分裂によってできた一倍体の卵や精子はただちに受精して再び二倍体となる．一方，酵母などのように，大部分の時間を一倍体として増殖する生物もある．この場合，生存環境の悪化などの特定の刺激によって性の異なる一倍体同士の接合が時に起こるが，接合してできた二倍体の細胞は多くの場合ただちに減数分裂を行って一倍体の細胞に戻る．このように，ある生物が二倍体と一倍体として過ごす時間と形態は生物種によって固有であり，それをその生物種の**生活環**という．

ヒトの場合，一倍体である卵と精子は22種類の常染色体と1種類の性染色体（精子にはXもしくはY染色体，卵子にはX染色体）を各1本ずつ，合計23本の染色体をもつ．受精してできた個体を構成する細胞は，22種類の常染色体と性染色体を各2本ずつ（男はXとYの性染色体，女は2本のX染色体）を合計46本もつ．したがって，$N = 23$，$2N = 46$ である．

13・1・6 細胞周期

a. 遺伝子の複製と分配　1個の細胞が2個の細胞をつくり出す細胞分裂は，具体的にどのようにして行われるのであろうか．物質レベルで見ると，細胞は，遺伝子そのものであるDNA，その情報をタンパク質に変換するために必要なRNA，実際に細胞の機能を遂行するタンパク質，および，タンパク質である酵素の作用によってつくられる脂質，糖などから構成されている．1個の細胞が2個の娘細胞をつくるためには，最終的にこれらのすべての構成要素の量が2倍になり，きちんと二つの娘細胞に分け与えられる必要がある．なかでも，遺伝子は，細胞のすべての構成要素の直接的，間接的な設計図であるので，遺伝子すなわちDNAをまず2倍にすることが重要である．この過程をDNAの**複製**とよぶ（図13・7 a，第9章参照）．複製反応により，1セット分の遺伝子が2セットに増えたならば，つぎに，それらを正しく1セットずつ2個の娘細胞に分け与える必要があり，これを**分配**とよぶ（図13・7 a）．分配が正しく行われないと，たとえば2倍になった遺伝子を1個の娘細胞が二つとも受取り，他方の娘細胞は受取らないようような事態が生じるであろう．その結果，この遺伝子を2コピーもつ娘細胞は遺伝子機能が過剰となり，受取らなかった娘細

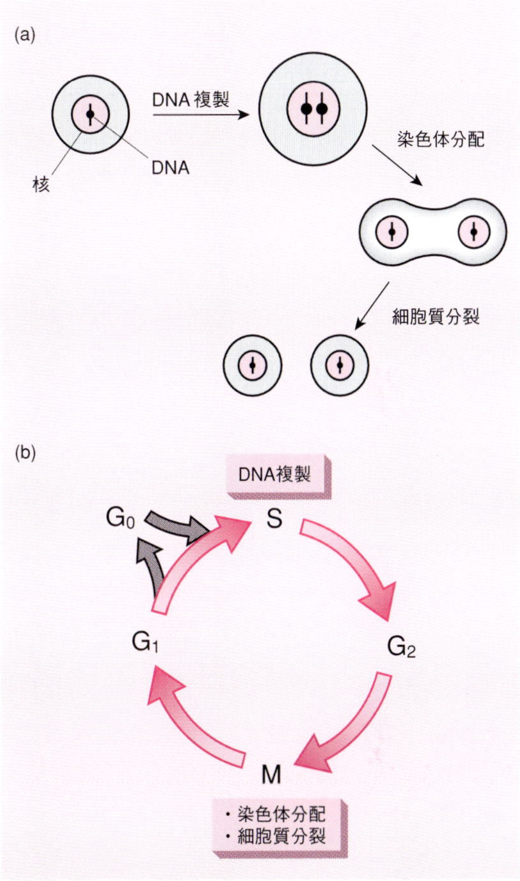

図 13・7　細胞周期　(a) DNA複製と染色体分配．1個の親細胞が細胞分裂によって2個の娘細胞を生みだす過程では，まず，遺伝子であるDNAを2倍にコピーし，その後，それぞれのコピーを娘細胞に一つずつ受渡す必要がある．前者をDNAの複製，後者を染色体分配という．分配が起こった後，細胞が二つに分離し，完成された娘細胞ができる（細胞質分裂）．簡単のために，図では細胞がもつDNAの数を1本としているが，この数は生物種によって異なる（ヒト細胞では $2N=46$）．(b) 細胞周期．S期でDNA複製，M期で染色体分配と細胞質分裂が起こる．連続して細胞分裂を行う場合は，細胞周期が回り続けるが，分裂を休止する場合には，G_1 期から G_0 期に入り，分裂を再開する場合には，G_0 期から G_1 期に入る．

胞は遺伝子機能を失ってしまう．したがって，細胞分裂によって正しい娘細胞が生まれるためには，体の設計図である遺伝子が過不足なく複製，分配されることが重要である．

b. 細胞周期　細胞は，DNA 複製をS期とよばれる時期に，つづけて，分配をM期とよばれる時期に行い，最終的にもとの細胞と同じ娘細胞をつくる（図 13・7 b）．細胞が連続して分裂を行う場合，S期とM期が繰返され，M期とつぎのS期の間を **G_1 期**，S期と次のM期の間を **G_2 期**とよぶ．すでに述べたように，正常細胞は，必要なときにのみ細胞分裂を行う．細胞分裂を行わない細胞は **G_0 期**にあるとされる．G_0 期の細胞が必要に応じて細胞分裂を開始するとき，まず G_1 期に進み，S，G_2，M期を経て分裂を行う．一方，M期を経て細胞分裂がいったん終了した細胞が次の細胞分裂は行わないとき，G_1 期を経て G_0 期に入る．したがって，G_1 期には，次の細胞分裂を行うかどうかを決定する時期が存在し，G_1 期は一連の細胞分裂過程の開始点であると同時に終了点であると理解できる．G_1-S-G_2-M-G_1 の過程を**細胞周期**とよぶ．また，M期に対して，M期以外の時期，すなわち，G_1-S-G_2 期を**間期**とよぶ．

13・1・7　DNA 複製と染色体分配の仕組み

DNA 複製と染色体分配は，遺伝子が正確に子孫細胞に受渡されるために欠かすことができない重要な現象である．これらがいかにして行われるのかを以下に見ていこう．

a. DNA 複製　DNA はワトソン-クリック結合によって組合わされた2本の鎖がつくる**二重らせん構造**をとっている．DNA がS期で複製を開始するにあたって，まず DNA 上の複製開始点とよばれる領域で，この二本鎖 DNA がほどける（図 13・8）．つぎに，分離した2本の一本鎖 DNA をそれぞれ鋳型に用いて新しい DNA 鎖が合成され，2本の新しい二本鎖 DNA がつくられる．この反応は，複製開始点から左右の両方向に進行し，最終的に長い2本の二本鎖 DNA が完成する．以上述べた DNA 複製機構の特徴は，初めに二本鎖 DNA を形成していた2本の DNA 鎖がそれぞれ鋳型鎖として1本ずつ娘 DNA に受渡されることである．すなわち，一つの DNA は，親 DNA から受渡された鎖とそれを鋳型に用いて合成された新生 DNA 鎖からなる．このような DNA 複製の仕組みを**半保存的複製**という．半保存的複製によれば，鋳型 DNA を用いて新生鎖 DNA を合成する際に間違いが生じても，それを消した後，正しい配列をもつ鋳型を使って正しい DNA をつくり直すことができる．すなわち，半保存的複製は鋳型を温存することで，間違いを修正することができる優れた方法である．

b. 染色体凝縮　すでに述べたように，ヒトの体のほとんどを構成する二倍体細胞は 46 本の染色体からなる．それぞれの染色体はクロマチンから構成される独立した構造体であるが，間期の細胞の核を顕微鏡で観察しても個々の染色体を分けて認識することはできない（図 13・9）．これは，この時期の染色体が互いに見分けがつくほど隔てあって存在せず，いわば核内で混ざり合って存在するためである．一方，細胞周期の中でもM期の細胞では，個々の染色体が明瞭に認識できる．それは，この時期の染色体がそれぞれ小さなコンパクトな構造となっているからである．間期の染色体がM期の染色体になる過程は，それぞれの染色体クロマチン構造が高度に折りたたまれることで起こり，これを**染色体凝縮**という．凝縮した染色体はM期に特徴的であり，M期を終了すると染色体は脱凝縮する．

c. 染色体合着　S期で DNA は複製されると，DNA 量は2倍になり，染色体の数も2倍になる．1本の染色体が複製されてできた2本の染色体は，できあがってすぐにばらばらに離れるのではなく，M期まで互いに結合したままで存在する．この現象は**合着**（がっちゃく，あるいは，ごうちゃく）とよばれ，2本の染色体の間に糊（のり）のようなタンパク質があって，染色体を橋渡しをしてつなげているためである（図 13・10）．

d. 染色体分配　M期で起こる染色体分配は，DNA 複製とともに，細胞が遺伝子を正確に子孫に伝えるために必須の現象である．染色体分配はどのようにして起こるのであろうか．今，単純のために，aとbの2種類の染色体をもつ場合を考える（図 13・11）．a+b の染色体をもつ G_1 期の細胞がS期で複製を行うと，a+a+b+b の4本の染色体をもつようになる．染色体分配とは，aとbをそれぞれ1本ずつ娘細胞に受渡すことである．細胞はその目的を遂行するために，以下のような精妙な方法をとっている．

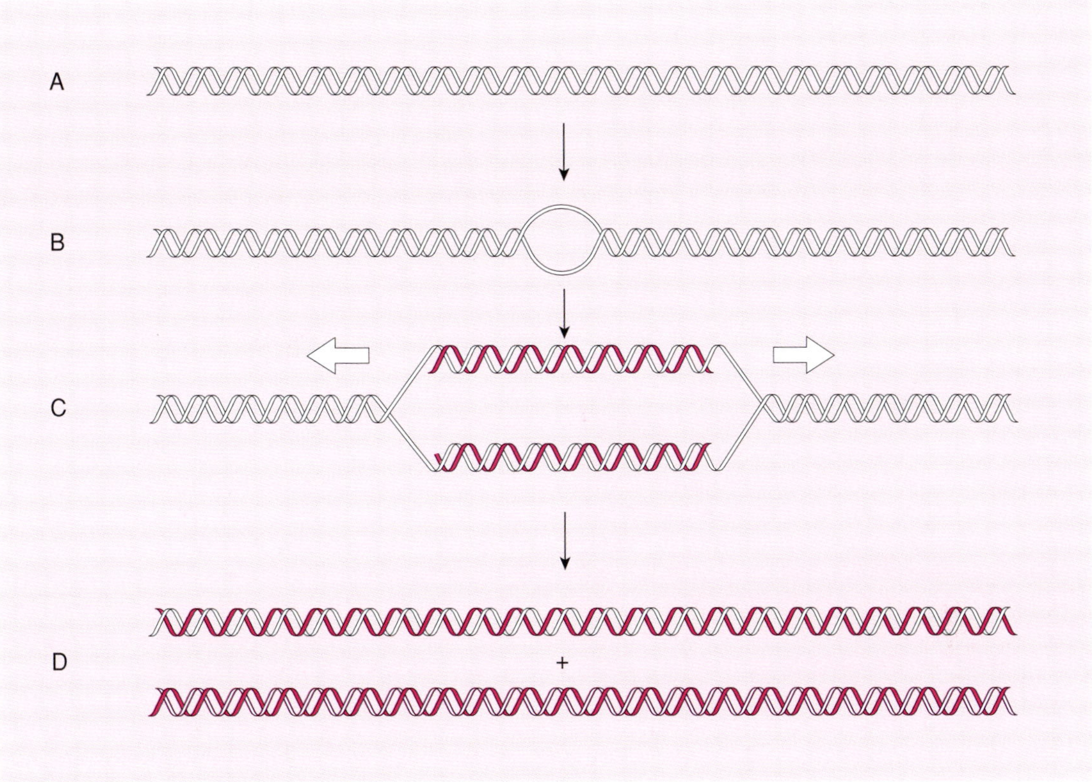

図 13・8　**DNA の半保存的複製**　複製が開始する領域において，二本鎖 DNA が一本鎖 DNA にほどけ（A→B），それぞれの鎖を鋳型にして新しい鎖が合成される（C，合成された DNA 鎖は赤色で示してある）．この合成反応は左右両方向に進み，最終的に二つの二本鎖 DNA ができる（D）．複製された DNA がおのおの，1 本の親 DNA 由来の鎖（白色）と 1 本の新しく合成された DNA（赤色）になり，これを半保存的複製という．

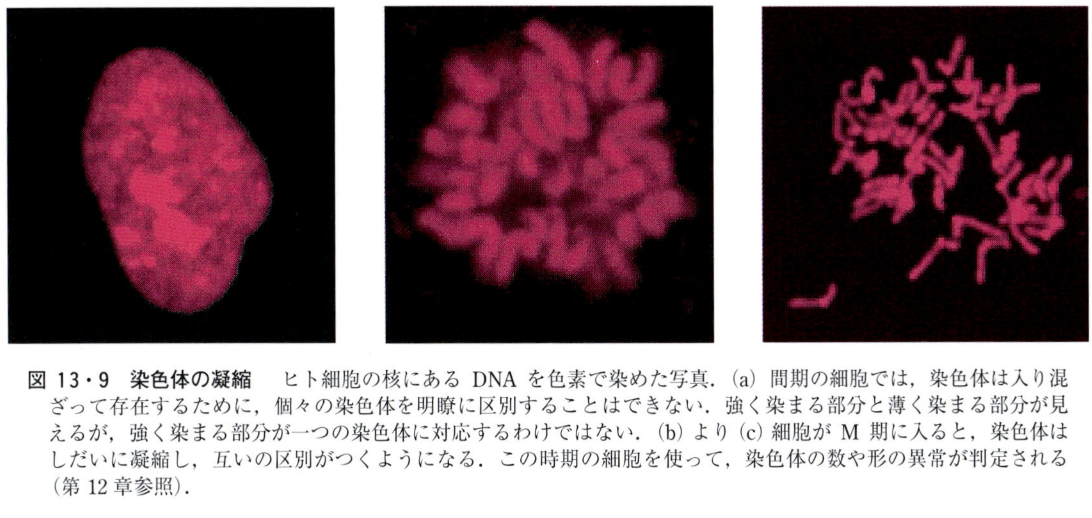

図 13・9　**染色体の凝縮**　ヒト細胞の核にある DNA を色素で染めた写真．(a) 間期の細胞では，染色体は入り混ざって存在するために，個々の染色体を明瞭に区別することはできない．強く染まる部分と薄く染まる部分が見えるが，強く染まる部分が一つの染色体に対応するわけではない．(b) より (c) 細胞が M 期に入ると，染色体はしだいに凝縮し，互いの区別がつくようになる．この時期の細胞を使って，染色体の数や形の異常が判定される（第 12 章参照）．

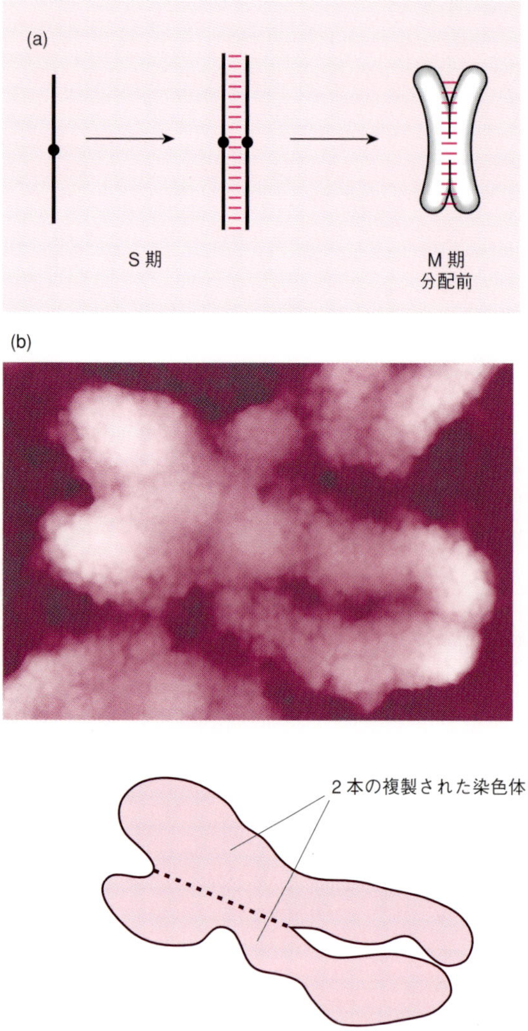

図 13・10　染色体の合着　(a) S 期で複製された2本の DNA（染色体）は，完成後，離ればなれになるわけではなく，糊タンパク質によって互いにつなぎ止められている．この様子は，凝縮した M 期染色体で観察することができる．(b) 原子間力顕微鏡（AFM）によって観察された合着を示す M 期染色体．2本の染色体が側面でつながっている様子がよくわかる．模式図では，2本の染色体が破線部分を介して結合している様子を示している．〔写真提供：京都大学大学院生命科学研究科 吉村成浩助教授，竹安邦夫教授〕

細胞は，S 期で複製された a＋a＋b＋b を4本のばらばらの染色体としてではなく，染色体合着によって a＋a と b＋b の2組の染色体対として M 期まで維持している（図 13・11 B）．つぎに，紡錘糸とよばれる1組の繊維状構造体が綱引きするように1組の染色体のおのおのに接着し牽引しようとする（図 13・11 C）．このとき，牽引されている2本の a あるいは b は，合着によって結合しているので，a 同士あるいは b 同士は解離することなく，綱引きは細胞中央で平衡状態を保っている．やがて，合着にかかわっていた糊タンパク質が分解され，a 同士あるいは b 同士は離ればなれとなる．その結果，2本の a と b は，紡錘糸の牽引方向に向かって移動し（図 13・11 D），最終的に分配が完成する．

この過程を検討してみると，合着によって将来異なる娘細胞に分配されるべき染色体が最後まで組合わされていることで，正しい組合わせで分配が起こっていることがわかる．また，染色体分配は紡錘糸によって個々の染色体が牽引されて起こるため，個々の染色体の区別が明瞭である必要がある．その意味で，M 期に起こる染色体凝縮は重要で，凝縮していない間期の染色体を牽引しようとしても，染色体間で絡まり合いが起こるのみであろう．

e．チェックポイント　以上のように，M 期は染色体や細胞の構造がダイナミックに変化する時期であり，古くから多くの研究者の注目を集めてきた．重要なことは，これらの一連の現象が前後することなく正しい順番で起こることである．また，間期であっても DNA 複製のように目では見えないけれど，重要な現象が順序正しく行われている．このように，細胞周期では，一連の現象が前後することなく整然と行われる必要がある．DNA 複製が完了する前に染色体分配が起こっては困るのである．このことを保証するために，細胞はある現象の完了を見届けてはじめて次の現象の開始を許可する仕組みをもっている．これを**細胞周期チェックポイント機構**という．また，DNA や染色体が何らかの理由で傷ついて正確な複製や分配ができないとき，一時的に細胞周期の進行を中断して，これらの損傷を修復し，修復が完了してから初めて細胞周期を再開させる必要がある．この仕組みを **DNA 損傷チェックポイント**という．いずれも，次節で述べる細胞のがん化との関連で現在精力的に研究が行われている研究分野である．

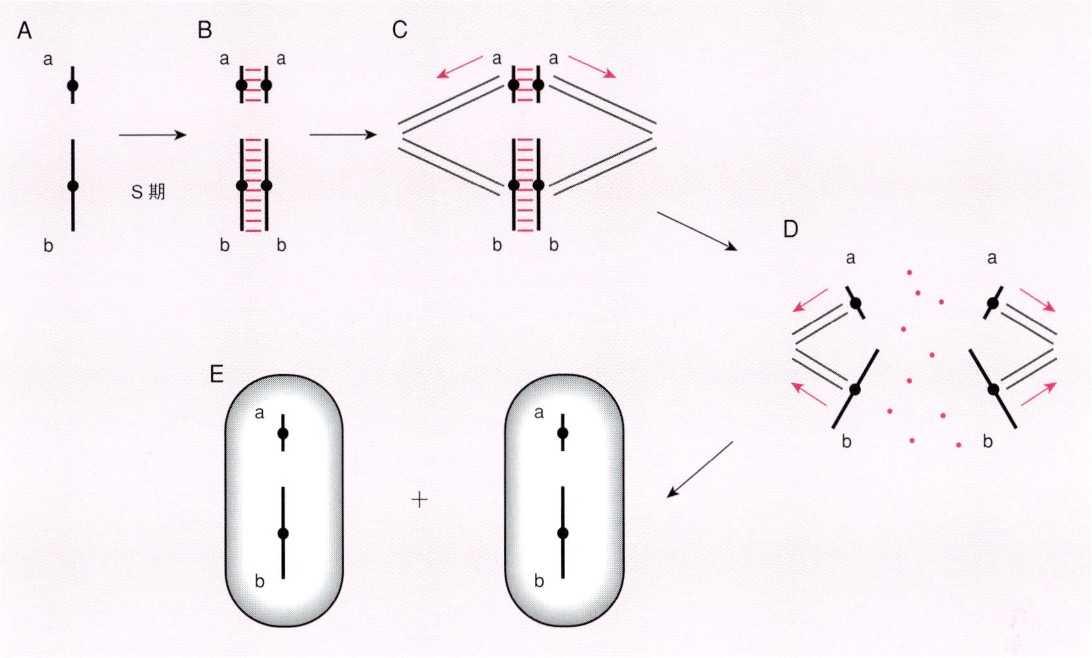

図 13・11 染色体の分配 2種類の染色体aとbをもつ細胞を例にとる．S期で複製されたDNAは，糊タンパク質によりM期に入るまで互いにつなぎ止められており，aとbが2本ずつ結合した2組の染色体対が存在する（A→B）．M期に入ると，つなぎ止められた1組の染色体のそれぞれに反対方向に牽引する紡錘糸が接着し，1組の染色体を引き離そうとする．しかし，これらは染色体合着によってつなぎ止められているため，染色体は分離せず中央で平衡状態にある（C）．やがて，糊タンパク質が分解され，2本のaあるいはbの間の合着が失われる．この後，2本のaとbは，それぞれ1本ずつが反対方向に牽引されて分配が完成する（D→E）．

13・2 細胞のがん化

がん細胞とはどのようなものであろうか．がん細胞は腫瘍をつくり，腫瘍は懸命な治療にもかかわらず増殖し，さらには体中の臓器に転移して患者をたおす．がん細胞にこのようなことを可能にさせているのは，がん細胞が以下に述べるような正常細胞にはない能力を備えているからである．

13・2・1 自律的な増殖

正常細胞は外部からの増殖刺激によって初めて増殖を開始し，増殖刺激がない限りは増殖を行わない．すなわち，正常細胞は必要がない限り細胞周期をはずれて G_0 期にいる．ところが，腫瘍が持続的に大きくなるためには，がん細胞は増殖刺激のあるなしにかかわらず増殖を続ける必要がある．このようながん細胞の特徴を**自律的な増殖能**という．正常細胞では，増殖因子は増殖因子受容体によって細胞に認識され，細胞内の一連のリレー反応によって核に信号が伝えられて増殖開始の合図となる．がん細胞では，この一連の増殖信号伝達経路に異常があり，外部からの増殖刺激がなくてもつねに刺激を送り続けている（図13・12）．

13・2・2 遺伝子不安定性

がん細胞は増殖を続けるだけでは，その子孫細胞が本当に数を増やして腫瘍をつくることはおぼつかないであろう．これは，爆発的に個体数が増えつつある生物が時として急に絶滅するのと同じである．腫瘍が大きくなるにつれて，がん細胞はその生存を困難にするさまざまな障害に出合う．一般に，がん細胞はあまりに急速に増殖するために栄養不足に陥りやすい．また，がん細胞の成長を止めるための免疫系をはじめとするさまざまな患者の防御機構によって攻撃される．あまりに大きくなりすぎた腫瘍は，それ以上の増殖する空間を失い，転移などによって新たな増殖部位を見つける必要があるであろう．さらに，患者が治療を受けた場合，外科的手術，放射線療法，抗がん剤といったがん細胞を取除こうとする治療に抗して，がん細胞は増え続けなければならない．

すでに見てきたように，がん細胞は細胞増殖刺激をリレーする細胞内分子に異常をもつことで増殖刺激がない状態でも増殖を続けることができた．同様に，これらのがん細胞の増殖を阻害する種々の条件に対しても，がん細胞は異なる細胞内分子を変化させて対処する．たとえば，腫瘍に新たに血管をつくって栄養を取込む能力，免疫防御網を逃れる能力，放射線や抗がん剤に耐性をもつ能力，転移する能力など，正常細胞にはないさまざまな特質を獲得し続けることで，これらの障害を乗越え増殖を続けている．このようながん細胞に特徴的な特質を**悪性形質**とよぶ．がんという病気が進展するとは，がん細胞がしだいに多くの悪性形質を獲得して患者の体の中で増殖を続けることである．

それでは，悪性形質を獲得するのに必要ながん細胞の分子変化とはどのようにして起こっているのであろうか．一般に，一度がん細胞が獲得した悪性形質は，がん細胞が増殖を続けても子孫細胞に安定に伝わり続ける．たとえば，ある抗がん剤に対してがん細胞が抵抗性を獲得した場合，その抗がん剤の使用を一度中止して，休薬期間の後に再開すると，多くの場合，がん細胞は即座にその抗がん剤に対する抵抗性を示す．このことは，たとえ，抗がん剤の使用を控えていても，その抗がん剤に対する抵抗力は安定に子孫細胞に受け伝えられていることを意味する．このように細胞のある性質が子孫細胞に安定に受け伝えられることをその性質が遺伝するといい，多くの場合，その性質は遺伝子の変化として細胞分裂によって子孫細胞に受け伝えられることを意味する．

実際，増殖刺激のリレー分子の異常を含めて，多くの悪性形質の原因となる細胞内分子の異常は，その分子をコードする遺伝子が突然変異によって変化し，その突然変異をもった異常遺伝子が子孫がん細胞に遺伝し，異常タンパク質をつくることで起こっている．

このことから，がん細胞は正常細胞に比較して，遺伝子の異常が起こりやすいことに特徴があることがわかる．このようながん細胞の特徴を**遺伝子不安定性**とよぶ．がん細胞では遺伝子不安定性により，多数の遺伝子異常が蓄積し，それぞれが悪性形質の獲得に貢献しているのである．

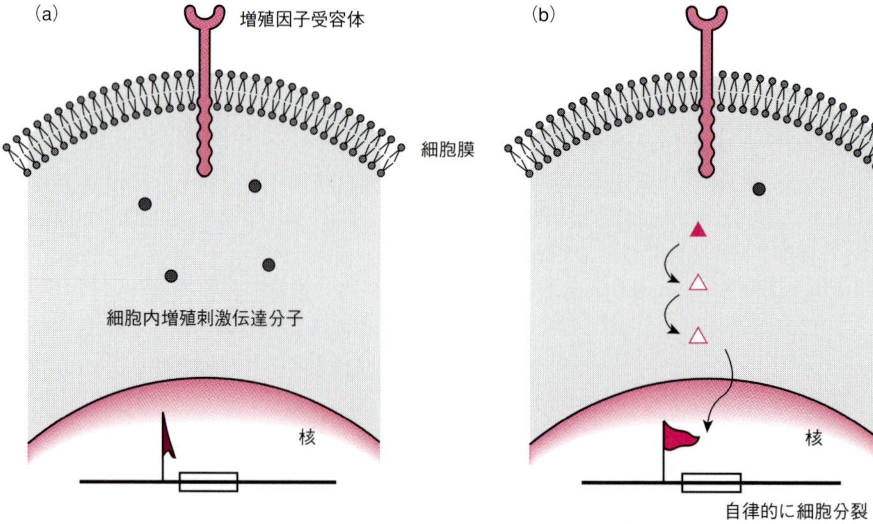

図 13・12　がん細胞の自律的な増殖　(a) 正常細胞では，増殖刺激がない状態では，増殖因子受容体や細胞内増殖刺激伝達分子（●）は活性化しておらず，細胞分裂に必要な核内遺伝子は発現していない．(b) がん細胞では細胞内増殖刺激伝達分子の一つに異常があり（▲），上流からの刺激のリレーがない状態でも，下流に向かって刺激をつねに出し続ける（△）．この結果，がん細胞は増殖刺激なしに自律的に細胞分裂を続ける．

がん細胞の遺伝子不安定性はどのような理由で起こっているのであろうか．遺伝子を子孫細胞に正確に伝えるためには，すでに述べてきたような細胞周期にわたる一連の精妙な仕組みが必要である．細胞周期は，複雑な現象が整然と順序正しく行われる必要があった．そのことを保証するために，正常細胞は，ある現象の完成を確認した後にはじめて次の現象の開始を許す**チェックポイント機構**とよばれる仕組みをもっている．がん細胞の遺伝子不安定性の原因は単純ではないが，一つの大きな要因は，がん細胞ではこのチェックポイント機構が破綻している場合が多いことである．チェックポイント機構に異常があるために，多くのがん細胞は，準備が整わないうちに細胞周期が次の段階に進行することが多い．このような場合，細胞は正確に遺伝子や染色体を子孫細胞に受渡す確率が低くなり，がん細胞の悪性化に必要な多くの遺伝子異常を獲得するチャンスが増えていると考えられている．

13・3 細胞分裂，分化，がん化

本章では，細胞分裂の中心的役割が細胞の設計図である遺伝子を1個の親細胞から2個の娘細胞に正確に受渡すことであり，そのことを達成するために，細胞は，細胞周期の流れに従って複雑な現象を前後することなく整然と行っていることを述べた．また，多細胞生物の正常細胞では，細胞分裂を行うか否かはその組織全体の必要性によって調節されており，それは細胞の分化と密接な関係をもつことも述べた．最後に，これらの正常細胞で見られる細胞分裂の特徴が失われることで，がん細胞が誕生することを学んだ．このように細胞分裂や遺伝子の伝達機構の研究は，我々の日常生活と密接な関係がある．今後，この研究分野において，さらに多くのことが明らかにされるにつれ，医学をはじめとする我々の生活に貢献する技術が得られることであろう．

14 生殖

14・1 性の役割は何か

生物は子孫を残しその遺伝情報を次世代へと伝える．この現象を**生殖**とよび，ヒト自身を含めて，日常我々が目の当たりにする多くの植物や動物は**有性生殖**を行う．すなわち性が存在し，動物の場合なら卵と精子の融合（受精）によって，両方の遺伝情報を受継いだ新しい世代が生じる．一方，自然界には雌雄の区別がないか，または雌雄があっても，卵または精子のいずれか一方の遺伝情報のみに基づいて個体数を増やす生物がいる．酵母などの単細胞生物は栄養に富んだ条件下では分裂して増殖するし，地下茎などをのばしそれぞれが独立の個体をつくって増殖する植物も少なくない．トカゲ，魚，そして昆虫のなかには卵の遺伝情報だけを用いて発生する種もある．以上のように性の存在なく，あるいは受精を経ずに子孫を残す現象を**無性生殖**とよぶ．

遺伝情報を次世代へと伝える観点から考えれば，有性生殖と無性生殖の間で大きな違いは何だろうか．いいかえれば性の存在の役割は何だろうか．一言で答えるならば，それは多様な遺伝情報をもつ子孫を誕生させることである．無性生殖では子孫は遺伝的に親と同一である．これに対して有性生殖においては，生まれてくる兄弟は親とも，そしてほとんどの場合互いにも同一ではない．この章では，まず有性生殖を概説し，遺伝情報の多様性がどのようにして生じるのか，その仕組みを解説する．つぎに遺伝情報の多様性の利点にふれ，人類がその利点をどのように活用してきたか，そしてその仕組みの破綻が次世代に与える影響を説明する．最後に，ほ乳類における人為的な無性生殖（クローンの作製）を解説し，その科学，産業，そして社会に与える影響を解説する．

14・2 動物の生活環では二倍体の期間がほとんどである

ここで有性生殖を行う動物の生活環を復習しておこう（図 13・6）．卵と精子が融合して受精卵ができ成体への道のりが始まる．誕生した個体の細胞は，卵から由来する 1 セットの染色体と精子由来の 1 セットの染色体が混在し，合計 2 セットもつので**二倍体**とよぶ．一方，卵と精子は**一倍体**（あるいは**半数体**）とよぶ．個体の中に次世代をつくるために卵母細胞や精母細胞ができ，それらの細胞が染色体セットの数を半減させる特別な細胞分裂（**減数分裂**）を行って，再び一倍体の卵と精子が誕生する．このように有性生殖を行う生物の生活環には，きわめて短い一倍体の期間と，二倍体の期間とが交代で現れる．

ヒトには 22 種類の常染色体と 2 種類の性染色体（X 染色体と Y 染色体）があるので，二倍体の細胞は 22 対の相同な常染色体と一対の性染色体（XX または XY）をもっている．したがって染色体の本数は合計 46 本になる．減数分裂は二つの分裂からなる複雑な現象であるが，その最初の分裂において，対をなす**相同染色体**が別々の娘細胞に分配されて染色体セットの数が半減し，細胞あたりの染色体の本数は 23 本になる（後述）．

14・3　生殖系列と体細胞

卵母細胞や精母細胞の元をたどれば，**始原生殖細胞**とよばれる細胞に行きつく．始原生殖細胞から卵母細胞や精母細胞を経て，最終的に卵や精子ができるまでの各段階にある細胞を，ひとくくりにして**生殖系列**とよぶ．多細胞生物を構成する細胞群の中で唯一次世代に継承されるのが生殖系列の細胞であり，それ以外のすべての細胞（**体細胞**）は体を構成する成分となる．生殖系列の細胞が遺伝情報を複製する際にエラー（突然変異）を起こすと，この突然変異は卵や精子の染色体に残り，次世代に伝えられる．対をなす相同染色体の間でも，別々の突然変異が蓄積した結果 DNA 配列上に多数の違いが生じている．卵と精子が受精して個体が誕生し，その個体内で卵または精子ができる過程でまた新しい突然変異が加わる．一方，体細胞の染色体に生じた突然変異は，その個体の活動や生存には重要であるが，次世代には影響しない．

いくつかの動物において，受精して胚発生が始まると，その初期のうちに始原生殖細胞が生まれることが報告されている．線虫やショウジョウバエを用いた研究からは，受精前の卵の細胞質に特殊な分子複合体が形成されていること，そして受精後の細胞分裂（卵割）を経てそれを受継いだ細胞が生殖系列の細胞になることが示された（図 14・1）．メスがつくる卵の中でその分子複合体の形成が不完全であれば，どのような異常が子孫に起こってしまうのだろうか．その卵と精子の融合によって誕生する子供の体細胞は正常にできるので，子供自身の発生は進む．しかしその子供には生殖系列の細胞ができないので，卵や精子をつくること

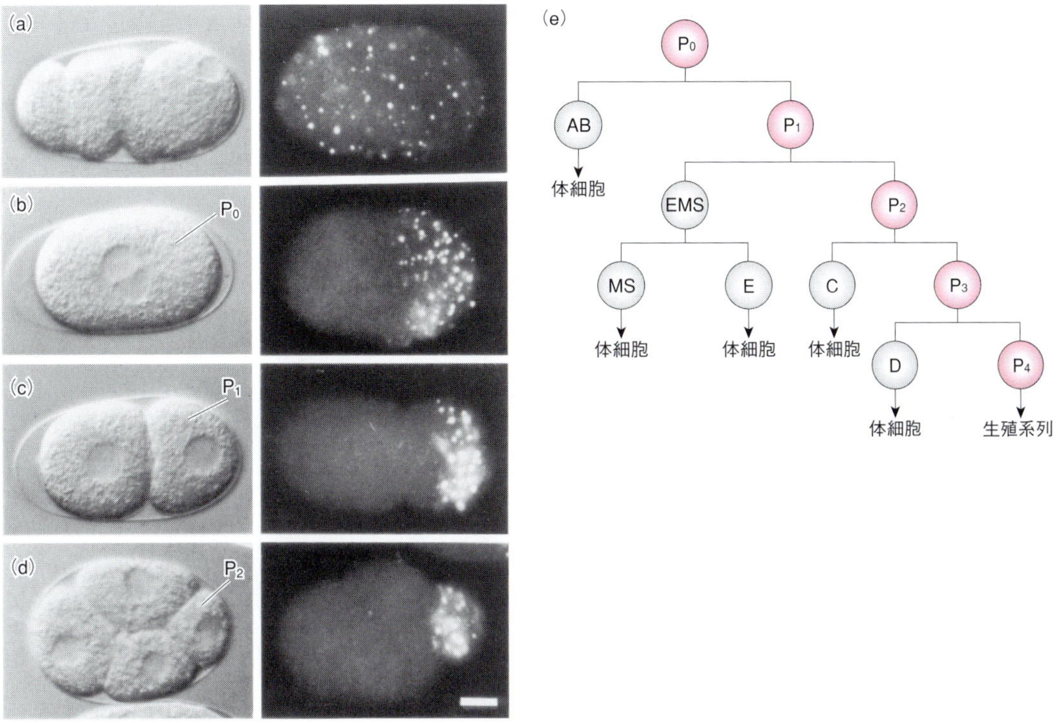

図 14・1　初期胚での生殖系列の誕生　(a)～(d) 線虫の受精後の卵割（左側）と，生殖系列を決定する顆粒の分配（右側）をとらえた顕微鏡写真．(a) 受精直後．右側の写真で光っている粒子は，生殖系列を決定する顆粒（P 顆粒とよばれている）であり受精卵全体に散在している．(b) 1 細胞胚期（P_0 細胞）．雌雄前核が融合するところで，核はへこんで見える．P 顆粒は細胞の片側に偏る．(c) 2 細胞胚期．P 顆粒は P_1 細胞の片側に偏っている．(d) 4 細胞胚期．P 顆粒は P_2 細胞に取込まれている．(e) 細胞系譜の図．それぞれの細胞には図に示された名前が付けられている．P 顆粒は赤く影付けされた細胞に取込まれ，すべての生殖系列の細胞は P_4 細胞から誕生する．スケールバーは 10 μm である．〔(a)～(d)：S. Strome *et al.*, "1994 Ciba Foundation Symposium 182：Germline Development", ed. by J. Marsh, J. E. Goode, p. 34, John Wiley & Sons, Ltd., Chichester〕

ができずさらに次の世代は誕生しない．メスの卵形成での異常が，そのメスの孫ができるかどうかとなって現れるわけである．

14・4 両親から受継いだゲノムを混ぜ合わせて次世代へ伝える仕組み

両親は同じでも，一卵性双生児でなければ兄弟や姉妹同士が遺伝的に同一になることはない．これは父親または母親の生殖系列で起こる減数分裂の過程で，それぞれの両親（つまり生まれてくる子供にとっては父方または母方の祖父母）から受継いだ遺伝情報を，二通りの方法で混合させる仕組みが働いているためである．いずれの仕組みも減数分裂の最初の分裂における，母方と父方の相同染色体のふるまいが鍵になる．

一つの仕組みは，対をなす相同染色体の娘細胞への分配様式にある．母方と父方から由来する相同染色体は分裂前に互いに対合した後，別々の娘細胞に分配される（図 14・2 a）．この分裂において細胞あたりの染色体セットの数が半減する．このとき，母方と父方のどちらの相同染色体がどちらの娘細胞に分配されるかは，相同染色体の対ごとに独立に起こる．つまり 3 対の相同染色体をもつ精母細胞ならば，2 の 3 乗，すなわち 8 種類の異なる染色体の組合わせをもつ精子が生まれる．ヒト二倍体細胞であれば，23 対の相同染色体（22 対の常染色体と 1 対の性染色体）についてそれらの 1 本ずつを分配する組合わせは，2 の 23 乗，すなわち 840 万通りもある．

もう一つの仕組みは，分裂前に相同染色体間で**交差**が起こり，相同染色体の一部が交換され，それぞれの染色体内で DNA 配列の新しい組合わせが生じることである（図 14・2 b）．染色体の交差は，DNA の二重らせんが切断され，染色体間で DNA 鎖を交換する反応，すなわち**組換え**である．交差が起こる場所はさまざまであり，さらに一対の相同染色体間に複数の交差が起こることもある．

以上の二つの仕組みを経て，卵や精子に 1 セットずつの相同染色体が分配される．それぞれのセット内では，ある遺伝子は母方から，また別の遺伝子は父方からというように遺伝情報が組合わされており，全遺伝子についてその組合わせはほとんど無限といえる．しかもこの遺伝子の混ぜ合わせが，世代を経るごとに繰返される．

14・5 遺伝的多様性が生みだされることの利点

遺伝的多様性を生みだす精巧なシステムをつくり上げ，かつ正しく動かし続けるには，生殖系列の細胞だけでなく体細胞のサポート，そして両方の細胞種の中で多数の遺伝子の働きが必要となる．では，多くの生物はなぜそのような手間のかかる有性生殖を選択したのだろうか．

DNA を複製する際に低頻度で生じる突然変異が，有性生殖を経て集団の中に広がると，上述したように多数の子孫にさまざまな遺伝子の組合わせが生じる．“突然変異”という言葉の響きは，次世代にとってマイナス効果をもたらすように思わせるが，常にそうとは限らない．進化が起こるような長い時間のスケールにおいては，生物が生存する環境には予測困難な劇的な変化が生じる．多様な遺伝子の組合わせの子孫が生まれていれば，環境が変化してもそのどれかは生き残るチャンスに，より恵まれるだろう．この結果有性生殖が広がり，生物の進化の速度が著しく加速されたと考えられている．

我々人類は農作物や家畜を育成する長い歴史の中で，有性生殖の恩恵を受けてきている．交雑の結果生まれる多様な品種の中から，稔りがよい，あるいは寒冷な気候に強いなどの目的に適する品種を選抜してきたからである．また，植物に放射線を照射するなどして積極的に突然変異を誘発し，その次世代の中から有用品種を探索する試みや，異なる有用な性質を示す品種間で交配して，両方の性質を保持した個体をつくる試みもなされてきた．それでも，複数の世代にまたがって多数の個体を追跡し，注目する優良な性質が安定に維持あるいは再現されるかを確かめ，しかも商業ベースに乗せるために多量の種子などを確保するのは容易なことではない．有性生殖を利用した育種は，植物・動物を問わず，本章の最後や第 20 章でふれる発生工学的手法の導入により，大きく変貌している．

14・6 染色体不分離は次世代に障害を与える

2 セットの染色体が完全にそろっている正常な二倍

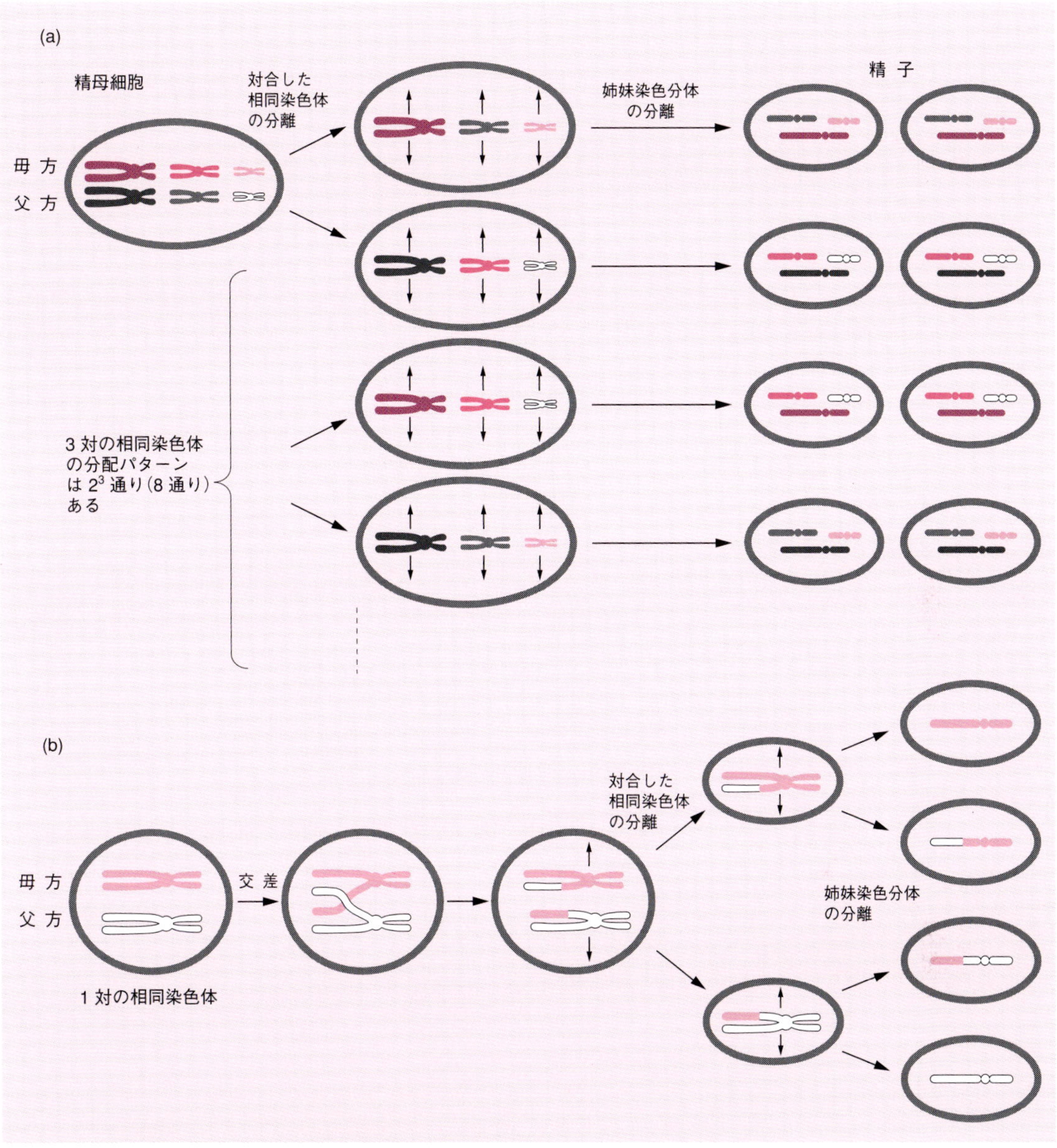

図 14・2　両親から受継いだ遺伝情報を混ぜ合わせる仕組み　(a) 3 対の相同染色体をもつ精母細胞から，精子が誕生する過程の模式図．減数分裂の最初の分裂で，母方と父方から由来する相同染色体は対合した後，別々の娘細胞に分配される．このとき，どちらの相同染色体がどちらの娘細胞に分配されるかは，相同染色体の対ごとに独立に起こる．この結果，精子に含まれるある染色体は母方から，また別の染色体は父方からというように，2 の 3 乗，すなわち 8 通りの染色体の組合わせが生じる．(b) 分裂前に相同染色体間で交差が起こり，相同染色体の一部が交換される．(a) では図を簡略化するために，相同染色体間の交差を書き加えていない．

体細胞に対して，染色体が 1 本以上余分にあったり，不足が生じている異常な細胞が現れることがある．このような場合を**異数性**とよぶ．**トリソミー**は，二倍体細胞に特定の染色体が 3 本含まれる場合をさし，相同染色体の 1 本が足りない場合は**モノソミー**とよぶ．このような異数性が起こる原因は，減数分裂時に染色体が正常に娘細胞に分配されなかったことにある．ヒトの細胞の場合，**染色体不分離**によって 24 本の染色体をもつ配偶子と22本の染色体をもつ配偶子が生じ，それぞれが正常な配偶子と受精すると，前者の場合はトリソミーの受精卵になり，後者はモノソミーの受精卵になる．減数分裂において染色体を娘細胞に正しく分配する機構については，モデル生物を用いて詳細な遺伝子レベルでの研究が進められている．

常染色体がモノソミーになると，知られているどの場合でも胚発生の初期段階で致死となる．これは，それぞれの染色体に，遺伝子産物の量が半減すると発生が止まってしまう遺伝子が含まれているためと考えられている．このように染色体の数が違うと多くの場合致死的であるらしいが，致死でない場合でも問題が生じる．ダウン症候群はその一例であり，一般的に第21番染色体のトリソミーを伴っている．

ダウン症候群の大半の患者では精神発達遅延が認められる．この症状は，第21番染色体上にある遺伝子のうち，いくつかが過剰に発現したことが原因ではないかと推測されている．第21番染色体の一部分の転座が解析され，症状の原因となっている染色体の領域が狭められた．その領域内に存在する遺伝子のうち，現在のところ二つの遺伝子について精神発達遅延との関連が議論されている．いずれについてもショウジョウバエとマウスのゲノムによく似た遺伝子が存在し，これらの動物を用いてその遺伝子の産物がどのような役割を果たすかが解析されている．一つの遺伝子の産物はタンパク質にリン酸化修飾を施す酵素であり，ショウジョウバエとマウスにおいて記憶と学習に関連することが示されている．もう一つの遺伝子は細胞膜を貫通して細胞表面に顔を出しているタンパク質であり，ショウジョウバエにおいて神経回路の形成に重要な役割を果たすことが示されている．

14・7 クローン生物

14・7・1 体細胞クローン

生殖系列の細胞を中心に扱ってきたが，生殖系列の細胞と体細胞とでは，備えている遺伝情報の点で違いがあるのだろうか．実は体細胞も生殖細胞と同様，一そろいの遺伝子をもっている．この最も説得力ある証拠として，植物では体細胞から個体を再生できる能力（**全能性**）を有していることが，早くから報告されていた（第20章）．また近年，ヒツジなどのほ乳動物においても，体細胞に由来する核を用いて動物個体を作製できることが示された．具体的には，体細胞の核を，あらかじめ核を除去した卵に移植して新しい“受精卵”を構築すると，その“受精卵”は発生して成体になりうる（図14・3）．これを**体細胞クローン**とよぶ．クローンとは，“遺伝的に同一である個体や細胞の集合”をさし，体細胞クローンは，その体細胞を供給した個体（親）と遺伝的に同一である．

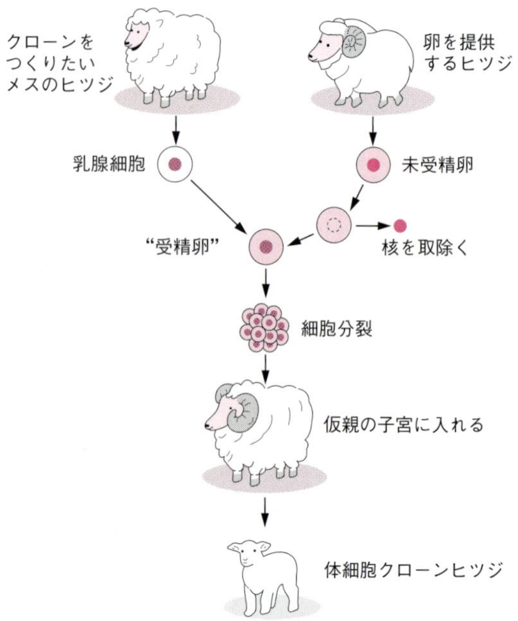

図14・3 体細胞クローンヒツジの誕生 1996年に誕生した体細胞クローンヒツジの作製方法．成体のメスの乳腺細胞を取出して培養する．別のメスの未受精卵から核を除去し，この未受精卵と乳腺細胞を電気刺激により融合させ“受精卵”を構築する．培養して細胞分裂を起こさせた後，これまでの2頭とは別の，“代理母”に相当するメスの子宮に移して胚発生を進ませ，出産させた．

14・7・2 細胞の分化は可逆的である

体細胞クローンの作製から，動物の発生において何が明らかにされたのだろうか．次章で詳しく解説するが，個体を構成する細胞はすべての遺伝子を発現しているのではなく，その種類ごとにそれぞれ異なるサブセットを発現している．異なる遺伝子を発現してそれぞれの細胞が特徴を現すことを，**細胞分化**とよぶ．体細胞の核移植実験はカエルを用いた実験がさきがけであり，1960年代にオタマジャクシの腸上皮の核を移植した卵が，カエルに発生することが報告されている．ただし，成体のカエルの体細胞核からはクローンづくりは成功していない．1996年に誕生した体細胞クローンヒツジは，オスが関与せずに誕生した最初のほ乳動物である．この作製では，成体の乳腺細胞の核が用いられ，その核移植卵が発生してさまざまな体細胞に加えて生殖系列の細胞にも分化したことが示された．このことは，成体の体細胞の分化状態がいったんリセットされ，さまざまなタイプの細胞への分化の道を再び歩みうることを示した．この後，マウス，ウシ，ネコなどでも，体細胞クローン作製が報告され，複数のほ乳動物で細胞の分化が可逆的であることが確かめられた．ただし，体細胞クローンにおける細胞の分化を，いろいろな遺伝子の発現レベルの観点から親と比較する研究は，始まったばかりである．

14・7・3　品種改良など産業面に与える影響

クローン作製技術の進歩は，有性生殖を利用した品種改良に革命的な変化をもたらした．体細胞クローン技術を用いれば，意図的に選んだ遺伝的特徴をもつ個体の遺伝的なコピーを大量に生みだすことが可能である．たとえば，肉質のよいウシや乳量の多いウシが1頭見つかれば，その親と同じ遺伝子をもつクローンウシの作製が試みられるだろう．核を提供するのに使用できる体細胞が多ければ，クローンを大量に産生することができる．このような技術は，食料分野だけでなく他の分野などでも応用できる可能性がある．たとえばトキやパンダなど，絶滅の危機にある希少動物の絶滅を回避できるかもしれない．

14・7・4　クローン人間

体細胞クローンヒツジの誕生により，受精を介さない無性生殖によってヒトの子孫・クローン人間が生みだされる可能性が，絵空事ではなくなってきた．この動きは生命倫理上の問題など多くの問題を提起し，欧米や日本の政府によりクローン技術のヒトへの応用を禁止する措置がとられている．ほ乳類での動物実験は始まったばかりであり，クローン動物に関してその発生や子孫の世代に与える影響などについて公開されているデータはまだ少ない．体細胞クローン技術のヒトへの応用については，安全性について解決への道が開かれたうえに，さらに社会的な問題を十分議論する必要がある．

15 卵から成体へ

15・1 発 生：多様な細胞の誕生と その組織化，そして成体へ

今日までにゲノムの塩基配列が決定された多細胞生物において，遺伝子の数はいずれも 1 万個以上と推定されている．しかし，それらの生物の体を構成する個々の細胞では，その遺伝子の一部だけが転写・翻訳（発現）され，しかも細胞はその果たすべき役割ごとに，異なる遺伝子のセットを発現する．この結果，細胞の形，大きさ，そして場合によっては色にも違いが

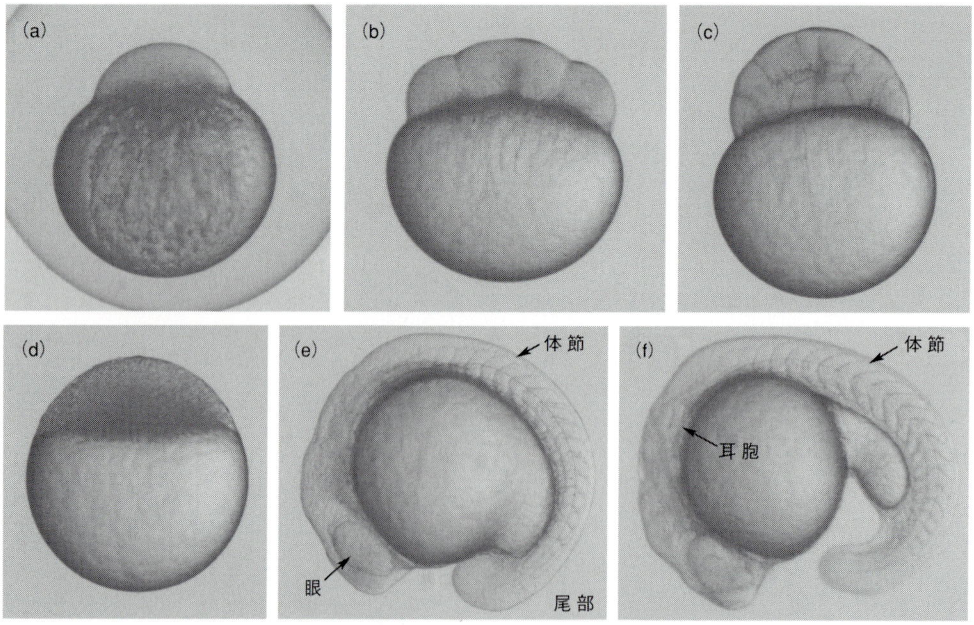

図 15・1 割球の集団から体の部域性の誕生へ ゼブラフィッシュの胚発生の一部を示した．(a) 1 細胞期．受精後，細胞質が卵黄から分離して動物極（上側）に集まる．卵黄の直径は約 0.8 mm である．(b) 8 細胞期．手前側の 4 割球が見えている．(c) 32 細胞期．(d) 胞胚期．動物極には約 1000 個の割球ができている．(e) 15 体節期．頭部と尾部の差が明瞭になっている．胴部に見られる節を体節とよぶ．(f) 20 体節期．おもな器官が見えるようになる．耳胞は内耳の原基である．受精から 2 日経つと幼魚が誕生し泳ぎだす．〔写真提供：岡崎国立共同研究機構 統合バイオサイエンスセンター 高田慎治教授，越田澄人博士〕

生まれる．このように，細胞が遺伝子発現の違いをベースに個性を発揮することを**細胞分化**という．神経細胞（ニューロン）は神経伝達物質を合成して迅速な情報処理に備えるし，骨格筋の細胞であれば，アクチンやミオシンと名付けられたタンパク質を多量に合成し，強靭な筋繊維を形成する．多細胞生物を観察する際，このような分化を終えた細胞の多彩さに目を奪われがちであるが，いずれの細胞もその起源は1個の受精卵である．

受精卵は短距離ランナーのリレー走の勢いそのままに，細胞分裂を連続して起こす．この胚発生初期の細胞分裂は**卵割**とよばれ，卵割の結果生まれた細胞は特に割球とよばれる．通常の細胞分裂とは異なり，分裂と分裂の間に割球は成長しないので，卵割が進むにつれ誕生する個々の割球の容積はみるみる小さくなる（図15・1 a～d）．このようにして胚は小さな同質に見える多数の割球がひしめき合った塊と化す．その後に劇的な変化が生じる．同質の割球の塊に見えた胚の中に，頭部，腹部，尾部といった部域性が生じ始め，やがてそれぞれの部域に脳や腸などのさまざまな器官が誕生する（図15・1 e と f）．おのおのの器官はそれぞれに特徴のある細胞から成っており，個体の生存のみならず成体での学習など高次の活動を支える．たとえば腸には微絨毛を備えた上皮細胞が存在し，互いに強固に接着しつつ栄養物の取込みを担当する．一方，脳には多種類のニューロンが存在し，その役割ごとに神経ネットワークの中の特定の位置を占めている．また，忘れてならないのは，胚から成体になるまでに個体は著しい成長を遂げる点である．

このように発生は，受精卵からバラエティーに富む細胞が生まれ，それらが適切に配置されて機能的な細胞集団（組織や器官）が構築され，最終的には成体に至る生命現象である．このために細胞のあらゆる活動が総動員され，しかも秩序正しく行われる．それらの活動には，特定の遺伝子の発現あるいは発現抑制，細胞間のコミュニケーション（**細胞間相互作用**），運動，そして細胞の数と大きさの調節などが含まれる．本章では，多様な細胞の誕生，そしてそれらの細胞の空間配置の決定と組織化の順に解説する．最後に，器官や個体の成長の調節について，研究の現状を紹介する．

15・2　多様な細胞を生みだす仕組み

15・2・1　非対称分裂

a. 非対称分裂とは何か　卵割の結果，胚は一見同質の細胞で満たされているようではあるが，細胞のサイズや形に加えて，特定の遺伝子を発現しているかどうかなどの観点から調べると，細胞間に違いが生まれていることがわかる．したがってすでに細胞分化は始まっている．分裂によって誕生した娘細胞のペアに着目し，いくつもの基準で比較した結果，どれか一つの尺度でもよいから互いに異なることが示せたとしよう．そのような分裂様式を**非対称分裂**とよぶ．この非対称分裂が発生を通じて繰返し起こった結果，個体はバラエティー豊かな細胞で充満する．

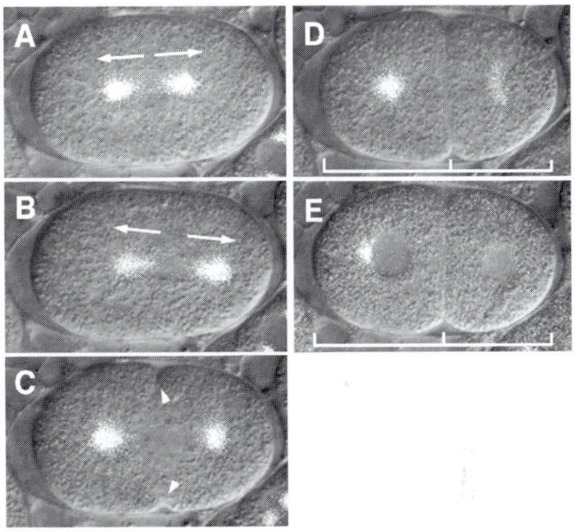

図 15・2　線虫の第一卵割ではサイズの異なる割球が生じる　A から E へ卵割が進行する．白く光っているのは紡錘体の両端に対応しており，一対の逆向きの矢印は染色体が分離される方向を示している．A: 紡錘体は細胞の中央にある．B: 紡錘体が右側（胚の後ろ側）にずれる．C: 細胞間にくびれ（矢じり）ができ始める．D と E: 細胞質分裂が進み，誕生した割球のうち右側がより小さい．2 細胞期の胚 E の長軸方向の長さは約 60 μm である．〔写真提供: 理化学研究所 発生・再生総合科学研究センター 大石久美子博士〕

受精卵の最初の分裂，すなわち第一卵割から明瞭な非対称分裂を示す動物もいる．細胞分裂時には紡錘体とよばれる構造体が出現し，複製された一対の染色体を細胞の両極に向かって引き離す．線虫の第一卵割においては，この紡錘体が細胞の中央から片側にずれるために，サイズの異なる娘細胞が生まれる（図 15・2）．もしサイズの同じ割球ができてしまうと，つまり第一卵割が対称分裂になってしまうと，その後の発生が異常になることが示されている．

非対称分裂をする他の細胞の例として，発生のみならず再生においても重要な役割を果たす**幹細胞**があげられる．幹細胞は分裂して，自己複製能を有する幹細胞自身を生む一方で，特定の分化の道筋に向かう娘細

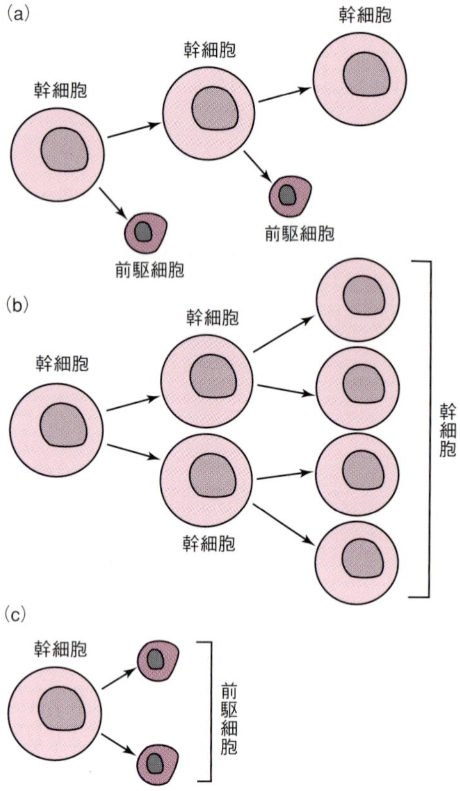

図 15・3　幹細胞は非対称分裂をする　(a) 幹細胞の非対称分裂．図 13・4 も参照のこと．(b) 分裂の結果生まれた細胞が，いずれも幹細胞となってしまう対称分裂．(c) 分裂の結果生まれた細胞が，いずれも前駆細胞となってしまう対称分裂．詳細は本文参照．

胞（**前駆細胞**）も生みだす（図 15・3 a）．もし分裂の結果どちらも幹細胞になれば，分化した細胞が誕生してこないし，一方，前駆細胞ばかりできると幹細胞がすぐに枯渇し，分化した細胞が補充されなくなる（図 15・3 b と c）．したがって，幹細胞の非対称分裂がどのような分子群によって制御されているかは，医学的な応用面からも大きな注目を集めている．

b．決定因子の不均等な分配　細胞分裂の非対称性は，**決定因子**の不均等な分配によって調節されていることが多い．決定因子は分裂直前の親細胞において，紡錘体の一方の極に偏って分布する．したがって親細胞の分裂の結果，決定因子は娘細胞の片方により多く伝達される（図 15・4 a）．決定因子は，転写調節因子であったり，翻訳制御因子であったり，タンパク質と RNA との複合体であったりとさまざまである．この決定因子の偏った分配によって，それぞれの娘細胞には違った遺伝子セットが発現することになる．分裂前の親細胞において決定因子がどこに分布されるのかは重要な問題であり，その機構が盛んに研究されている．

ショウジョウバエ神経系の発生において働く決定因子を取上げ，その役割を具体的に眺めてみよう（図 15・4 a）．この決定因子は親細胞の分裂の際に娘細胞間に不均等に分配され，この因子を取込んだ娘細胞はニューロンとなり，もう一方の娘細胞はニューロンを包み込む別の細胞になる．実際には二つの娘細胞の間には，神経分化に向かわないように互いに牽制し合う抑制機構が働いており，この抑制を解除しない限り娘細胞は神経分化に進めない．決定因子はこの抑制を解除できる機能をもっているので，決定因子を受取った娘細胞だけが神経分化に進むことができる．もし親細胞が決定因子を娘細胞の片方に選択的に分配できなければ，神経分化は進まずニューロンの数は著しく不足する（図 15・4 b）．このような胚は幼虫にまで発生できずに死んでしまう．最近，ほ乳類の神経分化にもよく似た仕組みが働いていることが示されつつある．

15・2・2　体の設計図に従った遺伝子発現

非対称分裂による細胞の多様化を概説したが，単にさまざまな細胞が生まれるだけでは多種類の細胞が無秩序に集まった細胞塊ができてしまう．細胞分化は体の全体の設計図に従いながら進行しなければならない．具体的にいえば，脳を構成するニューロンの分化は，将来の脳になる位置でのみ起こる必要がある．以下に，体の設計図を書くための座標軸について解説した後，その設計図に従って遺伝子の転写調節が起こっ

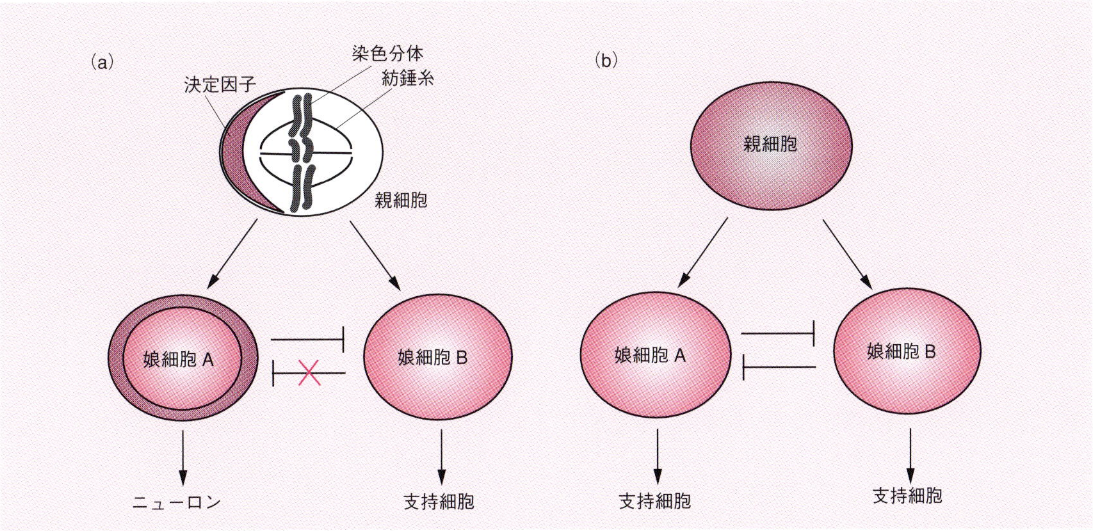

図 15・4 決定因子は娘細胞の一つに偏って分配される ショウジョウバエ神経系の発生における非対称分裂の一例. (a) 親細胞中で決定因子は紡錘体の一方に偏って分布し，娘細胞の片方により多く伝達される. この因子を取込んだ娘細胞 A は神経分化に進み，もう一方の娘細胞 B はニューロンに付随する支持細胞になる (実際には娘細胞 A と B がもう一度分裂する). 二つの娘細胞の間には，神経分化に向かわないように互いに牽制し合う抑制機構が働いており (T 字型記号)，決定因子を受取った娘細胞だけがその抑制機構を解除できる (×印). (b) もし決定因子が合成されなければ，どちらの娘細胞でも神経分化は進まない.

ている例を紹介する. さらに，より複雑な構造，たとえば特定の器官を形づくるために，遺伝子が個別に働くのではなく，階層を構成して働いていることを説明する.

a. 三次元パターンを規定する体軸 体の中の位置を議論するために，まず体の三次元パターンを規定する**体軸**を理解してほしい. 動物の形状は，三次元における x 軸，y 軸，そして z 軸に対応するように，頭

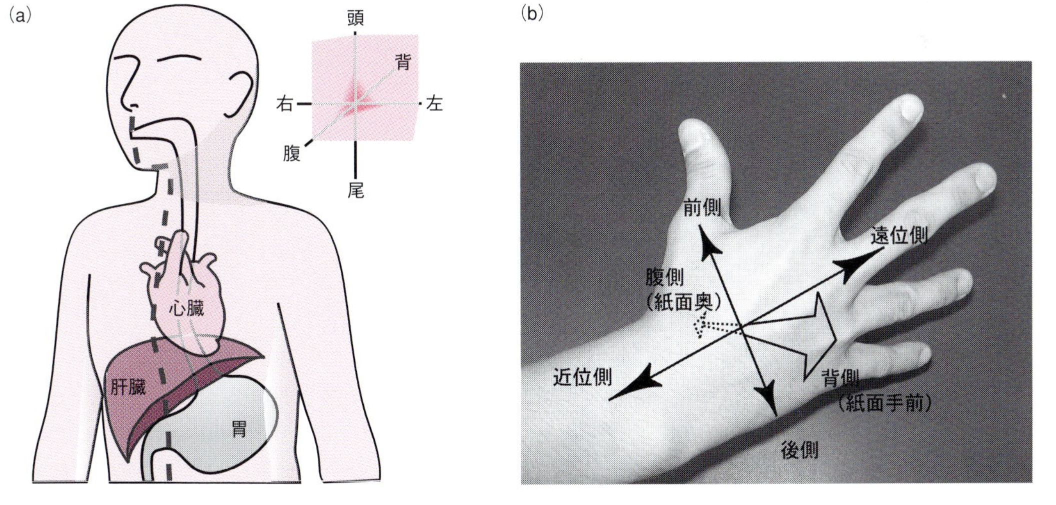

図 15・5 体 軸 (a) 動物の体の形状を規定する三つの軸を示した. ヒトを含めて多くの動物は外見的には左右相称であるが，内臓の一部は左右非対称に存在している. たとえば心臓と胃の配置は左に，肝臓の配置は右に偏っている. 破線は正中線を示す. (b) 手のパターンを規定する三つの軸. 詳細は本文参照.

から尾に向かう軸（**頭尾軸**または**前後軸**），背側から腹側に向かう軸（**背腹軸**），そして右から左に向かう**左右軸**で規定される（図15・5a）．各器官の形状も三つの軸により規定できる．一例として我々の手（前肢）のパターンを示そう（図15・5b）．ここでの軸は，腕の付け根から指先に向かう近位-遠位の軸（**近遠軸**），手の甲から手のひらに向かって突き抜ける背腹軸，そして前後軸に相当する親指から小指に向かう軸である．それぞれの軸の向きがどのように決められ，そして軸に沿ってどのような形ができあがるのか，この**パターン形成**の仕組みをかいつまんで説明する．

b．受精卵または卵の中の不均一性をいかに生みだすか　どの一つの体軸を取上げても，発生のいつ，どのように決められているかは動物種によってかなり異なる．カエルなどの両生類では，受精の直後に背腹軸が決められる．ほぼ球形の受精卵に不均一性をもたらすのは精子の侵入点であり，その反対側が将来の背側になる（図15・6）．線虫では精子の侵入点が体の後ろ側になる．マウスの受精卵においては，精子の侵入点が将来の頭尾軸の決定に重要な役割を果たすとの報告があるが，まだ確定的ではない．

受精前にすでに胚の頭尾軸の方向が決められている例もあり，その中ではショウジョウバエの頭尾軸形成の仕組みがよく研究されている（図15・7）．雌の体内で卵が形成される期間に，ある遺伝子のメッセンジャーRNA（mRNA）は卵の一つの極（将来の頭部側）に配置される．この遺伝子は**ビコイド**（*bicoid*）と名付けられており，そのmRNAは受精後にタンパク質に翻訳される．ビコイド遺伝子が頭部形成に必要なことは，ビコイドmRNAを欠く卵は受精しても頭部のない胚にしかならないことから示された．ビコイドタンパク質は転写調節因子として働き，将来の頭部を構成する細胞の中で，他の遺伝子の転写を促進したり場合によっては抑制する．ビコイドタンパク質によって調節を受けた下流遺伝子の産物が，また転写調節因子であれば，さらに異なった遺伝子の発現を調節する．卵の反対側の極には，ビコイドとは別の遺伝子のmRNAが分布し，そのmRNAは尾部の形成に必要である．このように体のそれぞれの部位で異なった遺伝子が働き，その部位に特有の細胞分化が進んでいく．ショウジョウバエの頭尾軸形成は，雌の体内で起こる卵形成の非対称性に行き着いたわけである．

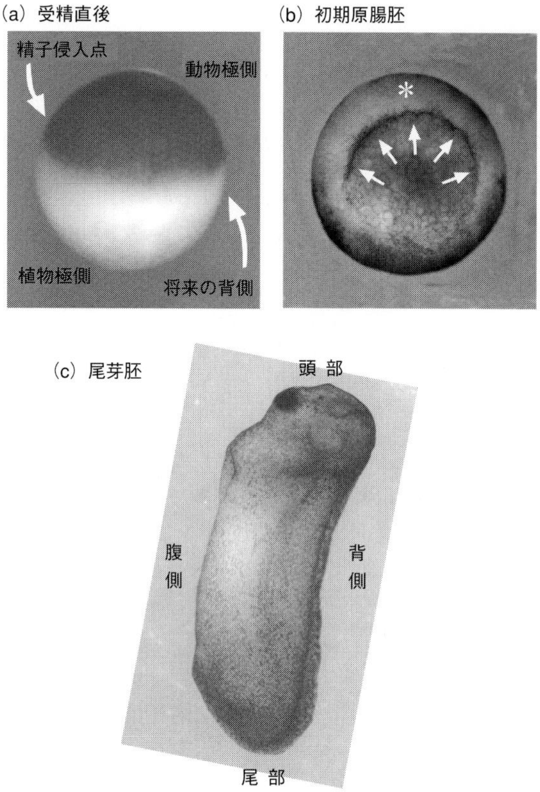

図15・6　アフリカツメガエルの胚における背腹軸の決定　(a) 受精直後の卵．受精前の段階で，卵細胞の核を含む動物半球は色素顆粒が蓄積するために暗くなっているが，植物半球は明るいままである．精子の侵入点を写真に示した位置に想定すると，その正反対の場所が将来の背側になる．その場所には**原口**とよばれる開口部ができ，そこから胚の内部に細胞が侵入する．この形態形成運動を**原腸陥入**とよぶ．(b) 初期原腸胚を植物極から撮影した写真．矢印は原口をさす．＊で示した領域は胚の中に潜り込み，表層の細胞に働きかけて神経管などの背側構造の形成を誘導する．したがって＊で示した領域の細胞は**オーガナイザー**としての役割を果たす（本文§15・2・3a参照）．(c) 尾芽胚．(a) と (b) の写真はスケールをそろえてあり，受精卵の直径は約1 mmである．〔写真提供：岡崎国立共同研究機構 基礎生物学研究所 木下典行助教授〕

c．頭尾軸に沿った繰返し構造　ショウジョウバエの発生においてはビコイドにひき続いて別の遺伝子群が働き，頭尾軸に沿って繰返し構造（**節**，ふし）が誕生する．前方から頭部，胸部，そして腹部に分かれているが，胸部と腹部はそれぞれ複数の節から構成される．脊椎動物胚の脳の一部や胴部にも節構造が見

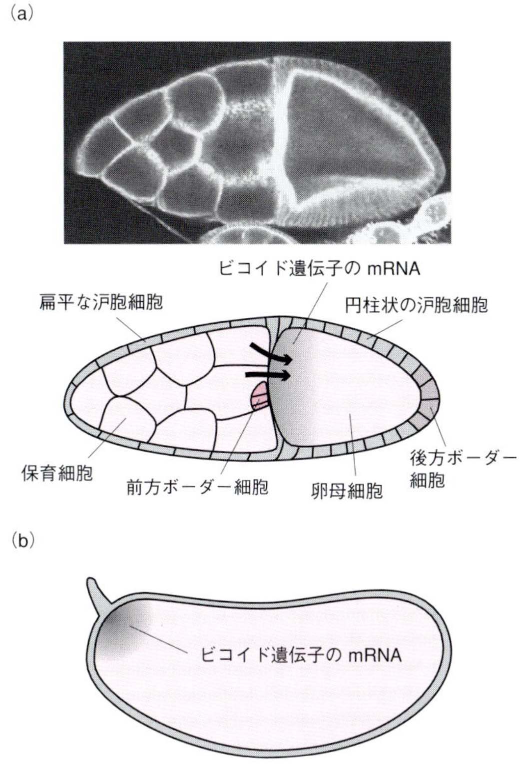

図 15・7　ショウジョウバエの卵母細胞の非対称性と胚の頭部形成　(a) 細胞表層を染色したショウジョウバエの卵室の写真と，その模式図．保育細胞で合成された大量のメッセンジャー RNA(mRNA)やタンパク質は，卵母細胞内へ輸送される．卵母細胞は卵室の中で非対称性を獲得しており，ビコイド遺伝子の mRNA は保育細胞に近い側（将来の頭部側）に配置される．(b) 卵形成が終了してできあがった未受精卵．この図には示していないが，ビコイド mRNA とは反対の極に分布し，尾部の形成に重要な役割を果たす別の遺伝子の mRNA も知られている．未受精卵はビテリン膜で包まれており，将来の頭部側には突起ができている．未受精卵の頭尾軸方向の長さは約 0.4 mm である．

られ（図 15・1 e と f），成体では骨格に節構造が残っている（背骨や肋骨を思い浮かべてほしい）．節は互いに似通った構造上の仕切りであるが，それぞれに個性（たとえば前肢をつくる胸部第 1 節とか，翅をつくる胸部第 2 節とか）があり，その個性を与える遺伝子がショウジョウバエを材料とする研究から発見された．脊椎動物にもこのショウジョウバエ遺伝子と相同の遺伝子 *Hox* が存在し，両者に共通する塩基配列は**ホメオボックス**とよばれる．この配列は DNA 結合ドメインをコードしており，このドメインをもつタンパク質は転写調節因子として働くと考えられている．これらのタンパク質が，本来発現している節に加えて他の節でも発現してしまうと，2 枚ではなく 4 枚翅をもつショウジョウバエが生まれたり，マウスの背骨の一部分の形成が異常になったりする．昆虫と脊椎動物のように体の構造が一見大きく異なるにもかかわらず，その体づくりは両者のゲノムに存在する相同な遺伝子によって調節されていることが示された，代表的な例である．

d. マスター遺伝子　胚の各部域での遺伝子の逐次的な発現の流れの中で，特定の器官を形成するための遺伝子も発現してくる．ショウジョウバエにおいて眼の形成に必要な遺伝子が発見され，**アイレス**（*eyeless*）と名付けられた（その遺伝子が不活性化すると眼ができないため，そのような名前がつけられた）．アイレス遺伝子に相同なほ乳類の遺伝子は *Pax-6* とよばれ，ヒトを含めて眼の形成に必要であることが示されている．アイレス遺伝子と *Pax-6* 遺伝子の例もまた，種間で著しく構造の異なる器官の形成が，互いによく似た遺伝子の働きに支えられていることを示している．

アイレス遺伝子に関する研究でさらに驚きであったのは，このアイレス遺伝子をショウジョウバエの眼以外の場所（たとえば肢）で発現させると，そこに眼が形成されてしまったことである（図 15・8）．眼自身は何種類もの細胞から構成されているので，眼全体をつくり上げるには多くの遺伝子が発現する必要がある．アイレス遺伝子からつくられるタンパク質は，そのアミノ酸配列から転写調節因子だと予測されたので，眼を形成するのに必要な複数の下流遺伝子の発現を調節して，その結果として眼ができあがったと推測できる．このように一つ遺伝子を発現させることで細胞の分化が転換し，特定の器官が形成される場合，その遺伝子を**マスター遺伝子**とよぶ．アイレス遺伝子は眼を形成するためのマスター遺伝子であるといえる．

15・2・3　細胞間相互作用

a. 細胞間の話し合いが細胞分化に拍車をかける　今までの説明は，“卵または受精卵内の不均一性をスタートとして，転写調節因子を中心とする発生のプログラムが，ドミノ倒しのように自動的に進行する”と

モデル生物

発生に限らず，発がんや老化などの多様な生命現象の仕組みを研究するのに，さまざまなモデル生物が利用されている．医学研究においては，ほ乳類の代表としてマウスがよく使われているし，発生生物学の材料としてアフリカツメガエルや，ニワトリも古くから利用されている．ここでは，無脊椎動物のモデル生物として，線虫とショウジョウバエを簡単に紹介する．

線 虫：体長 1 mm の線虫（正確には *Caenorhabditis elegans*）は，体が透明なので 1 個 1 個の細胞の分裂を追跡でき，すべての細胞についてその系譜が明らかにされている．また神経系の回路図も完全に明らかにされている．いずれも他の多細胞生物では達成がきわめて困難なことである．細胞分裂の系譜が明らかにされる過程で，死ぬ運命にある細胞が見つけられ，その細胞死の仕組みの研究から重要な細胞死促進因子や阻害因子が発見された．また，線虫の単純な神経回路を基礎にして，個体の行動や学習をコントロールしている遺伝子の働きを研究することができ，はるかに複雑なヒトの脳の機能の解明に貢献できると期待される．

ショウジョウバエ：キイロショウジョウバエ（正確には *Drosophila melanogaster*）を材料とした体づくりの先駆的な研究から，ヒトを含む多くの動物の体づくりにもあてはまる遺伝プログラムの大枠が明らかにされてきた．本文中に紹介した節構造の特徴付けや非対称分裂などのほかにも，脊椎動物の手足のパターン形成について，ショウジョウバエの肢や翅のパターン形成の研究が大きな影響を与えたことなどがあげられる．また，注目する生命現象にかかわる遺伝子を探索したり，個々の遺伝子の働きを調べたりする点において独創的な方法が開発されている．

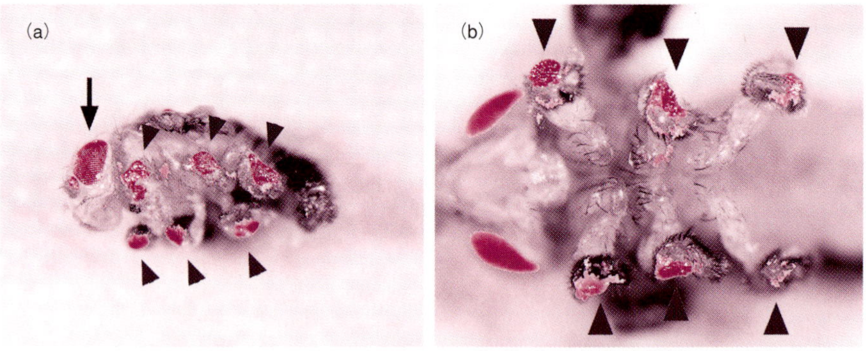

図 15・8　眼を形成するためのマスター遺伝子・アイレスの作用　ショウジョウバエのアイレス遺伝子を肢の先端で発現させると，そこに眼が形成された（矢じり）．(a) 低倍率の写真．矢印は本来の眼をさしている．ショウジョウバエの成虫の頭尾軸方向の長さは約 4 mm である．(b) 腹側正面から撮影した高倍率の写真．それぞれの肢の先端に“ミニアイ”ができている．〔写真提供：東京都立大学大学院理学研究科 相垣敏郎助教授〕

いったイメージを与えたかも知れないが，それだけでは発生の重要な側面が抜け落ちている．細胞は別の細胞と接し合っていて，その間にはコミュニケーションがある（**細胞間相互作用**）．その結果，情報を受取った細胞では新たな遺伝子が活性化され，その細胞のふるまいが変化したり，新しい種類の細胞へと生まれ変わったりする．細胞外に分泌された増殖因子が，周囲の細胞の膜表面上にある受容体に結合し，その細胞の増殖が開始されるのも細胞間のコミュニケーションの一つといえる（図 13・3）．細胞間相互作用は，このように細胞外に分泌された物質が拡散して，離れた細胞に取込まれその分化を誘導する場合だけではない．相手の細胞と直接接触して，細胞表面に埋め込まれたタンパク質同士の結合を介して，情報のやりとりが行われる例もある．いずれの方式にしても，ある細胞群が周囲の細胞に影響を及ぼし，その細胞の分化がある方向に定められる現象を，**誘導**とよび，働きかける側の細胞群を**オーガナイザー**とよぶ（図 15・6 b）．

最初に誕生した細胞の種類が限られていても，それらの細胞間で起こったコミュニケーションが新しい細胞分化を誘導し，そしてまた次の相互作用がひき起こされる．この連鎖反応によりさまざまな機能を有する細胞が生みだされ，それらが互いに関連をもちながら器官を構成した結果，個体が正常に活動できる基盤ができあがる．

b. 細胞の種類ごとの空間配置の決定　細胞間相互作用の重要な点は，細胞の多様化が進むことだけでなく，細胞の種類ごとに空間的な位置関係が決まることでもある．脊髄の原基である**神経管**の中で起こる細胞分化を例にあげて解説しよう（図 15・9）．胚の中

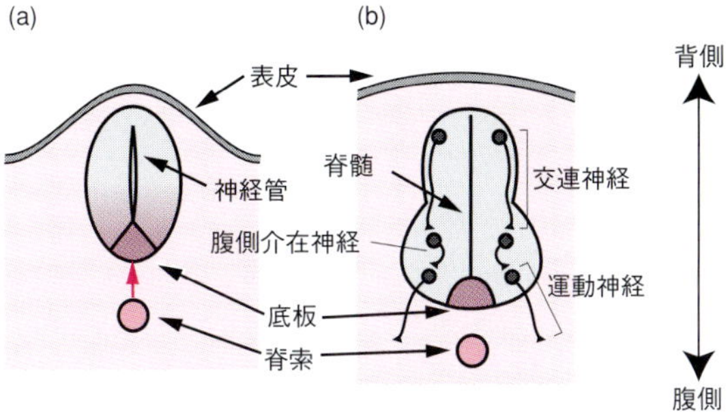

図 15・9　背腹軸に沿った多様な細胞の誕生と空間配置の例　(a) 体幹部の断面図．脊索から分泌されたタンパク質が神経管腹側の細胞に働きかけ，底板がつくられる．その後，底板でも同じタンパク質が合成され，分泌されて周囲に広がり，底板から遠ざかるにつれてその細胞外濃度は徐々に低下する．(b) 神経管の細胞は，高濃度のこのタンパク質にさらされると運動神経に分化し，より低い濃度では腹側介在神経に分化する．このタンパク質の作用の及ばない神経管の背側では，交連神経ができる．いずれのニューロンも細胞体を黒丸で示し，細胞体から伸びる線は軸索を表す．

で神経管が生まれるときに，その腹側には**脊索**と名付けられた構造が存在する．脊索は神経管腹側の細胞の分化を誘導し，脊索に最も近い腹側にまず**底板**という構造がつくられる．その後，底板が神経管の他の細胞の分化を誘導し多種類のニューロンが生まれるが，ニューロンのタイプごとに脊髄の中での配置が定まっている．筋肉を支配する運動神経は底板にきわめて近い位置に誕生するのに対して，底板からより離れた場所で生まれる別のタイプもある．これは，脊索および底板から分泌されるあるタンパク質の濃度に応じて，異なるタイプのニューロンが誘導されるためである．分泌されたこのタンパク質は細胞間隙を拡散して周囲に広がり，底板から遠ざかるにつれてその細胞外濃度は徐々に低下する．高い濃度にさらされた神経管の細胞は運動神経に分化し，より低い濃度では別のタイプに分化する．このように，濃度に応じて細胞に異なる分化の道筋を選択させる分泌性因子を**モルフォゲン**とよぶ．

15・3　機能的な細胞集団を組織するための細胞のふるまい

以上のようにして胚体内に配置されたさまざまな種類の細胞は，機能的な細胞集団（組織や器官）に変貌するために互いに**接着**する．その際，同じ種類の細胞同士が接着し，複数の種類の細胞が入り混じることはない．この選択的な細胞接着を演出するおもなプレーヤーは細胞接着分子**カドヘリン**である．たとえば**上皮**細胞の細胞膜上にはこの細胞種に特徴的なカドヘリンが分布しており，隣合う上皮細胞同士はこのカドヘリンを介して強く接着する．その他の接着分子の働きも合わさって，二次元的に広がる細胞層が形成されて最終的には表皮や内臓の管構造をつくる．

一見強固に見える細胞間接着でも，ダイナミックに再編成される場合が多い．**神経堤細胞**は神経管の背側に由来する細胞であるが，神経管から離脱し，胚体内を移動しつつ増殖と分化もやってのける（図 15・10 a）．神経堤細胞はあてもなくさまよっているのではなく，分化に応じたルートに沿って移動させるガイド機構が働いており，目的地に到着した細胞は凝集してさまざまな器官を構築する．このとき，目的地にふさわしい器官を形成するのに適した，仲間の細胞を識別しなければならない．

ニューロンは細胞の本体を動かさずに，長い突起（軸索）を伸ばして標的となる細胞の居場所を探り当て，その標的細胞との間に独特の結合構造（**シナプス結合**）を形成する（図 15・10 b）．それでも，突起の先端が標的細胞付近に導かれそして標的細胞を識別するシナリオは，神経堤細胞のふるまいと共通している．

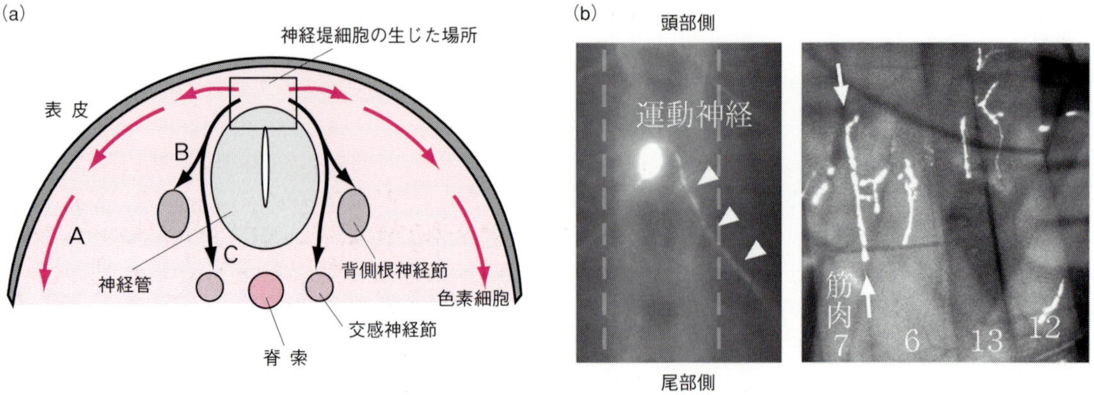

図 15・10　神経堤細胞とニューロンのふるまいに見られる細胞認識　(a) 神経管から離脱した細胞が神経堤細胞となり，さまざまなルートに沿って移動し，それぞれの目的地とそこで集合すべき仲間の細胞を認識する．ルート A をたどった神経堤細胞は色素細胞となる．ルート B と C を移動した細胞は目的地に達すると，それぞれ背側根神経節と交感神経節を構成するニューロンとグリア細胞に分化する．(b) (左) ショウジョウバエ胚の中枢神経系の中にある，1 個の運動神経に蛍光色素を注射して得た写真．細胞神経から軸索が伸び (矢じり)，中枢神経系から出て標的細胞 (筋肉) に向かっている．破線で挟まれた領域内では多数の軸索が束を形成している．(右) ここに示した遺伝子改変ハエの幼虫では，運動神経と筋肉の間に形成されたシナプスが蛍光を発している (シナプスに達するまでの軸索は見えていない)．それぞれの筋肉には番号がつけられており，定まった神経細胞との間でシナプスを形成している．たとえば，特定の運動神経の軸索は，筋肉 6 と 7 の境界部にまで軸索を伸ばし，両方の筋肉とシナプスを形成する (矢印)．〔写真提供：東京大学大学院理学系研究科 能瀬聡直助教授〕

いずれの場合も落ち着き先が決まるまでに，神経堤細胞や軸索がどの方向に動き，どこで停止するかなどを制御する複合的なシステムが働いている．このような細胞認識は細胞間相互作用の一形態であり，この認識システムの構成因子にも，細胞膜に埋め込まれた**受容体**とその受容体に結合する分子が含まれる．受容体に結合する分子は**リガンド**と総称される．リガンドの一例として，標的細胞に向かうルートの途中にある細胞から分泌されて，軸索を引寄せる因子 (誘因因子) が明らかになっている．この誘因因子と軸索の膜上にある受容体とが結合して，軸索が標的細胞へとガイドされるのである．もしニューロンが正しい標的と接続できなければ，神経ネットワークに欠陥が生じ個体の行動に障害が起こる．多数の運動神経はそれぞれ特定の標的 (筋肉) とシナプス結合をつくるわけだが，小指を動かす神経が誤って親指の筋肉に接続してしまった場合を想像してみればよい．

15・4　体や器官の大きさの調節：サイズコントロール

発生生物学の中で胚発生の研究が花形として脚光を浴びてきたが，胚発生が完了すれば成体までの道のりが約束されているわけではない．胚から成体になるまでに，劇的に個体の容積が増加する．この大部分は細胞数の上昇によってもたらされるが，個々の細胞のサイズの増加も寄与している．細胞外からのシグナルによって細胞分裂が調節される機構はかなり理解が進んでいるが (第 13 章)，器官全体のレベルで**成長**がどのようにコントロールされているのかについては，ほとんど明らかになっていない．体のサイズと歩調を合わせて，器官の成長を促したり手綱を締めたりする機構があるはずであるが，成長の調節/サイズコントロールは発生の中では最も理解の遅れている分野の一つである．本章では解説しないが，体の部分の相対的な**プロポーション**を調節する機構もほとんど未開拓の分野といえる．たとえば頭とそれ以外の部分の比率は，赤ん坊と大人では大きく異なることを思いだしてほしい．

a．筋肉が肥大化した“ムキムキ”アニマル　器官に属する細胞は，自分自身の増殖を負に調節する分泌性因子を産生するとのモデルが提唱されてきた．器官が成長するにつれその抑制因子が器官内を循環し，蓄積し続け，ある一定のレベルに達すると，それ以上の細胞増殖が抑えられることを想定する仮説である．このモデルは肝臓の再生現象（図 13・1 b）などを説明できる．骨格筋についてはこのような抑制因子の候補として，**マイオスタチン**と名付けられた分泌性タンパク質が報告されている．マイオスタチンを合成できなくなったマウスは，正常なマウスに比べ筋肉が肥大するが，筋肉にがんができているのではなく細胞は正常に筋分化している（図 15・11）．マイオスタチンが

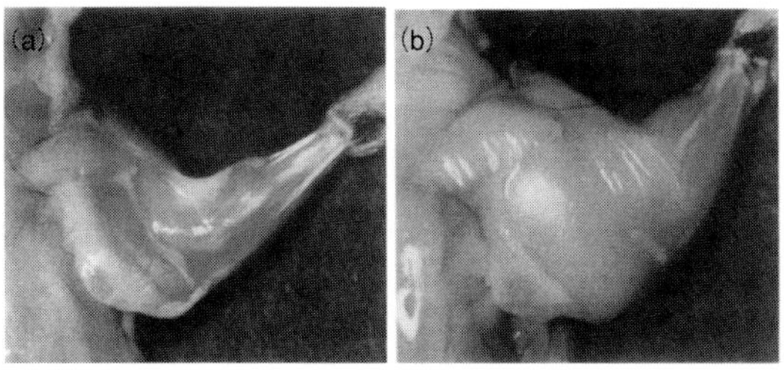

図 15・11 骨格筋が肥大化したマウス (a) 正常なマウスの前肢の骨格筋．(b) マイオスタチンを合成できなくなったマウスは，骨格筋が顕著に肥大化している．〔A. C. McPherron, A. M. Lawler, S.-J. Lee, *Nature* (London), 387, 83 (1997)〕

筋肉の成長を抑えることは，ウシにおいてもあてはまる．筋肉が異常に成長することが知られていた“ベルギーブルー牛”の遺伝子を解析した結果，このウシの系統ではマイオスタチン遺伝子に突然変異が生じていたからである．マイオスタチンがどのように筋肉の成長をコントロールしているのか，そしてマイオスタチンのような抑制因子の候補が他の器官についても見つかるのか，興味深い．

b. 成長ホルモンの働き 成長ホルモンの名前は一般人にも馴染みがあるが，この分子はどのように働いて個体の成長を促進するのだろうか．成長ホルモンを受取った細胞は別の分泌性タンパク質（**インスリン様増殖因子**）を合成し，そのインスリン様増殖因子を受容した細胞がタンパク質合成を上昇させ，個体の成長へとつながるのではないかと考えられている．ショウジョウバエを用いてインスリン様増殖因子のシグナル伝達経路が研究され，栄養条件に応じて細胞の大きさと数を調節する役割が示されている．ショウジョウバエを過密な条件下で発生させると，通常のハエを縮小コピーしたような“マイクロフライ”が誕生する．したがって栄養状態が悪い状況下では，個体のサイズを小さくして，小さいなりにすべてのパーツがそろった個体をつくり上げようとする仕組みが働く．インスリン様増殖因子のシグナル伝達経路が正常に調節されないと，栄養状態のよい環境下でも“マイクロフライ”や，あるいは通常よりさらに大きな“ジャイアントフライ”が誕生してしまう．このような場合，細胞のサイズと数が共に影響されることが多い．

c. 種間の差をどのように説明できるか 動物種間の個体の大きさの違いには，細胞のサイズの違いよりも，細胞数の違いがより大きく影響する．ヒトがマウスよりも多数の細胞からできているのは，それぞれの種の細胞に内在する増殖抑制機構の違いのためなのか，それとも，種によって細胞外からの増殖刺激の量が違うためなのか，あるいはその両方なのか不明である．ヒトとマウスでは，多様な細胞の誕生とその組織化の原理はよく似通っているのに，そして相同なタンパク質のアミノ酸配列もよく似ているのに，なぜヒトは個人差があってもヒトのサイズに成長し，マウスはネコのサイズにさえ達しないのだろうか．ヒトとマウスのサイズの差の原因を明らかにすることができれば，より差が微妙なヒトとチンパンジー，あるいは現代人と化石人類のサイズの差も説明することが可能かもしれない．種の多様化がどのように生じるのかは生物学の古くて新しい課題の一つであり，さまざまなアプローチが試みられているが，その中にサイズコントロールの視点も欠かせない．

第 III 部

広がりゆく生命科学

16

ゲノム情報の医学への応用

2003 年の春にヒトゲノムの塩基配列解読が完了した現在，ゲノムという“生命の設計図”を解読することにより生命および疾病についての理解を深めることが 21 世紀の生物学，医学の中心的課題である（図 16・1）.

16・1　生命情報の網羅的解析

ゲノム情報の蓄積は，ヒトゲノムに存在する全遺伝子の同定をもたらし，PCR 法*は任意の塩基配列を増幅する技術として汎用されている（第 12 章参照）. 現在全世界的な協力で **DNA 多型解析**が進行中であり，

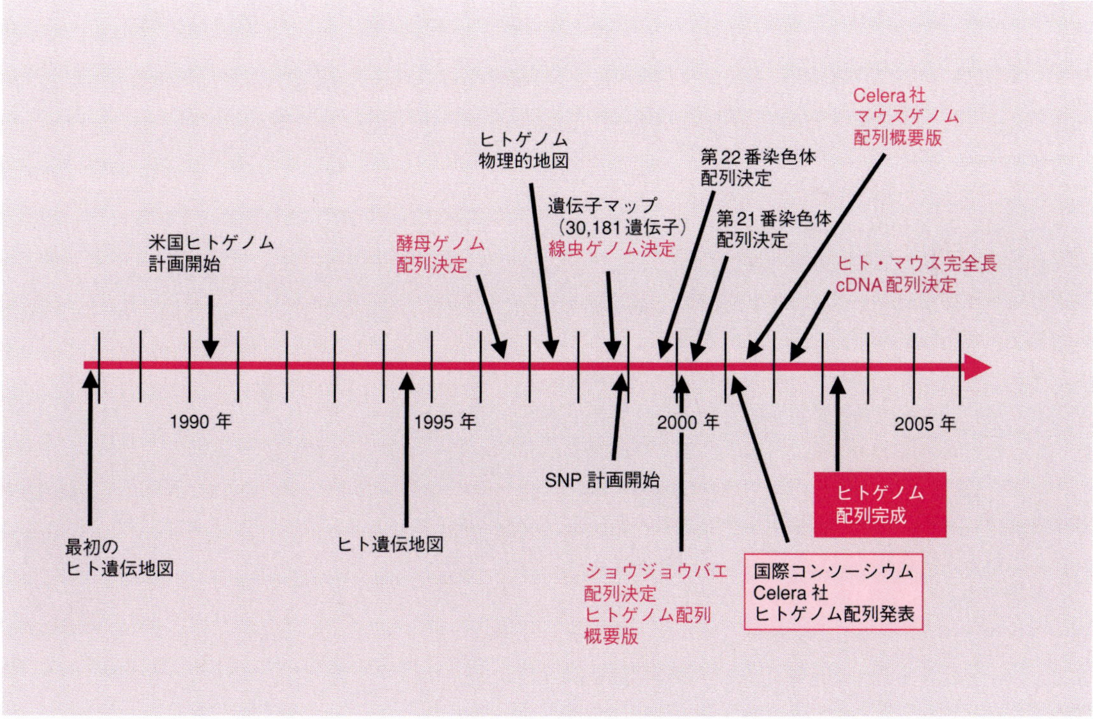

図 16・1　ヒトゲノム計画

*　PCR（ポリメラーゼ連鎖反応）法：試料 DNA を鋳型としてプライマーと結合させ，耐熱性の *Taq* ポリメラーゼなどを用いて DNA を合成する．熱変性して再度プライマーを結合させることにより合成反応を繰返すことができる．

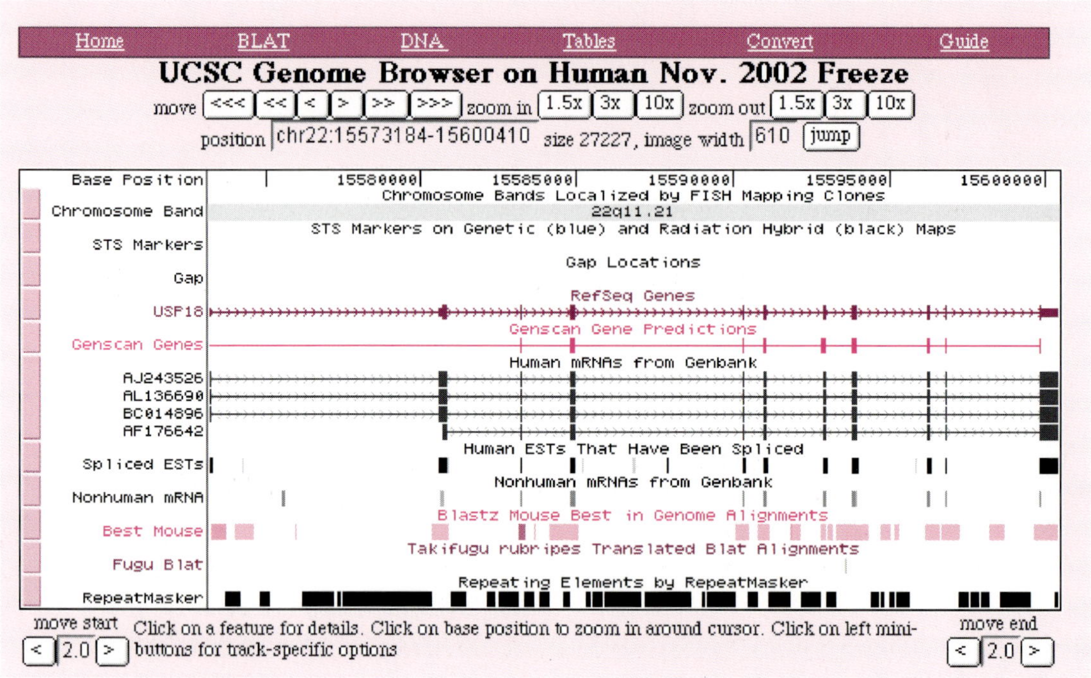

図 16・2 ゲノム配列情報 カリフォルニア大学サンタクルーズ校が開発したゲノム情報のブラウザーである．遺伝子情報，繰返し配列，マウスやフグゲノムとの比較を一望にできる（URL は p.162 の表 16・3 参照）．

ヒトの多様性についての理解が進むと期待される．さらにサル，マウスなどの他の生物ゲノムとの配列比較により，種間で保存された構造あるいは種としての特異性も明らかにされるであろう（図 16・2）．

生命現象は遺伝子や代謝のネットワーク，細胞間のシグナル伝達に加えて細胞の構造をも含めたシステムにより成り立っている．“システム生物学”はこれら大規模な生命情報に基づいて生命現象の理解をシステムレベルでめざすものであり（第 17 章参照），生物医学研究において従来の個別遺伝子研究からのパラダイムシフトをもたらすものと考えられる．個々の遺伝子やタンパク質の振舞いも生体内では複雑な相互作用や制御を受けており，個々の分子が生体内でどのように作用しているかを網羅的に解析することが重要になりつつある．その一例が DNA マイクロアレイ*による**遺伝子発現プロファイリング解析**であり，トランスクリプトームすなわち遺伝子転写レベルの全体像を俯瞰することが可能となった．ゲノミクスをはじめとするトランスクリプトーム，プロテオーム，メタボローム解析などのいわゆる‘OMICS’（図 16・3）とよばれる生命情報の網羅的な解析が生みだす大量の測定データを統合処理する分野としてバイオインフォマティクスの重要性が高まっている．

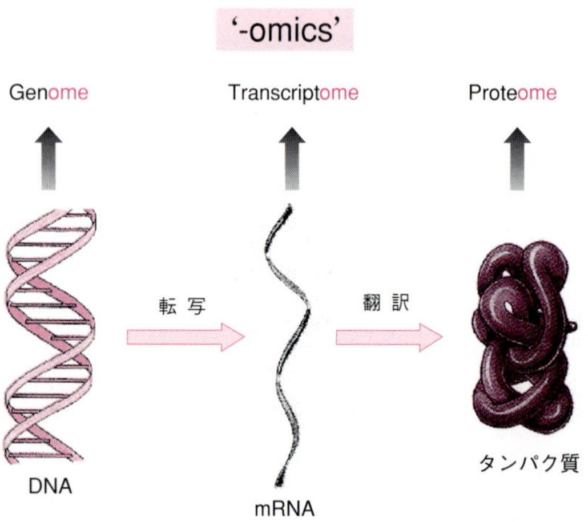

図 16・3 生物学のセントラルドグマと網羅的解析

＊ DNA マイクロアレイ解析技術：基板上に高密度に cDNA クローンや合成 DNA を固定化あるいは合成したものを **DNA チップ**とよび，数万に及ぶ遺伝子発現プロファイルの解析や一塩基多型の解析に用いられている．

このような生物医学研究の流れが医療に影響を与えることは疑いない．疾患の発症には環境的要因と遺伝的要因の両者がかかわると考えられている（図16・4）．ヒトを直接の対象として遺伝解析を行うことはで

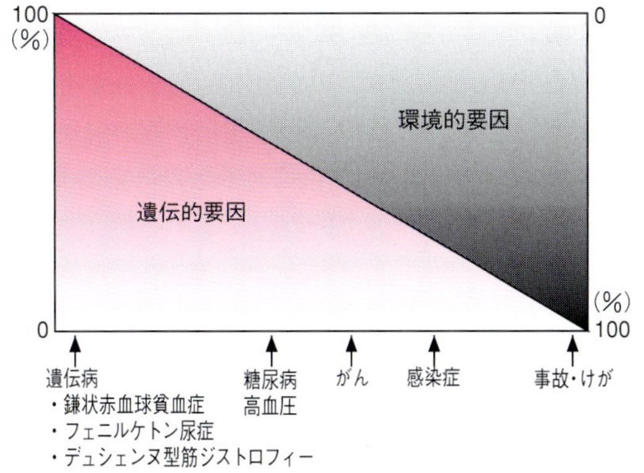

図 16・4 遺伝的要因と環境的要因

きないため，病因を解明し治療法を開発するためには家系解析をはじめとして疾患検体を対象として，できる限りの生物学的データを網羅的に取得することがますます重要になりつつある．大きな柱となるのは，多型解析に代表される集団遺伝学的解析であり，トランスクリプトーム解析やプロテオーム解析などの網羅的な生化学的解析である．

16・2 疾患の遺伝解析

疾患に関連する遺伝子の同定にはいくつかの方法（表16・1）があり，ゲノム情報の蓄積，解析技術の進歩によりそのアプローチは変貌しつつある．従来の生化学的手法による探索が可能であった原因遺伝子についてはおおむね同定されたと思われ，現在は遺伝学的手法が中心となっている．原因遺伝子の最終的な証明には実際に変異を導入した生物において予測する表現型あるいは病態が観察されることが必要であるため，トランスジェニックマウス*1やノックアウトマウス*2などの遺伝子改変動物が広く用いられている．さらにマウスなどのモデル動物に対してあらかじめ化

表16・1 原因遺伝子同定の戦略

1 ファンクショナルクローニング：予想される原因遺伝子機能に基づいて同定する．
2 ポジショナルクローニング：染色体上の位置情報を手掛かりに原因遺伝子を同定する．
3 ポジショナル候補クローニング：染色体領域にある候補となる遺伝子リストの中から原因遺伝子を同定する．
4 候補遺伝子の関連解析：SNP などの遺伝子型と表現型との間の関連（association）に基づいて候補遺伝子座を絞り込む．
5 体系的関連解析

学変異原 *N*-エチル-*N*-ニトロソ尿素（ENU）*3を用いてランダムに変異を導入して得られた個体に生じた表現型の異常から原因遺伝子を同定するというような試みも進められている．

16・2・1 単因子性疾患のゲノム解析

これまでに多くの単一遺伝子性疾患の原因遺伝子が同定されてきた．家族性高コレステロール血症のようにいわゆる“候補遺伝子”としてLDL（低密度リポタンパク質）受容体遺伝子の異常が発見された疾患もあるが，ハンチントン舞踏病，嚢胞性繊維症を代表とした大規模な家系内の連鎖解析によって，原因遺伝子座の同定，遺伝子の単離が1980年代後半より急速に進められた．このような解析アプローチは“**逆遺伝学**（reverse genetics）”ともよばれ，候補遺伝子についての情報が何らない場合にも強力であった．これらのヒトの遺伝形質の集大成はデータベースとして **OMIM**（Online Mendelian Inheritance in Man）にまとめられ，米国NCBI（National Center for Biotechnology Information）のサーバー上で公開されている（http://www.ncbi.nlm.nih.gov/entrez/query.fcgi?db=OMIM）．

16・2・2 多因子性疾患のゲノム解析

上述の単一遺伝子性疾患が比較的まれな疾患であるのに対して，糖尿病や高血圧症などのいわゆる生活習慣病は“ありふれた病気”であり，複数の遺伝的要因

＊1 トランスジェニックマウス：遺伝子組換えにより外来遺伝子を導入したマウス．
＊2 ノックアウトマウス：胚性幹細胞を用いて相同組換え技術により任意の遺伝子を破壊して機能を変異させたマウス．
＊3 ENU：塩基置換による点突然変異を誘発させることにより，突然変異マウスを体系的に開発する大規模なミュータジェネシスプロジェクトが国際的に進行中である．

の関与が想定されている．非メンデル型遺伝形式をとるこれらの疾患は従来“成人病”といわれたように発症時期が遅いことや病態が複雑であることが疾患関連遺伝子同定の妨げになってきた．疾患罹患者と遺伝的多型（図 16・5）*の相関を調べることによって関連遺伝子同定が試みられており，疾患の予防や個別化医療への応用が期待されている．

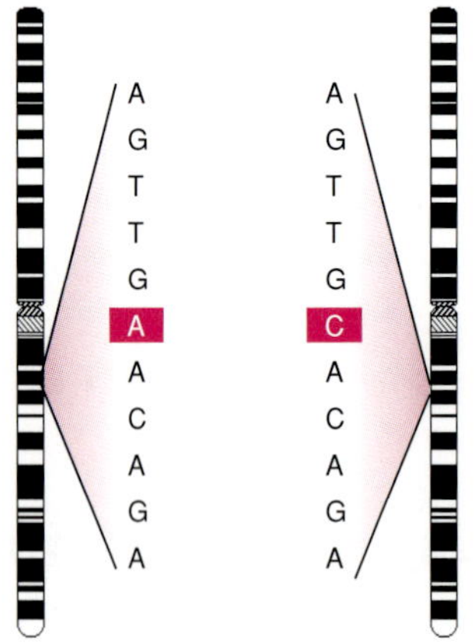

図 16・5　一塩基多型

a．多型解析　非メンデル遺伝性疾患の解析においては，遺伝的多型と疾患との遺伝的相関解析や連鎖不平衡解析がゲノム全体に対して行われている．**罹患同胞対解析**（sib pair analysis）は家系内で同一の疾患に罹患する者は疾患感受性遺伝子を共有する確率が高いとして，多くの罹患した兄弟，親子においての遺伝的多型を解析する．あらかじめ遺伝様式の情報が必要でない利点はあるが，多数の家系を解析することを必要とする．遺伝的相関解析には，**症例-対照研究**（case-control study）や **TDT**（transmission disequilibrium test）があげられる．前者は罹患群と対照群の間で対立遺伝子頻度が異なる遺伝子座は疾患に関連があるであろうという前提で解析するが，罹患群と対照群が均質でないと疑陽性の結果をもたらす危険性が高い．TDT は家系内に対照群をとることにより関連研究を行うものであり，前述の対象とする集団の構造化の問題は回避できるが，親からのサンプリングが不可能であったり，子供が発症年齢に達していなかったりする場合には用いられない．

b．マイクロアレイ解析の応用　病態モデル動物や遺伝子改変動物のマイクロアレイ解析（図 16・6）も数多く見られる．発現プロファイリングを用いて自然発症高血圧ラット（SHR）の解析から *Cd36* 遺伝子の発現低下が見いだされ，原因遺伝子として有力であるとの報告は，DNA アレイ解析は原因遺伝子候補の探索への有用性を示すものと考えられる．また，HDL（高密度リポタンパク質）コレステロールの低下を特徴とするタンジール病患者と健常者の繊維芽細胞の発現プロファイリングから患者において発現低下が認められた 100 あまりの遺伝子のなかから，従来遺伝連鎖解析により決定された遺伝子座 9q31 領域に存在する *ABC1* 遺伝子が原因遺伝子として同定された．このほか，炎症性腸疾患や膵炎などの炎症性疾患，統合失調症患者の脳組織，心不全心筋組織などについても続々と報告があり，病態解明が試みられている．

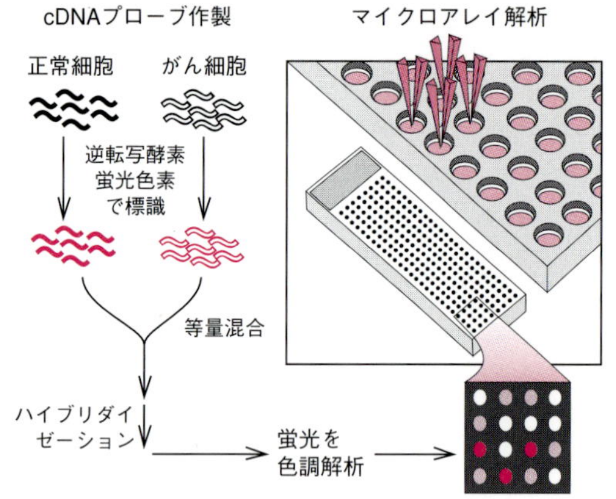

図 16・6　マイクロアレイ法の概念

糖尿病や高血圧症などのいわゆる生活習慣病は多因子性疾患であり，ゲノムおよびプロテオーム解析を駆使して疾患感受性に関する遺伝子の探索が進められている．将来的にも一つの遺伝子検査のみでは確実な診断は困難と考えられるが，これらの生活習慣病に関する治療薬は巨大な市場を有するだけに研究機関のみな

＊　遺伝子多型：ゲノムの塩基配列の変化として集団内で 1 ％以上の頻度で存在するものを多型（polymorphism）とよび，1 ％未満の場合は変異（variation）とよぶ．**一塩基多型**（Single Nucleotide Polymorphism，**SNP**），挿入・欠失多型，繰返し多型が存在する．SNP は数百塩基に 1 箇所存在するといわれ，近年頻用されるようになった（第 12 章参照）．制限酵素認識部位にある多型は制限酵素断片長多型（RFLP）として簡便に検出できる．$(CA)_n$ や $(CAG)_n$ などの短い繰返し配列の多型は**マイクロサテライト**とよばれ，多型性にも富むので汎用されてきた．

らず製薬企業も遺伝子の同定を競って進めており，個人の遺伝子型に基づいて生活習慣の指導や薬剤の処方に応用される“個別化医療”（テイラーメイド医療）の実現が期待される．

16・3 がんのゲノム解析

がんはわが国の死因の第1位を占める疾患であり，長年その克服をめざした研究が進められている．がんは複数の遺伝子異常の蓄積により発生，進展する疾病であり，がん遺伝子，がん抑制遺伝子，DNA修復酵素遺伝子などの変異が同定されてきた（表16・2）．

表16・2 おもな遺伝性腫瘍

	原因遺伝子
網膜芽細胞腫	*RB*
ウィルムス腫瘍	*WT1*
リー・フラウメニ症候群	*p53*
多発性神経繊維腫症	*NF1, NF2*
家族性大腸腺腫症	*APC*
家族性乳がん	*BRCA1*，*BRCA2*
フォン・ヒッペル・リンダウ病	*VHL*
家族性悪性黒色腫	*p16*
基底細胞がん	*PTC*
カウデン病	*PTEN*
家族性胃がん	Eカドヘリン
多発性内分泌腺腫症	*MEN1, RET*
遺伝性非ポリポーシス性大腸がん（HNPCC）	修復酵素遺伝子異常（*hMSH2, hMLH1, hPMS1, hPMS2*）

16・3・1 家族性腫瘍と遺伝的要因

網膜芽細胞腫やウィルムス腫瘍などの小児腫瘍や，家族性大腸腺腫症，家族性乳がんについては家族内集積が知られ，原因遺伝子の多くが1980年代半ばよりポジショナルクローニングにより同定された．がんは多因子性遺伝疾患であることから“がんになりやすい体質”についてはゲノムの多様性に基づいて個人差が存在すると考えられる．将来的にはこれらの遺伝情報に基づいて予防手段を講じることができるようになると期待される．

16・3・2 染色体変異の検出

DNA多型を利用した染色体欠失の解析により多数の腫瘍において共通する欠失領域としてがん抑制遺伝子座の同定が試みられてきた．さらに双方のアレル（対立遺伝子）が欠失したホモ欠失領域は狭い領域に限定されることから，*DPC4*や*PTEN*遺伝子が同定された．白血病や悪性リンパ腫などの血液疾患では染色体転座を認める頻度が高く，核型の解析が臨床検査として重要である．

CGH（comparative genomic hybridization）はDNAを蛍光標識して，染色体に対してハイブリダイゼーションを行い，染色体コピー数を計測するシステムであり，がん細胞においてのDNAの増幅や欠失の検出に用いられる（§12・4・2参照）．しかし，解像力が低いこと，染色体欠失の検出感度が悪いことが問題であったが，BAC（大腸菌人工染色体）を用いたアレイCGHを用いることにより，遺伝子増幅領域を簡便にとらえられることになった．

16・3・3 マイクロアレイによる網羅的発現解析：がんの分子診断

多くの腫瘍は非遺伝性腫瘍であり，網羅的なゲノム解析による発がん機構の解明が期待されている．マイクロアレイ解析により得られる腫瘍組織の遺伝子発現プロファイルを通して，診断，分類に有効な遺伝子群の抽出を行うことができる．既存の分類では同一のカテゴリーと分類されていた腫瘍について，遺伝子発現パターンの違いから新たに分類でき，予後や治療効果の予測に有効であるという報告が最近相次いでいる．これまでに大腸がん，急性白血病，悪性リンパ腫，悪性黒色腫，乳がん，前立腺がん，胃がん，肝細胞がん（図16・7），脳腫瘍などのさまざまな腫瘍において発現プロファイル解析により，病理学的分類や既存の検査所見や予後と相関した発現パターンを示す遺伝子群が同定されてきた．がんの分類には種々の数理解析手法*が広く使われ，既存の手法では困難であった新たな分類が可能であることも見いだされている．

発現プロファイルデータを解析するためには臨床情報，病理学的所見，ゲノム変異情報などのデータを統合することが必要であり，個々の遺伝子解析のみなら

* 発現プロファイルデータの数理解析：類似の発現プロファイルを示す症例をグループ化すべく階層的あるいは非階層的クラスタ解析を用いたり，多次元のデータの次元を減らす目的に主成分分析（PCA）を用いる．

ずシステムとしてデータ解析を行っていく必要がある．現在は3～4万のヒト遺伝子のなかから診断，分類に有効な遺伝子群の抽出が進められており，将来的

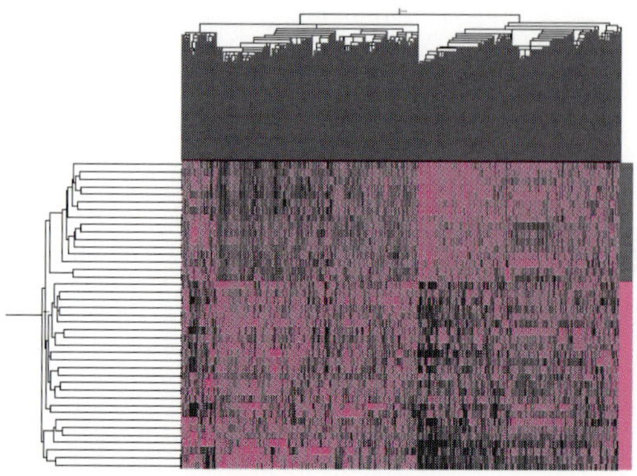

図 16・7 クラスタ解析 GeneChip ヒト U95A アレイに含まれる12561遺伝子中，中間値が100以上の3288遺伝子を用いて41の肝組織検体についてクラスタ解析を行った．非がん部と腫瘍部が異なるクラスタに分類される．

には選出された遺伝子を用いて臨床検査の場においてもがんの個性診断，**EBM***（evidence-based medicine，エビデンスに基づく医療）への応用が進むと思われる．

16・3・4 がん関連遺伝子の網羅的変異解析

多くの遺伝子異常が報告されているものの，体系的に解析した試みは少ない．網羅的なゲノムワイドな探索により発見されたがん関連遺伝子の第1例として*BRAF*遺伝子の変異がある．Ras/Raf シグナル伝達系に関与する遺伝子群における変異の有無について，多数の腫瘍検体からのDNAを**SSCP**（single-strand conformation polymorphism）法とシークエンシングにより探索し，*BRAF*遺伝子のキナーゼドメインに悪性黒色腫の66％に変異が認められることが見いだされた．がんは複数の遺伝子の変異が蓄積することにより生じると考えられ，多段階発がんの仕組みを解明するためにも網羅的な探索は不可欠であり，今後これら遺伝子発現プロファイル，プロテオーム解析などの網羅的解析データと病理学的診断などのデータとを統合して解釈することが重要である．

16・3・5 メチル化とがん

がんでは一般にゲノム全体が低メチル化状態にある一方，一部の遺伝子のプロモーター領域が過剰メチル化により不活性化されていることが知られており，エピジェネティックな変化が注目されている．**エピジェネティクス**とは，塩基配列の変化を伴わずに遺伝子の発現を活性化したり不活性化したりする後生的修飾をいう．がん抑制遺伝子のメチル化による不活性化が*p16*，Eカドヘリンなどで報告されており，これらの過剰なメチル化は**ヘテロ接合性の消失**（loss of heterozygosity，LOH）とともに認められることもある．また，ゲノム配列中のCpG部位は通常メチル化され，5-メチルシトシンとなっていることが多いが，メチルシトシンが脱アミノされるとチミンへの変異が誘発される．

16・4 ゲノム解析の治療への応用

機能ゲノミクス（functional genomics）に基づいた新たな診断，治療法の開発への期待も大きく，**“ゲノム創薬”**という新たなパラダイムを創薬研究にもたらした．すなわち，ゲノム科学を核として創薬科学，構造生物学，薬理ゲノミクスなどが融合した学問分野である（図16・8）．

16・4・1 分子標的の探索

現在薬剤が標的としている遺伝子数は数百といわれているが，ゲノム配列が明らかになったことにより分子標的の探索に拍車がかかっている．すでにBCR/ABLキメラタンパク質に対するグリベック（商品名）や上皮成長因子受容体（EGFR）に対するイレッサ（商品名）などの特定の標的分子に対する薬剤が臨床に導入されており，作用する標的が明らかな薬剤が開発されることにより，EBMの立場からもがんの個別化医療の可能性の発展が期待される．

がん遺伝子*HER2*に対するモノクローナル抗体医薬ハーセプチン（商品名）が最近導入され，*HER2*遺伝子を高発現している乳がん症例などに有効である．症例ごとに高発現であることを確認することにより，効果が期待される患者のみに投与することができるた

* EBM：蓄積された医療データの分析から導きだされた合理的な診断や治療を行うこと．多型や遺伝子発現解析などの検査が一般化することにより実現が期待される．

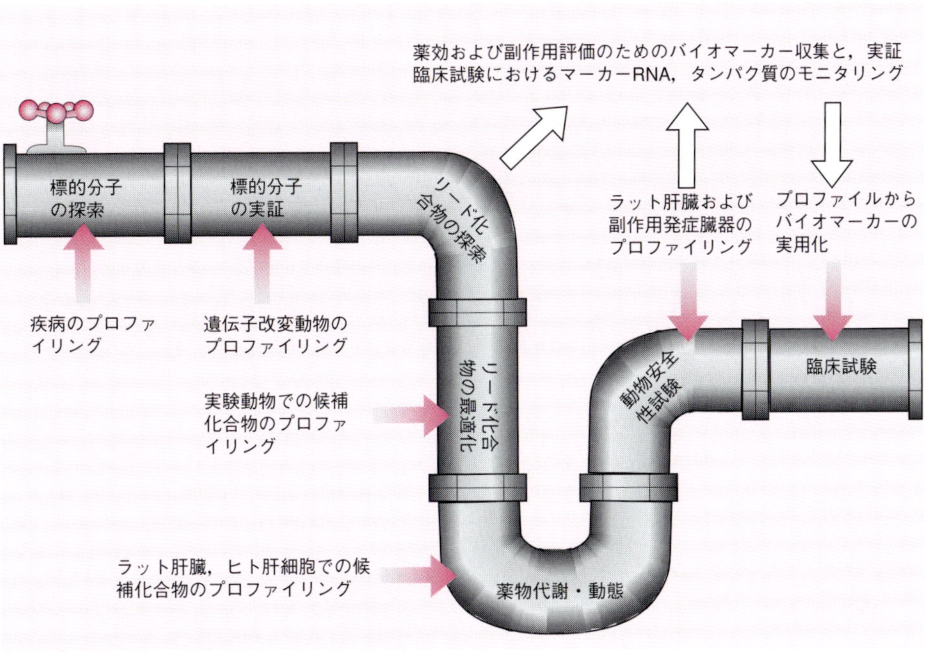

図 16・8　創薬におけるゲノム解析技術〔D.L. Gerhold, *et al.*, *Nat. Genet.*, 32, 547 (2002)〕

め，医療コストの削減，副作用の防止につながる．抗体医薬は，ヒト化抗体技術の進歩や最適化により治療効果を期待できるようになっている．腫瘍壊死因子（TNF）あるいはその受容体に対する抗体は，関節リウマチやクローン病などの炎症性疾患に対する効果も認められている．一方，腫瘍抗原に対する免疫細胞療法は細胞表面以外のタンパク質もその標的としうるため研究開発が進められており，活性化自己リンパ球療法，樹状細胞ワクチン療法，ミニ移植などが試みられている．

16・4・2　薬理作用，副作用の解析

発現プロファイルを用いて抗がん剤の薬理作用を体系的にデータベース化しようという試みが各国で進められている．米国がん研究所（NCI）では抗がん剤のスクリーニングに使用している 60 種類のがん細胞パネル NCI-60 について細胞増殖抑制試験での活性に基づいて，抗がん剤の感受性や抵抗性と遺伝子発現プロファイルをリンクさせたデータベースを構築している．

薬剤代謝酵素やトランスポーター遺伝子多型は酵素活性や遺伝子発現量に影響を及ぼし，薬物の体内動態を変動させると考えられる．すなわちレスポンダー（治療に反応する人）の同定を行うべくゲノミクス情報を用いて SNP 解析と抗がん剤副作用の相関を分析することにより，患者の層別化による治験の効率化や安全性評価が行われつつある．

16・4・3　クローン技術と遺伝子治療

1996 年に世界で初めての**体細胞クローン動物***であるヒツジ“ドリー”が誕生した．有用な組換えタンパク質を生産するヒツジを多数つくることができると期待されているが，依然成功率が低いことや遺伝的変異を有することが問題点である．ヒト個体クローンの作製については禁止されている．

疾患原因遺伝子の変異が明らかにされるにつれて，欠損した遺伝子の導入が先天性の酵素欠損症やがんの治療に試みられている．

---

*　クローン動物：同一個体の核を有する動物集団で，ドナーとして初期の胚細胞を用いて作製する**受精卵クローン**と，体細胞を用いるクローン動物がある（第 5 章，第 14 章参照）．

16・4・4 ゲノム研究と倫理

BRCA1, *BRCA2*（家族性乳がん），*APC*（家族性大腸腺腫症）などの遺伝性腫瘍の原因遺伝子が明らかにされ，変異遺伝子の保因者は定期検診の励行などから早期発見を行えるようになったものの，単に遺伝子診断を行うことが必ずしも保因者の利益になるとは限らないため，遺伝カウンセリングなどの仕組みを充実させることが急務である．また，遺伝情報は保険制度や雇用における遺伝的要素による差別につながる危険性があるため，その管理には十分な配慮が必要である．ゲノム解析を行う研究については，文部科学省・厚生労働省・経済産業省の合同指針“ヒトゲノム・遺伝子解析研究に関する倫理指針”（http://www2.ncc.go.jp/elsi/html/d_rinri_shishin.htm）が2001年に設けられている．研究機関，医療機関はゲノム研究について誤解されることのなきよう，社会に対して十分な説明を怠らないことが大切である（第22章参照）．

16・5 まとめ

ゲノム情報をはじめとする大量の生命情報は生物医学研究，創薬研究にパラダイムシフトをもたらしている．今後基礎研究者と臨床家が連携し，トランスレーショナルリサーチを進めていくことが期待されているが，臨床検体や実験から得られる膨大な生物情報を正しく解釈するためには病態，あるいは臨床像に関する詳細な情報収集が必要である．ゲノム研究の成果が疾病の病態生理の理解，遺伝診療の実践をはじめ，新薬の開発，医療の現場に結びつくことが期待されている．

最後に，関連あるおもなウェブサイトのURLを表16・3にまとめるので参考にされたい．

参考文献

1）P.D. Pharoah, A. Antoniou, M. Bobrow, R.L. Zimmern, D.F. Easton, B.A. Ponder, *Nat. Genet.*, **31**(1), 33 (2002).
2）Y. Hippo, H. Taniguchi, S. Tsutsumi, N. Machida, J.M. Chong *et al., Cancer Res.*, **62**(1), 233 (2002).
3）A. Mukasa, K. Ueki, S. Matsumoto, S. Tsutsumi, R. Nishikawa *et al., Oncogene*, **21**(25), 3961 (2002).
4）T.R. Golub, D.K. Slonim, P. Tamayo, C. Huard, M. Gaasenbeek *et al., Science*, **286**, 531 (1999).
5）H. Davies, G.R. Bignell, C. Cox *et al., Nature* (London), **417** (6892), 949 (2002).

表16・3 各種の生物情報データベース

データベース名	内容	URL
Genbank	塩基配列データベース	http://www.ncbi.nlm.nih.gov/Genbank/
DDBJ	塩基配列データベース	http://www.ddbj.nig.ac.jp/
Swissprot	タンパク質配列	http://www.ebi.ac.uk/swissprot/
InterPro	タンパク質モチーフ	http://www.ebi.ac.uk/interpro/
Ensembl	ゲノムブラウザー	http://www.ensembl.org/genome/central/
GoldenPath	ゲノムブラウザー	http://www.genome.ucsc.edu/
Genecards	遺伝子の注釈付けのデータベース	http://bioinfo.weizmann.ac.il/cards/
GENE ONTOLOGY CONSORTIUM	遺伝子分類	http://www.geneontology.org/
STKE	シグナル伝達	http://stke.sciencemag.org/index.dtl
KEGG	生命システム情報統合データベース	http://www.genome.ad.jp/kegg/

17 システム生物学の意義と展望

17・1 はじめに

システム生物学は，生命をシステムレベルで理解することを目的とした研究領域である．分子生物学の飛躍的発展によって遺伝子やタンパク質に関する研究が進み，網羅的解明が可能になってきたことによって現実味をおびてきた分野である．遺伝子やタンパク質の研究は，生命を構成する部品やそのつくり方の研究であり，最終的に生命を理解するためには，それらの部品からなる“システム”を理解することが必要となる．

部品の研究は重要であるが，それだけではシステムの理解には結びつかない．たとえば，ボーイング777という飛行機を理解しようとするときに，その部品のリストや部品自体の形状や機能から，この飛行機を理解することはできない．膨大な数の部品が，どのように組合わさり，どのようなダイナミクスを生みだし，どのような原理で制御されているのかの理解なしに“システム”としてのこの飛行機の理解はできない．細胞や個体に関してもこのことは同様であり，システムレベルでの理解が究極的には必須となる．

生命をシステムとして理解しようという試み自体は，決して新しいことではない．古くはN. Wienerのサイバネティクスから始まる伝統がある．また，それに先立つW. B. Cannonによるホメオスタシス（恒常性）という概念の提唱は，まさしくシステムレベルでの生体の理解を促進したものである．しかし，その時代は分子生物学が生まれる以前や生まれて間もない時期であり，システムレベルでの記述を分子レベルに根ざして理解する体系を構築することはできなかった．しかし，分子生物学，ゲノム解析が飛躍的に発達した今日においては，システムレベルでの解析が，分子レベルでの理解へと結びつき一貫した知識の体系を構成することが可能となった．また，著しい計算機科学の発展，非線形力学系や制御理論の発展などにより，複雑な生命現象の理解が現実的に可能となってきた．

従来の分子生物学が対象とする遺伝子やタンパク質は物質としての実態が明確であり，基本的には“もの”のサイエンスであった．それに対して，システム生物学が対象とするシステムレベルでの理解は，具体的な実態としては遺伝子やタンパク質を含む“もの”で構成されてはいるが，システムとしての挙動は，“もの”ではなく“こと”であり，“こと”のサイエンスとなる．“もの”のサイエンスは，きわめて直接的であり，具体的にその対象を示すことができる．それに対して“こと”のサイエンスでは，その対象は直接目に見えないダイナミクスにあり，その背後の原理にある．これは，システムを構成する部品をおもに扱う分子生物学の成果に基盤をおきながらも，抽象的なダイナミクスや動作原理に主たる研究対象を求めることを意味しており，ある意味で考え方を変えていく必要がある．

では，どのようにしたらシステムとしての理解が可能となるのであろうか．システムとしての理解を行うには，つぎの四つのレベルがあると考えている．

1）システムの構造の理解：細胞の物理構造と転写制御ネットワーク，代謝回路，信号伝達回路などの理解である．すでに多くのカスケード・データベースが構築されているが，まだまだわからないことのほうが多いのが現状である．

2) システム・ダイナミクスの理解: ネットワークなどシステムの動的挙動（ダイナミクス）とその背後にある原理の理解である．構造レベルでの理解として記述されたネットワークは，いわば道路地図であり，道路の構造を表している．しかし，我々が理解したいのは，交通流とそのダイナミクス，つまり，詳細な転写の時間的変動，転写産物の時空間変化である．これらは，単にネットワークの構造を見ていたのでは理解できない．

3) システム制御方法論の理解: 生命システムを，望んだ状態へと誘導する方法論の理解である．たとえば，疾病は，多くの場合，細胞が異常な状態で定常的な挙動を示していることにある．このような細胞を正常な状態に誘導するような制御をいかに成し遂げるかの研究であり，医療への応用なども考えられる．

4) システム・デザイン方法論の理解: 望んだ特徴を有した細胞，臓器システムを人工的にデザイン・変更する方法の理解である．これは，既存のシステムに遺伝子導入などを通じて改変を加える場合や，まったく最初から設計する場合がありうるであろう．

これらの各レベルでの理解を行うためには，定量的かつ網羅的な測定を実現する技術，大規模実験，タンパク質の相互作用のレベルから染色体動力学，細胞壁の物性などへテロで大規模なシミュレーションを可能にする計算プラットフォーム，解析手法と理論のブレークスルーが必要である．システム生物学は，それらの分野を統合して，システムレベルでの生命の理解をめざす分野である（図 17・1）．

17・2　システム生物学的実験アプローチ

システム生物学での実験は，コンピューター上でのシミュレーションモデルやシステム解析などの基盤となるデータ，または，これらの解析の結果提示された仮説を検証するデータを獲得することがおもな目的となる．システム生物学では，従来の分子生物学

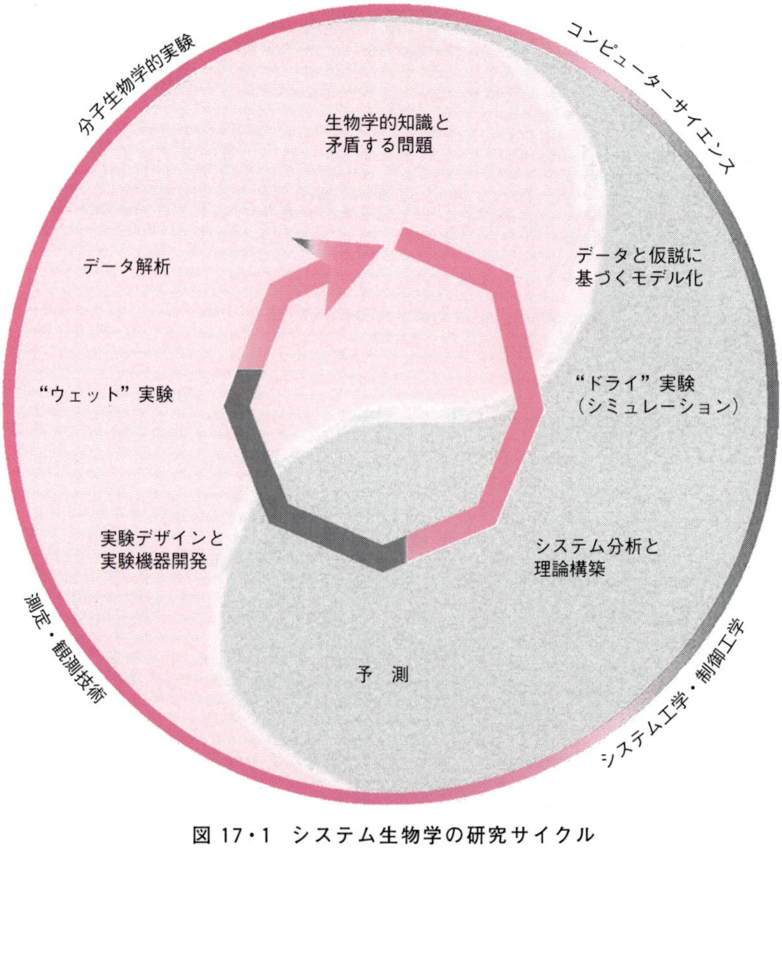

図 17・1　システム生物学の研究サイクル

研究よりも，実験に対する要求はより大きくなる．なぜなら，システムレベルの解析のためには，より定量的で網羅的な実験が求められるからである．この“網羅的”については，以下の三つの**網羅度**が考えられる．

1) 因子網羅度：一度にいくつの遺伝子やタンパク質の状態を測定できたかという網羅度．マイクロアレイは，数千や数万のmRNAレベルでの網羅度を実現している．

2) 時系列網羅度：どれだけ稠密な時間間隔で測定しているかという網羅度．

3) 項目網羅度：一つの測定対象に対して，いくつの違った項目が同時測定できるかという網羅度．

網羅度を上げれば，それだけ実験のコスト（試薬，人件費など）が増大するため，過度の網羅度追求は得策ではなく，理論的な解析を基に最適なリソース配分となるような研究計画を立案するのが理想である．しかしながら，現在の実験よりは質・量ともに要求が高くなるので，精密かつハイ・スループット（高効率）な測定手法・装置が開発されることが必須である．注意するべき点は，現在，ハイ・スループットな測定が実用化されているのは，配列解析とマイクロアレイのみといってよい状態であり，それ以外の実験は，従来のプロセスで行われているのが実態ということである．これらの実験をどのようにハイ・スループット化するかが今後重要な課題となる．マイクロ流体システム（MIFS，またはμTAS）を利用したピコ（10^{-12}）リットルオーダーで測定や配列解析が可能なデバイスの開発や，実験の自動化のための技術開発がこれからより重要になるであろう．

17・3 ソフトウエア基盤

システム生物学の研究を進めるうえでは，上述したような高度な実験装置だけでなく，シミュレーターや解析ソフトウエアなどの基盤が必要となる．これには，マイクロアレイなどの大規模実験データから遺伝子間の制御関係を推定するソフトウエアや，シミュレーター，分岐解析，代謝解析などのソフトウエアなど，一連のソフトウエアが必要になる．このソフトウエア基盤自体で，多くの研究テーマを抱えている．

たとえば，コンピューター・シミュレーションという側面を取上げても，多くのモデルは代謝や細胞周期，シグナル伝達系などを，常微分方程式または確率過程として定式化し，その解を求めるという方法を採用している．この方法で，空間的要因や物理的な要因が複雑に影響しない反応に関しては，ある程度，実態を反映したシミュレーションが可能な場合もある．しかし，空間的要因や細胞小器官や染色体の物理的特徴がかかわる細胞内プロセスも多く，これらの要因を取入れたシミュレーターは，多階層を扱いかつ複数の質の違うシミュレーションを統合的に扱う必要があり，その基本構造自体がコンピューターサイエンスの重要な研究テーマとなりうる．

また，ソフトウエア基盤の標準化も重要なテーマである．従来までは，おのおのの研究グループが独自のソフトウエアを開発していたため，モデル記述がばらばらであり，再利用や流通，さらには研究結果の検証が困難だった．また，幅広い解析ニーズにこたえることができるソフトウエアを一つのグループが開発することも現実的ではない．そのため，モデル表現の国際標準としてのSystems Biology Markup Language (SBML)，さらには，基盤ソフトウエアプラットフォームとしてのSystems Biology Workbench（SBW）の開発が，国際共同プロジェクトとして行われている（http://www.sbml.org/）．これらのソフトウエア標準が確立されれば，より効率的な研究が推進されるであろう．

17・4 システム理解のための理論

システム生物学の研究の重要な部分に，理論研究がある．システムの理解には，そのダイナミクスの理解が欠かせない．このため，各現象にかかわるダイナミクスの解析や，さらにその背後にあるより普遍的な原理の探求が研究の大きな課題である．このために，コンピューター・シミュレーションやさまざまな非線形システムの解析方法を利用する．すでにいくつかの解析手法が提案され，システムレベルでの理解への道を開きつつある．

代謝工学を中心とした分野では，すでに**代謝コントロール分析**（metabolic control analysis）や**代謝流束分析**（flux balance analysis）が，一つの体系として確立されている．この結果，大腸菌のようにその代謝ネットワークが，詳細に研究されている対象について，ネットワークの構造解析から最適な栄養分摂取と成長速度の限定的な予測が可能になっている．しかし，これらは定常状態での分析であって，ダイナミクスをとらえる解析ではない．システムの理解のためには，定常状態とともに動的な挙動の理解の研究も重要となる．

また，細胞周期などでは，**分岐解析**（バイファケーション分析）という手法を用い，細胞周期が進行する反応定数の範囲や，細胞周期の G_1，S，G_2，M 期について動力学的にどのような状態に対応するかの研究も行われ，細胞周期は，サイクリンとそれに対する拮抗因子との間でつくり出される安定点の出現，移動，消滅によってそのダイナミクスが説明できるという仮説が提出されている．また，大腸菌の化学走性が，インテグラル・フィードバックという制御原理に基づいて動作しており，そのために，きわめて広範な化学誘因物質に対して適切な反応を示すことができるのではないかという研究もみられる．これらの研究には，システムの本質であるダイナミクスの理解と，その背後にある動作原理の理解という目標がある．

ここでいくつかの理論的な課題が存在する．その一つは，細胞など生命システムがどのようにその機能を実現し，また進化させてきたのか，さらにそれらのシステムの**ロバストネス**がどのように達成されているのか解明することである．多くの場合，生体のダイナミックな反応の背後にあるのはロバストネス（頑強性）であり，これは，1）**環境変化に対する適応**(adaptation)，つまり周囲の環境がある程度変化しても，細胞や個体は，それに対応して，その機能を維持することができるという特性，2）**パラメーター非依存性**（parameter insensitivity），つまり，タンパク質の濃度や実質的な反応定数が何らかの理由で変化しても，基本的な機能は維持されるという特性，3）**内部損傷に対する段階的機能低下**（graceful degradation），遺伝子が突然変異を受けても，機能が完全に失われるわけではなく，徐々に失われていくという特徴，として現れる．それらを実現させる機構は，大別して，1）システム制御（フィードバックやフィードフォワード），2）冗長性，3）モジュール構造，4）構造的安定性などがある．

すでに，いくつかの先進的研究において実際の生命システムでの解析が行われている．環境適応に関しては，大腸菌の化学走性の研究，パラメーター非依存性に関してはショウジョウバエの初期発生の安定性，さらには，細胞周期やサーカディアンリズムの安定性，λファージの遺伝子スイッチの構造安定性など，多くの研究が行われている．これらの知見の蓄積から，生物のもつロバストネスの基本的原理が解明されると期待されている．

さらに，単にロバストネスという特徴がどのように実現されているかだけではなく，ロバストネスの代償として出現する脆弱性，また，ロバストネスを維持しながら，進化するという機構がどのように実現されているのかなど，生命という現象の本質的な理論的課題は，多くが未解決であり，きわめてエキサイティングな分野である．

また，機能的な生化学的回路が，どのような構造でどのような動作原理で動いているかの体系的研究が重要になるであろう．すでに，振動現象に関して再現を可能とする回路の論理を分類・解析する試みや，大腸菌や酵母の遺伝子制御ネットワークにおいて，特徴的なモチーフを抽出する研究などが行われている．しかし，より体系的な整理や動作原理までも含んだ研究はこれからである．

17・5 システムの制御

細胞の状態を積極的にコントロールすることをめざした研究も始まっている．たとえば，相互に抑制する遺伝子のネットワークを人為的に構成し，それを大腸菌に導入して，遺伝子発現の周期的変化や，トグルスイッチのような双安定状態をつくり出す研究がなされている．これらの研究の究極的な目的は，がん細胞などにこのような回路を導入して，細胞内の状態を検知し，適切な遺伝子発現をコントロールするような手法の開発である．

このような手法は，単に不足しているタンパク質を合成するために遺伝子を制御するというだけではなく，理論的な解析・シミュレーションを基盤に，より劇的な手法へと発展する可能性を秘めている．たとえば，薬剤のエフェクターポイントを想定されるタンパク質に対して，その細胞内での量を安定化するフィードバック回路が形成されているとする．この場合，直接エフェクターポイントに効果を及ぼす薬剤を投与しても，その効果は，フィードバック回路によって除去されてしまう（図17・2a）．しかし，まず，フィードバック回路を無効にするような薬剤を投与して，その影響が持続している間にエフェクターポイントに効果のある薬剤を投与すれば，フィードバック制御の影響を受けずに効果を及ぼすことができる可能性もあるのではないか（図17・2b）．

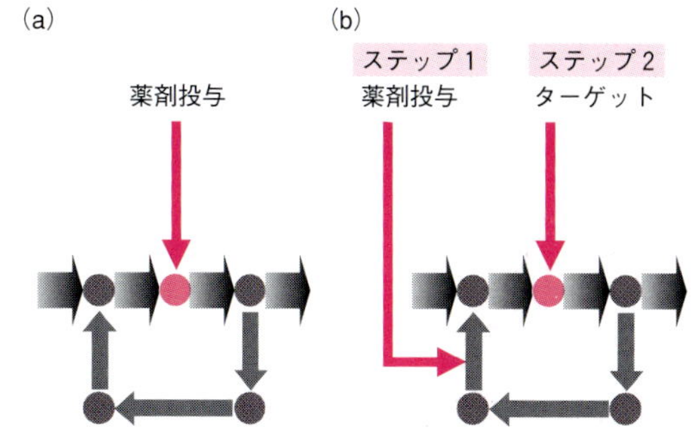

図 17・2 複数薬剤によるフィードバック阻害の概念
(a) 薬剤投与を無効にするフィードバック回路.
(b) 副作用水準以下で作用する複数薬剤システム

再び，細胞周期を例に取ろう．筆者らは，基本的な細胞周期に関するモデルを構築し，そのモデルを修正させた場合に，細胞周期進行の安定性がどのように変化するかを調べた（口絵7）．この場合，基本的な枠組みを構成する生化学的ネットワークと，この基本的な枠組みに，いくつかのフィードバック制御が付加されたネットワークが考えられる．実際の生物に見られるネットワークは後者であり，きわめて精巧な安定化が行われている．筆者らの研究では，最初にアフリカツメガエル *Xenopus* を想定したが，他の種でも同様な議論は可能である．計算機実験の結果，フィードバックを付加したネットワークは，基本的ネットワークのみの場合に比べて，はるかに広範なパラメーター領域で細胞周期の進行が見られることが判明した．口絵7の左が，実際の相互作用に近いモデルで，パラメーター変動に対して，非常に広範な領域で細胞周期の進行を維持できることがわかる．しかし，口絵7右は，基本構造のみを有する回路の場合であり，非常に狭い範囲でしか細胞周期の進行は認められない．これは，基本的に枠組みに対して，その安定性を向上させる付加的なスタビライザーが存在するということを，計算機実験の結果として示している．もし，少量の薬剤をもってして，細胞周期を停止させることを考えるならば，一つの方法は，まず付加的なスタビライザーの機能を阻害する薬剤を投与して，さらに少量の基本的枠組みに影響を与える薬剤を投与するという治療法がありうる．これが実用化されれば，複数薬剤のシステマティックな方法が確立することになる．

このような理論的解析と人工的に合成された遺伝子制御系の融合は，まったく新たな疾病治療の方法論を切り開く可能性があると思われる．もちろん，現時点ではSF的な期待に過ぎないが，それほど遠くない将来にその可能性が現実味をおびてくるかもしれない．

システム生物学の研究は始まったばかりであり，その基盤となる方法論や理論も，確立しているわけではない．また，医療に応用できる成果といえるようなものは，まだないという状態である．しかし，生命という複雑な対象の理解には，システムとしての見方が必須であり，システム生物学の重要性は増してくると考えている．

参 考 文 献

1) H. Kitano, *Science*, **295** (5560), 1662 (2002).
2) H. Kitano, “Foundations of Systems Biology”, ed. by H. Kitano, The MIT Press, Cambridge, MA (2001).

18 再生医学の現状と将来

18・1 はじめに

本書のタイトルとなっている“生命科学（life science）”は，広く生命現象を扱う自然科学の1分科である．しかし，“動植物学”でも“細胞生物学”でもなく，まして単に“生物学”というのでもなく，生命体としてのヒトの“命”までをも視野に入れたものとして構想されている．このことはDNAの二重らせん構造の発見に象徴される“分子レベルでの生物学”の展開を基盤として，現代医療に接続する方向性を内蔵している．とりわけ，新たな千年紀を迎えるころよりにわかに“**再生医学**（regenerative medicine）”という言葉が流布されるようになってきた．これがどのような構造をもつ学問ないし，そこから派生する技術体系として定義づけられるのかを断定することは難しい．現時点では，基礎となる“再生の生物学”から出発して，その広がりを夢想してみることが可能なまでである．

1997年に“ドリー”と名付けられたクローンヒツジの誕生が報告され，その翌年に**ヒト胚性幹細胞**（embryonic stem cell, ES 細胞）の樹立が報告されると，21世紀の医療として“再生医学”が注目される契機となった．しかし，再生医学の登場には，このような科学的なニュースだけがもたらした流行と片づけるわけにはいかない必然がある．そもそも20世紀の後半は，生物としてのヒトの一生に非常な関心が寄せられた時代であり，これが現在も継続している．ヒトは生を受けると，成長・成熟を遂げて子を生み育み，子が成長すると孫が生まれる．このようにして世代を経てその遺伝情報のみは，営々として後世に伝えられていく（図18・1）．ヒトに限らず，これは生命の“意志”であるかのように思われる．であるから，多細胞生物の身体は生殖細胞に内包される遺伝情報を運ぶ船にもたとえられる．それぞれの身体は次世代に遺伝情報を受渡しては，生殖期を過ぎると老化して，最後はうち捨てられる運命にある．そもそも各動物個体には，生殖期よりも長い“後生殖期”をもつことが予定されているわけではない．本来，十全なかたちで生きるべく仕組まれた生殖期にあっても，不幸にしてこれが阻まれると疾病が生じる．疾病は，感染症などおもに外的な要因によってもたらされるから，“不幸にして”なのである．そこで，外的な要因を取除いて適切な処置を施せば，患者（patient）は治療可能であることが多い．この処置は医療施設で行われ，19世紀後半以降，医学はこれを支える学問・技術体系を獲得してきた．

20世紀における医療技術の発展は疾病治療に大きく貢献したが，その結果，ヒトがきわめて長い後生殖期を生きる時代（**高齢化社会の到来**）を招来させることとなった（図18・1）．このような時代にあって生命を脅かすものの多くは，おもな要因が内的でしかも症状は固定的な**慢性臓器疾患**に代表される．根治は容易でなく，疾病というよりむしろ（**組織・臓器**）**機能障害**と考えられるべき性格をもっている．がんの発症などもこの範ちゅうに入るかもしれない．糖尿病患者では，長くインスリンを補給し続けなければならない．長寿が幸運の産物であった時代に障害（disabled）を対象としてきたのは福祉（施設）であった．しかし，老齢が万人のものとなる社会においては，医療施設がそのような臓器・組織障害を主要な標的とすることが

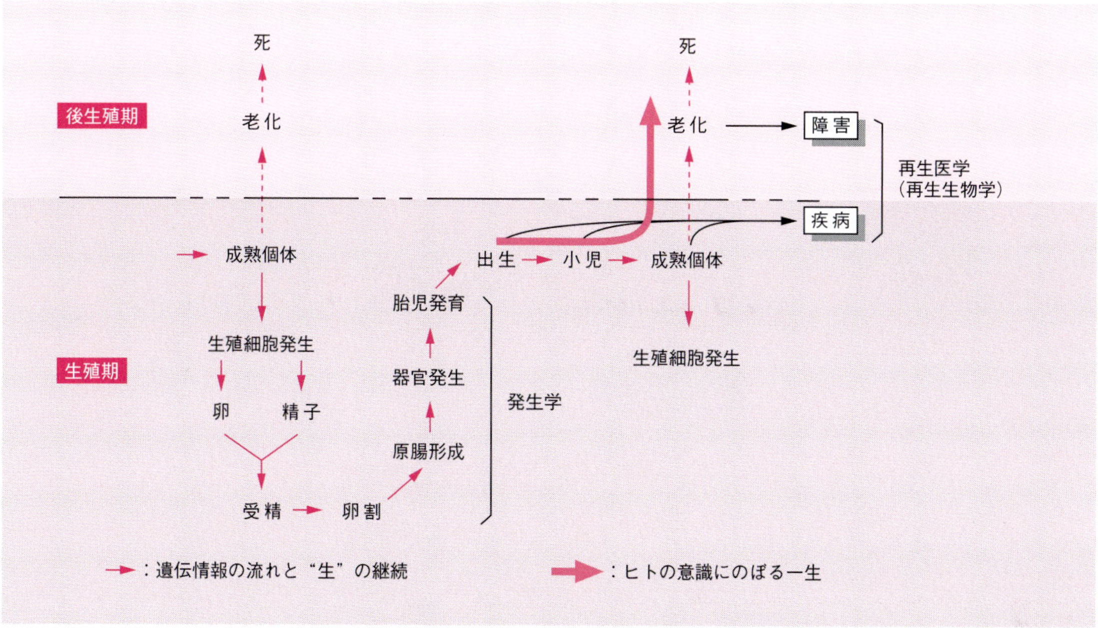

図 18・1　ヒトが一生のうちに経過するおもな時期

求められる．しかも，障害の介護（care）ではなく，組織や臓器の再生による治癒（cure）が求められている．このような医療の変容に“再生医学”が成立する基盤がある．

18・2　組織再生と幹細胞システム

再生医学が標的とする臓器の機能障害への対応として，臓器移植は魅力的である．1990年代に始まったわが国の生体部分肝移植は1000例以上に達し，移植医療は軌道にのりつつある．1997年に臓器移植法が成立して，わが国でも脳死患者からの臓器提供による移植が可能になったとはいえ，未だ十分ではない．しかし，移植医療を単に身体パーツの入替えに見立ててしまうと途端に恒常的なドナー不足に直面するし，レシピエント側の拒絶反応や複雑な社会的問題もかかえるので（第22章参照），万人の医療技術とはなりにくい．心臓移植を例にとると，移植先進国である米国においても，移植希望者5万人に対して年間2000例の移植が行われているのみである．

ヒトの身体をそれぞれが特殊化した機能を分担している臓器や器官のレベルでとらえ，これらのパーツを組立てた生命機械に見立てると，障害臓器を人工パーツ（人工機械や人工臓器）で置き換えることも考えられる（図18・2）．しかし，機械のパーツはあくまでも機械の外に位置する設計者の意図を反映したパーツであって，パーツ同士が互いに相互作用をして自己複製や自己修復をするなどは望めない．今やヒツジ乳腺培養細胞を未受精卵に核移植することによってクローンヒツジ“ドリー”が誕生した．その後，ブタやマウスなど多くの動物種において**体細胞クローン個体**の作出が報告されている．しかしこのことによって移植のためのヒト臓器をパーツとしてウシやブタから供給する技術がただちに得られると短絡することはできない．体細胞クローン個体の作出は，われわれの身体が遺伝子を次世代に運ぶ生殖細胞の系列を離れた体細胞群によって構成されているにしても，むしろ，体細胞の一つ一つにも個体全体を再構成するに十分な遺伝情報がDNAの塩基配列として保持されていることを示している．すなわち，“細胞”というレベルが生きている状態を構成する最小単位のパーツであって，1個の細胞にも個体全体の設計図が仕込まれているのである（図18・2）．すべての部品に全設計図が仕込まれ，これに指示された部品の相互連関によって全体が生成・統合されるような人工機械は存在していない．この意味で，“再生医学”においては生き物が機械とは

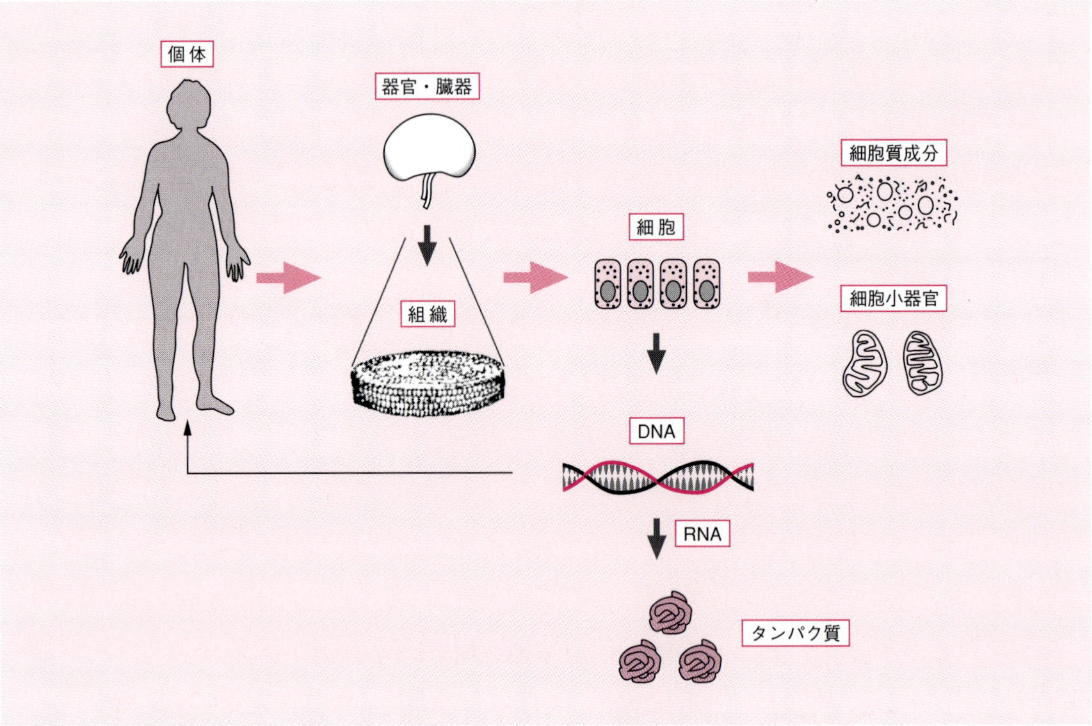

図 18・2　私たちの身体の成り立ち

本質を異にする存在であり，“細胞”が再生医学のキーワードとなることが了解される．

1個の細胞（受精卵）から統合された多細胞個体を形成する過程は，発生生物学の守備範囲である．往々にして後生殖期の臓器障害を対象とする“再生医学”が，一見，その守備範囲から遠い所に位置する“発生生物学”から多くを学ばねばならない理由はここにある（図 18・1）．受精卵には個体全体をつくり出す能力（**全能性**，totipotency）がある．原腸形成において外胚葉・中胚葉・内胚葉の三胚葉が分化するまで細胞は全能性を保っているが，しだいに細胞は特殊化して分化レパートリーは減少していく（**分化レパートリーの限定**，図 18・3）．そして，ついに終末分化を遂げて，機能細胞となる．外胚葉からは脳・脊髄・皮膚，中胚葉からは心臓・筋肉・骨，内胚葉からは胃粘膜・肝実質細胞・膵分泌細胞などが最終的に分化する．このように個体発生過程では細胞の終末分化に至る分化レパートリーの限定は高度に統御された道筋をたどるから，明確に細胞系譜をたてることが原理的には可能である．胚性幹細胞（ES 細胞）は，胚盤胞内に存在する内部細胞塊を分離して体外で継代培養して樹立された細胞で，別の胚盤胞内に戻してやると生殖能力のあるキメラ（二つ以上の異なった遺伝子型の細胞をもった個体）を形成する．このことから，全能性をも

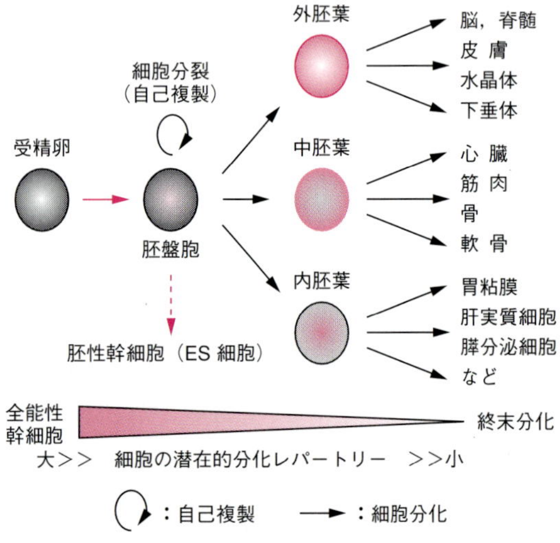

図 18・3　個体発生と細胞分化の系譜

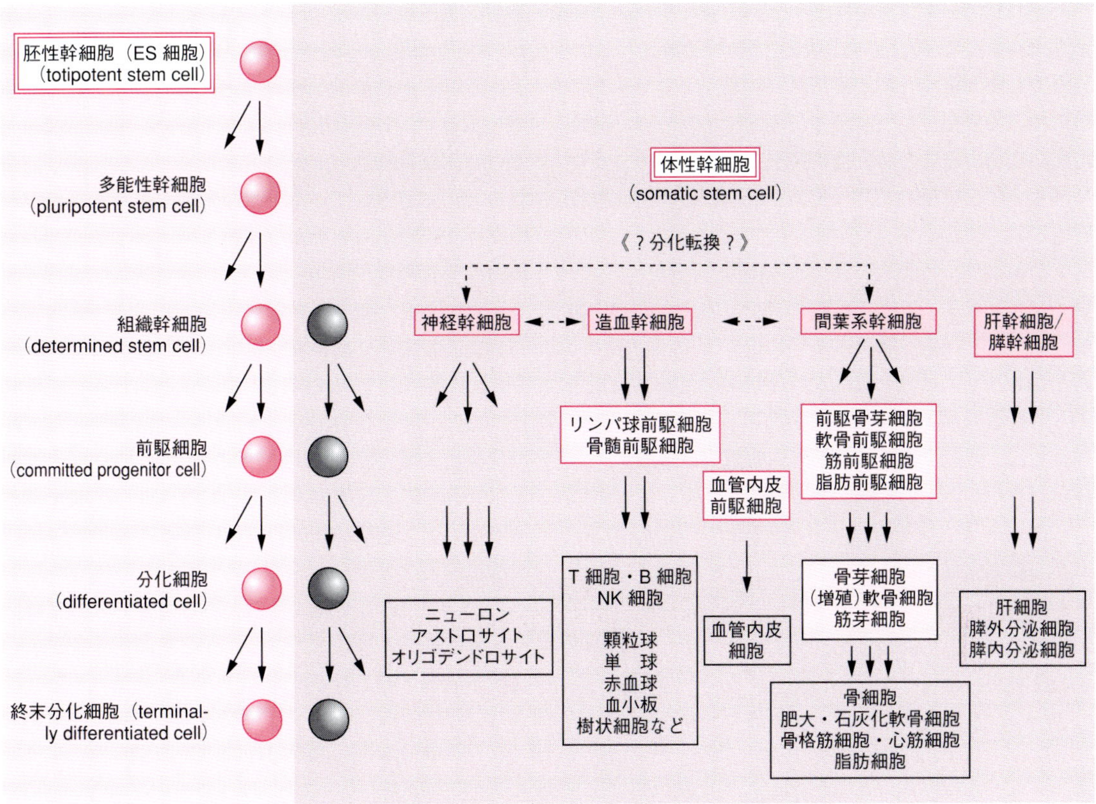

図 18・4 胚性幹細胞の全能性と各種体性幹細胞の階層構造

つと考えられている（図 18・3，図 18・4）．ES 細胞は体外培養の間に高い自己複製能を獲得した特殊な細胞で，成熟個体やその発生過程で出現する細胞とは区別される．しかし，その広い分化レパートリーをうまく利用すれば体外で神経細胞・上皮細胞・血液細胞などさまざまな細胞種に分化誘導できるのではないかと期待されている．現在，神経細胞や膵 β 細胞などを生みだすソースとして利用され，病態動物レベルでの治療成績が検討されている．このように分化レパートリーをもつ ES 細胞であるが，自身の ES 細胞を使うのでなければ，組織適合性抗原の相違による免疫拒絶の問題がつきまとう．そこで，クローン動物の作出で行われたように，除核未受精卵に患者本人の体細胞から取出した細胞核を移植してクローン胚とした後に，胚盤胞から ES 細胞をつくるということも考えられる．すなわち，オーダーメイドの ES 細胞を樹立することが原理的には可能である．ただし，クローン胚の医学への利用については，解決されるべき多くの倫理的な問題があるので，より慎重な取扱いが求められている．

図 18・3 では，体細胞の潜在的分化レパートリーは個体発生が進むにつれて減少して，身体は終末分化した細胞だけになるような印象を受ける．しかし，組織や臓器機能を維持・更新するために，成熟個体中にも長期間にわたって体細胞性の幹細胞群（**体性幹細胞**）が目立たない形で存在する．このような多能性の体性幹細胞はむしろ発生後期に至って準備される．骨髄に存在する**造血幹細胞**はその典型であって，分化能を保持したまま自らを複製しつつ，より分化した細胞を生みだす．原理的には，細胞分裂のたびに元の未分化細胞と分化した細胞が生じるような不均等分裂が起これば，幹細胞の集団は継続的に維持される．しかし，厳密な意味での不均等分裂に支えられた幹細胞系はまれで，幹細胞が均等分裂によって細胞数を増しながら，ある確率で**前駆細胞**や分化細胞の亜集団を生みだす場合がむしろ一般的である（図 18・4）．このような体

性幹細胞システムは，通常は生体内の目立たない**ニッチ***（niche）に潜んでいる．体性幹細胞集団は，これを囲む周囲組織との相互作用（細胞外マトリックスとの接着や増殖・分化因子を介したシグナルの交換，あるいは別の細胞との直接の接触）を介してゆっくりと細胞分裂を繰返して，一定の小さな細胞集団を維持している（図 18・5）．

ところが，いったん，臓器や組織に欠損が生じて，新たにこれを埋めるべく細胞ニッチが生成すると，休眠していた幹細胞システムが活性化される．その結果，新たなニッチに動員された未分化細胞の増殖と分化によって組織の更新や再生修復が行われる（図 18・5）．現在では，**造血幹細胞**のほか，**血管内皮前駆細胞**，**神経幹細胞**や**間葉系幹細胞**などが明らかになってきている（図 18・4）．その命名から想像されるように，これらの幹細胞は体内（*in vivo*）では ES 細胞よりもはるかに限定された一連の系譜に属する前駆細胞や分化細胞群を生みだす．しかし，図 18・3 に示した受精卵が個体発生の過程でたどる細胞系譜（cell lineage）に必ずしも拘束された分化能のみを想定する必要はない．特に，体外（*in vitro*）では，体内に用意されたニッチよりはるかに多様な増殖・分化環境を与えることができるので，多能性幹細胞（pluripotent stem cell）あるいは**組織幹細胞**（determined tissue stem cell）はこれまでに想定されてきた以上に広範なタイプの組織・臓器再生に役立つと考えられるようになってきた（幹細胞の**分化転換**，図 18・4）．

体内に生じた組織欠損を単に空間的に充填するのであれば，幹細胞や組織前駆細胞を用いることなく形質分化した細胞を体外培養して移植することも考えられる．たとえば，軟骨細胞では，自らの組織からある程度容易に分離培養に移すことができ，かつ体外で細胞を増殖させることができる．そこで，近年，変形性関節症などによる関節軟骨の欠損に患者自身の軟骨細胞を移植する試みが行われている．しかし，当面，欠失した組織空間が軟骨様に充填されるのみで，既存の関節軟骨や軟骨下骨などの周囲組織と連携を保った再生組織が構築される可能性は少ない．これに対して，骨

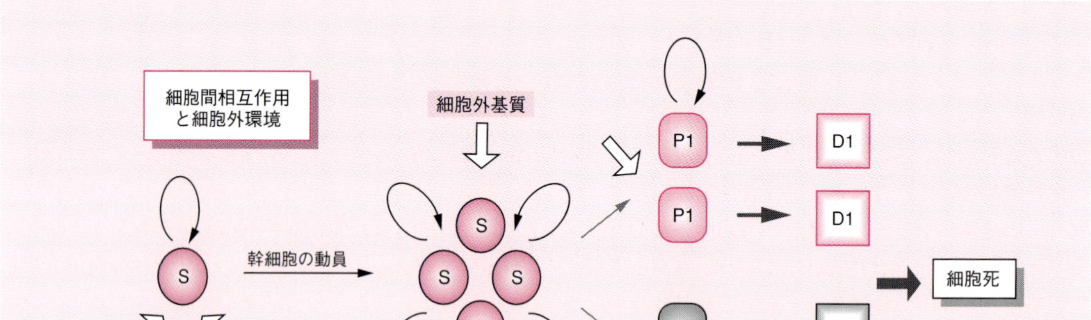

図 18・5　体性幹細胞の自己増殖と分化レパートリーの限定

*　ニッチ: 本来は生態学の用語．各種ないし亜種などの個体群集の最小分布単位としての生息場所をいう．ここでは個体を細胞社会とみなして，特定の細胞群集の生息場所に用いた．

髄その他に存在する幹細胞システムの活性化や体外培養した幹細胞移植では，新たに生じたニッチの性質に応じて既存の周囲組織と機能的な連関を保った新たな組織が再構築される．幹細胞の分化レパートリーを目的の程度と方向に限定するためには，**細胞増殖因子**や**分化因子**と総称されるポリペプチド群が活用されなければならない．細胞増殖と分化は，それが作用する物理的な足場などの細胞外環境にも依存するので，広い意味でのタンパク質化学やマテリアルサイエンスに期待される局面も想定される．幹細胞や前駆細胞では，体外培養の過程で遺伝子導入などの操作も可能であり，遠隔な細胞ニッチにも動員されうるので，遺伝子治療のための媒体（vehicle）としても注目される．この意味で，再生医学は遺伝子治療とも確かな接点をもっている．このようにして，幹細胞生物学を起点とした再生医学が構想されており，臓器移植から細胞移植や細胞操作への技術転換が中核となるものと考えられている．

18・3 “つくる生物学”をもとにした再生医学

再生の医学が万人の信頼のもとに 21 世紀医療に貢献するためには，幹細胞の選別・培養技術，移植技術の発展とともに，ヒトを含めたほ乳動物における組織再生の仕組みを“再生生物学”の立場から自然科学の一分科として見通しのよいものに体系化することが重要である．さらに，幹細胞システムとその組織再生能を増殖・分化因子などを利用して巧みにコントロールすることで“再生医学”の可能性はより豊かなものとなるだろう．

再生医学の登場は，この約 150 年間にわたって続いている自然科学の革命的近代化の流れと無縁ではない．数学・物理，化学，そして生物学の諸分野は，この順番で怒濤のような“近代化”の波にさらされ，いまも日々突き動かされている．19 世紀中葉以降，物理学では電磁気学と熱力学の革新が起こったし，化学の世界では有機合成化学と化学工業の成立があり，これらの諸科学分野が単に観察と思弁のみによらずに実験を介した実証主義的なものとなった．期待される事態をつくり出すことによって，議論は決着をつけられねばならない．そこでは，“generation”や“synthesis”が主役を演じるし，科学（science）は技術（technology）と不可分の関係を結ぶことになった．この科学技術の革新は我々の社会のあり方を大きく変えた．すなわち，蒸気機関の発明と鉄道の普及率に象徴される第一次の技術革新に始まり，20 世紀前半の上水道と道路整備などが第二次の革新として現れた．特に，道路整備は内燃機関の発明や電力供給・耐久消費財の生産を基礎にしているし，上水道の整備は有機化学合成によるサルファ剤や抗生物質を生みだして，伝染病対策が大きな規模で進んだことと並行している．第二次世界大戦の頃から化学工業は石炭に始まるアセチレンを基盤としたものから，石油を基盤にしたエチレンの化学に転換した．そして，我々の生活は 1960 年代から 70 年代にかけて大きく様変わりしたのである．

技術革新によって生活が快適になると同時に公害問題のように“つくる”ことあるいは“創造する”ことがもたらした苦悩に科学技術者も対応を迫られることになった．この頃，量子力学や相対論を基盤としたエレクトロニクスや新素材の登場があって，第三の技術革新が進み始めた．新幹線整備・高規格道路網整備がこれに対応し，現在はその恩恵に浴している時代となっている．エレクトロニクス技術の発展は，医療の現場に CT（コンピューター断層装置）や MRI（磁気共鳴画像）といった高度の診断技術として現れている．今，生物学が“つくる”技術を得て，真に自然科学の革命的近代化のしんがりをつとめようとしているのであって，その現世的な顕在化が第四次技術革新（生命科学の革新）としてもたらされることになろう．再生医学は“つくること”を標榜した医学として登場しようとしている．その大きな福音とともに苦悩をも支えるだけの広い視野と決意が必要とされている．

参 考 図 書

1）“Stem Cell Biology (Cold Spring Harbor Monograph Series 40)”, ed. by D. R. Marshak, R. L. Gardner, D. Gottlieb, Cold Spring Harbor Laboratory Press, New York (2001).
2）“再生医学・再生医療（現代化学増刊 41）”，室田誠逸編，東京化学同人（2002）.
3）広井良典，“遺伝子の技術，遺伝子の思想（中公新書 1306）”，中央公論社（1996）.

19

神経の基本的な性質と働き

19・1 神経細胞の独自性

高等生物は，刻々と変わる外的変化・内的変化に対応し，生体の恒常性を維持する機構として，液性因子によるコントロールと電気信号によるコントロールを行う二つのシステムをもつ．主として，前者は内分泌系，後者は神経系によって担われ，内分泌系は長・中期的な対応に，神経系はごく短期的（瞬時）な対応に適したシステムとなっている．本章では，これらのうち，後者の神経系がもつ基本的な性質と，そのシステムが破綻したときに起こる状態について概説する．

神経細胞には，他の細胞と異なるいろいろな性質がある．特に重要な性質は**軸索**（axon）とよばれる非常に長い突起をもって，電気信号を離れた場所に送る仕組みをもつことと，非常に長生きだということをあげることができる．たとえば，ヒトの足の指の筋肉を動かす運動神経は，細胞体はおおよそ腰のあたりの脊髄の中にあり，足の指先まで 1 m ほどの軸索を伸ばし，その先で筋肉の収縮と弛緩をコントロールする．また，神経細胞は，ヒトの場合，通常でも約 70 年，長い場合には 120 年にもわたってそのコントロールを担うのである．すなわち，いったんできあがった神経とその標的細胞の関係は，100 年にもわたって維持されるのである．長生きであることと呼応して，神経細胞は一般に一度死に絶えると再生しない．したがって，たとえば足の筋肉を動かす神経が死滅するような疾患（筋萎縮性側索硬化症など）の場合，現時点では，運動神経をよみがえらせる方法はなく，その筋肉を再び動かすことは不可能と考えられている．これが，神経の死を伴う病気が難病といわれるゆえんであり，この神経細胞死を防ぐ方法論の確立が切望される理由となっている．

19・2 静止膜電位と活動電位

19・2・1 静止膜電位

神経が 1 m にも及ぶ遠方にどのように電気信号を伝えるのかを理解するためには，まず，**膜電位**という概念を理解する必要がある．活動していない神経細胞に微小電極を刺すと細胞内は細胞外に比べて −60 ～ −80 mV の電位であることがわかる．この電位を**静止膜電位**とよぶ．いったい，この静止膜電位はどのような分子メカニズムによって生じているのであろうか．

この問題に対して，細胞内外のイオン濃度の差が注目された．当時，微小電極を刺すのに最も都合がよかったのはイカの巨大軸索やカエルの縫工筋であった．実際，神経が電気信号を伝えるおもな基本原理は，これらの実験系を用いた研究によって解明されており，良い実験系をもつことの重要性がうかがいしれる．他の細胞・動物と同様，これらの細胞内の主たる陽イオンは K^+ であり，細胞外の主たる陽イオンは Na^+ である．そこで，細胞外液の種々のイオン濃度を変えたときにどのように静止膜電位が変化するかが調べられた．その結果，細胞外液の K^+ 濃度によって，静止膜電位が大きく変化することが判明し，細胞内外の K^+ 濃度の差によって，静止膜電位が決まることが示唆されたのである（濃度差がなくなると静止膜電位も 0 になる）．この現象は，現在では，以下のように理解されている．

細胞が非興奮状態では，K^+ は細胞膜を容易に透過できる．そして，K^+ 濃度は細胞内の方が細胞外より高い．よって，K^+ は**濃度勾配**に従って細胞内から細胞外へ拡散することになる．一方，K^+ が細胞内から細胞外へ出ていくことによって，細胞内の ＋ の電荷が減少し，細胞内は－の電位が生じ，それが K^+ の細胞内からの流出に抵抗し流入を促す力となる．すなわち，濃度勾配によって K^+ が流出しようとする力と**電位勾配**によって流入しようとする力がつり合った状態（このときの電位をそのイオンの**平衡電位**という）の膜電位が静止膜電位である．このとき，Na^+ や Cl^- の膜の透過性が，K^+ の透過性に比べて無視できるぐらいに低い場合には，静止膜電位は，K^+ の平衡電位にほぼ等しいということになる．逆に，このことは，ある状態で最も透過性の高いイオンの平衡電位がその状態の膜電位を規定する大きな要因になることを示唆している（後述）．

19・2・2 活 動 電 位

神経が興奮するとその電気信号が時には 1 m にもわたって伝わっていくことを述べた．このとき伝わる電気信号が**活動電位**とよばれる．逆に，活動電位が

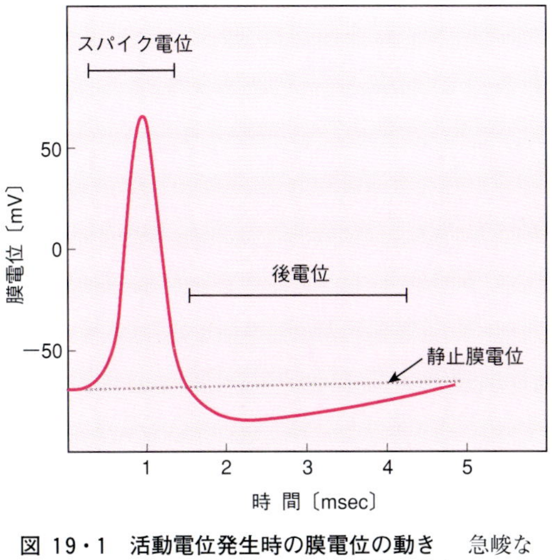

図 19・1 活動電位発生時の膜電位の動き 急峻なスパイク電位の後，緩やかな後電位が続く．

発生することを神経が興奮（発火）するという．図 19・1 に活動電位が生じたときの経時的な細胞の膜電位の変化を示す．このとき，神経細胞の膜電位がより－になることを**過分極**，より＋になることを**脱分極**するという．活動電位が発生するためには，膜電位がわずかに脱分極する必要があり，この脱分極がある一定の値（**閾値**）を超えると，細胞膜はみずから急激な脱分極をひき起こし，その値が一気に＋50 mV というような値になり，その後，元の静止膜電位に戻っていく．この過程をさらに詳しく観察すると活動電位には，初期の急速に経過する部分（**スパイク電位**）と，その後，比較的ゆっくり経過する部分（**後電位**）があることがわかる．このような膜電位の変化がなぜひき起こされるのかが，次の疑問となった．先の実験から，活動電位も何かのイオンの平衡電位に対応すると考えられ，実際，スパイク電位は Na^+ の平衡電位にほぼ等しいことが判明し，活動電位が発生しているときには，Na^+ の透過性が亢進していることが推測された．

A. L. Hodgkin らは，この活動電位がイオンの流れによって起こるとする考えを**電圧固定法**という方法で証明した．神経細胞に二つの微小電極を刺し，一方の電極で細胞膜の電位を測定し，もう一方の電極で定めた膜電位になるように電流を注入し，その通電量を測定するという方法である．たとえば，細胞膜を静止膜電位の－60 mV から 0 mV に固定したときに流れる電流の様子を図 19・2 a に示す．この 0 mV は，閾値より高いため，この実験で測定される電流（I）は，活動電位に伴って起こる電流を反映すると考えられた．このとき，電流は初期には内向きに流れ，その後，外向きに流れることがわかる．この現象を単純に考察すると，活動電位の発生している間では，二つの異なるイオンを通す機構（**チャネル**）が，順に活性化を受けていると考えられる．すなわち，まず内向き電流を流すチャネルがそしてそれに続いて外向き電流を流すチャネルが活性化を受けている（開いている）と推測される．実際，この実験で，膜電位の固定を Na^+ の平衡電位である＋55 mV に変えてみた場合を図 19・2 b に示す．この場合，初期の内向きの電流が消失するが，外向きの電流（I）は流れ続けている．このとき，Na^+ は流れていないはずであるので，最初に消失した内向きの電流が Na^+ の細胞外から細胞内への流れによって生じることが推測された．つぎに，Hodgkin らは，この実験に Na^+ チャネルを阻害すると考えられていたフグ毒（テトロドトキシン）と K^+ チャネルを阻害すると考えられていたテトラエチルアンモニウムをこの系に加える実験を行った．そして，前者によって初期の内向きの電流が消失し，後者によってひき続いて

起こる外向きの電流が消失することを見いだした．すなわち，元の波形からテトロドトキシン存在下でみら

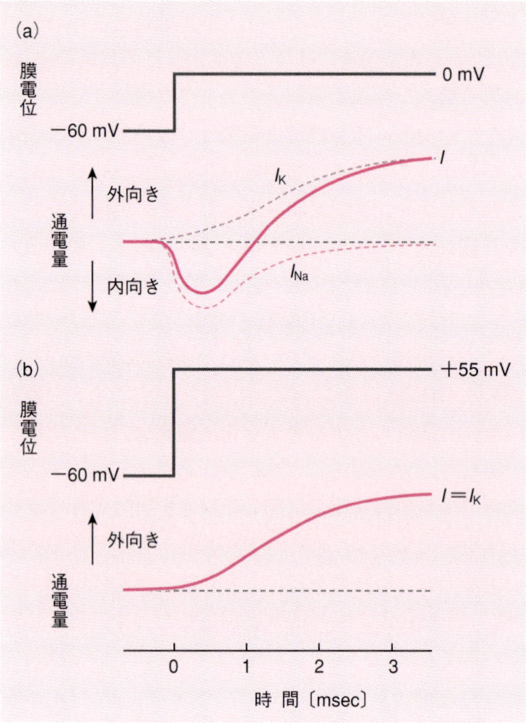

図 19・2　電圧固定法による活動電位発生時の電流の動きの観察　(a) 膜電位を静止膜電位から 0 mV に固定したときに観察される電流の流れ(I)を実線で，そのときに実際に流れている K 電流 (I_K) とNa 電流 (I_{Na}) を破線で示す（本文参照）．(b) 膜電位を静止膜電位から＋55 mV に固定したときに観察される電流の流れ (I) を実線で示す．

れる波形を差引くと，テトロドトキシンによって消失した Na^+ チャネルによって流れる初期の電流(I_{Na}, 図 19・2a) が，そして，元の波形からテトラエチルアンモニウム存在下でみられる波形を差引くと，テトラエチルアンモニウムによって消失したK^+ チャネルによって流れる電流(I_K, 図 19・2 a) を見ることができる．これらの実験の結果，活動電位は，膜電位依存性に一過性に起こる Na^+ チャネルの活性化と徐々に起こる K^+ チャネルの活性化によってひき起こされる Na^+ と K^+ の流れの総和によってひき起こされる電気的な現象であることが証明された．

この現象をもう少し分子レベルで考察すると以下のようになる．神経細胞には膜電位に依存して活性化を受ける**電位依存性 Na^+ チャネルと電位依存性 K^+ チャネル**が存在し，細胞膜があるレベル（閾値）以上に脱分極するとそれぞれが活性化され，特に，Na^+ チャネルの活性化はさらなる脱分極を促し，急激な Na^+ チャネルの活性化をひき起こし，活動電位を生じさせる．しかしながらこの Na^+ チャネルの活性化は一過性であり，すぐさま不活性化を受ける．一方，電位依存性の K^+ チャネルの活性化は持続的である．すなわち，急峻な Na^+ チャネルの不活性化と，持続的な K^+ チャネルの活性化により，活動電位は静止膜電位へと収束していくと考えることができる．

19・3　興奮伝導

いったん活動電位が発生すると，近傍に局所的な電流（**局所電流**）が流れ（図 19・3 a)，その電流によって，隣接部に膜の脱分極が起こる．その脱分極の度合いが閾値を超えるとそこに新たな活動電位が発生する．この一連の反応がつぎつぎと隣接部にひき起こさ

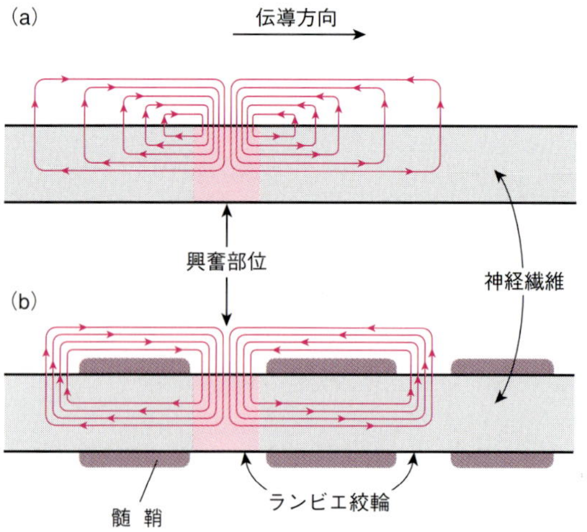

図 19・3　活動電位の伝導　(a) 無髄神経繊維で活動電位がひき起こす局所電流の概念図．興奮部に近い場所ほど大きい局所電流が流れ，脱分極が起こる．この脱分極が閾値を超えるとそこに新たな活動電位が発生する．(b) 有髄神経繊維で活動電位がひき起こす局所電流の概念図．局所電流は，ランビエ絞輪に選択的に流れるため，次のランビエ絞輪で脱分極が起こり，活動電位は跳躍的に発生する（跳躍伝導）．局所電流は，活動電位の両側に流れるが，興奮が伝わってきた側では，電位依存性 Na^+ チャネルが不活性化されているため，活動電位は発生せず，興奮は一方向性に伝わる．

れることによって，活動電位は軸索を伝わっていくことになる（**興奮伝導**）．

神経細胞の軸索をよく観察すると，**髄鞘**といわれる構造物によって覆われている軸索（**有髄繊維**）と覆われていない軸索（**無髄繊維**）がある．無髄繊維の伝導速度は，軸索の直径の平方根に比例する．すなわち，直径が大きい繊維では，細胞内の電気抵抗が小さいので，大きな局所電流が流れ，その結果，伝導速度が大きくなる．

一方，**ミエリン**という脂肪様物質からできた髄鞘（電気を通しにくい）によって取囲まれた有髄繊維では，数 mm 間隔で，**ランビエ絞輪**とよばれる髄鞘に切れ目がある．1941 年，当時慶応大学にいた田崎は，このランビエ絞輪で活動電位が発生すること，ランビエ絞輪で発生した活動電位は隣のランビエ絞輪に集中的に局所電流を流し，それによる脱分極によって，新たな活動電位がひき起こされることを突き止め，**跳躍伝導**という概念を確立した（図 19・3 b）．この跳躍伝導のため，有髄繊維ではより効率的に神経伝導がひき起こされる．有髄繊維の伝導速度はその直径に比例する．

19・4 シナプス伝達

軸索の末端部は**シナプス**とよばれる構造物を形成し，活動電位が軸索のシナプスまで伝わると，シナプスを介して，他の神経細胞や筋肉などの**効果器**に興奮や抑制をひき起こす．この現象を**シナプス伝達**という．シナプスは，**シナプス前終末**，**シナプス間隙**，**シナプス下膜**から構成され，シナプス前終末には，**神経伝達物質**を含む**シナプス小胞**が存在する（図 19・4 a）．シナプス前終末に達した活動電位によって，膜電位依存性の Ca^{2+} チャネルが開口し，Ca^{2+} が流入する．その結果ひき起こされる Ca^{2+} の上昇が引き金となって，シナプス小胞から**エキソサイトーシス**によって神経伝達物質のシナプス間隙への放出が起こる（図 19・4 a）．

シナプス間隙に放出された神経伝達物質は，シナプス下膜の**受容体**と結合し，受容体そのものに組込まれたイオンチャネル，もしくは受容体に隣接するイオンチャネルを開くことによって，**シナプス後細胞**の膜電

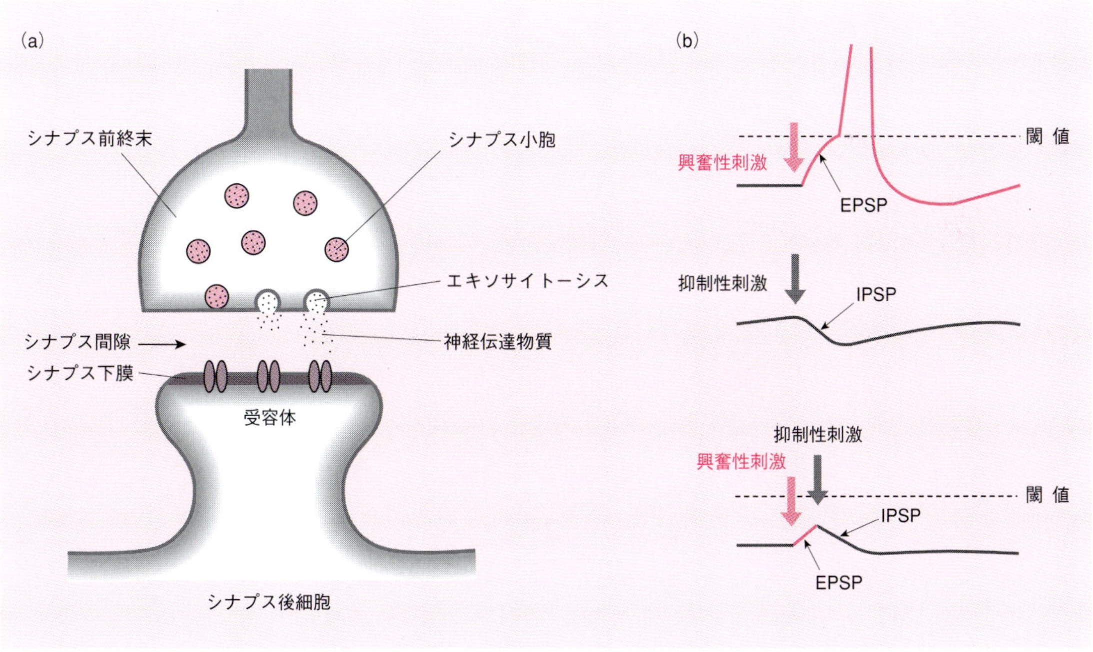

図 19・4 シナプス伝達 (a) シナプスの模式図．活動電位がシナプスに到達するとエキソサイトーシスによって神経伝達物質が放出される．(b) 神経伝達物質には，興奮性のものと抑制性のものがあり，それぞれ興奮性シナプス後電位（EPSP）と抑制性シナプス後電位（IPSP）を発生させ，それらの総和によって，標的となる神経の興奮性をコントロールする．

位の変化をもたらす．この電位の変化には，脱分極と過分極があり（図 19・4 b），脱分極を起こす電位を**興奮性シナプス後電位**（EPSP），過分極を起こす電位を**抑制性シナプス後電位**（IPSP）とよび，それぞれのシナプスを**興奮性シナプス**，**抑制性シナプス**とよぶ．ニューロンの性質はその神経伝達物質によって規定される場合が多く，たとえば，**グルタミン酸**と**γ-アミノ酪酸**（GABA）は，それぞれ興奮性シナプスと抑制性シナプスの代表的神経伝達物質である．

興奮性シナプスでは，単独もしくは複数のシナプスからの EPSP が合わさって，シナプス後細胞の細胞膜の脱分極が閾値を超えるとシナプス後細胞に活動電位が発生する．一方，抑制性シナプスでは，シナプス後細胞の細胞膜が過分極することで，シナプス後細胞の活動電位は発生しにくくなる（図 19・4 b）．

19・5 反射弓

これまでに説明した活動電位の発生，伝導，シナプス伝達の具体例を**膝蓋腱反射**を例に見てみよう（図 19・5）．膝の皿の下を軽く殴打すると太股の伸筋の腱が伸張する．腱が伸張したという情報は，腱に存在する感覚神経の**伸張受容器**（センサー）によって認知され，そこに活動電位が生じる．活動電位は，長い**求心性神経繊維**を伝導し，脊髄の**後根神経節**にある**感覚神経細胞**の細胞体を通過し，二つに枝分かれする軸索へと興奮が伝播していく．そのうちの一つは，**脊髄前角**の**運動神経**へ投射し興奮させる．この運動神経の興奮は活動電位となって，運動神経の軸索を伝播し，**神経筋接合部**のシナプスで神経伝達物質である**アセチルコリン**を放出し，その結果，太股の伸筋（効果器）が収縮することになる．もう一つは，太股の屈筋を支配する運動神経へ投射する**抑制性の介在ニューロン**を興奮させる．その介在ニューロンが興奮することで，太股の屈筋を支配する運動神経の興奮性が抑制され，屈筋（効果器）が弛緩する．すなわち，太股の伸筋の収縮と屈筋の弛緩がほぼ同時に起こり，足がはね上がるような運動が起こる．このように受容器（センサー）から求心性神経，中枢神経（この場合脊髄），遠心性神経，効果器までの神経ネットワークを**反射弓**という．このような反射によって，たとえば体の傾きなどが瞬時に補正され，姿勢が保持され，倒れずにすむということになる．

19・6 大脳機能領域

前節で説明した脊髄レベルでの反射弓は，簡単な**神経ネットワーク**の典型例であるが，脳のもっと高次な機能は，**大脳**や**小脳**などのもっと高次の中枢神経が関与する．特に大脳皮質では，機能を担う大まかな領域

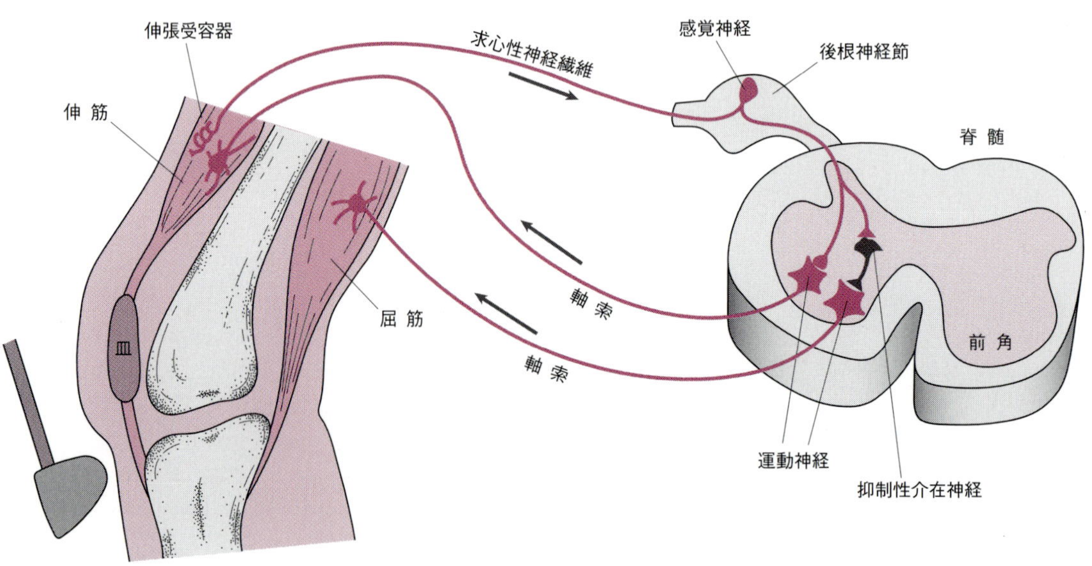

図 19・5　膝蓋腱反射の発生機序

が存在し，**大脳機能領域**とよばれる．

大脳に機能領域があることをうかがわせる発端となった現象に**失語症**がある．ヒトでは，利き手と反対側の大脳半球に**言語中枢**があるため，利き手の反対側の大脳半球は**優位半球**とよばれ，言語中枢が障害を受けると失語症になる．1861 年に P. Broca は，脳梗塞によってひき起こされた失語症の一例を報告した．この患者は，ヒトの話を理解したり読書したりすることが可能で，しかも，声を出す機能にも異常が認められないにもかかわらず，話すことができなかった．患者の死後，脳の解剖が行われ，優位脳（左脳）のブロードマンの 44 ～ 45 野（後述）にあたる場所に脳梗塞が起こっていたことが判明し，この領域に運動性の言語中枢があることが判明した．この領域は現在では，**ブローカの中枢**とよばれている（図 19・6）．一方，1874 年に，C. Wernicke は，別の失語症が存在することを報告した．この患者では，聴覚が正常であるのに，言葉の意味が理解できず，書かれた文字の意味も理解できなかった．この患者では，ブロードマンの 22,39,40 野にあたる場所が障害されており，この部位は感覚性の言語中枢として，**ウェルニッケの中枢**とよばれている（図 19・6）．

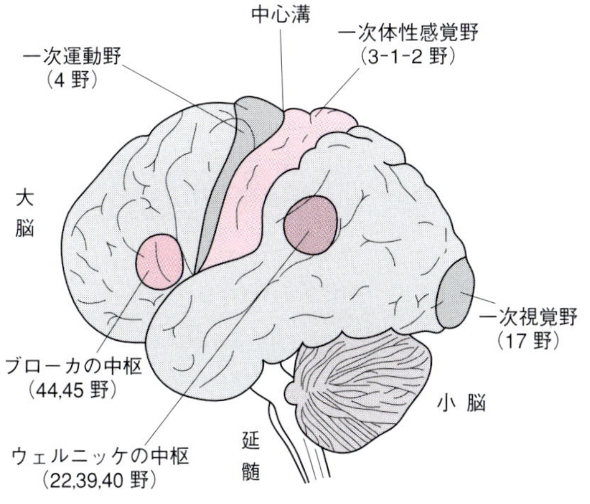

図 19・6　大脳の機能局在とブロードマンの皮質領域

このような観察をふまえ，1909 年に K. Brodmann は，細胞構築の違いによって，大脳皮質が約 50 の領域に区分できることを示した（図 19・6）．いろいろな機能中枢の場所を表現するうえで，この**ブロードマンの皮質領域**は今でも広く用いられている．たとえば，体の感覚をつかさどる領域（**一次体性感覚野**）は，中心溝の後方部にあり，ブロードマンの 3-1-2 野にあたる．図 19・7 は，**ペンフィールドの体性感覚地図**と

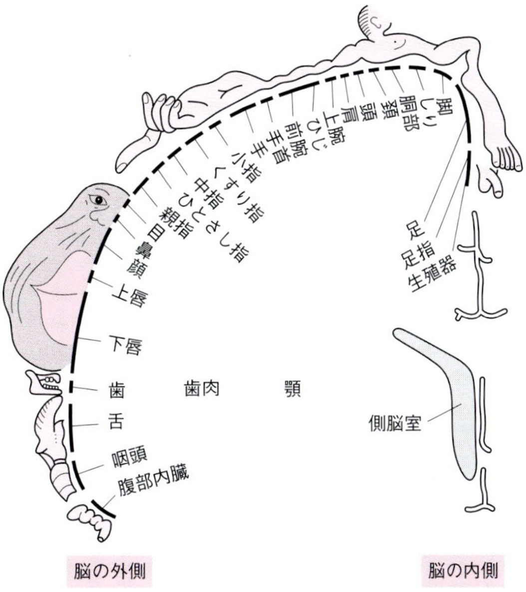

図 19・7　ペンフィールドのヒトの体性感覚地図
左脳の一次体性感覚野を後方より見た模式図．

よばれるもので，一次体性感覚野のどの部位が体のどの部分の感覚に携わるかを表している．ひとさし指や唇が大きく描かれており，ちょうど，デジタル画面の解像度のように，対応する皮質領域の広さに比例して，感覚の鋭敏な場所となっている点に注目してほしい．

19・7　神経変性疾患

大脳皮質以外にも中枢神経系は，場所ごとにいろいろな機能を担っている．したがって，ある領域が障害を受けるとその領域のもつ脳・神経機能が失われた症状（痴呆・運動失調・異常運動・筋力低下など）が現れる．このような状態をひき起こす疾患群が**神経変性疾患**である．神経変性疾患は，症状があまりにも多岐にわたるため，多くの疾患にあてはまる統一的な発症機構が想定されることはなかった．しかし，いろいろな疾患を注意深く観察するといくつかの共通点が存在することに気がつく．たとえば，1）優性遺伝形式をとる疾患がきわめて多いこと，2）発症が中年以降に起こり進行性であること，3）障害部位は異なるにせよ病理像として共通に神経細胞の変性（空胞形成を伴うことが多い）と脱落（消失・死）を示すことを枚挙できる．さらに，ハンチントン病を代表とするいくつかの疾患では，この三つの特徴に加えて，4）世代を経るごとに症状が重篤になり，しかも発症年齢が早くなることが観察され“**表現促進現象**”とよばれていた．これらのことは，神経変性疾患には共通する発症の分子機構が存在する可能性を示唆していた．

1991 年に球脊髄性筋萎縮症（SBMA：spinal bulbar muscular atrophy）の原因となる遺伝子変異が，そして，その 2 年後の 1993 年，ハンチントン病（HD：Huntington disease）の原因となる遺伝子変異が判明した．驚いたことに患者に特異的に認められた遺伝子変異は，SBMA と HD で遺伝子こそ異なるが，同じくグルタミンをコードする **CAG リピート**の伸長であった（45～100 リピート）．しかも，長い CAG リピートをもつ患者ほど発症が早くなり重篤化していること，さらに HD では，世代を経るごとに CAG リピートの長さが少しだけ伸長して伝わる場合が多いことが判明し，“表現促進現象”をひき起こす遺伝子変異が実体としてあっさりと証明されることになった．一方，健常者にも存在する短いリピート（40 リピート以下）は，世代間でも比較的安定に受継がれることが明らかになった．このような知見から，その他の優性遺伝性神経変性疾患のうち少なくとも表現促進現象を伴う疾患は，CAG もしくは他の 3 塩基（トリプレット）リピートの伸長を原因遺伝子にもつ可能性が急浮上した．実際，現在までに上記二つの病気を含め，少なくとも九つの遺伝性神経変性疾患が，それらの原因遺伝子内の CAG リピートの伸長によってひき起こされることが判明している．

これら九つの遺伝性神経変性疾患では，患者で伸長している CAG リピートはすべて**グルタミンリピート**に翻訳され，長い CAG リピート数をもつ患者で発症が早く症状が重い．したがって，CAG リピート数が発症を規定する主要因であることに違いなく，現在では，その翻訳産物である伸長したグルタミンリピート（**ポリグルタミン**）が発症にかかわる主要因子であると考えられている．伸長したポリグルタミンを神経細胞に発現させると長さに依存して凝集体を形成し，培養細胞では神経細胞死を，マウスでは神経病の表現型を示す．このような観察結果から，これら九つの疾患は，現在では**ポリグルタミン病**とよばれている．同様な細胞内外の異常タンパク質の凝集体は，以前より多くの神経変性疾患でユビキチン陽性の凝集物として認知されていたが，神経変性の原因であろうとの意見のほか，死んだ神経細胞の残骸（墓石）を見ているという意見まであった．しかし，近年，アルツハイマー病，パーキンソン病，プリオン病，筋萎縮性側索硬化症（ALS）などの多くの神経疾患で認められる異常タンパク質の凝集は，発症に密接にかかわる病理像として，再認識されつつある．多くの神経変性疾患の本体を異常タンパク質の蓄積とみなすなら，多くの遺伝性神経変性疾患が優性遺伝形式をとり，発症が中年以降に起こることに合点がいく（蓄積するという表現型は優性で蓄積には時間がかかる）．したがって，神経変性疾患をひき起こす共通の分子機構を想定することはけっして荒唐無稽とはいえず（図 19・8），異常タンパク質の産生・蓄積によって神経細胞が変性・死に陥る過程の普遍的な分子機構を解明し，多くの神経変性疾患に対する万能治療法の開発をめざすきわめて重要な挑戦がいま行われている．一刻も早く神経変性疾患の基本原理が明らかになり，新しい治療法が開発され，多くの苦しんでいる患者さんやご家族の救いになること

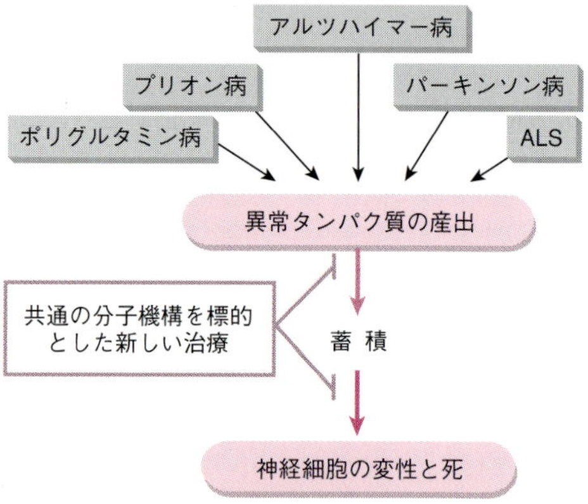

図 19・8 神経変性疾患に想定される共通分子機構と期待される治療標的部位 多くの神経変性疾患で，障害を受ける脳・神経には異常なタンパク質の凝集，沈着が見いだされ，それ以降には共通する発症の分子機構が存在する可能性が高まってきた．この共通の分子機構を解明し，そこを治療の標的とすることによって，多くの神経変性疾患を同時に予防，治療するという夢のような医療が可能になると考えられる．

を願っている．

19·8 おわりに

“脳は科学の最後のフロンティアである” といわれて久しい．しかしながら，依然として多くの謎に包まれている．脳がどのようにしていろいろな高次機能を担っているのか？　神経変性疾患や精神疾患がどのようなメカニズムで起こるのか？　それらの疾患を治す方法は？　これらの謎に挑み，その謎を解くことができるとすれば，それは，ひとえにあなた方若い学生のフレッシュな脳の活動によるしかないことを認識してもらいたい．本章によって，一人でも多くの学生がこの最後のフロンティアに挑戦を始めるきっかけになることを願ってやまない．

20 植物バイオテクノロジー

第1章でふれたように，植物は食料，工業原料資源として，また，環境の保全のために不可欠の存在である．歴史的にも，植物の生産性に依存して文明が生まれてきた．しかし，文明が同時に自然を破壊してきたことも忘れてはいけない．たとえば，チグリス・ユーフラテス文明のあとには広大な砂漠が残っている．現代でも，人口増大と過度の農業，放牧による自然破壊が見られる．我々は，今，新しい持続的な生産体系の構築という困難な課題に直面している．

20・1 細胞培養と分化全能性

植物バイオテクノロジーは，従来技術の抱えているさまざまな問題に対して，生物が本来もっている能力を最大限活用することにより植物の生産性，ならびに機能性を向上することを目的としている．その基礎には，植物細胞がもつ分化全能性がある．動物細胞と異なり，植物細胞では，個体を形成する体細胞からの個体再生（再分化）が容易である（この能力を**分化全能性**，totipotency という）．かつ，この分化全能性は比較的単純な化合物（植物ホルモンであるオーキシンとサイトカイニン，表20・1）によって制御されており，人為的な制御が可能である．こうした栄養（無性）生殖による繁殖は，従来からも株分けや挿し芽などで利用されてきたが，特に，1個の細胞からの個体の再生が可能となったことから新しい展開が可能となってきた．たとえば，ウイルスに感染していない成長点の培養によって，栄養繁殖性植物の課題であったウイルスフリー植物の育成が可能となり，ジャガイモやイチゴ，多くの園芸植物，特に洋ランで，均質で生育力に富んだ苗の育成に利用されている．

また，花粉や葯（やく）の培養による半数体の育成とコルヒチンなどを用いた染色体数の倍加による純系の確立，あるいは，致死となってしまうような雑種胚の培養による新品種（たとえばチンゲンサイ）の育成など，遺伝子資源の拡大が可能となっている．このように，細胞培養や組織培養は，植物のもつ分化全能性を最大限利用し，クローン植物の繁殖を可能としているが，この原理を応用することにより，遺伝子導入により新奇な遺伝子機能を導入することも可能である．なお，細胞培養では，比較的均質な細胞を大量に得ることが可能であり，細胞レベルでさまざまな生化学的，分子生物学的解析が可能となっている．

20・2 細胞培養ならびにプロトプラスト融合を利用した遺伝的変異の拡大

細胞培養を利用した遺伝的変異としては，細胞培養に伴うソマクローナル変異（体細胞変異）の利用とその細胞レベルでの選抜がある．また，変異をより拡大する方法としてプロトプラスト融合がある．植物細胞は動物細胞と異なり，セルロースなどの細胞壁に包まれ，物理的に保護されているが，細胞を高浸透圧条件におき，その膨圧を低下させると原形質分離が生じる．細胞を原形質分離させた状態で，細胞壁分解酵素処理することにより裸の細胞（**プロトプラスト**，protoplast）が得られる（図20・1）．このプロトプラストは種々の刺激により外界から高分子物質（たとえばDNA）を取込んだり，また細胞融合できることから，新しい植物育種の材料として利用できる．

表 20・1　代表的な植物ホルモンとその生理作用

植物ホルモン	おもな生理作用
オーキシン類〔インドール酢酸（IAA）など〕 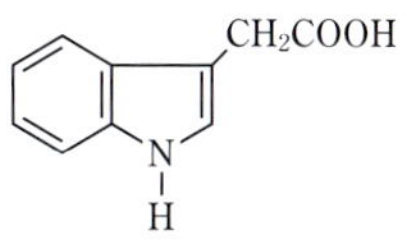	細胞分裂，伸長，頂芽優勢，屈性，根形成
サイトカイニン類（ゼアチンなど） 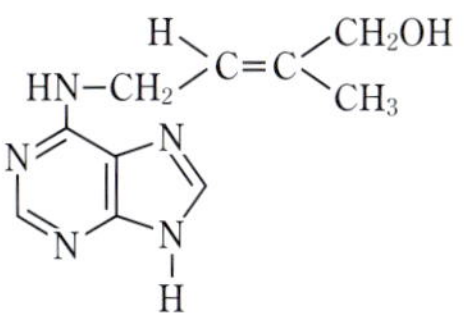	細胞分裂，側芽形成，老化抑制
ジベレリン類（GA_1など） 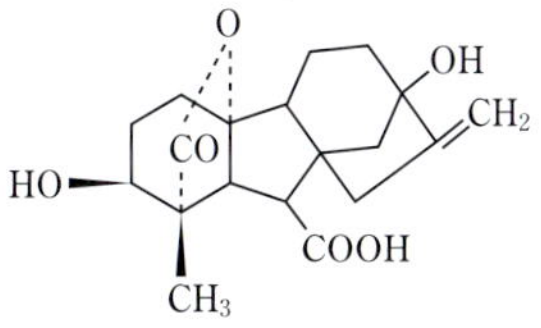	茎伸長，花芽形成，種子の休眠打破
アブシジン酸 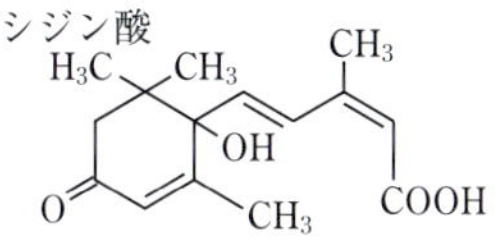	種子発芽の抑制，水分ストレス応答
エチレン 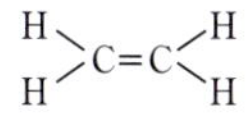	果実の成熟促進，老化の促進
ジャスモン酸類（ジャスモン酸など） 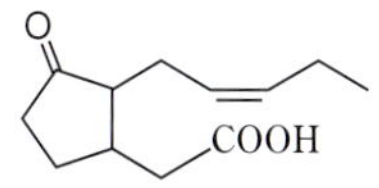	傷害などにおける防御反応
ブラシノステロイド類（ブラシノライドなど） 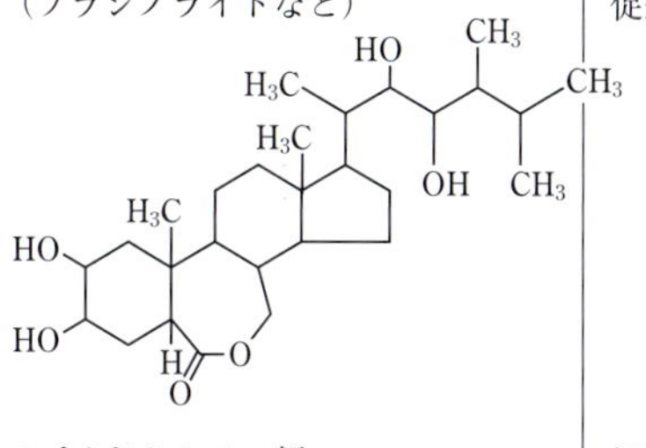	細胞伸長，分裂の促進
ペプチドホルモン類（フィトスルホカインなど） $Y(SO_3H)IY(SO_3H)TQ$	細胞増殖†

オーキシン，サイトカイニンなどの植物ホルモンは比較的簡単な化学構造をしている．ここに示した化合物は代表例であり，いくつかの類縁体が知られている．また，オリゴ糖，サリチル酸，ポリアミンなどもシグナル物質として機能している．
† ペプチドホルモン類はそれぞれ異なる作用を示す．

特に，従来，交雑が困難であった植物種間でも，プロトプラストに電気刺激あるいは，ポリエチレングリコールのような化学物質処理することにより，任意のプロトプラスト間で融合をひき起こすことができる．この方法の利点はゲノムのすべて，もしくは細胞質を含むゲノムの部分的混合が可能である点である．したがって，地上部にはトマト，地下部にはジャガイモというような夢の植物の作製が一時期夢想されたが，プロトプラスト融合は同時に，目的としない遺伝子の導入や，あるいは，本来相互に発現が困難なゲノムの混合をもたらし，実用的な利用に至った例は少ない．しかし，通常，母性遺伝する細胞質ゲノムの混合はこの方法によって初めて可能である．また，染色体レベルの混合は，後述の遺伝子組換えでは困難であり，今後も有用である．

20・3　遺伝子組換え

目的とする遺伝的形質だけを導入し，その表現形質をもつ植物を育成するという理想の育種法として，遺伝子導入法がある．すでに，*Bacillus thuringiensis* が産生する殺虫性 BT タンパク質や除草剤耐性遺伝子を発現するいくつかの**形質転換植物**（genetically modified plant/organism; 遺伝子組換え植物，GM 植物，GMO）が作製され，実用化されている．この方法の特徴は，従来，選択的に導入することが困難であった遺伝的形質を，生物種の壁を越えて導入することが可能になったことである．実際には，特定のゲノム遺伝子を導入したからといって，それがただちに導入された生物で機能するわけではない．すなわち，それぞれの生物種に応じた固有の遺伝子発現系にあわせる必要がある．たとえば，mRNA から逆転写によって作製された cDNA をそれぞれの生物に固有の遺伝子発現制御系（プロモーターとターミネーター）に接続し，目的とする宿主細胞に適切に導入することによって，人為的な遺伝子機能の改変が可能となる．

実際に，植物でよく用いられているのはアグロバクテリウム（*Agrobacterium tumefaciens*）の **Ti プラスミド**を用いる方法である（図 20・2）．Ti プラスミドによる形質転換法では，Ti プラスミド上の特定の DNA 配列（T-DNA）が，転移を活性化する *vir* 遺伝子群の作用により切出され，植物細胞のゲノム中に挿入さ

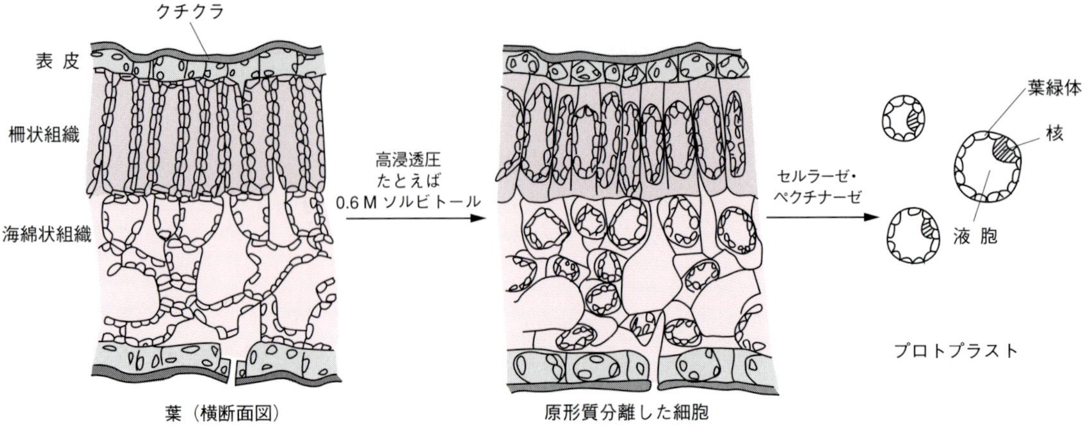

図 20・1A プロトプラスト単離の模式図

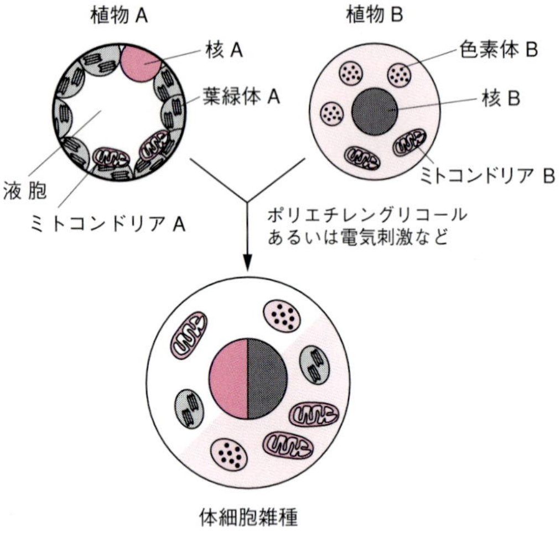

図 20・1B 細胞融合の模式図

れる．この場合，遺伝子導入にはアグロバクテリウムの感染が必要である．一方，DNA を付着した 1 μm 程度の金属粒子を物理的に（たとえば，火薬や空気圧によって），植物細胞に導入し，細胞核あるいは葉緑体を形質転換することも可能である．また，プロトプラストを用いることにより，電気刺激やポリエチレングリコールで遺伝子を導入することもできる．アグロバクテリウムによる導入と比較して，これらの物理的な方法においては，装置の準備や複数コピーの遺伝子導入という問題点があるが，宿主を選ばないので，より広範囲の植物への応用が可能である．遺伝子導入，特に，物理的な遺伝子導入によって，宿主のゲノムにランダムな外来遺伝子の挿入が起こることから，導入部位によっては導入した遺伝子の発現が抑制されることがある．現状では，遺伝子導入された形質転換体のうちから，その表現形質が安定している個体が選抜されている．現在，目的の遺伝子座に遺伝子導入する相同組換え法も開発されつつあり，より制御された遺伝子発現が可能になりつつある．また，葉緑体の形質転換が最近開発され，その場合には相同組換えによって遺伝子導入されること，葉緑体 DNA の細胞あたりのコピー数が多いこと，通常，母性遺伝し花粉による飛散の可能性がないこと，さらに，導入した遺伝子の高発現が期待されることなど今後の利用が注目されている．

20・4 植物バイオテクノロジーと植物機能改変：砂漠で育つ植物はできるか

植物バイオテクノロジーの標的は多岐にわたるが，除草剤耐性や殺虫性といった単純な 1 遺伝子導入による 1 機能改変という段階から，複数の遺伝子が関与する高次生命現象の理解とその応用となる多機能性の付与に研究は展開されつつある．今後は，より多くの遺伝子の関与する物質生産に展開されていくことが予想される．

植物の生育は乾燥，塩分集積などの水分ストレス，低温，高温傷害などの温度ストレス，病害菌による生物的な傷害などいくつもの**環境ストレス**によって阻害されている．これらのストレスは互いに連関している部分も多い．特に，世界的な問題は**水分ストレス**である．乾燥，塩類集積以外に低温によっても，細胞質に

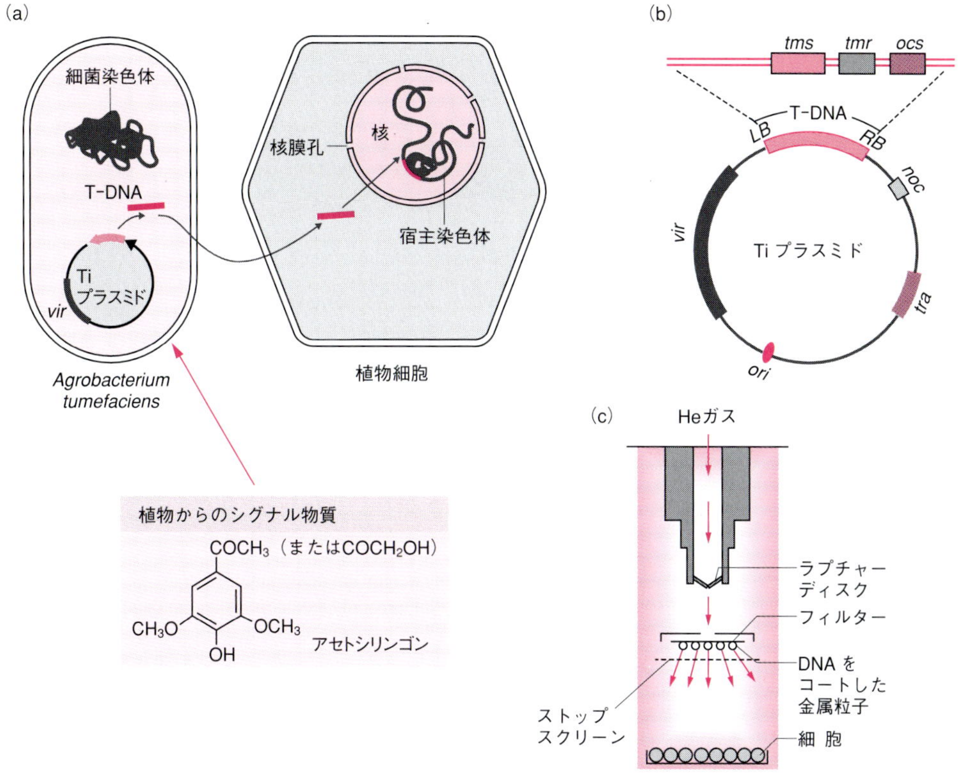

図 20・2　アグロバクテリウムを用いた遺伝子導入と物理的遺伝子導入の模式図　(a) アグロバクテリウムにおける遺伝子導入の仕組み．(b) RB と LB の境界配列に挟まれた T-DNA が *vir* 遺伝子群の作用により切出され，植物細胞に導入される．T-DNA 中の *tms*, *tmr*, *ocs* 遺伝子はサイトカイニン，オーキシン，オクトピン合成酵素遺伝子であり，これらの遺伝子の導入によりクラウンゴール（腫瘍）ができる．この部分を除去した T-DNA を組込んだプラスミドと T-DNA そのものを除いた Ti プラスミドを組合わせたバイナリーベクター系が現在，おもに使われている．(c) ガス圧を用いた物理的遺伝子導入装置（粒子銃）の模式図．一定の圧で壊れるラプチャーディスクの破壊によって放出される高圧のガスを利用して，DNA をコートした金属粒子を細胞中に導入する．

おける水の自由運動が低下し，そのために，水分ストレスが生じる．もちろん，それぞれのストレス要因に固有の生理作用があるが，共通する水分ストレスにより，植物細胞における代謝活性は低下し，傷害を受ける．水分ストレスを受けると，植物は気孔を閉鎖し，水分の損失を防ごうとするが，気孔の閉鎖は同時に光合成に必要な二酸化炭素（炭酸ガス）の拡散を阻害し，直接的に光合成を低下させる．さらに，炭酸固定の低下に伴う過剰の光エネルギーにより活性酸素が生成し，二次的な傷害が生じる（図 20・3）．あるいは植物体中に過剰に蓄積した塩によって代謝が撹乱され，生育阻害，枯死に至る．

一方，植物のなかには適応機構をもつものがある．多くの耐塩性植物は，**適合溶質**という代謝活性を保護し，浸透圧バランスの調整において有効な化合物（たとえばグリシンベタインや糖，糖アルコールなど）を蓄積する．このような適合溶質や LEA とよばれる親水性タンパク質の生合成活性を高めること，二次的な傷害を生じる活性酸素の消去系を強化すること，あるいは，活性酸素の標的となる光合成炭酸固定系の SH 酵素フルクトースビスホスファターゼ/セドヘプツロースビスホスファターゼ（FBP/SBPase）を改変すること，さらには，細胞質中に侵入してきた Na^+ を細胞内の液胞内に隔離するための Na^+/H^+ ポンプを活性化することのための遺伝子操作によって植物の耐塩性，耐乾性を高めることが可能であることが示され

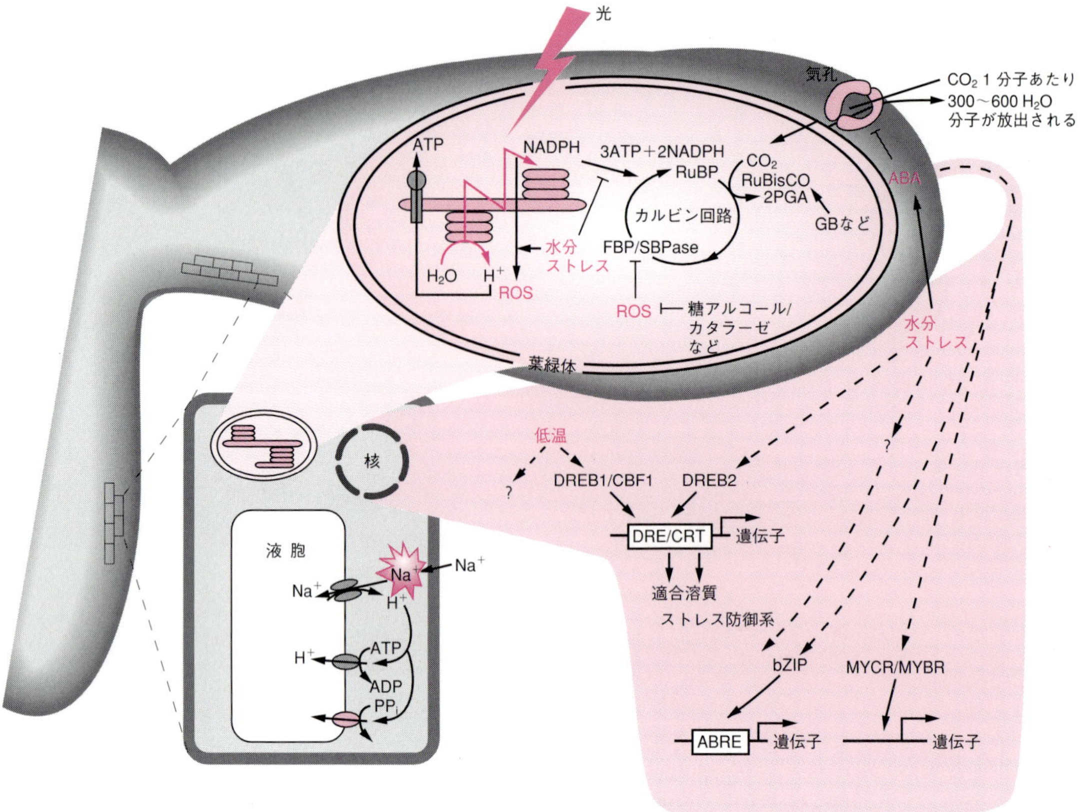

図 20・3　水分ストレスに対する植物の応答と耐性機構の模式図　葉においては気孔の閉鎖に伴い，過剰の光エネルギー（還元力）によって活性酸素種（ROS）が生じ，光傷害が生じる．グリシンベタイン（GB）や糖アルコールなどの適合溶質は浸透圧を調整するとともに光傷害を緩和する．一方，水分ストレス下，細胞外のイオン濃度の増大によりイオン（ここでは，Na^+）は細胞質内に侵入する．植物細胞では，Na^+の排除は Na^+/H^+ アンチポーターによって行われ，それに伴う細胞質の酸性化が生じる．細胞質の H^+ は H^+-ATP アーゼや H^+-ピロホスファターゼ（PP_iase）によって液胞に戻され，適応が完了する．RuBisCO：リブロース-ビスリン酸カルボキシラーゼ，PGA：3-ホスホグリセリン酸，ABA：アブシジン酸．DREB1/CBF1，DREB2，bZIP，MYCR/MYBR は転写因子，DRE/CRT，ABRE はシス配列を示す．

ている．また，植物自身のもつ耐性機構を事前に誘導すること，すなわち，シグナル伝達系の活性化により，抵抗性を高めようとする試みも精力的に行われている（図 20・3）．

20・5　病気に強い植物はできるか

作物を育てるときの課題の一つは，作物をいかに健全に育てるかである．同種の植物が密植されている農場はそれを宿主にする微生物や動物にとってはまたとない食卓である．ジャガイモの疫病菌による凶作にみられるように，病原性微生物は壊滅的な被害をもたらしてきた．また植物の病気とはいえ，ヒトにおける感染症とも関連しており興味深い．植物には動物のような獲得免疫機構は存在しないが，菌に感染した細胞を自ら殺す過敏感細胞死や，菌類の分泌する加水分解酵素に抵抗性のあるカロース（β-1,3-グルカン）のような物理的障壁，抗菌性物質であるフィトアレキシン（ファイトアレキシン）や病原菌の細胞壁の分解などに作用する**抗菌性タンパク質**（キチナーゼ，グルカナーゼなど）の生産などによる防御機構を発達させている．図 20・4 に示すように植物細胞も動物細胞と類似した認識機構により病原菌感染を認識し，抵抗性を発動する機構をもっている．また，そのシグナル伝達において，動物のシグナル物質であるプロスタグランジンと構造的に類似している**ジャスモン酸**や**サリチル酸**が関与している．ただし，植物種によって，これらのシグナル伝達は一様ではなく，イネではサリチル酸による防御機構が明確ではない．また，植物体の根において，抗菌性タンパク質のあるものはつねに（構成的と表現する）蓄積しており，これらの防御物質は植物の恒常的な防御機構を形成していると考えられる（図 20・4）．

20・6 植物と有用物質生産

植物の生産する代謝産物は多岐にわたっており，デンプンや油脂のような食品から，セルロースのようなパルプ原料，また，テルペンのような香油成分，アルカロイドに代表される医薬品，また，花色を形成するアントシアニンやフラボノイドのようなフェニルプロパノイドなどがある．ここでは，特に，有用性が高い二次代謝産物に焦点を絞り紹介する．二次代謝産物は構造的に，イソプロパンを基本骨格とする**テルペノイド**，含窒素化合物である**アルカロイド**，芳香族化合物に由来する**フェニルプロパノイド**に大別される．これらの化合物の生理作用の多くは不明であるが，徐々に，その生理的役割が明らかになりつつある．たとえば，マメのフラボノイドは根粒の形成に不可欠であるとともに，花粉形成においても重要である．また，ジベレリンやアブシジン酸，ブラシノライドのような植物ホルモンも二次代謝産物の一種と考えられる．これらの化合物は特定の細胞，もしくは，器官において合成され，転流され機能している（図 20・5）．

20・7 植物の形は何で決まっている？

植物も動物も 1 個の受精卵から発生する．しかし，その体制は大きく異なっている．すなわち，植物細胞は細胞質を取囲む細胞壁により支えられているが，細胞壁は物理的に細胞を支えているというよりは，細胞質の水を吸う力（膨圧）によって膨らんだ細胞をその

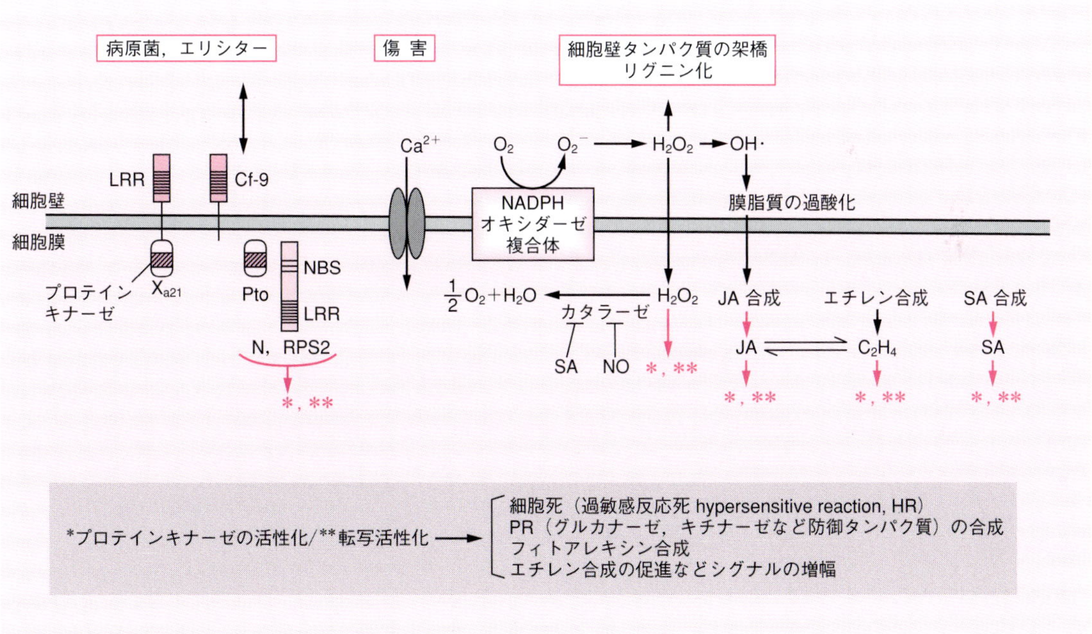

図 20・4 病原菌感染と防御反応 植物細胞では病原菌と植物種との特異的認識応答とともに，生来の防御応答が作動している．防御反応では活性酸素種の発生，Ca^{2+} の細胞質への流入とともにプロテインキナーゼなどの活性化，転写因子の誘導，シグナル分子の合成が起こる．LRR：ロイシンリッチリピート，NBS：ヌクレオチド結合部位．X_{a21}，Cf-9，Pto，N，RPS2 は植物の特異的抵抗性遺伝子である．SA：サリチル酸，NO：一酸化窒素，JA：ジャスモン酸．

(a)

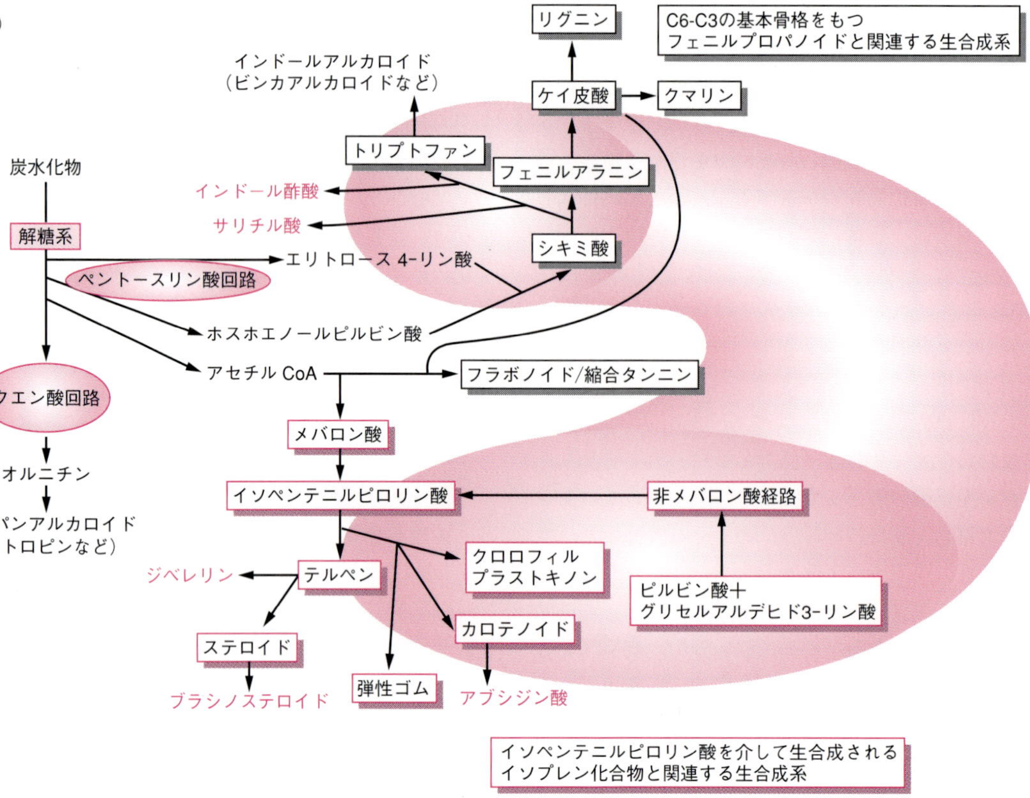

(b)

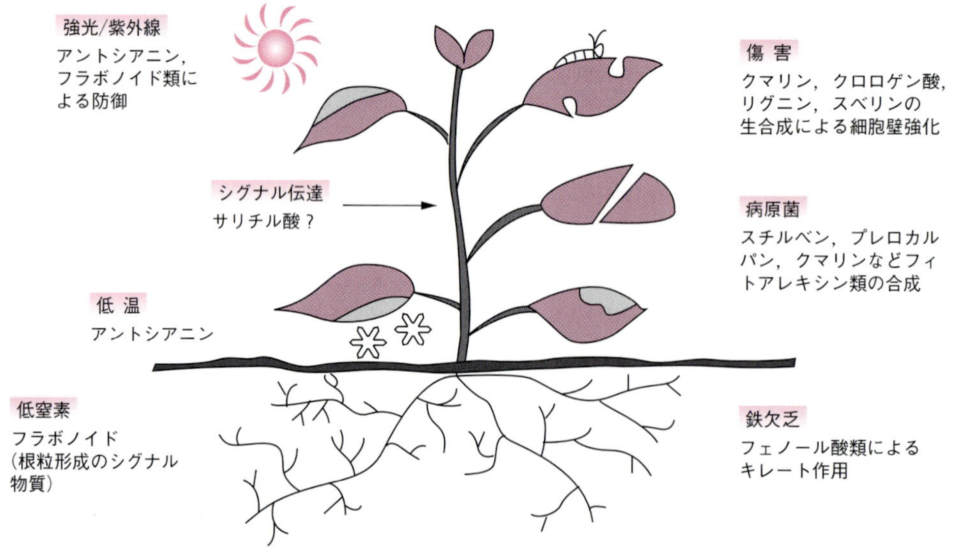

図 20・5 二次代謝経路（a）**とフェニルプロパノイド生合成にみる各種のストレスに対する生理的役割**（b）．（a）植物は多様な化合物を生産する能力をもっている．その生合成は色素体と細胞質の両方で分担されて行われている．右側の赤い楕円内の反応は色素体の中で起こっていることを示す（ただし，プラストキノン生合成の一部は色素体外で行われる）．さまざまな植物ホルモン（図中，赤字）もこのような経路により生合成される．（b）植物は外界からの刺激によって生合成系を使い分けている．たとえば，明所下，行われているフラボノイド生合成は，病原菌感染によってフィトアレキシン合成へと転換される．

枠の中に閉じ込め，一定の形を保っている．したがって，給水力が弱くなる（乾燥する）としおれ，個体としての成長を止めてしまう．細胞壁はセルロース，ヘミセルロース，ペクチンからなる一次細胞壁とさらにリグニンなどが沈着した二次細胞壁からなるが，成長において重要な役割を果たすのは，表層微小管によって制御されたセルロースの微繊維の配向である．セルロースの微繊維がちょうど桶の“たが”の役割をしており，その方向が並ぶことにより，細胞の伸長方向が決定される（図 20・6）．

セルロースの微繊維の配向は植物ホルモンであるジベレリンとオーキシン，エチレンの作用により制御されている．したがって，これらの生合成，あるいはシグナル伝達系の遺伝子が変異することにより，植物の成長が変わる．緑の革命で使われたイネの *sd1* 遺伝子はジベレリン生合成遺伝子の変異である．一方，傷害などによって誘導されるエチレンは，表層微小管の配向を変化させ，細胞を横に太らせる．剪定によるしっかりした盆栽作りや太モヤシはこのエチレンの作用によっている．また，モデル植物であるシロイヌナズナ（アラビドプシス）を用いた研究から，第六の植物ホルモンとしてブラシノステロイドが認知されるに至っているが，この生合成欠損株も矮化をひき起こす．

植物の成長において，オーキシンの作用は大きいが，これは，個体におけるオーキシンの極性輸送によると考えられている．すなわち，若い組織で合成されたオーキシンが転流により根端に送られ，さらに他の組織に転流されることにより，極性が生じ，それぞれの位置情報が制御されていると考えられる．たとえば，茎の頂端を切除することにより，腋芽の成長が促進さ

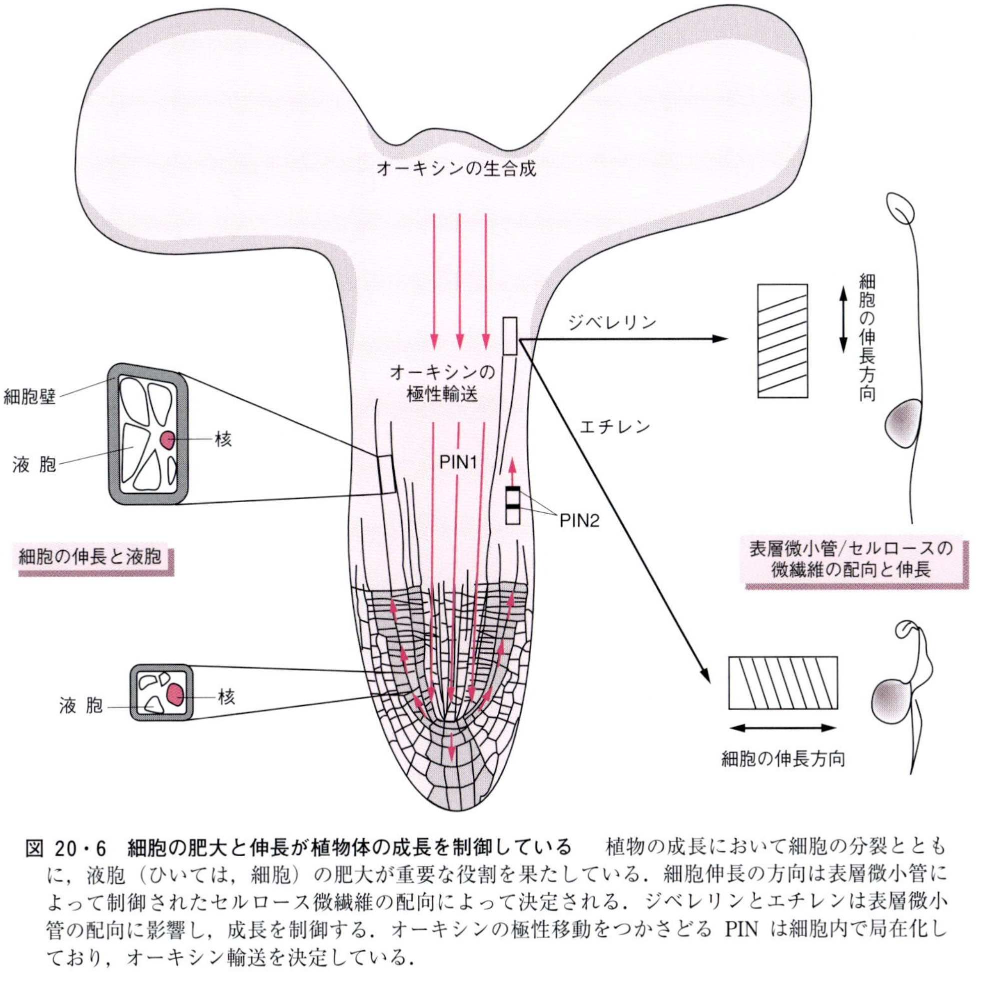

図 20・6　細胞の肥大と伸長が植物体の成長を制御している　植物の成長において細胞の分裂とともに，液胞（ひいては，細胞）の肥大が重要な役割を果たしている．細胞伸長の方向は表層微小管によって制御されたセルロース微繊維の配向によって決定される．ジベレリンとエチレンは表層微小管の配向に影響し，成長を制御する．オーキシンの極性移動をつかさどる PIN は細胞内で局在化しており，オーキシン輸送を決定している．

れる．また，光や重力による屈性もオーキシンの分布の変化として考えられている．このオーキシンの極性輸送をつかさどる遺伝子 *pin* が単離され，その役割が明らかになりつつある（図 20・6）．

一方，植物の形態形成の分子生物学の成果として花器官形成機構の解明がある．花の形は外から，がく，花びら，おしべ，めしべの構造をとっているが，これらの形成が A，B，C の 3 クラスの遺伝子の組合わせによって制御されているというモデル（**ABC モデル**）がシロイヌナズナの変異株の解析から提唱され，そのモデルの妥当性が確認されつつある（図 20・7）．また，花芽形成の誘導についても研究が進み，日長の影響とともに，それ以外のシグナル伝達系が存在することが明らかになっている．

植物の形態形成の制御機構の解明は近年急激に進展しており，植物に特徴的な位置情報の形成とその制御機構の解明から，植物の生産性の大幅な改善も近い将来期待できる．

20・8　木本植物の育種

森林がバイオマス生産ならびに環境保全に及ぼす影響はきわめて大きいが，一方，木本植物の育種は世代時間の長さから容易ではない．多くの場合，枝変わりなど自然に生じた優良樹を挿し木などにより栄養繁殖しているが，より効率的な育種方法が必要である．ポプラやユーカリのような成長の速い木本植物において組織培養系が確立され，さらに，パルプ生産に有用な低リグニン性やバイオポリマー生産能を導入した形質転換体などが作製されているが，その数はまだ限られている．作物と異なり，生育期間が長く，その性質の評価に長時間を要するが，シロイヌナズナで同定された開花遺伝子 *FT* の導入による開花の促進など遺伝子工学の有用性は高く，その適用により，効率的な育種が可能となると考えられる．

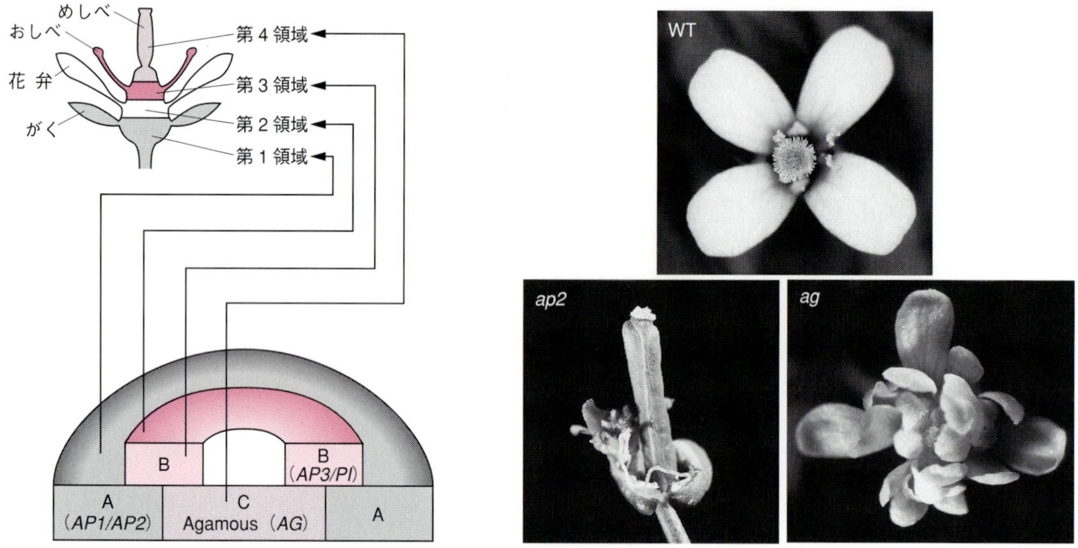

図 20・7　花器官形成と ABC モデル　クラス A 遺伝子群によってがくが，A と B の協同によって花弁が，B と C では雄ずい（おしべ）が，C のみでは雌ずい（めしべ）が形成される．クラス A と C は機能的に拮抗関係にあり，たとえば，クラス A の *AP2* の機能が失われると，がくが雌ずいに，花弁が雄ずいに変わる．*AP*：*APETALA*，*PI*：*PISTILLATA*．〔写真提供：岡山県生物科学総合研究所　後藤弘爾博士〕

第Ⅳ部

社会における生命科学の課題

21 生体における安全性

21・1 安全性の基礎にある倫理原則

生体における安全性は，医薬品などを用いる臨床医学だけではなく，食品などにおいても問題になる．

まず，臨床医学における，生体における安全性について考える．臨床医学は，不確実な点が多い．現在行われている医療や医学研究においては，ほとんどの予防，診断および治療方法に，危険（リスク）および負担が伴うといえる．

しかし，医療倫理の原則の一つである，**無危害の原則**は，1）害悪や危害を加えてはならず，2）害悪や危害を可能な限り予防しなければならず，3）生じた害悪や危害を除去しなければならないことを求める．したがって，生体における安全性確保は，医療者や医学研究者にとっての，なによりも重要な課題であるといえる．

21・2 新薬の開発にみる安全性の確保

では，生体における安全性の確保や，危害の回避などが，どのような方法によって実施担保されているのかを，人体にとっては異質物である新薬の開発過程を一例として見てみる．

試験管内実験や動物実験は，新しい医薬品の開発に不可欠であるが，その情報のみで，社会に生活する個性的で多様なヒトでの，安全性や有効性にかかわる作用を解明することはできない．つまり，ヒトと動物間には種差があり，動物実験の結果をヒトに外挿するには限界があるからである．

そこで，動物試験を経て，ヒトを被験者として臨床試験をすることにより，安全性などを評価する必要が出てくる．ヒトを被験者にする臨床試験では，被験者の人権を十分に尊重し，倫理的な配慮のもとで，科学的な適切な方法で実施される必要がある．

医薬品の開発過程は，**ヘルシンキ宣言**（被験者に対する生物医学的研究に携わる医師のための勧告）に基づく倫理的原則を遵守して行わなければならず，これをふまえて，薬事法は，**GCP**（good clinical practice，医薬品の臨床試験の実施に関する基準）を規定している．また，被験者の安全性検査を通じて，その新薬が市販された場合の，新薬使用者の（人体における）安全性も同時に検討されるのである．

ヘルシンキ宣言は，1964年6月，フィンランド，ヘルシンキの第18回世界医師会（WMA）総会で採択され，数度の修正を経て，最終修正が，2000年10月，英国，エジンバラの第52回総会で行われた．ヘルシンキ宣言は，医学研究者が自らを規制する倫理規範を示したものであり，臨床研究の規制の金字塔ともいえる．わが国では，戦前の旧日本軍の人体実験，多くの薬害や臨床試験に伴う記録の捏造疑惑などを契機として，ヘルシンキ宣言の精神を尊重して，旧来のGCPが改定され，臨床試験のうち**治験**（新薬承認申請のための臨床試験）に限って，これが薬事法に取入れられ，法的拘束力を有するようになっている．

治験では，未だ安全性・有用性が確立していない物質を人体に用いるため，被験者への安全性は十分に保証される必要がある．そこで，新薬が承認されるまでには，前（非）臨床試験，第Ⅰ相・第Ⅱ相・第Ⅲ相の各臨床試験を経ることが必要とされている．その間に，被験者への安全性を確保しながら，市販後の薬剤の人体における安全性も確認することになる．

ある有望な物質が見つかると，前臨床試験（動物実験）を行い，この実験において有効性が認められ，ある程度安全性が認められて初めて，ヒトに応用されることになる．動物実験は，急性の毒性試験（単回投与毒性試験）あるいは急性・慢性毒性の試験（反復投与毒性試験）をして，一般薬理，薬物動態試験（薬がどのように吸収されて排泄されるかを確かめる試験），発がん性・催奇形性試験により構成されている．

第Ⅰ相では，健常者を対象にした試験で，ここでは，主として薬の安全性と薬物動態を見る．患者に使用される前に，患者のモデルとして，原則として健康男性志願者を被験者として実施される．第Ⅱ相の前期では，少人数で薬効・適応症あるいは投与量の目安を見つける．それが終わると，第Ⅱ相後期として，それよりも多い人数で最適量を見つける．第Ⅲ相試験では，候補物質の適応症に対する臨床的有用性と安全性の確認のために，多くの患者を対象として行われる．第Ⅲ相は，一般臨床試験と，比較臨床試験に分けられ，前者は，候補物質が市販後に使用される状況での有効性や安全性について幅広い検討がなされ，後者では，当該適応症について臨床的有用性が確立している標準薬などを対照群として，これと比較して，有効性・安全性が評価される．

21・3 治験と市販後調査

治験は，実験であるので，十分な情報を与えられたうえでの，被験者の同意が必要である（これを，**インフォームド・コンセントの原則**という）．担当医師は，患者に対して，臨床試験についての安全性に関する情報はもとより，十分な情報を伝え理解を得たうえで，患者の自発的な意思による同意を文書で得る必要がある．

以上のような，段階的で重畳的な市販前臨床試験により，適応症に対する定められた用法・用量での候補物質の安全性と有効性が保証され，ここで初めて，新薬として市販が承認されることになる．

このような新薬開発における二重三重の人体への安全性を配慮しても，市販後には，市販前と比べて格段に大きな規模で医薬品が使用される．しかも，市販後には，市販前では確認されていない高齢者・小児・妊婦への投与がなされたり，長期間に使用されたり，他の医薬品と併用され，承認前には予測できない重篤な副作用や感染症が生じることもある．そこで，市販後においても安全性の監視として，日常診療を観察的に研究する**市販後調査**（PMS，post marketing surveillance）が行われる．

ところで，次章で詳述するように，遺伝子治療（疾病の治療を目的として遺伝子または遺伝子を導入した細胞を人の体内に投与することなど）については，臨床研究を行うにあたって，2002 年 3 月 27 日“**遺伝子治療臨床研究に関する指針**”が発出されている．ここでも，臨床試験モデルを参照としながら，被験者の安全性について規定されている．

後述のように，遺伝子情報やクローン技術は，医薬品の開発や医療・研究の現場に変革をもたらしているが，食品分野においても大きな変革をもたらしている．その代表的なものが，農産物についての，**遺伝子組換え食品**（genetic modified food）と，畜産物としての，**クローン技術の応用**である．

体に良い機能性をもつ食品成分の分析や厳しい環境でも生育できる農作物の開発に，遺伝子情報が活用されつつあり，体に良い機能を同定する作業は，医薬品の開発に類似し，今後，医薬品分野と農産物分野が競合することが予想される．特に，遺伝子診断技法が開発されると，個人の体質などが判明し，これに適した，遺伝子組換え食品が開発されることもあるだろう．しかし，これらの食品の安全性はどのように担保されているのだろうか．

遺伝子組換え食品は，1994 年 5 月，米国食品医薬品局（FDA）が，Calgene 社が開発した，日持ちのいいトマト“Flavr Savr”を許可したことに始まる．日本では，1996 年，旧厚生省が，ダイズ，トウモロコシなどを認可している．厚生労働省が食品としての，農林水産省が飼料としての，安全性評価基準をつくることになっている．厚生労働省は，“組換え DNA 技術応用食品及び添加物の安全性審査基準”に基づき，2002 年 7 月現在，食品 43 品目，添加物 10 種について，安全性審査を経たとしている（なお，この審査は，2001 年から法的義務となっている）．しかし，この安全性基準が前提とする，“実質的同等原則”〔当該種子植物の食品としての安全性を評価するために，既存の食品（種子植物）を比較対象として用いるという方法ができるということ〕には疑問も投げかけられており，安全性の議論は続いている．また，このような遺伝子組換え食品の安全性（ないしリスク）について，広い範囲で話し合う新しい試みとして，2000 年秋には，“遺伝子組換え農作物を考えるコンセンサス会議”が，農林水産省の傘下団体の主催で開かれ，専門家と市民が共同して，安全性についての議論をするフォーラムづくりがなされつつある．

21・4 クローン動物

クローンとは，遺伝的に同一な個体を作製する技術であり，これには，**受精卵クローン**（受精後数日後の細胞分裂が進んだ状態の受精卵の一つ一つを，核を除いた卵子に移植する）と**体細胞クローン**（核をとった未受精卵に個体の体細胞の核を移植してつくる）とがある．日本では，1990 年 8 月に初めて，受精卵クローンウシが誕生し，これらが食肉として初出荷されたのが 1993 年，牛乳として初出荷されたのが 1995 年である．また，体細胞クローンは，1996 年 7 月，イギリス・ロスリン研究所でヒツジ（“ドリー”）に応用されたが，体細胞クローンウシは，1998 年 7 月にわが国で，世界で初めて誕生した．

これらの人体に対する安全性については，“家畜クローン（受精卵クローン）は，核移植などの技術を用いて遺伝的に同一なクローン家畜を作製する技術であって，遺伝子の改変・操作を行うものではない．いわば，一卵性の双子や三つ子を人工的につくる技術，植物でいえば，挿し木や組織培養にあたる技術といえる”として，厚生労働省は，安全性には問題はないとしている．また，体細胞クローンウシから生産された食肉についても，旧厚生省は，2000 年に，現時点では安全性に問題性があるという科学的根拠はないとの，中間報告をまとめており，2003 年 4 月，農林水産省も，同様の結論を示している．しかし，体細胞クローンウシについては，現時点で流通を認めている国はなく，組織に成長した細胞を用いるため，成長過程では遺伝子が適切に働かず，マウスやヒツジでは寿命が短く，また，病気にかかりやすいなど，安全性に対する懸念材料はある．

このように，医療に関連する問題だけではなく，遺伝子組換え食品や，クローン技術を用いた動物などを摂取した場合，さらには BSE（Bovine Spongiform Encephalopathy，第 24 章参照）やダイオキシンをはじめとする環境ホルモン（第 23 章参照），食肉動物への抗生物質の投与も含めた人体における安全性を，どのようなスキーム（scheme）で検討し，また，これを消費者に伝えていくのか（これを Risk Communication という）については，検討課題が山積みであるといえる．

22

先端医療技術と生命倫理

22・1　先端医療技術と倫理・法問題の全体像

1970年前後から，先端医療技術の発達，特にその基礎にある分子生物学が発達した．また，1960年の免疫抑制剤“アザチオプリン”の開発や，1967年の南アフリカでの世界最初の心臓移植が，臓器移植を促進し，1978年のイギリスで最初の体外受精児 Louise Brown の誕生は，人工生殖を促進した．これらの技術は，人がこれまで遭遇しなかった問題を突きつけた．つまり，これまで技術的に可能でなかったため問われなかったが，技術の発展により，人にさまざまな選択肢（臓器を提供し，移植をするか，体外受精をするかなど）を生みだし，倫理問題として顕在化させたのである．

また，ヒトの遺伝子に関する研究は，飛躍的に発達し，1973年の，いわゆるコーヘン-ボイヤー（S. Cohen & H. Boyer）論文により確立された遺伝子組換え技術や，これにひき続き，**遺伝子診断**，**遺伝子治療**，クローン技術がつぎつぎに登場し，21世紀は遺伝子研究を中心とした生命科学の時代とされている．それを先導したのが，遺伝情報全体を読み解く**ヒトゲノム計画**（human genome project）である．すでに，この解読結果の概要は，2001年初めに発表され，現在は**ポストゲノム**として，解析結果をどのように利用していくかという段階に至っている．

また，21世紀においては，高齢化社会がいっそう進行し，高齢化に伴う疾患が深刻化する．疾患の構造の解明に伴って，医療資源として一躍注目を浴びた臓器移植であったが，今日，一部の臓器において行われている臓器移植は，ドナー不足（2003年3月現在，脳死移植は約20例にすぎない）による限界がすでに明らかになってきた．このようななか，1998年**ヒトES**（胚性幹）**細胞株**が樹立され，臓器移植に代わる新しい医療技術として，**幹細胞を用いた再生医学**・医療が注目を集めるに至っている．

それに伴って先端医療技術と，倫理・法問題との関係がより顕在化してきている（図22・1）．

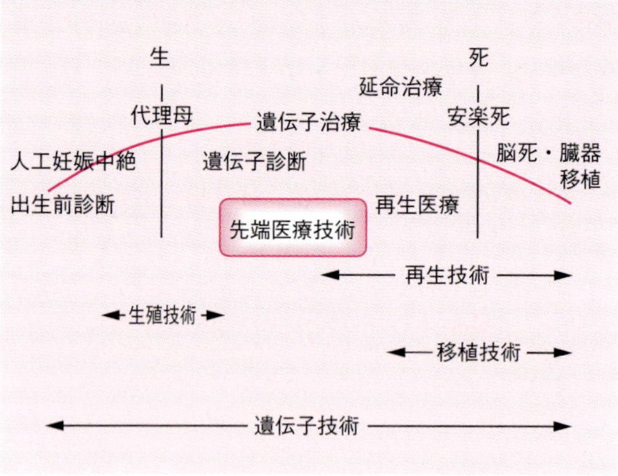

図 22・1　先端医療技術と生命倫理の関係図

ここで，生命倫理について説明をしておこう．**バイオエシックス**（bioethics）とは，ギリシャ語の生命（bios）とラテン語の倫理（ethica）を合わせた造語であり，日本では最近は，“生命倫理”との訳語があてられることが多い．生命倫理は，1970年，ウィスコンシン大学医学部の Van Rensselaer Potter が，今でいう環境倫理を含めたものとしてバイオエシックスを提案し，また，1969年，ニューヨークにヘイスティングス・センターが，1971年，ジョージタウン大学にケネディ倫理研究所が，それぞれ，バイオエシックスに関する研究を始めたことに発する．そして，先に述べたような，科学技術の進歩に伴う生命医学研究を中心にして，新しい倫理的対応が必要であると考えられ，しだいに医療を中心として，必ずしも技術的に新しいとはいえない諸問題にも検討が加えられるようになった．生命・医療倫理は，机上で思考をめぐらすだけではなく，研究者などの行きすぎや，技術開発などにより問いかけられた，猶予を許さぬ，切実で，具体的な問題に対する現実的な解決策が求められるなかで発達したのである．

ここでは，1）“自然”とはなにか，“自然”に人為的に介入することは許されるのか，2）“人”とはなにか，どこから“生命”で，どこから“人”ないし“人格”なのか，どこから“死”といえるのか，3）技術に歯止めをかけることはすべきか，またできるのか，4）線引き作業は説得的な根拠に基づいてできるのか，5）手段としての人の利用は許されるかという，古くからの問いを下敷きにしながら，さまざまな問いが投げかけられている．以下，脳死・臓器移植と，遺伝子診断・遺伝子治療を中心に，その倫理・法的な問題を考えてみよう．

22・2 脳死・臓器移植

脳死・臓器移植とは，脳死になった人（ドナー）から，その臓器を取出し，疾患を有する患者（レシピエント）に移植をすることをいう．脳死者からの移植をここでは取上げ，**生体移植**（腎臓は臓器が二つあるから，近親者がドナーとなる生体腎移植が行われてきた．また，肝臓も肝臓の増殖能を利用して，生体からの部分肝移植がなされている）は検討の対象には含めないことにする．

22・2・1 脳死とは

死の判定は，従前から，呼吸停止，心臓停止，瞳孔反射の喪失という“**死の3徴候**”を医師が判断することで行われてきた．**脳死**は植物状態とは異なり，通常，脳幹を含めた全脳の不可逆的な停止をいうとされている．角膜や腎臓の移植は，死の3徴候によって判定された人からの移植でも可能であったが，心臓，肺，肝臓となると，生体からのものでなければ技術的に難しいのである．

ところが，人工呼吸器などの生命維持装置の発達により，脳幹の機能停止後も呼吸を維持できることとなったので，臓器移植が可能となった（なお，全死亡の約1％程度がこのような状態になるといわれている）．

ところで，1968年には，札幌医科大学で，わが国初の心臓移植が行われたが，脳死判定や移植患者選定について疑念が生じ，手術を行った医師が殺人罪で告発された（その後不起訴となっている）．そのため，“**脳死判定の密室化**”として世論の反発が生じ，以後，一時期，脳死・臓器移植の議論がタブー視される傾向にあった．しかし，海外では，強力な免疫抑制剤（シクロスポリンAなど）の実用化に伴い，多くの移植が行われ，日本から海外に渡航して移植を受ける事例が増えた．わが国でも，技術的に実用化の目処がついたこともあり，まず，旧厚生省に“脳死に関する研究班”が設置され，1985年，脳死判定基準（通称研究班の班長である竹内一夫氏にちなんで，“竹内基準”とよばれる）を作成したが，国民的合意形成には及ばなかった．そこで，政府は，1990年，“臨時脳死及び臓器移植調査会”（“**脳死臨調**”）を設置し，2年の審議を経て，1992年，一定の条件の下に脳死体からの臓器移植を認める内容の答申が提出された．法案は，2度にわたり国会会期切れで成立することができなかったが，協議が重ねられ，ようやく，1997年に**臓器の移植に関する法律**が成立した．

その間，出された問いは多岐にわたるが，1）脳死は人の死と考えていいのか，2）死に関連して，個人の自己決定権を認めることができるのか，というような倫理的・根幹的な問いから，3）脳死の判定が，臓器移植を急ぐ医師の恣意的な判断にゆだねられ，終末期の患者への治療が差し控えられるのではないか，4）脳死の判定は客観的に行われうるのか，その基準はなにか，という具体的・技術的問題にしだいに移行していき，国民的な議論をひき起こした末，上記のような経緯で成立したのである．このように脳死・臓器移植に関する議論が錯綜した原因について，さまざまな意見があるが，そのなかで，“日本独特の死生観”に原因を求める考えも有力であるが，むしろ，当初の心臓移植が，社会に深い不信感をもたらしたことに原因があると考えるべきであろう．したがって，移植問題から得た教訓は，“先端技術の臨床への応用にあたっては，医療者だけで判断するのではなく，いかに透明性を確保し，社会との折合いをつけながら進めていくのか”という点にある．

22・2・2 臓器移植

臓器移植法は，脳死を人の死とすることに慎重な人が多かったことに配慮し，死の定義には直接触れずに，本人と家族の意思で臓器を提供する場合にだけ，脳死状態になった者を死体に含むとしている（臓器移植法6条）．パキスタン，ポーランドなどを除いては，規制方法には違いがあっても，脳死概念は多くの国で承認されている．もっとも，同じ法律の規定でも，脳死の場合に当然に臓器移植の対象とするという立場（rule-out ないし opt-out とよばれる）と，日本のように，原則は心臓死だが，本人・家族の意思がある場合に例外的に脳死とする立場（rule-in ないし opt-in とよばれる）があり，日本は，上記のように，結果的には，死の定義についての，（本人と家族の意思を尊重した）自己決定権を容認した内容となっている．

臓器の提供には，本人の書面での意思表示が必要で，家族による代諾は認められていない．また，同意能力

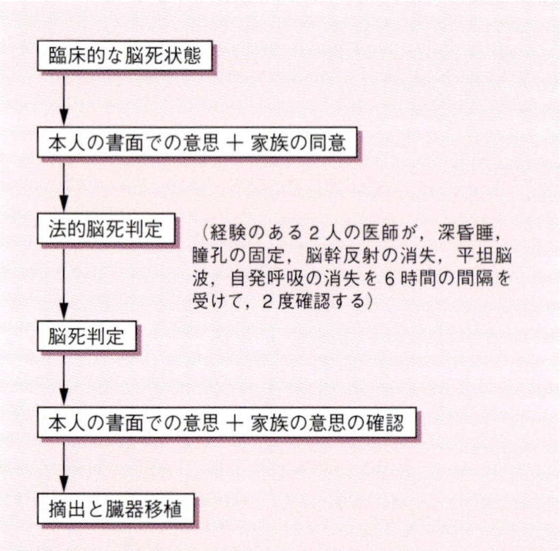
臨床的な脳死状態
本人の書面での意思 ＋ 家族の同意
法的脳死判定
（経験のある２人の医師が，深昏睡，瞳孔の固定，脳幹反射の消失，平坦脳波，自発呼吸の消失を６時間の間隔を受けて，２度確認する）
脳死判定
本人の書面での意思 ＋ 家族の意思の確認
摘出と臓器移植

図 22・2 臓器移植法による手続

のない人（指針では同意（能力）は15歳以上とされている）からの提供は認められていない．そして提供できる臓器は，ヒトの心臓，肺，肝臓，腎臓，眼球，膵臓，小腸に限定されている（図22・2）．

ところで，ドナーとレシピエントを結び付ける役割を果たすのが，社団法人日本臓器移植ネットワークの**移植コーディネーター**である．ネットワークは，全国を三つの地域に分け，専任の移植コーディネーターが24時間体制で待機をしている．移植希望者をあらかじめ登録しておき，コーディネーターが自ら臓器提供者がいる病院に駆けつけ，脳死判定者との組織適合性や，緊急度などをいち早く判断し，また，提供者の家族に説明をし，了承が得られた場合には，移植先病院への連絡作業を行う．いかに，移植希望者間を公平に扱い，かつ，提供者の家族の意思を尊重しながら，提供された臓器を無駄にしないためにも，最良の状態で臓器の搬送をする努力がなされている．現在，臓器提供者は少ないものの，比較的脳死・臓器移植が円滑に行われている背景には，ネットワークとコーディネーターの存在を忘れることはできない．

22・2・3 今後の課題

このように難産の末成立した臓器移植法であり，付則では3年を目処に再検討をするよう促されているが，現在さまざまな問題が未解決である．交通事故などで，顔や首にけがをして目や耳を通じて反応をみる検査ができない患者（指針で除かれている）は，現在は脳死と判定できないので，脳死判定基準には適合しないが，これらの人も含めた脳死判定基準を作成すべきか，15歳以上の書面による同意という現行法の枠組みでは，15歳未満の子供の臓器移植には，臓器を提供する方法がないが，これを家族の代諾などの条件を定めて広げることができるかなどが検討されている．また，施行後の実例では，脳死判定手順の遵守が十分になされていないものもあり，遵守を確実にする手段の確保や，ドナーの家族やレシピエントらの心理的なサポートをいかに行うか，移植の費用の負担という問題がある．また，主要臓器以外の臓器や試料（血液，組織，細胞など）についてのルールをどうするのかという問題もある．この際，脳死者からの臓器移植だけではなく，生きている者からの提供のルールづくりをすべきである，研究目的での臓器などの利用のルールづくりをすべきという声も聞かれる．まだ，（脳死）臓器移植の問題はすべてが解決されたわけではないといえよう．

22・3 ヒトゲノム計画およびポストゲノム

ヒトの遺伝子に関する研究は，1970年代から飛躍的に発達してきた．個々の遺伝子が遺伝子地図上にマップされ，遺伝子発現のメカニズムも明らかにされている．また，DNAを切断する酵素（制限酵素）の発見を契機に，遺伝子クローニングと遺伝子構造の決定が加速した．そして，遺伝子情報全体を読み解く，**ヒトゲノム**（ヒトゲノムとは，生物としてヒトを成り立たせるに必要なDNA総体をさす）**計画**が提唱され，解読結果は，2001年初めには発表された．21世紀は遺伝子研究を中心とした生命科学の時代とされ，今後はポストゲノムとして，解析結果をどのように利用していくかという段階に至っていることは先に指摘したとおりである．

ユネスコは，1997年に，“ヒトゲノムと人権に関する世界宣言”を出して，ヒトゲノムを人類の遺産として位置付けている．遺伝子問題については，わが国ではことのほか関心が高い．そのため，1996年には，**“遺伝子治療臨床研究に関する指針”**（その後，2002年に新しい指針が作成されている）が，2001年には，**“ヒトゲノム・遺伝子解析研究に関する倫理指針”**が作成されている．

遺伝子問題は，過度に人間を機械的・要素還元主義的に，つまり，すべてを遺伝子のせいにするような，遺伝子決定論としてとらえられる恐れがある．そして，

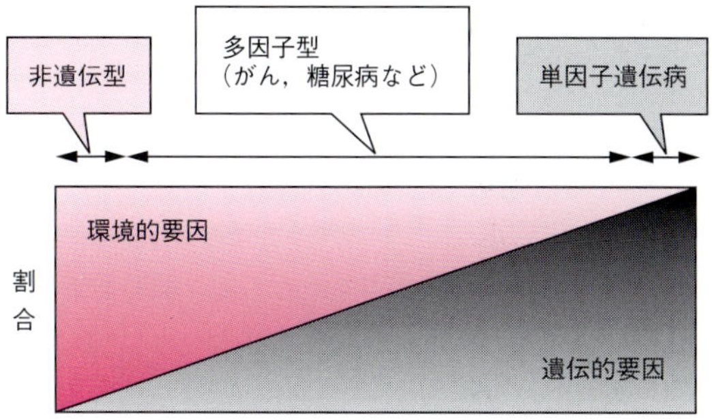

図 22・3 遺伝的要因と環境的要因との関係

これが優生学に結びつくとき，その危険はきわめて大きくなる．**優生学**とは，人間の集団を遺伝学的に改良しようとする学問ないしそれに基づく政策で，ナチス・ドイツがユダヤ人や障害者をこの論理で虐殺したことが知られている．わが国でも，国民優生法をひき継いだ優生保護法にはこの趣旨が含まれていたが，1996年に母体保護法となり，優生学的理由での人工妊娠中絶の規定は廃止された．

しかし，遺伝子と病気との関係は1対1であることはきわめて少なく，多因子型や，環境との相互作用によるものも多い（図22・3）．また，遺伝子は人により異なり（これを，**遺伝子多型**，ポリモルフィズムという），また，遺伝子上は，誰でも例外なく欠陥を抱えており，この意味では人間は平等であることには注意すべきである．

22・4 遺伝子診断（検査）

遺伝子研究の成果は，1970年代に，遺伝子診断にまず応用された．

遺伝子診断は，胎児の段階で生殖医療（**出生前診断**）と関連して行われ，遺伝的な問題がある場合の**人工妊娠中絶**という倫理問題をひき起こす．現在行われている出生前診断では，羊水細胞と胎盤絨毛を妊娠9週から12週の間に採取して，DNAが解析される．異常が発見されると，人工妊娠中絶が選択肢となる．わが国では現在妊娠22週までの人工妊娠中絶は合法的とされているため，出生前診断に基づく，選択的人工妊娠中絶は，事実上許容されている．しかし，欧米，特にアメリカでは，なお主として宗教的立場からの，人工妊娠中絶に否定的な声が強い．

22・4・1 どこからヒトと考えるか

この関係でよく議論の際に用いられる，**パーソン論**についてふれておこう．パーソン論は，M. Tooleyが，“生物学的な概念としてのヒトと道徳的概念としての‘人格’（パーソン）とは一致せず，生物学的なヒトであるだけでは生存するための権利をもつとはいえない”と指摘したことを始めとする．つまり，自己意識をもった存在としてのパーソンだけが生存権を有するとした．パーソン論の基礎には，J. LockeやI. Kantのように，人格を“自己意識のある理性的存在者”と考え，そのような人格のみを権利の主体とするという考えが前提となっている．しかし，“自己意識”の有無だけで人格を基礎付けるとするならば，胎児だけではなく，幼児，重度の知的発達遅延者，精神障害者，痴呆性老人は人格に含まれないことになる．そこで，

H.T. Engelhardt, Jr. は，社会的な意味での人格という概念をもち出し，最小限の社会的相互作用に参加できること（なんらかのコミュニケーションがとれること）をその内容とした．しかし，このような一連のパーソン論に対して批判も多い．たとえば，生物学的には，胎児といっても，初期胚から出産直前の胎児まで連続的な存在であり，母体に対する危険度も，また，社会的な受取り方も胎児の発達段階によって異なる．したがってそれぞれの存在のレベルに対してそれぞれ個別の扱いをすべきで，自己意識やコミュニケーション能力だけで線引きできるものではないという指摘がある．現在でもこの点についての解決はついていない．

22・4・2　遺伝子診断のかかえる課題

遺伝子解析研究については前記のように指針があるが，遺伝子診断については，公的なルールはない．実際には，遺伝子診断に伴う倫理的問題は山積みであるが，そのうち，主要な問題の二三を取上げて検討を加える．

a．知らないでおく権利　治療の可能性のない疾患についての，遺伝子診断は許されるかという問題である．たとえば，ハンチントン舞踏病は，舞踏様運動と進行性知能低下を特徴とする常染色体優性遺伝疾患で，通常は中年期（35～50歳）に発症し，たえず進行的に経過し，治療方法はないとされる．遺伝病としては，単一遺伝子病（病気と遺伝子とが，おおむね1対1の関係になっている）に分類される．仮に，両親の一方にハンチントン舞踏病がみられた家系において，このような病気を発見する目的での，遺伝子診断は許されるのだろうか．むしろ，自分の遺伝情報を“知らないでおく権利”ないし“知らされない権利”はあるのではないかという問題である．同様に，遺伝子は，家族ないし家系に影響する．たとえば，姉が遺伝子診断を受ければ，妹についてもある確率で，その遺伝情報がわかってしまう．ここでも，妹の“知らないでおく権利”が問題となる．

b．遺伝情報の保護　ところで，個人の遺伝情報の保護が昨今大きな問題となっている．遺伝情報は，医療情報の一部であるが，しばしばより慎重に扱うべき情報として位置付けられている．それは，遺伝情報は，前記のように，遺伝子と現実の疾病発症との関係が必ずしも明らかではない予測的な情報であることが多い（その意味で誤解をまねき，後述の差別に結びつきやすい）からである．遺伝因子の発現の機序，発現の確率，時期，特に，単一遺伝子疾患型と多因子疾患型との関係，表現型，遺伝子の浸透度（penetrance）ないし遺伝子の発現度（expressivity）などについては，まだわかっていない点が多いのである．

また，遺伝情報は，本人にとどまらず，家族・家系に影響する情報である．

このような特質を有する遺伝（個人）情報について，どのような保護の方針をとるのかも，重要な倫理・法問題である．仮に，これらの情報がむやみに流れると，いわゆる**遺伝子差別**（genetic discrimination）をひき起こす可能性があるからである．先の倫理指針でも研究者などに秘密保持の義務を課し，研究機関は，情報保護のために個人情報管理者をおかなければならないとする．

c．遺伝子差別を防ぐために　遺伝子差別は，多くの生活・法的場面で生じるが，ここでは，関連する二三の問題を検討してみる．

i）保険契約

保険契約締結にあたり，被保険者に遺伝子診断を強制することはできない．しかし，加入申込者に遺伝子診断を加入の条件とすることで，間接的に遺伝子診断を求めることが考えられる．この場合診断を拒む場合や，診断の結果，保険加入できないということが考えられる．特に，被保険者の親族に遺伝性疾患の患者がいる場合は，このような間接的な強制がなされる危険がある．さらに，保険契約締結時に被保険者が，遺伝子診断を受けていた場合に，これを保険者が知った場合には，この情報の開示を求められることがある．もし，保険契約時に，被保険者が遺伝子診断を受けていて，これを告知しなかった場合に，保険会社は，告知義務違反（商法に規定がある）として，契約を解約できるかが問題となる．告知義務違反となるなら，遺伝子診断情報は，事実上，保護されないことになり，法律家の間でも論争が続いている．

ii）雇用関係

使用者（雇用者）は，雇用をする際，被用者（労働者）の労働者としての適応性を判断するため，また，雇用中に，労働安全上の観点から遺伝子診断を受けることや，その結果の開示を求めることができるかについても，議論がある．一般に，使用者は労働者に対して安全配慮義務を負っている．特定の遺伝子を有する人は，特殊な化学物質・環境に特異的に反応をすることが知られている．このような状況で，使用者は，労働者が，体質的にこれらに特異に反応をするかを，あらかじめ知る必要性は高い．労働者にとっても，自分の体質を知ることにより，特殊物質や環境での危険から逃れうる利点もある．したがって，労働者は健康診断の一環として遺伝子診断を受ける義務（これを**受診義務**という）があるという考えもある．しかし，これを口実に，使用者は労働者の疾病の傾向を知り，生産性の向上，交代要員の補充，疾病手当ての支払を免れるなどの，経済的合理性を重視して，採用の手控え，配置転換などの手法を使い，不当な措置を行う可能性がある．米国では，2000 年 2 月，遺伝子診断の結果を公務員の採用や昇進に利用してはならないとする，遺伝子差別禁止令が大統領令として出されている．

iii）親族間での葛藤

遺伝子診断の結果を第三者に知らせたくないと主張し，他方，配偶者（あるいは配偶者になろうとする人）が，知る権利（健康な子供をもつための前提となる権利）を主張する場合はどうであろうか．前記指針では，一部これに対応した規定を有する（ヒトゲノム・遺伝子解析に関する倫理指針 9(3) 細則）．これは，夫婦間で，配偶者の遺伝情報を知る権利を有するのかという形で問われる．夫婦間の権利義務は，婚姻の効果として，夫婦間に相互に，氏の共同，同居協力，扶助貞操義務が生じるとされる（いずれも民法に規定がある）．しかし，これらからは，知る権利・知らせる義務はただちに出てこない．判例では，“夫の性交能力の欠陥”を，婚姻を継続し難い重大な事由（民法 770 条 1 項 5 号）としたものがあり，これを推し及ぼせば，夫や妻の生殖能力や適合性についての遺伝情報には，夫婦間で相互の情報に対して知る権利を認める考えもありうる．

これらの例は遺伝情報をめぐるほんの一場面である．日本でも，このような差別に対して対策を加える必要があり，個人情報保護法が成立（施行時期は未定）したこともあり，今後，個人情報の保護という観点がさらに強調されると思われる．ただ，遺伝情報は，その個人情報を十分に保護しつつ，集団として検討を加え，適切に利用するときには，そこからさまざまな公衆衛生上・医療政策上の利点を導きだすことができる．したがって，個人の遺伝情報の保護をはかりながら，これを適切に利用・共有することも，重大な課題といえる．

22・5 遺伝子治療

遺伝子治療は，1980 年に，米国の M. Klein が貧血のサラセミアの患者に行ったのが最初といわれている．ヒトゲノム計画により，ヒトの全遺伝子配列が解明され，それを基に，遺伝子変異を迅速に見つけだす技術も向上してきた．しかし，現在の遺伝子治療は，変異を修正する治療ではなく，前記 2002 年の指針によれば，“疾病の治療を目的として遺伝子または遺伝子を導入した細胞を体内に投与すること等”とされているように，遺伝子を導入し，そこからつくられる正常タンパク質によって欠損・低下した細胞機能を補充する療法である（変異は残されるため，遺伝病の究極的な治療ではない）．当初，この遺伝子治療は，病気の根本を直す究極の医療として期待された．そして，1990 年前後から，単一遺伝病に応用されはじめ，現在では，必ずしも遺伝性でない，さまざまな種類のがんに対象が広がっている．しかし，これまで試みられた遺伝子治療では，有効性が確かめられたのはわずかである．これは，標的とする細胞に確実に遺伝子を導入することや，仮にできてもこれを治療効果に結び付けるように機能させることができないことによる．さらに，生体内の防御機能などの未解明な部分も多く，未だ，遺伝子治療は開発途上のものといえる．また近時さまざまな副作用が報告されている．

遺伝子治療は，**体細胞の遺伝子治療**と，**生殖系列の遺伝子治療**（精子・卵や受精卵の細胞に遺伝子を導入する方法）とに分けて考えられる．生殖系列に遺伝子治療を行うと，後の世代への影響が出ることから，先の倫理指針でも認められていない．もっとも，体細胞遺伝子治療も集団遺伝子の観点からは，影響はわずかであるが，遺伝子頻度を変化させるので，人間集団の遺伝子頻度という自然な状態への人為的な介入という生命倫理上の根本問題にふれるといえる．

参考図書

1）“遺伝子ビジネスの世紀”，日経バイオテク編，日経BP社（2000）.
2）橳島次郎，“先端医療のルール”，講談社現代新書（2001）.
3）大島泰郎編著，“先端技術と倫理”，実教出版（2002）.
4）加藤尚武，“現代倫理学入門”，講談社学術文庫（1997）.
5）加藤尚武，“脳死・クローン・遺伝子治療”，PHP新書（1999）.
6）中村祐輔，“遺伝子で診断する”，PHP新書（1996）.

23

環境ホルモン

“Our stolen future”と題されたレポートがT. Colbornによって発表されたのは1996年のことであった．彼女はこのレポートの中で，人類がつくり出し，自然界に放出してきたさまざまな化学物質のなかには内分泌系の働きを乱す物質があることを，自然界に出現する奇妙な現象との関連から指摘している．そして，今やその汚染は地球的規模の広がりを見せつつあると警告したのであった．このような化学物質は内分泌系を撹乱することから**内分泌撹乱物質**（endocrine disruptor）とよばれているが，日本では“環境中に放出されたホルモン様活性を有する物質”との意味を込めて“**環境ホルモン**”とよばれることもある．これらの化学物質が生殖機能に及ぼす影響は，以前より複数の研究者が指摘していたが，深刻な社会問題として取上げられるに至った背景にはColbornのレポートの寄与が大きい．このレポートをきっかけに，多くの国々で環境ホルモンに対する取組みが始められた．

23・1　ホルモンと環境ホルモン

23・1・1　内分泌系の仕組みと役割

“環境ホルモンは内分泌系を撹乱することでその作用を発揮する物質”と定義することができるが，このことを正しく理解するためには内分泌系を知っておく必要がある．動物の体は多くの臓器や器官から成り立っているが，これらの臓器や器官はそれぞれ特有の，そして多彩な機能を有している．しかしながら，動物が個体としての生命活動を維持するためには，それらの機能は無秩序に発揮されるのではなく，互いに協調的に，そして統合された形で発揮されなければならない．たとえば，空腹時には摂食行動が誘発されるが，空腹を感じるのは血中グルコース濃度の低下を検出しているためである．したがって，血中グルコース濃度の低下が摂食行動をひき起こすのであるが，一方で肝臓ではグルコース濃度の上昇へ向けて，蓄えられた多糖からグルコースをつくり始める．逆に満腹時には摂食行動は抑制され，肝臓ではグルコースから多糖が合成されるのである．このようにある情報を感知すると，体の種々の臓器や器官は無秩序に反応するのではなく，個体として調和のとれた応答を行うのである．それではどのような仕組みでこのような応答が可能になっているのであろうか．この応答にはそれぞれの臓器や器官の間での情報の共有が不可欠である．すなわち，グルコースが不足しているという情報が摂食行動を誘導するためには脳へその情報が伝わらなければならないし，同時に肝臓へ伝わることでグルコース産生が誘導されるのである．このように，それぞれの臓器や器官が互いに情報をやり取りするための仕組みが，体全体に張りめぐらされた神経系と血管系によってつくられている．内分泌系は血管系の構築によってつくられた仕組みで，その主役がホルモンと受容体なのである．

23・1・2　ホルモンと受容体

先に述べたように，内分泌系は神経系とともに各種臓器や器官の間で情報をやり取りするための手段である．両者で情報の伝達方法は異なっており，神経系では情報を電気的信号に変換し，他の組織に伝えるが，内分泌系では**ホルモン**とよばれる比較的小さな分子が**受容体**（レセプター）とよばれるタンパク質と結合することで情報が伝達されるのである．生体内では，のちに説明するように多くのホルモンがつくられている．これらのホルモンはそれぞれ特有の構造を有しており，異なる生理作用を発揮する．ホルモンが細胞から血中へ放出（分泌）されると，血流にのって体全体に運ばれることで，その情報は体全体へ広がるのである．ただし，ホルモンがもつ情報を受取ることができる細胞と受取ることができない細胞があり，前者は受容体を発現している．ここで重要なのはホルモンと受容体の関係で，図 23・1 に示すように両者はその構造

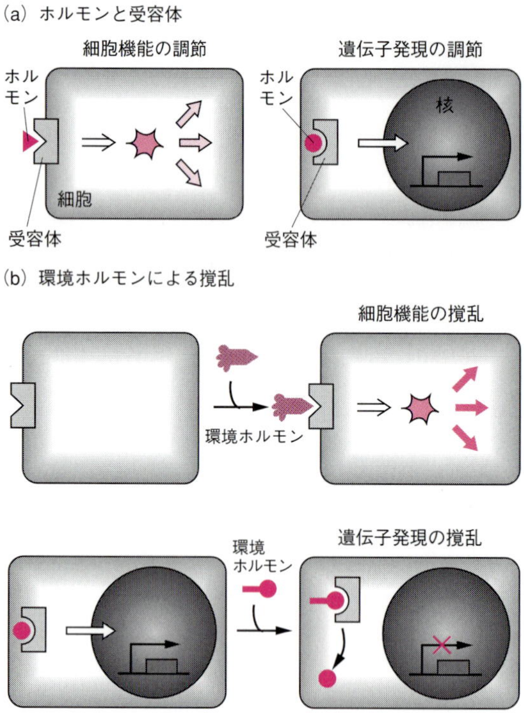

図 23・1　内分泌系による調節　(a) ホルモンと受容体の関係を示す．受容体の結合部位にホルモンが結合すると，細胞内のさまざまな機能を活性化したり，または抑制する．一方，受容体が転写因子の場合には遺伝子の転写調節を行う．(b) 環境ホルモンが存在するとホルモンの代わりに環境ホルモンが結合し，ホルモンによる本来の調節が乱されることに

の特異性から 1 対 1 の関係で，一つの受容体が受取ることができるホルモンは 1 種類である．この 1 対 1 の関係が内分泌系による調節の中心的な仕組みを構成している．すなわち，この 1 対 1 の結合が正確な情報伝達には不可欠なのである．

受容体はホルモンとの結合の後に種々の反応をひき起こすことになるが，これがホルモン刺激に対する細胞の応答である．ただし，この応答も多岐にわたり，受容体の機能によって異なることが知られている．図 23・1 に示すように，ある種の受容体はタンパク質のリン酸化などを通じて細胞内の種々の反応の活性化や抑制をひき起こす．また，**核内受容体**とよばれる一群の受容体は直接遺伝子の転写調節領域に結合することで，遺伝子発現の調節を行っている．生体にはその働き方が異なる多様な受容体が存在し，ホルモンとの結合を介して多彩な反応をひき起こしているのである．

23・1・3　環境ホルモンと受容体

ホルモンと受容体を主役とする内分泌系が重要な役割を担っていること，そして内分泌系による情報の伝達がホルモンと受容体の 1 対 1 の結合に依存していることはすでに述べたとおりである．通常，ホルモンのように受容体に結合する物質を**リガンド**とよぶが，リガンドはホルモンだけとは限らない．受容体のリガンド（ホルモン）結合部位に，あたかもホルモンのように結合できる物質があっても不思議なことではない．このような物質がホルモンと受容体の関係の中に入ってきたらどうなるのであろうか．図 23・1 に示すような結果が予想される．ある化学物質は受容体に結合することで，本来のホルモンと同様の応答をひき起こすことが可能かもしれない．このような物質が生体内に入ってくるとホルモン刺激がないときでも，あたかもホルモン刺激が続いているような反応を生体にひき起こしてしまうことになる．また，ある化学物質は受容体と結合することで，本来のホルモンとの結合を競合的に阻害するかもしれない．結果的にホルモンが存在する場合でも刺激が伝わらない状況をつくり出してしまうことが可能である．いずれの場合においても，生体内の内分泌系は正常な機能を果たすことができないが，このように受容体に結合し内分泌系による調節機能を乱す物質が環境ホルモン（内分泌撹乱物質）とよばれるものである．

23・2　ステロイドホルモンと生殖

23・2・1　ステロイドホルモン

ホルモンは構造的に 2 種類に大別される．その一つはステロイドホルモンに代表される脂溶性物質であ

り，もう一つはインスリンのようなペプチド（タンパク質）である．ここでは環境ホルモンとの関係から，特にステロイドホルモンについて解説する．**ステロイドホルモン**は図23・2に示すようにコレステロールを出発物質として生体内で合成されるホルモンの総称で，主要な産生組織は**副腎皮質**と**生殖腺**（精巣と卵巣）である．副腎皮質ではグルココルチコイド（糖質コルチコイド）とミネラルコルチコイド（電解質コルチコイド）がつくられる．また，男性ホルモン（アンドロゲン）や女性ホルモン（エストロゲン）も代表的なステロイドホルモンで，それぞれ精巣と卵巣で生合成される．これらのステロイドホルモンはおのおの異なる受容体との結合を通じ,特徴的な生理活性を発揮する．グルココルチコイドとミネラルコルチコイドは体液中の糖と電解質濃度を一定に保つ働きを担っており，一方，性ホルモンは種々の性的差異を示す組織の形成には不可欠なホルモンである．この性的差異を最も顕著に示すのが生殖器官であり，精巣と卵巣から分泌される性ステロイドの影響下に，雄では輸精管，前立腺，陰茎などが，雌では輸卵管，子宮，膣などが形成される．

23・2・2 性ホルモンと生殖

性ホルモンは生殖器官の形成のみならず，その機能の維持にも深くかかわっていることが知られている．すなわち，精子や卵の形成にも性ホルモンの働きが必須なのである．雌の性周期と卵巣から分泌される性ステロイドホルモンの関係はそのよい例である．雌の性周期は動物種によってその長さが異なっているが，マウスの場合には4日から5日おきに排卵を繰返している．図23・3に示すように，この周期は脳下垂体，視床下部と生殖腺から分泌されるホルモンによって調節されている．視床下部から**性腺刺激ホルモン放出ホルモン**が分泌され，このホルモンが脳下垂体に達すると，その刺激に応じて脳下垂体からは**性腺刺激ホルモン**

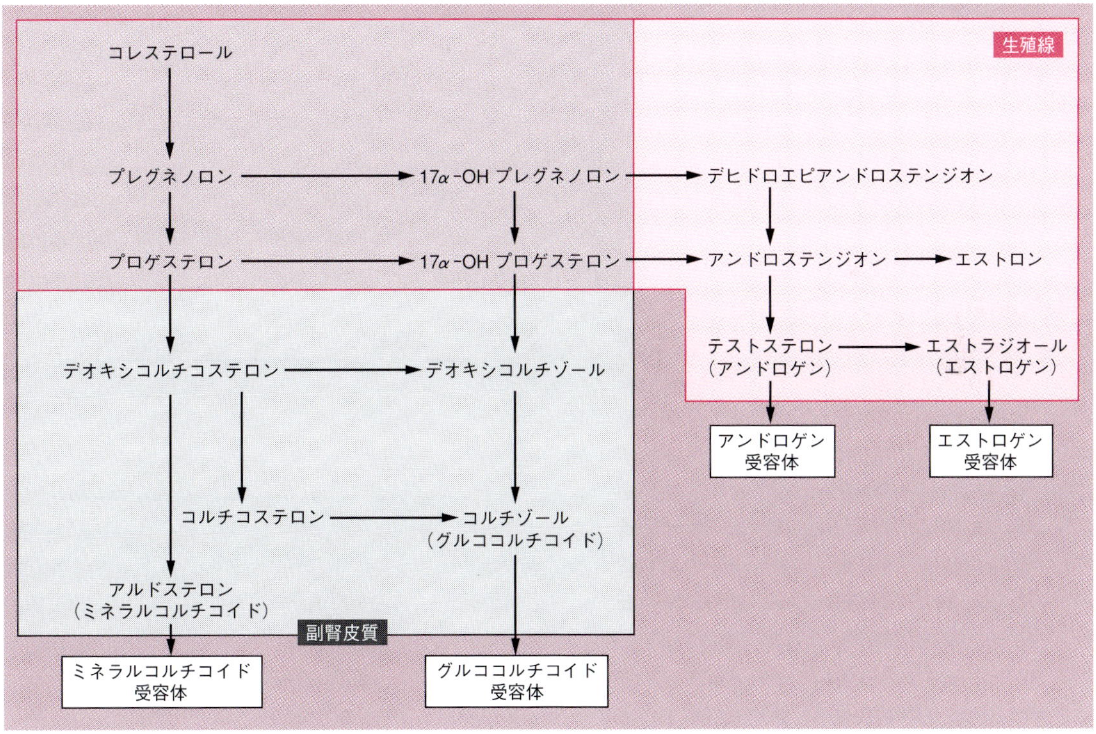

図 23・2 ステロイドホルモンの合成経路 ステロイドホルモンはおもに副腎皮質と生殖腺（精巣と卵巣）で合成される．コレステロールを出発物質として，数段階の酵素反応の後に副腎皮質ではアルドステロン（ミネラルコルチコイド）とコルチゾール（グルココルチコイド）が，精巣ではテストステロン（アンドロゲン）が，そして卵巣ではエストラジオール（エストロゲン）が合成される．これらのステロイドホルモンはそれぞれミネラルコルチコイド受容体，グルココルチコイド受容体，アンドロゲン受容体，エストロゲン受容体に結合することでその生理活性を発揮する．

（卵胞刺激ホルモンと黄体形成ホルモン）の分泌が促進される．性腺刺激ホルモンのうち卵胞刺激ホルモンの働きで，卵胞からは**エストロゲン**が合成，分泌されると卵が成熟する．**黄体形成ホルモン**の刺激により排

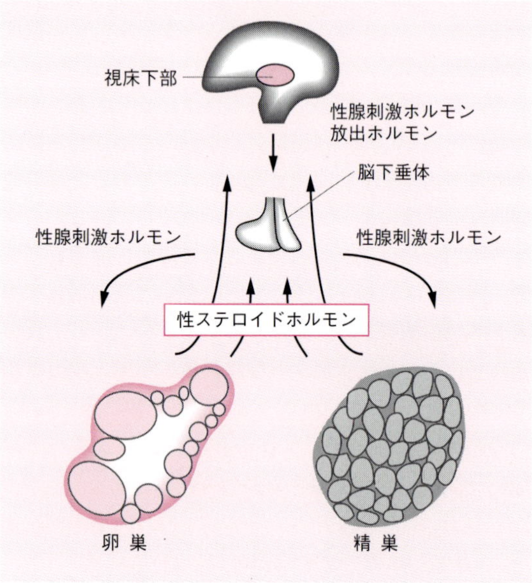

図 23・3　視床下部-脳下垂体-性腺系による調節　脳下垂体は視床下部から分泌される性腺刺激ホルモン放出ホルモンによる刺激下に，性腺刺激ホルモン（卵胞刺激ホルモンと黄体形成ホルモン）を分泌する．脳下垂体から分泌された性腺刺激ホルモンは生殖腺を刺激することで，生殖腺では性ステロイドホルモンを産生し，卵を成熟させる．これらの性ステロイドホルモンは視床下部と脳下垂体を刺激することで，視床下部，脳下垂体，性腺からなる制御系が働くことになる．

卵し，排卵の後には黄体が形成される．黄体からはやはりステロイドホルモンの一種である**黄体ホルモン**（プロゲステロン）が分泌されることになる．このエストロゲンと黄体ホルモンは視床下部と脳下垂体に作用し，性腺刺激ホルモン放出ホルモンと性腺刺激ホルモンの分泌を抑制する働きがあることが知られている．同様の制御機構は精子形成過程でも働いており，視床下部，脳下垂体，生殖腺で合成されるホルモンが精子と卵の形成過程できわめて重要な機能を担っているのである．

23・2・3　性ホルモン受容体の機能

ホルモンが受容体との結合を介してその生理活性を発揮することはすでに述べたとおりであるが，エストロゲンやアンドロゲンなどの性ステロイドホルモンもそれぞれに特有の受容体と結合する．エストロゲンには**エストロゲン受容体**が，アンドロゲンには**アンドロゲン受容体**が高い親和性をもって結合し，これらの受容体が他のステロイドホルモンと結合することはありえない．ホルモンを結合したエストロゲン受容体やアンドロゲン受容体は**転写調節因子**としてその機能を発揮する．図 23・4 に示すようにこれらの受容体は標的遺伝子の転写調節領域に存在するエストロゲン応答配

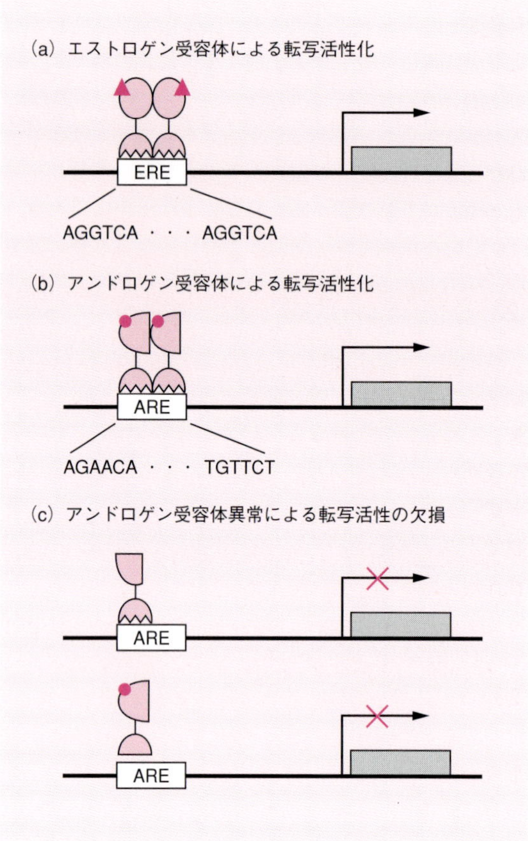

図 23・4　エストロゲン受容体とアンドロゲン受容体による転写活性　エストロゲン受容体（a）とアンドロゲン受容体（b）はともに核内受容体型の転写因子であり，DNA 結合部位とリガンド結合部位を有する．DNA 結合部位はおのおの特有の配列を認識し，結合することができる．リガンド結合部位にはエストロゲンとアンドロゲンが結合することで転写活性を発揮する．（c）アンドロゲン不応症ではアンドロゲン受容体に突然変異が見つかる場合があるが，これらの受容体は DNA 結合部位とリガンド結合部位に変異が見つかる場合がある．いずれの場合も受容体による転写は活性化されない．

列（ERE）と，アンドロゲン応答配列（ARE）に結合することで，標的遺伝子の転写を活性化するのである．多くの動物は思春期とともに顕著な雌雄差を示し始めるが，これは精巣や卵巣でつくり出される性ホルモンとその受容体の影響下に雌雄差の構築に必要な遺伝子が活性化されるためである．ヒトの疾患にアンドロゲン不応症とよばれる疾患があるが，患者DNAを調べるとアンドロゲン受容体遺伝子に突然変異が見つかることがある．アンドロゲン受容体遺伝子はX染色体にのっていることから，通常この疾患は（XYの性染色体をもつ）男性に限られるが，思春期以降でも男性としての特徴が現れず，女性としての特徴を示し，不妊となる．このことはエストロゲンやアンドロゲンなどの性ホルモンとその受容体の機能によって，雌雄の体づくりが行われ，生殖能力が獲得されることを示すものである．

23・3 環境ホルモンと生殖系

環境ホルモンとよばれるさまざまな化学物質が，生殖系の異常や免疫系，そして神経系などの異常をひき起こしていると指摘されている．これらの因果関係は不透明なものも多いが，環境ホルモンがもつ危険性を考慮しつつ，その研究と対策が進められているのが現状である．ここでは最も研究が進んでいる性ホルモン様作用を示す化学物質を取上げながら，憂慮されている生殖系への影響を紹介する．

23・3・1 性ホルモン作用を有する化学物質

エストロゲンがその受容体との結合を通じて，卵の形成，性周期の制御，性差の形成に重要な働きをしていることはすでに述べたとおりである．このことは，性ホルモン受容体と結合し，性ホルモン様作用を示す化学物質をつくれば，そのなかには医療や畜産関連で役立つものがあるはずであるとの期待を抱かせるものであった．このようにして登場したのが，図23・5に示す**DES**（ジエチルスチルベストロール）とよばれる化合物である．今では環境ホルモンの代表格として取上げられることが多いが，DESはエストロゲン受容体と強固に結合することで，女性ホルモン様作用を発揮する化合物として登場し，早産や流産の防止薬として妊婦に投与されたり，また柔らかい肉を短期間でつくるために家畜に投与されたことがある．のちにDESを投与された妊婦から生まれた女子に高頻度に若年性の膣がんが発生することが発表されたことから，その安全性に疑問が投げかけられたのである．実際に種々の動物実験では，胎生期にDESに暴露された雌の子宮には異常が認められた．このような異常がどのようなメカニズムで発生したのかは未だ不明であるが，DESがエストロゲン受容体と結合することで本来エストロゲンが存在しない状況下において，エストロゲン受容体の標的遺伝子を活性化したことが，このような影響をまねいたと説明されている．

エストロゲン作用を発揮する物質は実験室でも偶然に見つかったことがある．MCF-7とよばれる細胞は乳がん由来の細胞であるが，エストロゲン刺激で増殖することが知られていた．ところが，エストロゲンを加えていない培地で培養していたにもかかわらず，この細胞があたかもエストロゲン刺激を与えられたかのように増殖したことがあったのである．後の実験から，プラスチックの可塑剤や酸化防止剤として使われている**ノニルフェノール**が，培養に用いたプラスチック皿から溶け出してエストロゲン様作用を発揮したことが明らかになった．

環境ホルモンが問題視され始めて以来，日本でも環境省を中心に各種受容体に結合する化学物質をスクリーニングしているが，エストロゲン受容体に結合する物質として多くの化学物質が見つかっている．図23・5にはこれらの化学物質のなかで代表的なものの構造を示すが，その構造は必ずしもエストロゲンに似

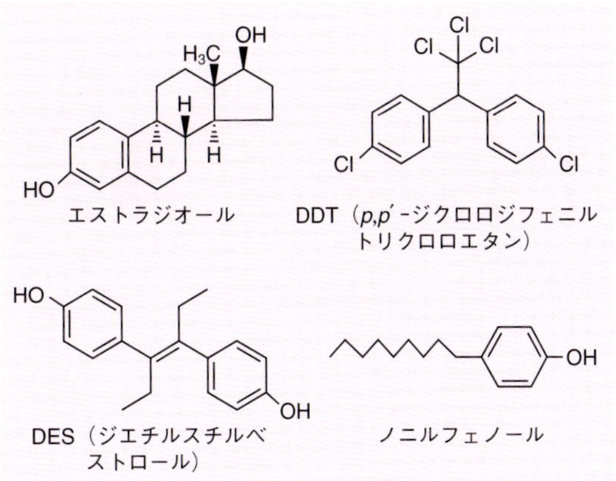

図 23・5 エストラジオールと代表的な環境ホルモンの構造

ているものばかりでなく，ノニルフェノールのようにきわめて簡単な構造を有するものまでさまざまである．

23・3・2 環境汚染

このような物質が環境中に多量に放出されれば，野生生物にもその影響が出るはずである．その代表的な例として引き合いに出されるのが，河川にすむ魚の**雌化**である．ビテロゲニンは卵形成に必要で，エストロゲンの制御のもとに雌でのみつくられる．ところが，河川の魚を調べてみると，雄が多くのビテロゲニンをつくっているのである．また，精巣をもつ個体（雄）が少なく，精巣の卵巣化が認められる場合もあるという．このような河川には生活廃水や工場廃水などが流れ込み，そこにすむ魚は多くの化学物質に暴露されているものと推測される．どの化学物質が原因というわけではなく，複合的な汚染が広がっていることを指摘する研究者も多い．ほかにも，フロリダ州にあるアポプカ湖のワニのペニスのサイズが他の湖のワニと比べると小型化しているとの報告がある．化学工場の事故で大量のDDTとその分解産物によって汚染されたためとされており，DDTの抗アンドロゲン作用が指摘されている．このような事例はColbornやCadburyの著書に詳しく紹介されており，決して珍しくないことが理解できる．

23・4 おわりに

生物は外的環境からの刺激にさらされながら生存してきた．内分泌系は外的環境に応答するために，進化の過程で獲得した内的環境の維持手段であると位置付けることができよう．化学工業の発達によって無数の化合物がつくり出され，自然界に放出され始めたのは，長い生物の進化の歴史の中ではつい最近のことである．このような化合物は人類の生活を豊かにしてきた反面，予想もしなかった結果をまねくことがある．数々の公害や薬害などはその良い例であり，環境ホルモンもその一例である．ただし，環境ホルモンは公害や薬害とは異なり，それが単に個体の健康を害するだけではなく，生殖器官に多大なる影響を与えることで種の絶滅をまねく恐れをもち合わせている．豊かになった生活を捨て去ることができないであろうことは，文明社会からこのような物質がなくなることがないことを意味している．人類の叡智がこれらの問題を克服することを願っている．

参考文献

1) T. Colborn, D. Dumanoski, J.P. Myers（長尾　力訳），“奪われし未来”，翔泳社（1997）．
2) D. Cadbury（古草秀子訳），“メス化する自然”，集英社（1998）．
3) 養老孟司，井口泰泉ほか，“環境ホルモン学”，環境新聞社（1998）．
4) 立花　隆，“環境ホルモン入門”，新潮社（1998）．
5) 梅園和彦，日本臨床，**56**，47（1998）．
6) “性分化とホルモン”，日本比較内分泌学会編，学会出版センター（1984）．

植物エストロゲン

人工的な化合物以外にも天然に存在するエストロゲン様物質が知られている．多くは植物由来で，代表的なものとしてイソフラボノイドやリグニンがあげられる．これらの物質は大豆製品などに多く含まれるため，欧米人に比べると日本人の摂取量は多く，ヒトへの影響の有無が調べられている．たとえば，大豆製品の摂取量と乳がんや前立腺がんの発症頻度との関係や，閉経後の女性に多い骨粗鬆症との関係などが動物実験や疫学調査をもとに検討されている．これらの疾患は性ホルモンとの関連があることから注目されたが，動物実験や疫学調査からは大豆製品の摂取量との間に一定の相関が見られたものもあるが，見られなかったものもあり，今後の詳細な検討が必要であろう．ただし，従来から日本人が好んで摂取してきた大豆製品中に含まれる植物エストロゲンが生殖異常をもたらすものでないことは，長い歴史の間で日本人自らが証明してきたことであり，通常の食事からの摂取量は何ら問題ではないものと思われる．

24 感染症との闘い

24・1 はじめに

“わが国には**狂牛病**の心配はない”との発表をあざ笑うように平成13（2001）年9月千葉県で第1号が見いだされ，その発生を想定していなかった日本では大きな社会的混乱が起こった．これだけ国と国の間が近くなり政治，経済，文化の相互交流が緊密になっている現在においても，われわれ日本人は他国で起こっていることをどこか対岸の火事とみている傾向がある．特に感染症に関しては公衆衛生が完備し，世界一の長寿を誇るわが国にとってはすでに過去のものとの感が強かった．しかし，この狂牛病の問題は，私たちの認識が誤ったものであることを教えてくれた．**腸管出血性大腸菌 O157** やクリプトスポリジウムの集団感染，薬剤耐性菌による院内感染などが先進国であるわが国の人々の健康を脅かし，さらに世界に目を向ければ**エボラ出血熱**などの新しい感染症が出現する一方，**マラリア**や**結核**などの以前から人類を苦しめてきた感染症が再び猛威をふるっている．アメリカで見つかった**エイズ**は現在，アフリカで最も深刻な状況を生みだしており，マラリア・結核と合わせ**三大感染症**とよばれる．このように感染症は今や一つの国の問題ではなく全世界共通の解決すべき課題となっている．本章では特に注目すべき対象に焦点を絞り，その問題点と現状を中心に解説する．

24・2 感染症と病原微生物

微生物の感染により宿主にひき起こされる疾病，病態を**感染症**という．この病原体となる微生物には表24・1に示すように生物としては最も高等な**寄生虫**から自分自身では増殖できない**ウイルス**，そして遺伝物質としての核酸をもたずタンパク質のみから構成される**プリオン**まで多様である．この中でわれわれ ほ(哺)乳類同様に真核生物に分類されるのは寄生虫と真菌のみであり，寄生虫はさらに多細胞生物である ぜん(蠕)虫と単細胞生物である原虫に分類される．前者は回虫などの線虫，ジストマとよばれる吸虫，そしてサナダムシとして知られる条虫に分けられる．また原虫にはマラリア原虫や，エイズ患者の**日和見感染**で知られるトキソプラズマなどが含まれる．最近，わが国で飲料水からの感染が問題となっているクリプトスポリジウムも原虫の仲間である．

表 24・1 病原微生物の分類

病原微生物	カテゴリー	特　徴
寄生虫	真核生物	単細胞の原虫と多細胞のぜん(蠕)虫
真 菌	真核生物	胞子，菌糸など
細 菌	原核生物	二分裂で増殖
リケッチア	原核生物	生細胞内で増殖
クラミジア	原核生物	生細胞内で増殖
ウイルス	どちらでもない	核酸(RNA あるいは DNA)とタンパク質
プリオン	どちらでもない	感染性タンパク質

細菌，リケッチアおよびクラミジアは核やオルガネラ（細胞内小器官）をもたない原核生物に分類され，リケッチアとクラミジアは生細胞の中のみで増殖可能である．エイズやポリオの病原体であるウイルスは遺伝物質として DNA あるいは RNA をもち，やはり生

細胞内のみで増殖可能であるが二分裂による増殖は行わない．プリオンは最近その実態が明らかになった感染性のタンパク質で，微生物という定義には正確にはあてはまらないが，ヒトや動物に感染性の狂牛病などの神経性疾患をひき起こす．

コッホ（R. Koch）はこれらが感染症の病原体として認められるための条件として 1）その感染症のすべての症例から病原体が検出される，2）その病原体のみで同じ感染症をひき起こすことができる，3）その病原体が純粋な状態で分離できる，4）感受性のある動物に同じ感染症をひき起こし，そこから再び同一の病原体が分離できる，という 4 原則を提唱した．通常は無害である病原体による日和見感染には合致しない面もあるが，この原則は一般の感染症の病原体同定の基準となっている．

24・3 新興・再興感染症

人類はこれまでに中世のヨーロッパをたびたび襲ったペスト，しばしば歴史を変えたともいわれるマラリアなど数々の感染症と闘ってきた．19 世紀後半からパスツール（L. Pasteur），コッホ，ベーリング（E. von Behring）らによりつぎつぎと病原微生物が同定され，また免疫血清療法が開発されたが，これには北里柴三郎や野口英世などわが国の研究者も大きく貢献している．そして 20 世紀に入りエールリッヒ（P. Ehrlich）によって“魔法の弾丸”とよばれた梅毒の化学療法剤であるサルバルサンが見いだされ，さらにフレミング（A. Fleming）によるペニシリンの発見に始まる抗生物質の利用によって，感染症との闘いに勝利したかの感があった．しかし実際に地球上から撲滅できたのは天然痘のみであり，この 20 年間に 30 種の新たな感染

表 24・2 1970 年代以降に出現したおもな新興感染症

年	病原微生物	種　類	疾　病
1973	ロタウイルス	ウイルス	小児の下痢
1976	*Cryptosporidium parvum*	寄生虫	下 痢
1977	エボラウイルス	ウイルス	エボラ出血熱
	Legionella pneumophila	細 菌	レジオネラ症（在郷軍人病）
	ハンタウイルス	ウイルス	腎症候性出血熱
	Campylobacter jejuni	細 菌	下 痢
1980	HTLV-1	ウイルス	成人 T 細胞白血病
1981	*Staphylococcus aureus*（TSST 毒素産生性）	細 菌	毒素性ショック症候群
1982	*Escherichia coli* O157 : H7	細 菌	出血性大腸炎，溶血性尿毒症症候群
	Borrelia burgdorferi	細 菌	ライム病
1983	HIV	ウイルス	エイズ
	Helicobacter pylori	細 菌	胃潰瘍
1985	*Enterocytozoon bieneusi*	寄生虫	持続性下痢
1986	*Cyclospora cayatanensis*	寄生虫	持続性下痢
1988	HIV 6	ウイルス	突発性発疹
	E 型肝炎ウイルス	ウイルス	E 型肝炎
1989	*Ehrlichia chafeensis*	細 菌	エールリヒア症
	C 型肝炎ウイルス	ウイルス	C 型肝炎
1991	グアナリトウイルス	ウイルス	ベネズエラ出血熱
	Encephalitozoon hellem	寄生虫	結膜炎
1992	*Vibrio cholerae* O139	細 菌	コレラ
	Bartonella henselae	細 菌	猫ひっかき病
1994	サビアウイルス	ウイルス	ブラジル出血熱
1995	G 型肝炎ウイルス	ウイルス	G 型肝炎
1997	トリ型インフルエンザウイルス	ウイルス	インフルエンザ
1999	ニパウイルス	ウイルス	脳 炎
2003	コロナウイルス	ウイルス	肺炎（重症急性呼吸器症候群 SARS）

症が出現した（表24・2）.

1995年9月，米国のクリントン大統領が開催した科学技術会議で**新興・再興感染症**（emerging and re-emerging infectious disease）という名称が提起された．新興感染症とは“これまでに報告されておらず，新しく同定された病原体による感染症で，局地的あるいは国際的にも公衆衛生上大きな問題をひき起こす感染症”であり，再興感染症は“すでに公衆衛生上問題にならない程度に減少してきた感染症だが，近年再び流行し始め，患者数が増加してきた感染症”である．前者にはO157，エイズやエボラ出血熱，また後者には結核やマラリアがあげられる．

このような新興・再興感染症の流行は現代の人類に対する警告であり，私たちは姿を変えて襲ってくる病原体の逆襲に対して十分に準備し，勝利しなければならないのである．

24・4　O157

1996年8月に大阪府堺市を中心に発生した集団下痢症は腸管出血性大腸菌O157：H7によるものと判明した．1万人近くが感染して11人の死者を出すに至り，その後も散発的に発生しておもにお年寄りの命を奪っている．大腸菌はヒトの腸内細菌の0.1％を占める通性嫌気性細菌で，その多くは無害である．しかし一部に下痢などを起こすものがあり，**病原性大腸菌**とよばれている．O157とよばれる大腸菌は非病原性大腸菌のべん毛抗原であるH抗原に加え細胞壁のO抗原をもち，1982年に米国のオレゴン州，ミシガン州で集団発生した出血性大腸炎の患者から157番目の病原性大腸菌として同定されたものである．

O157は飲食物とともに経口的に摂取され，腸管内に定着・増殖し，赤痢菌と同じ**ベロ毒素**を産生する．ベロ毒素は腸上皮細胞表面の受容体に結合して取込まれ，タンパク質合成を阻害して細胞を破壊し激しい下痢や出血性の炎症を起こす．また血管内皮細胞や腎臓の尿細管細胞に侵入すると急性腎不全から溶血性尿毒症症候群をひき起こす．強い抗生物質で治療すると菌は一度に死滅して大量のベロ毒素が放出され，かえって症状が悪化する．成人では抗体が産生され重症化はまれであるが，小児では抗体産生が低く死に至ることも少なくない．ベロ毒素は血液から髄液を経て脳に入って中枢神経障害を起こし容態が急変することもあり，十分な注意が必要である．

O157は潜伏期間が4～7日と長いので感染経路の特定はサルモネラなど他の食中毒の原因菌に比べて難しい．O157はウシの腸内にも生息し，米国ではハンバーグによる集団発生が多く報告されている．日本でもウシによる感染が疑われているが，感染経路が特定できたものはサラダ，菓子，レバーなどのみではっきりしていない．また，O157の特徴として，少ない菌数の感染でも発症する点があげられる．たとえば腸炎ビブリオなどでは100万個の菌が摂取されて発症するが，O157では数百個で発症するといわれている．しかし，熱には弱く，60℃で15分，75℃なら1分で死滅する．また塩素や乾燥にも弱いので，これは予防にとって重要な点である．

現在，確実な治療法が確立していないが，ベロ毒素の腸上皮細胞への結合を阻害するジシアロガングリオシドが期待されており，さらにベロ毒素の合成を阻害する薬剤の開発が望まれる．

24・5　エ　イ　ズ

エイズ（AIDS）は後天性免疫不全症候群（acquired immune deficiency syndrome）の略称で，レトロウイルスである**HIV**（human immunodeficiency virus）の感染によって発症する（図24・1）．HIVは免疫担当細胞，特にCD4とよばれる糖タンパク質をもつ細胞に感染し，5～10年の潜伏期の後に発熱，下痢，倦怠感，リンパ節腫脹を中心とするAIDS関連症候群を示すようになる．さらに病状は進行してCD4陽性リンパ球が減少し，カリニ肺炎，トキソプラズマ，カンジダ症などの感染症を併発し，死に至る．

HIVの外被糖タンパク質であるgp120とTリンパ球あるいはマクロファージの表面のCD4の間の相互作用に続き，補助的な受容体として機能するコレセプターとの結合によってウイルスのもう一つの糖タンパク質gp41が立体構造の変化を起こして宿主細胞の膜構造を変え，ウイルスと宿主細胞が融合する．そして細胞膜を通してHIVが侵入する．侵入後外被が消失して，このウイルスは遺伝子の本体である2本のRNA，逆転写酵素，インテグラーゼ，プロテアーゼなどが宿主細胞中に遊離される．逆転写酵素によって

RNAからDNAが合成され，感染の初期では宿主のRNAポリメラーゼによってmRNAが転写される．その結果，HIVの新しい外被糖タンパク質や酵素が合成され，同時に合成されたウイルスRNAを組込んで新しいウイルス粒子が形成され，出芽によって宿主細胞から放出される．このウイルス粒子の成熟にはウイルスのプロテアーゼや宿主のグリコシダーゼが必須であり，後述するように薬剤の標的となっている．感染初期には1日に1億個以上ともいわれる多量のHIVが形成され，CD4をもつ免疫担当細胞を攻撃する．発熱，発疹，関節痛，リンパ節腫脹など感冒様の急性症状は感染後1～2週間で消失するが，一部のウイルス由来のDNAはインテグラーゼを用いて宿主細胞のDNAに組込まれ長期間の休眠状態に入る．

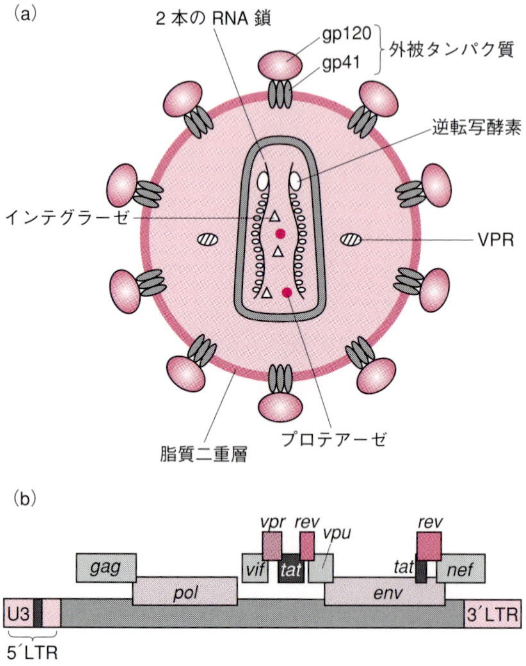

図 24・1　HIVの構造　(a) HIVの模式図．(b) HIVの遺伝子構造．U3：宿主転写因子の結合部位，*gag*：ヌクレオキャプシドコアタンパク質，*pol*：プロテアーゼ・逆転写酵素・リボヌクレアーゼH・インテグラーゼ，*env*：CD4との結合および膜融合に関与する外被タンパク質．*vif, vpr, vpu, tat, rev, nef* は調節遺伝子．

その後，数年から十数年にわたる潜伏期を経るが，この間に血液1 mm^3 中に1000個程度存在するCD4陽性リンパ球は減少し，およそ500個，そして進行したエイズ患者では200個未満にまで低下する．ウイルスに対する抗体も産生されるが突然変異による抗原性の変化によって抗体の攻撃を回避し，免疫不全状態へと進行していく．そして多くの場合，日和見感染によって死亡する．WHO（世界保健機関）の調査によれば世界中で4000万人が感染しており，その70％以上がアフリカに集中している．2001年では新たに500万人が感染し，300万人が死亡している．

遺伝子解析の結果，HIVはアフリカのサルに感染していたRNAウイルスに由来することが明らかになってきたが，なぜこのような大流行になったのであろうか．ヒトが霊長類の自然の生育地を破壊したため，霊長類はヒトの定住地の近くで餌を探すことになり，これによってヒトにサルのウイルスが感染するようになったと考えられる．1970年代初期に病原性が劇的に増大したと推定されているが，この間アフリカでは戦争が頻発している．人々の移動，婦女子に対する暴行や不法な不特定多数の相手との性行為，また抗生物質や麻薬の注射時の針の複数回使用が新しいウイルスの広がりを速めた．一般旅行者や軍隊の移動の増加と性的無軌道，また薬物乱用がアフリカからのウイルスの拡散を確実なものにしてしまった．おもな感染経路は血液を介したもの，性接触，母子感染であり，ヒトの日常活動に密接に関連しているので，その拡大を阻止するには多大な努力が必要となる．

HIVは外被糖タンパク質抗原性をたえず変え，しかも免疫担当細胞を攻撃するので，有効なワクチンをつくるのは絶望的であり，化学療法に力点がおかれている．highly active antiretroviral therapy（HAART）とよばれる**多剤併用療法**が効果をあげつつある．逆転写酵素阻害剤であるAZT（アジドチミジン）や3TC（ラミブジン）およびプロテアーゼ阻害剤のインジナビルなどを組合わせて投与するものである．これによって耐性株の出現も抑えることができる．問題はこの治療が高価であり，感染者の70％を占めるアフリカの人々が恩恵にあずかることができない点である．また，わが国においては発症するまでHIV感染を知らず，この治療を受けていない感染者によってエイズの報告数は増え続けている．啓蒙活動とともに国際的な視野に立った対策が必要とされている．

24・6 院内感染と薬剤耐性

1928年の夏，休暇から帰ったフレミングがシャーレに見つけたカビの抗菌作用からペニシリンが生まれたことは誰でも知っている．それ以降，抗生物質と耐性菌の一進一退の攻防が現在まで続いていることもやっと一般にも理解されるようになってきた．現代は“耐性菌の時代”といっても過言ではない．1997年**MRSA**（メチシリン耐性黄色ブドウ球菌）に対する切り札とされていた**バンコマイシン**が効かない菌株が分離され，耐性菌との闘いはいよいよ新しい段階に入った．特に耐性菌の出現に関しては**院内感染症**の問題を忘れてはならない．院内感染症は病院内で発生した感染症，あるいは病院内で接種された病原体によって起こる感染症である．病院内で患者は抗菌薬にさらされており，細菌にとってはつねに淘汰圧がかかっている．つまり，厳しい環境で生き延びた耐性菌が出現し感染の機会を狙っているのである．

ペニシリンは細菌細胞壁の合成に関与する酵素（penicillin-binding protein, PBP）に結合し阻害する．つまり架橋反応に必要なムレインモノマー末端のアラニン-アラニンとペニシリンのもつ**βラクタム構造**が類似しており（図24・2 a），PBPにペニシリンが結合することによって架橋が阻害される．耐性菌は薬剤の臨床への導入後速やかに出現したが，この耐性獲得はペニシリンを分解するβ-ラクタマーゼによるものであった．半合成ペニシリンであるメチシリン（図24・2 b）はβ-ラクタマーゼによって分解されず，この事態の解決に大きく貢献した．しかし1961年に英国で報告されたメチシリン耐性株はその後さらに多剤耐性化，高度耐性化し，院内感染症のなかで最も注意すべき耐性菌となっている．この菌は移動性の遺伝因子SCC*mec*をもち，ここにコードされる*mecA*の遺伝子産物PBP2′が耐性を担っている．すなわち，PBP2′は通常のPBPと同様な機能をもち，しかもメチシリンなどに対して親和性の弱い新たなPBP2′を産生し耐性を獲得しているのである．

これに対してはグルコース，バンコサミンおよび七つのアミノ酸から構成されるグリコペプチド系のバンコマイシン（図24・2 c）の有効性が見いだされ，最後の砦（とりで）として用いられてきた．バンコマイシンはアラニン-アラニンと数箇所で水素結合し，PBPへの結合を妨げて細胞壁合成を阻害する．このように作用機構が異なるので耐性菌の出現もないのではないかと期待されていたが，実際にはその脅威が現

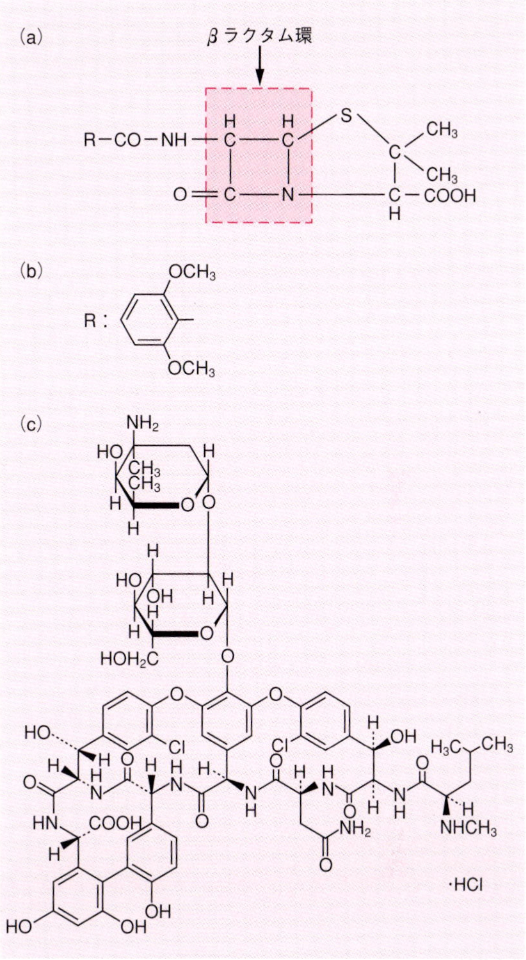

図 24・2 抗生物質の構造　(a) ペニシリンの基本構造．(b) メチシリン．(c) バンコマイシン

実のものとなってきたのである．バンコマイシンに対する耐性は**VRE**（vancomycin-resistant enterococci）とよばれる腸球菌ですでに大きな問題となっていた．VREは耐性に関与する遺伝子群を含むプラスミドをもっており，作用点であるアラニン-アラニン構造の一部がアラニン-乳酸に変化し，バンコマイシンが結合できなくなっている．これは*vanH*の遺伝子産物である脱水素酵素によってピルビン酸が乳酸に変換され，さらに*vanA*遺伝子産物である連結酵素が乳酸をアラニンに結合することによっている．しかもこの遺

伝子群はトランスポゾンとしてプラスミド間を自由に転移し，またRプラスミドによる接合を介して他の菌にも伝達される．バンコマイシンが安易にペニシリン耐性のグラム陽性球菌感染の治療に用いられたことがVREによる院内感染の原因と考えられている．また，ヨーロッパでバンコマイシンと構造の類似したアボパルシンが家畜の成長促進と感染防止のため飼料に大量に添加されていたことにより，VREが選択的に増加したことも一因とされている．これも現代の感染症における人為的側面を表しているといえよう．

24・7 マラリア

WHOは標的とすべき感染症を設定し撲滅をめざしているが，エイズ，結核，ハンセン病以外はすべて**寄生虫症**である．現代の感染症において，寄生虫感染症は再興感染症として大きくクローズアップされてきている．寄生虫は生物学的には宿主であるわれわれほ乳類同様に真核生物であり，細菌に対する抗生物質などの作用点となる標的部位は限られている．この特徴は同時に宿主による異物としての認識を原理とするワクチンの開発にも大きく影響を与えており，多くの研究者の努力にもかかわらず，寄生虫感染に有効なワクチンは現在のところ得られていない．しかも二分裂により増殖する多くの原虫は，その増殖速度の速さから重篤な臨床像を与える．寄生虫症にはわが国でも流行していた住血吸虫症やフィラリア症も含まれるが，最も重要な寄生虫症はマラリアである．WHOの報告では年間3～5億人が世界中で新たに感染し，100万人が死亡しているとされているが，実際には200～300万人が命を奪われている．そのうちアフリカがその大半を占め，なかでも将来を担うべき子供たちがその犠牲になっている．

マラリアはハマダラカによって媒介されるマラリア原虫が赤血球内に寄生し発症する原虫感染症であり，特有の熱発作とそれに続く貧血，脾腫がおもな症状である．特効薬であった**クロロキン**に対する薬剤耐性マラリア原虫や殺虫剤に抵抗性をもった媒介カの出現により最も重要な再興感染症の一つとなっている．ヒトに感染するマラリア原虫には4種類あるが，**熱帯熱マラリア原虫**（*Plasmodium falciparum*）と三日熱マラリア原虫（*P. vivax*）が大部分を占める．図24・3にその生活環を示す．カの体内で雌雄の配偶体が接合した後，形成された接合体は数時間後に運動性のオーキネトになり，中腸上皮細胞を穿通して基底膜へ至りオーシストへ分化する．オーシストは盛んに核分裂を行い約2週間後には数千のスポロゾイトを形成する．オーシストから放出されたスポロゾイトは唾(だ)液腺に現れ，吸血時にヒト血液中に移行する．スポロゾイトは数分のうちに肝臓に到達し，肝実質細胞に侵入する．肝細胞内で赤外型原虫となり，分裂を繰返して約5～7日で数千から数万のメロゾイト（娘虫体）となって細胞を破壊する．メロゾイトは血中に放出され赤血球に侵入する．赤血球型は環状体，栄養体，分裂体と発育に伴い形態が変化し，48時間後には8～24個のメロゾイトが形成され，一定の周期性をもって多数の赤血球を一挙に破壊する．このときにマラリア特有の周期的な激しい悪寒と戦慄を伴った高熱の症状が現れる．ただし熱帯熱マラリアは同調化の程度が低く，48時間に1回の発熱とはならない．メロゾイトは数十秒の間に新しい赤血球に侵入し増殖サイクルを繰返す．一部の赤血球型原虫は性的に分化して生殖母体となり，これがカの吸血時にカの体内に入り新たな感染源になる．生殖母体はカの中腸で受精した後，10日～2週間程度で感染力をもったスポロゾイトになる．三日熱および卵形マラリアでは肝臓の細胞内で長期間にわたって分裂しないまま潜伏し，再発の原因となる休眠体（ヒプノゾイト）がみられる．最も悪性の熱帯熱マラリアでは原虫が感染した赤血球が脳，肺，肝臓などの毛細血管に付着し，血管内皮細胞の破壊，および感染赤血球の凝集により組織が酸素欠乏に陥り，変性，壊死を起こして重症化する．そして免疫をもたない小児や非流行地の居住者は死に至る．

現在，世界中で多くの研究者が抗マラリア薬やワクチンの開発をめざして努力中であるが，したたかに新しい薬剤に耐性を獲得し，また抗体の届かない赤血球の中で増殖し抗原性を巧みに変えて宿主の免疫反応から逃れるマラリア原虫に打勝つには，まだまだ時間がかかりそうである．しかしその基礎研究から生物学的に興味深い事実が明らかになりつつある．たとえばマラリア原虫には**アピコプラスト**とよばれるオルガネラ（細胞内小器官）があるが，含んでいるDNAにコードされる遺伝子の解析から植物のもつ葉緑体と非常に似た性質をもっていることがわかった．これはマラリ

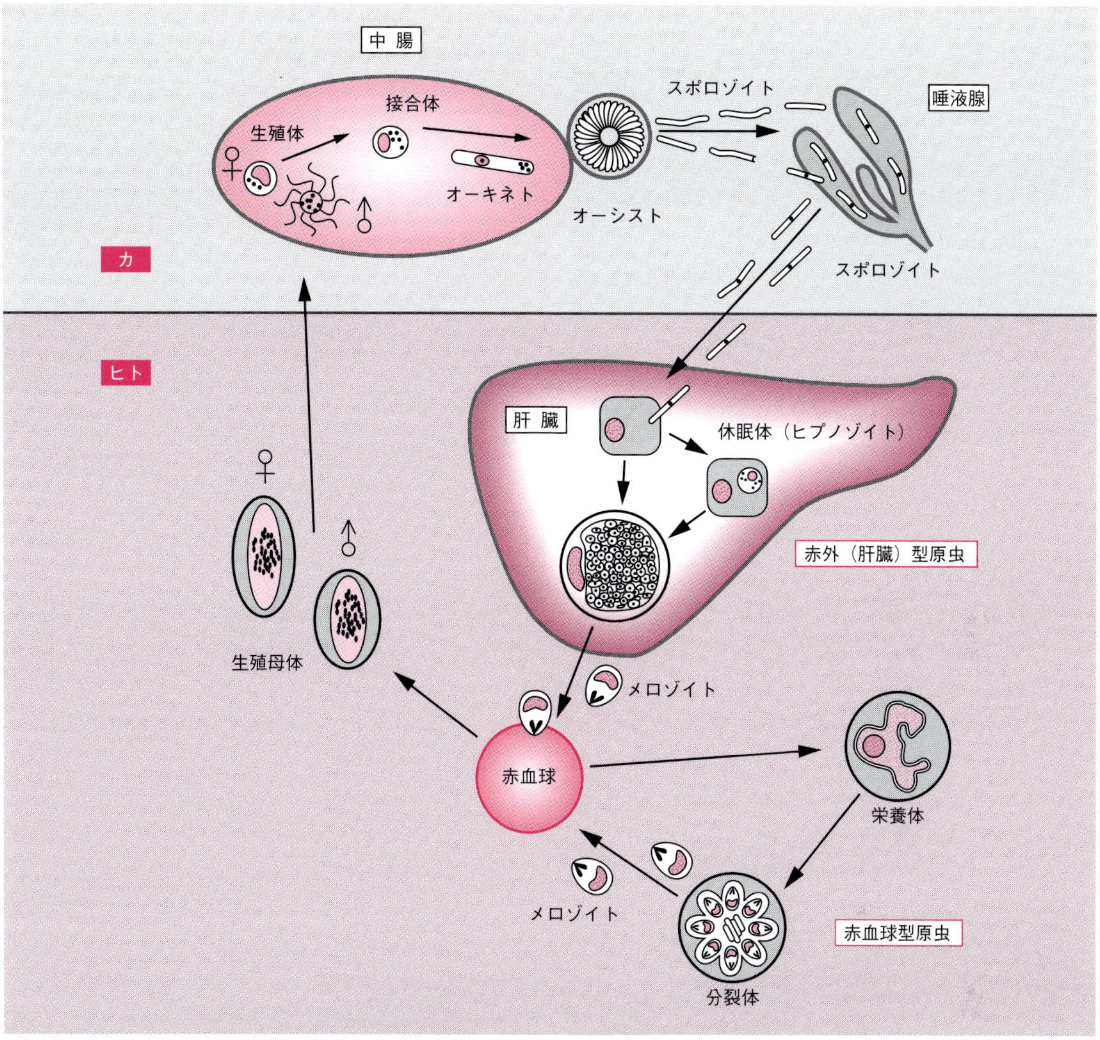

図 24・3　マラリア原虫の生活環〔M. Torii, *Prog. Med.*, **21**, 325 (2001)〕

ア原虫の祖先である単細胞真核生物が紅藻を捕食した二次共生の結果と考えられている．実際に除草剤の仲間がマラリア原虫の増殖を阻害することから，新しい抗マラリア薬の標的として期待されている．

24・8　プリオンと狂牛病

プリオン病は**伝達性海綿状脳症**ともよばれ，脳に神経細胞が破壊されてできた空洞によるスポンジ状の病変を生じる感染性の病気である．病原体であるプリオンはこれまで述べてきた細菌，ウイルス，そして寄生虫とは異なりタンパク質であり，遺伝子としての核酸を含んでいない．病原体としてのプリオンは動物のもつ正常プリオンタンパク質の構造が変化して生成され，狂牛病として英国を中心とするヨーロッパ諸国を震撼させた **BSE**（Bovine Spongiform Encephalopathy，ウシ海綿状脳症）もこの異常プリオンによってひき起こされる．

最初に認識されたプリオン病はヒツジの震え病といわれる**スクレイピー**で，かゆくなるためか身体をこすりつけることからこの名が付いている．200 年以上も前に発見されたにもかかわらず病原体は不明であった．1960 年代，米国の小児科医であったガイジュセック（D. C. Gajdusek）によって死者を食するニューギニアの原住民フォア族で発生していた**クールー病**患者の脳の接種でチンパンジーに症状が伝達されることが証明され，ヒツジの病気とヒトの神経疾患が結びついた．ヒトにも100～150万人に1人発生する**クロイツフェルト・ヤコブ病（CJD）**とよばれる神経難病があり，海綿状脳症の一種であることがわかっていたが，これも実験的に伝達性が明らかになっていた．そして1982年，米国のプルシナー（S. B. Prusiner）が病原体としてプリオンを同定し，今日に至っている．

プリオン（prion）はproteinaceous infectious particle（感染性タンパク質）のことでPrP^cと略される．プリオンはヒトでは通常細胞膜のラフトにGPI（グリコシルホスファチジルイノシトール）アンカーで結合している分子量約30,000のタンパク質であり，その遺伝子はヒト第20番染色体短腕に存在する．生理的機能はまだ明確ではないが，銅を結合する領域をもち，銅の輸送に関与しているのではないかと考えられている．PrP^cは立体構造のなかに三つのαヘリックスと二つのβシートをもっているが，プリオン病をひき起こす異常プリオン（PrP^{sc}と略される）ではαヘリックスの1本がほどけてβシート構造が10倍に増え，約40％を占めている．体内に入ったPrP^{sc}はPrP^cに接触してPrP^{sc}に変換させることがわかってきた．このようにして脳神経細胞で連鎖反応的にPrP^{sc}が増殖し，中枢神経に蓄積して海綿状脳症をひき起こすのである（図24・4）．この構造変化はアミノ酸の置換に起因し，遺伝子レベルの研究からたとえばクロイツフェルト・ヤコブ病の多様な現れ方に対して約20の変異が知られている．

従来，スクレイピーや狂牛病はヒトには感染しないとされていたが，1996年，英国で若年者も発症する新型のCJDが狂牛病に感染したウシの肉を食べたことによる可能性が明らかになり，一気に社会的な問題となった．狂牛病の原因はスクレイピーにかかっていたヒツジの屑肉や骨をいわゆる肉骨粉としてウシに与えたことによると考えられている．のちにはウシもその材料になり感染が拡大した．生育促進や経済性をねらってウシの屑肉や骨を動物性飼料としてウシに与えたのはまさに共食いであり，これではフォア族の食人習慣を非難できる立場にはない．エイズをはじめとす

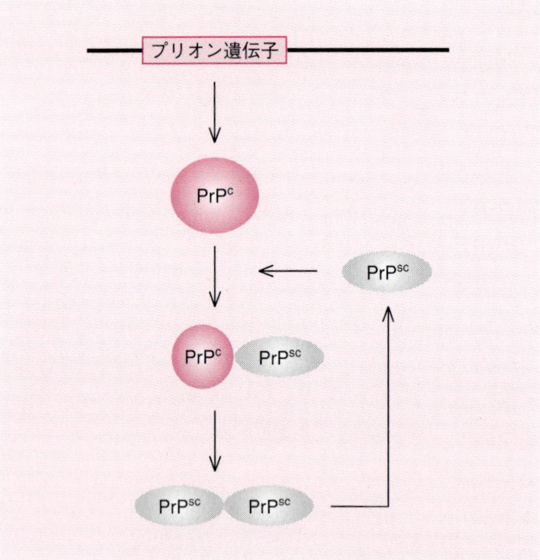

図24・4　正常プリオン（PrP^c）からの異常プリオン（PrP^{sc}）形成機構　PrP^cがPrP^{sc}と相互作用することによってその立体構造がより多くのβシートを含むPrP^{sc}型に変化し，連鎖的に増えていく．

細胞膜に浮かぶ筏，ラフト

最近，細胞膜の中にスフィンゴ脂質やコレステロールから構成される集合体が見いだされ，筏のイメージから**ラフト**（raft）とよばれている．通常は直径数十nmであるが，時にはμmオーダーのドメインを形成し，スフィンゴ糖脂質であるG_{M1}ガングリオシドがマーカーとして用いられている．このドメインにはさまざまなタンパク質も局在し，細胞間のシグナル伝達や細胞表面で起こる分子同士の認識に重要な役割を果たしている．

特に免疫担当細胞間の情報伝達については研究が進んでおり，抗原提示細胞とリンパ球の接触部分にラフトの集合体が形成され，抗原認識に関与していることが明らかになっている．最近，Tリンパ球などの細胞表面において構成成分の異なる複数のラフトの存在が見いだされ，それらの特異的な機能が注目されている．

る他の新興感染症同様，狂牛病も効率や利潤を追求する現代文明への警鐘である．

24・9　SARS

2002年11月以来中国広東省で非定型性肺炎（非細菌性の肺炎）が多発し，死者も報告されていた．中国政府はクラミジアによる感染であり，流行は収まりつつあると発表していたが，実はこれがアジアを中心に世界中を震撼とさせたSARSだったのである．

中国での原因が不明な状況下，ベトナムで香港からのビジネスマンが非定型肺炎で重体となり，そしてこの正体不明の病原体による感染症はその患者が入院していた病院の職員をつぎつぎに襲いだしたのである．ベトナム政府はWHOと緊密な連携をとりつつ，病院を閉鎖し，患者を徹底して隔離することによって感染の拡大を防ぐことに成功した．しかし香港メトロポールホテルのたった1人の宿泊客に端を発したこの未知の感染症は世界各地に広がり（図24・5），事態を深刻に受取ったWHOは2003年3月12日に**重症急性呼吸器症候群**(severe acute respiratory syndrome；SARS)を地球規模で警戒すべき呼吸器感染症として国際的警戒警報（Global Alert）をかけた．そして7月5日に台湾の感染地域指定が解除され，制圧を宣言するまでに約8000人が発症し，その1/10の人々の命を奪ったSARSとの闘いが始まったのである．

ただちに設立された国際共同研究機構によって，**コロナウイルス**の一種がその病原体であることが判明した．コロナウイルスは遺伝子としてRNAをもち，直径が約100 nmのかなり大型のウイルスで表面に大きなスパイク状の突起が並んでいる．これが太陽のコロナに似ていることからコロナウイルスとよばれている．このウイルスは動物ではブタなどに胃腸炎や気管支炎といった重篤な症状を与える．これに対して，ヒトコロナウイルスは風邪の原因となるが炎症は鼻腔，咽頭が中心で肺炎まで重症化はしない．しかし，SARSコロナウイルスはウイルス血症に伴う全身感染を示し，重篤な肺炎と腸管感染をひき起こす．おもな感染経路は飛沫感染とされているが，糞便や尿からも長期間にわたってウイルスが排泄されるので，経口感染や接触感染にも気をつけなければならない．またスーパースプレッダーとよばれる感染力の強い患者の存在も感染拡大に重要な役割を演じている．

潜伏期間は2～10日間であり，初期患者の徹底的隔離，感染経路の確実な調査と二次感染防御など有効な対策が示され，今回の事態は約9カ月で沈静化した．病原体をいちはやくつきとめ，有効な対策を素早く確立し，提言した国際研究ネットワークの成果は注目に値する．しかし，コロナウイルスは冬に流行しやすく，冬期における再流行の可能性もある．遺伝子レベルの解析からは既知のコロナウイルスとは異なった新種のウイルスであることがわかったが，SARSコロナウイルスの自然界での宿主はまだ同定されていない．また，有効な薬剤やワクチンの開発もこれからの問題であり，制圧宣言に安心はできない．グローバル化した21世紀型の感染症対策には十分な経験と新しい視点

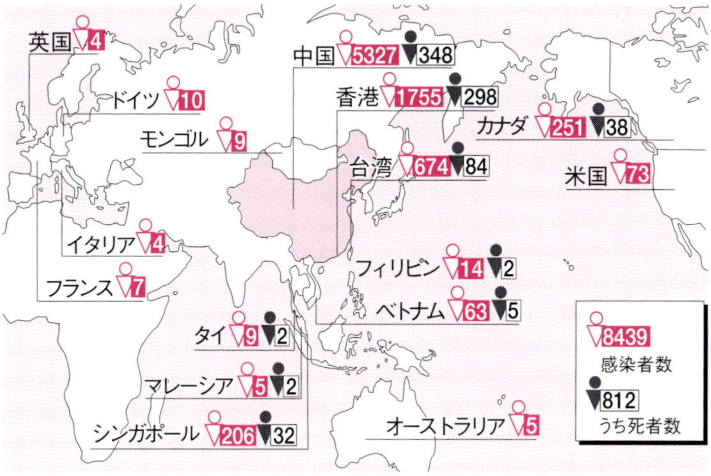

図24・5　SARS患者の報告数（2003年7月5日現在の報告による）　上記のほかに患者数3人以下の感染国が16，報告されている．

が不可欠なのである．

ベトナムでSARSの脅威に最も早く気付き，WHOに院内感染対策を勧告した寄生虫症専門家でイタリア人医師カルロ・アルバーニ（Carlo Urbani）は，2003年3月29日，バンコックにおいてSARSで殉職した．享年46歳であった．彼は感染の危険性を認識し，見舞いに来た3人の子供を面会させずにイタリアへ帰したという．一方，SARS対策で中国を視察したわが国の関係者は10日間の待機勧告を無視した．自分だけは大丈夫という日本人の傾向を真剣に反省するべき時期にきている．同時に，感染症と闘う新しい人材の養成と人々の理解がますます重要になってきたのである．

24・10 おわりに

近代科学の力で克服したはずの感染症が現代の私たちを再び襲っている．本文中で述べたマラリアばかりでなく，古くから知られている結核がその魔の手を広げている．先進国であるわが国の結核感染者数は増加するばかりであり，年間4万人近い新たな患者が登録されている．しかも多剤耐性菌による死亡者も拡大傾向にある．アフリカではエイズ感染が結核発症率を上昇させ，これは米国など先進国でもみられる現象である．これらに加え新しい現代の感染症が出現してきたのである．映画「アウトブレイク」を観た読者も少なくはないと思うが，同じことが現実に起こりうるのである．SARSを思い出して欲しい．文明の波の異常なまでの広がり，自制心を失った社会的経済的開発によって，人間が入らなかった地域との接触から病原体はその感染性や病原性を変化させて私たちに迫ってくる．エイズの起原はまさにその一例であり，有効な治療法のないマールブルグ出血熱やエボラ出血熱は自然破壊による熱帯雨林の減少によるサルと人間の接点の増加に由来している．私たちはこのような現在の問題を人類全体の課題として解決すると同時に，これらの感染症を科学の力で克服していかなくてはならない．

薬理作用の不明だったクロロキンの標的がマラリア原虫におけるヘモゾインの合成阻害であることが判明し，耐性機構にもメスが入りつつある．ヘモゾインとは，マラリア原虫が分解したヘモグロビンより遊離した，ヘムの重合したものである．治療法がまったくなかったプリオン病に対して，実験レベルではあるがモノクローナル抗体を直接脳へ注入する試みが成果をあげている．これには理由はまだわからないが抗マラリア薬であるキナクリンの併用効果が見られる．また，二本鎖RNAによるHIVゲノムRNAの特異的分解が報告され，新しい治療法の可能性も出てきた．さらに感染症とまったく関係ないと考えられていた病気に新しい病原体がかかわっていることもわかってきた．たとえば虚血性心疾患の原因である冠動脈硬化に肺炎クラミジアが関与し，また日本人に多い胃潰瘍や胃がんにヘリコバクター・ピロリ菌が関係していることなどが明らかになってきた．

このような絶えまない努力と研究によって現代の感染症と闘い，克服していくことは十分に可能と考えられる．またRNA編集やトランススプライシングなど感染症の研究から新しい生物現象が見いだされた例も少なくない．1999年までパスツール研究所の所長を務めたマクシム・シュワルツ（Maxime Schwartz）が著書“なぜ牛は狂ったのか”で述べた“知る人が少なく重要度が低いと思われるテーマでも，良質な研究を続けていればいつかは大きなことの役に立つことがある”との言葉を肝に銘じるとともに，読者のみなさんに理解していただければ幸いである．

参考図書

1）相川正道，永倉貢一，“現代の感染症”，岩波新書（1997）．
2）“エマージングディジーズ”，竹田美文，五十嵐 章，小島荘明編，近代出版（1999）．
3）綿矢有佑ほか，“マラリアを知る”，治療 Vol. 81, No. 7-9シリーズ（1999）．
4）ジョン・マン（竹内敬人訳），“特効薬はこうして生まれた”，青土社（2001）．
5）中村靖彦，“狂牛病”，岩波新書（2001）．
6）“耐性菌感染症の理論と実践（改訂2版）”，平松啓一編，医薬ジャーナル社（2002）．
7）マクシム・シュワルツ（山内一也監修，南条郁子，山田浩之訳），“なぜ牛は狂ったのか”，紀伊國屋書店（2002）．

索　　引

あ

い

う

す

せ

と

な　行

は

ひ

ふ

へ

ほ

ま

み

む～も

や　行

ら～わ

柳田充弘（やなぎだ みつひろ）

1941年 東京に生まれる
1964年 東京大学理学部 卒
現 京都大学大学院生命科学研究科 教授
専攻 分子生物学，細胞生物学
理学博士

佐藤文彦（さとう ふみひこ）

1953年 京都に生まれる
1975年 京都大学農学部 卒
現 京都大学大学院生命科学研究科 教授
専攻 植物分子細胞生物学
農学博士

石川冬木（いしかわ ふゆき）

1958年 東京に生まれる
1982年 東京大学医学部 卒
現 京都大学大学院生命科学研究科 教授
専攻 遺伝生化学
医学博士

第1版 第1刷 2004年2月25日発行
第3刷 2007年9月1日発行

生命科学

編集 柳田充弘 佐藤文彦 石川冬木
発行者 小澤美奈子
発行 株式会社 東京化学同人
東京都文京区千石3丁目36-7（〒112-0011）
電話 03-3946-5311・FAX 03-3946-5316
URL: http://www.tkd-pbl.com/

印刷 ショウワドウ・イープレス(株)
製本 株式会社 松岳社

ISBN978-4-8079-0576-8
Printed in Japan